Der effektive Strategieprozess

Prof. Robert S. Kaplan, Professor an der Harvard Business School, und *Dr. David P. Norton* haben gemeinsam die Balanced Scorecard erarbeitet und bis zum heutigen Zeitpunkt kontinuierlich zu einem leistungsfähigen Managementsystem weiterentwickelt. Auf der Website zum Buch (www.executionpremium.org) finden Sie weitere Texte sowie ergänzende Materialien der Autoren rund um das Thema Strategieumsetzung.

Die Tantum Group GmbH vertritt die Autoren in Europa und begleitet Unternehmen bei der Entwicklung und Implementierung von Managementsystemen. *Georg Reygers* (Verfasser des Vorworts zur deutschsprachigen Ausgabe) ist Geschäftsführer der Tantum Group GmbH. Weitere Informationen zu Tantum finden Sie im Internet: www.tantum.com.

Robert S. Kaplan
David P. Norton

Der effektive Strategieprozess

Erfolgreich mit dem 6-Phasen-System

Aus dem Englischen von Brigitte Hilgner

Campus Verlag
Frankfurt / New York

Die englischsprachige Ausgabe ist 2008 unter dem Titel »The Execution Premium. Linking Strategy to Operations for Competitive Advantage« bei Harvard Business Press erschienen.

Bibliografische Information der Deutschen Nationalbibliothek:
Die Deutsche Nationalbibliothek verzeichnet diese Publikation in der Deutschen Nationalbibliografie. Detaillierte bibliografische Daten sind im Internet unter http://dnb.d-nb.de abrufbar.
ISBN 978-3-593-38795-6

Umschlaggestaltung: Init GmbH, Bielefeld
Satz: Publikations Atelier, Dreieich
Druck und Bindung: Druckhaus »Thomas Müntzer«, Bad Langensalza
Gedruckt auf säurefreiem und chlorfrei gebleichtem Papier.
Printed in Germany

Besuchen Sie uns im Internet: www.campus.de

Inhalt

Vorwort zur deutschsprachigen Ausgabe 7

Vorwort der Autoren 9

1. Einleitung 13

2. Entwicklung der Strategie 52

3. Übersetzung der Strategie 91

Anhang zu Kapitel 3: Strategy Maps 123

4. Strategische Initiativen 127

5. Ausrichtung der Organisation 152

6. Operative Planung: Programme zur Prozessverbesserung 186

7. Operative Planung: Umsatzprognosen, Ressourcenkapazitäten und dynamische Budgets 219

Anhang zu Kapitel 7:
Die Entwicklung eines Time-Driven-Activity-Based-Costing (TDABC)-Modells 247

8. Operative und strategische Lagebesprechungen 259

9. Besprechungen zum Testen und Anpassen der Strategie 293

10. Das Strategiebüro 327

Danksagung 353

Register 356

Vorwort zur deutschsprachigen Ausgabe

Am Ende des Tages verhält es sich beim Strategiemanagement nicht anders als in der Kunst: Es ist nicht ein hervorragender Pinsel, der ein Kunstwerk malt, sondern ein hervorragender Künstler, der diesen Pinsel zu führen weiß.

In allen empirischen Untersuchungen in diesem Bereich wurde festgestellt, dass die meisten neuen Managementtools allein Unternehmen kaum durchschlagende und nachhaltige Erfolge beschert haben; und die ernüchternde Frage folgte stets auf dem Fuße: Sind diese hochgepriesenen »Werkzeuge« in der Praxis nun doch wirkungslos? Sind die nicht unbeträchtlichen Unternehmensressourcen, die für die Entwicklung und Implementierung solcher Managementkonzepte nötig sind, am Ende große Fehlinvestitionen?

Prof. Robert S. Kaplan und Dr. David P. Norton haben eine Vielzahl von Unternehmen und Organisationen untersucht, um herauszufinden, wo die Gründe für ein erfolgreiches Strategiemanagement zu finden sind. Unter anderem kamen sie zu dem Schluss, dass nur 54 Prozent der befragten Unternehmen einen integrierten Managementprozess zur Strategieumsetzung nutzen und von diesen Best-Practice-Nutzern die große Mehrheit (73 Prozent) überdurchschnittliche Erfolge erzielte. Bei den übrigen 46 Prozent der Unternehmen, die keinen Strategiemanagementprozess haben, weisen lediglich 25 Prozent herausragende Ergebnisse vor. Das bedeutet, mit einem verankerten Strategiemanagementprozess ist die Erfolgswahrscheinlichkeit dreifach so hoch! Der Fokus sollte also weniger auf der Optimierung von einzelnen Managementwerkzeugen als vielmehr auf einem ganzheitlichen Strategiemanagement liegen.

Prof. Robert S. Kaplan und Dr. David P. Norton beschreiben in dem vorliegenden Werk ihren Lösungsansatz als ein integriertes 6-Phasen-Managementsystem. Es ist ein in sich geschlossenes System, mit dem das strategische Management mit der operativen Geschäftstätigkeit nahtlos integriert wird. Anhand umfangreicher Fallbeispiele wird die praktische Anwendung dieses Strategiemanagementsystems illustriert. Dementsprechend findet der Leser hier kein reines Methodenkonzept von Hochschultheoretikern vor, sondern ein klar gegliedertes Praxisbuch, das die Autoren ausschließlich auf der Basis empirischer Untersuchungen geschrieben haben.

Falls Sie nach der Lektüre weitere Praxisbeispiele aus unserer internationalen Beratungstätigkeit kennenlernen möchten, lassen wir Ihnen gerne entsprechende Fallstudien zukommen.

Wir wünschen Ihnen viel Spaß beim Lesen und eine ausgeprägte Inspiration bei Ihrer täglichen Strategieumsetzung!

Georg Reygers

Geschäftsführer
Tantum Group GmbH

Vorwort der Autoren

Im Jahr 1992 führten wir die Balanced Scorecard zur Messung der Unternehmensleistung ein.[1] Wir halfen einigen Unternehmen bei der Umsetzung dieses Ansatzes und beobachteten, wie sie dieses Leistungsmessinstrument als Basis für ein neues Managementsystem nutzten, mit dem sie die Umsetzung ihrer Strategien steuerten.[2] Während der nächsten Jahre befassten wir uns mit der Feinarbeit an unserem System und veröffentlichten die Erkenntnisse in einem zweiten Buch: *Die strategiefokussierte Organisation*. Wir konzentrierten uns dabei auf fünf Managementprinzipien:

1. *Einleitung* eines Wandels durch die Führungskräfte
2. *Übersetzung* der Strategie in unternehmensbezogene Begriffe
3. *Ausrichtung* der Organisation an der Strategie
4. *Motivierung* aller, sich an der Strategieumsetzung zu beteiligen
5. *Steuerung*, um die Strategie in einen kontinuierlichen Prozess umzuwandeln

Unser drittes Buch *Strategy Maps* befasste sich näher mit dem zweiten Prinzip und präsentierte einen allgemeinen Rahmen, in dem die Strategie unter Berücksichtigung der vier Perspektiven der Balanced Scorecard – Finanz-, Kunden-, Prozess- sowie Lern- und Entwicklungsperspektive – in eine Reihe verbundener Ziele und Ursache-Wirkungs-Beziehungen umgesetzt wird. In diesem Rahmen werden Prozesse, Mitarbeiter, Technik und Unternehmenskultur an dem Leistungsversprechen und den Zielen der Aktionäre ausgerichtet.

Unser viertes Buch *Alignment: Mit der Balanced Scorecard Synergien schaffen*, ging auf das dritte Prinzip ein und zeigte, wie man Strategy Maps und Scorecards nutzt, um Geschäftsbereiche und Serviceabteilungen an der Unternehmensstrategie auszurichten. So können Unternehmen Synergien nutzen, die beim Führen verschiedener Einheiten im Rahmen eines

Ganzen entstehen. Im letzten Kapitel von *Alignment* werden die Anwendungen des 4. Prinzips, die Kommunikation der Strategie und die Ausrichtung der Ziele der Mitarbeiter und deren Leistungsprämien an den Zielen des Geschäftsbereichs und des ganzen Unternehmens beschrieben.

Die meisten Unternehmen, die ein Strategiemanagementsystem auf der Basis der Balanced Scorecard umsetzen, halten sich dabei an eine Reihenfolge, die generell mit dem 1. Prinzip beginnt (Einleitung eines Wandels durch die Führungskräfte), worauf rasch das 2. Prinzip folgt (Übersetzung der Strategie in eine Strategy Map mit strategischen Zielen, die von einer Balanced Scorecard mit Messgrößen und Zielwerten unterstützt wird) sowie das 3. Prinzip (Ausrichtung der verschiedenen Geschäftsbereiche mithilfe von verbundenen Scorecards). Das 4. Prinzip erfordert eine Neugestaltung im Personalbereich (Zielsetzungen, Leistungsprämien), während für das 5. Prinzip verschiedene Planungs-, Budgetierungs- und Kontrollsysteme geändert werden müssen. Üblicherweise begann die Umsetzung der Prinzipien 4 und 5 erst, nachdem das Programm bereits seit einem oder mehr Jahren aktiv genutzt wurde. Wir beobachteten, dass einige Unternehmen allein durch die Umsetzung der Prinzipien 1, 2 und 3 sowie einiger grundlegenden Aktivitäten gemäß Prinzip 4, beispielsweise einem Programm, mit dem die Strategie den Mitarbeitern kommuniziert wurde, sowie die Einführung von strategischen Lagebesprechungen gemäß dem 5. Prinzip, bahnbrechende Erfolge erzielten. Dieser abgespeckte Ansatz führte zu positiven Ergebnissen, bis die Führungskraft, die das Programm initiiert hatte, das Unternehmen verließ. Die Botschaft war eindeutig: Eine starke Führungspersönlichkeit kann mithilfe von Instrumenten gemäß den Prinzipien 1, 2 und 3 ein Unternehmen so mobilisieren und an der Strategie ausrichten, dass hervorragende Leistungen erzielt werden. Werden die neuen Ansätze nicht in die bestehenden Managementsysteme integriert, (Prinzip 5), sinkt die Leistung jedoch häufig wieder. Zunächst wussten wir keinen Weg, das laufende Strategiemanagement in die übliche Geschäftstätigkeit zu integrieren.

Im Jahr 2004 gründeten wir und unsere Kollegen von der Balanced Scorecard Collaborative eine Action Working Group aus rund zwölf Unternehmen, um uns mit der Frage zu befassen, wie sich Unternehmen nachhaltig auf die Umsetzung der Strategie konzentrieren können. Zur Gruppe gehörten einige Konzerne, die man auch in der Balanced Scorecard Hall of Fame findet, unter anderem Hilton Hotels, Motorola, Ricoh, Serono, Key-

Corp, Canon sowie die U.S. Army. Eine ihrer wichtigsten Innovationen bestand darin, ein kleines Spezialteam von Managern mit der Koordination der verschiedenen Prozesse zu beauftragen, die für die Strategieumsetzung erforderlich sind. Dieses Team bezeichneten wir als Büro für Strategiemanagement. Unsere Erkenntnisse veröffentlichten wir 2005 in einem Artikel in der *Harvard Business Review*.[3]

Dank der stetigen Kooperation mit der erwähnten Arbeitsgruppe in Nordamerika und Europa identifizierten wir schließlich alle wesentlichen Prozesse zur Umsetzung des 5. Prinzips, »der Überführung der Strategie in einen kontinuierlichen Prozess«.

Unsere Erkenntnisse haben wir in diesem Buch, *Der effektive Strategieprozess*, zusammengetragen. Hier beschreiben wir, wie Unternehmen eine enge Verbindung zwischen der Strategie und dem operativen Management schaffen können, damit die tägliche Arbeit der Mitarbeiter dem Erreichen der strategischen Ziele dient. Wir propagieren eine klare Trennung von operativen Lagebesprechungen zur Lösung kurzfristiger Probleme und Kontrolle der Verbesserung wesentlicher Betriebsabläufe von solchen Besprechungen, die der Prüfung der Strategie und Verbesserung ihrer Umsetzung dienen.

Anfänglich wollten wir in diesem Buch nur die besten Praktiken zur Umsetzung des 5. Prinzips einer strategiefokussierten Organisation darstellen, aber daraus entwickelte sich ein selbstständiges und umfassendes Managementsystem, das Strategie und operatives Management verbindet. Dieses System baut auf den Erkenntnissen unserer vorhergehenden vier Bücher auf und berücksichtigt zahlreiche Innovationen, unter anderem in den Bereichen Strategieentwicklung, operatives Management und operative Verbesserungen, Prozesskostenrechnung, Business Intelligence und statistische Analysen. Der in diesem Buch vorgestellte Management-Regelkreis stellt den erstrebenswerten »Endzustand« dar, um eine hervorragende operative Umsetzung an die strategischen Prioritäten und die Unternehmensvision zu koppeln.

Da der Management-Regelkreis für die Strategieumsetzung eine Neuentwicklung ist, möchten wir einen Dialog zwischen uns und unseren Lesern in Gang bringen. Wir richten daher eine Website ein, executionpremium.org, auf der wir Links zu Umfragen, Beurteilungsinstrumenten und Literaturhinweise anbieten, um so Managern bei der Umsetzung der Anregungen dieses Buches zu helfen. Außerdem möchten wir die Website als

Nachrichtenbrett nutzen oder dort Blogs ermöglichen, um so den Meinungsaustausch und die Weitergabe von Best-Practice-Beispielen zu fördern.

Anmerkungen zum Vorwort der Autoren

1 Kaplan, R.S.; Norton, D.P. »The Balanced Scorecard: Measures that Drive Performance«, *Harvard Business Review* (January-February 1992), S. 71-79.
2 Kaplan, R.S.; Norton, D.P. »Using the Balanced Scorecard as a Strategic Management System«, *Harvard Business Review* (January-February 1996), S. 75-85. Kaplan, R.S.; Norton, D.P. *Balanced Scorecard: Strategien erfolgreich umsetzen*, Teil 2 (Stuttgart: Schäffer-Poeschel 1997).
3 Kaplan, R.S.; Norton, D.P. »The Office of Strategy Management«, *Harvard Business Review* (October 2005), S. 72-80.

Kapitel 1

Einleitung

»Strategie ohne Taktik ist der langsamste Weg zum Sieg. Taktik ohne Strategie ist nur der Lärm vor der Niederlage.«[1]

Strategien managen ist etwas anderes als die operative Tätigkeit managen. Aber beides ist unerlässlich und muss harmonieren. Dazu bemerkte Strategieexperte Michael Porter: »Für eine herausragende Leistung sind sowohl ein reibungsloser Betrieb als auch eine Strategie erforderlich ... aber sie funktionieren beide ganz unterschiedlich.«[2]

Eine visionäre Strategie, die nicht an hervorragende Geschäftsprozesse sowie Führungs- und Überwachungsprozesse gekoppelt ist, kann nicht umgesetzt werden. Umgekehrt kann eine tolle betriebliche Leistung zwar Kosten senken, Qualität verbessern sowie Bearbeitungs- und Durchlaufzeiten reduzieren, aber ohne die Vision und Orientierungshilfe einer Strategie wird ein Unternehmen nur mit operativen Verbesserungen kaum einen nachhaltigen Erfolg erzielen.

Der inzwischen verstorbene Michael Hammer, er war Chef einer Beraterfirma, die sich mit Reengineering und Prozessmanagement befasst, pflichtete dem bei: »Leistungsfähige Geschäftsprozesse sind notwendig, aber nicht hinreichend für den Erfolg eines Unternehmens.«[3] Ein leitender strategischer Planer bei einem der Fortune-20-Unternehmen stimmt zu: »Sie können die weltweit besten Prozesse einsetzen, aber wenn Ihre Führungs- und Überwachungsprozesse nicht die Richtung und die zum Erreichen des Ziels erforderlichen Kurskorrekturen vorgeben, ist der Erfolg Glückssache.«

In der Regel setzen Unternehmen Strategien nicht um oder versäumen es, das operative Geschäft zu managen, weil ihnen ein umfassendes Managementsystem fehlt, um diese beiden entscheidenden Prozesse zu integrieren und aufeinander abzustimmen. Nehmen wir als Beispiel die Erfahrung, die der Marriott Vacation Club International (MVCI), eine hundertprozentige Tochtergesellschaft von Marriott International Inc[4], machte. MVCI entwickelt, verkauft und managt Timesharing- und Anteilseigentum sowie Fünf-Sterne-Ferienanlagen, die dem Unternehmen zu hundert Prozent gehören, unter vier bekannten Markennamen: Marriott Vacation Club, Grand Residences by Marriott, Horizons by Marriott Vacation Club und The Ritz-Carlton Club.

Ende der 1990er Jahre wandelte das Führungsteam von MVCI das rasch wachsende Unternehmen in eine prozessbasierte Organisation um, die zahlreiche Kennziffern verwendete – Prozesszeit, Kosten und Qualität – um jede Marke und jede Liegenschaft zu managen. Angesichts des für die kommenden Jahre vorhergesagten hohen Wachstums wollten die Führungskräfte eine stärkere Konzentration auf und Ausrichtung an den MVCI-Strategien erreichen. Im Unternehmen gab es gleichzeitig Hunderte von isolierten Initiativen, und eine Effizienzsteigerung bei einem Prozess brachte nur einen geringen Nutzen, weil die Vorteile weder voll ausgeschöpft noch bei den Aktivitäten anderer Gruppen berücksichtigt wurden.

Im Jahr 2002 bat der Senior Vice President für strategische Planung von MVCI zwei seiner Stellvertreter, mit ihm zusammen ein Strategie-Management-Team zu bilden, um eine neue Strategie und eine Strategy Map sowie eine Balanced Scorecard (BSC) auf Konzernebene zu entwickeln. Die vorgeschlagene Strategie konzentrierte sich auf das Angebot von umfassenden Kundenlösungen für die Eigentümer der Ferienanlagen, einschließlich einer gezielten Urlaubsplanungshilfe und ständigem Zugriff auf Informationen. Die Umsetzung der Strategie erforderte die vollständige Integration der Geschäfts- und Unterstützungsprozesse des Unternehmens.[5] Der zwölfköpfige Executive Council von MVCI diskutierte darüber und billigte schließlich eine Strategy Map und Balanced Scorecard zur Umsetzung der neuen Strategie.

Das Strategie-Management-Team führte die Scorecard dann auf der Ebene der Geschäftsprozesse ein. Das Team stand hinter einer »Beseitigt überflüssige Initiativen«-Kampagne, um das MVCI Portfolio an Initiativen, von denen viele keine strategische Bedeutung hatten, zu verschlanken. Bis 2004 führte MVCI die Business Scorecard dann auf der Ebene der einzelnen Liegenschaften ein, sowohl für den Betrieb der Ferienanlagen als auch für die Vertriebs- und Marketingteams jeder Anlage, sodass schließlich 120 Scorecards im Einsatz waren. Im Lauf der Zeit integrierten die Prozessleiter ihre wichtigsten Maßnahmen in das BSC-System und verzichteten auf alle Kennziffern, die ihnen nicht halfen, ihre Strategien umzusetzen und deren Einhaltung zu überwachen. Das Projektteam von MVCI übernahm auch eine führende Rolle bei der Kommunikation der Strategie an alle Mitarbeiter und arbeitete mit der Personalabteilung zusammen, um sicherzustellen, dass die persönlichen Ziele jedes einzelnen Beschäftigten an eines oder mehrere der strategischen Ziele von MVCI gekoppelt waren.

MVCI erzielte rasch beträchtliche Vorteile – die wir als Umsetzungserfolge bezeichnen – aus der Verknüpfung seiner Strategieplanung mit der operativen Umsetzung. Diese Umsetzungserfolge von MVCI sind in der folgenden Übersicht zusammengefasst.

De Umsetzungserfolge des Marriott Vacation Club International

- Der Betriebsgewinn stieg von US-$ 149,3 Mio. im Jahr 2003 auf US-$ 306 Mio. im Jahr 2007, ein jährliches Wachstum um 20 Prozent.
- Die Anzahl der Kunden, nach deren Meinung man mit MVCI »gut Geschäfte machen kann«, stieg gegenüber 2003 um 70 Prozent.
- Die organisatorische Abstimmung wurde besser; der Prozentsatz der MVCI-Mitarbeiter, die angaben, dass sie die Unternehmensstrategie verstanden und wussten, was sie selbst dazu beitrugen, stieg von 74 Prozent auf 90 Prozent im Jahr 2007.

MVCIs Chef Stephen Weisz bemerkte zu den Vorteilen der Umsetzung des neuen Managementsystems für die Marken und Liegenschaften von MVCI: »Die Einführung der Balanced Scorecard [verlief] Hand in Hand mit der Prozessneugestaltung, sodass sich MVCI nun auf messbare Verbesserungen in allen Geschäftsbereichen [konzentrieren kann].«[6]

Der Erfolg, den MVCI durch die Koppelung der operativen Tätigkeit an die Strategie erzielte, lässt sich wiederholen. Etwas später stellen wir verschiedene Fallstudien aus anderen Unternehmen vor, die ebenfalls Umsetzungserfolge durch die Anbindung der operativen Tätigkeit an die Strategie erzielten. In diesem Buch beschreiben wir Aufbau und Nutzung dieses neuen Managementsystems zur Strategieumsetzung.

Die Umsetzung der Strategie

In einer weltweiten Umfrage wollte The Monitor Group 2006 von Vorständen wissen, welche Prioritäten sie hätten. Die Strategieumsetzung kam mit Abstand auf den ersten Platz. Die Wirtschaftsforschungsorganisation The Conference Board berichtet aufgrund einer Befragung im Jahr 2007, dass »eine hervorragende Umsetzung« bei Führungskräften allerhöchste Priorität hat. Nach der Nummer 2 auf der Liste, »nachhaltiges und stetiges Umsatzwachstum«, eroberte die Umsetzung der Strategie als »stetige Umsetzung der Strategie durch die oberste Führungsebene« auch den dritten Platz. Die hohe Priorität, die man einer effektiven Strategieumsetzung einräumt, lässt sich auf die beträchtlichen und gut dokumentierten Probleme zurückführen, mit denen Unternehmen dabei zu kämpfen haben. Verschiedene Studien der letzten 20 Jahre deuten darauf hin, dass 60 bis 80 Prozent der Unternehmen die in ihren strategischen Plänen festgeschriebenen Ziele nicht annähernd erreichen. Im Oktober 2007 erklärte Tony Hayward, der neue Chef von BP: »Die Strategie als solche ist nicht unser Problem, aber deren Umsetzung macht Schwierigkeiten.«[7]

Wir führten 1996 eine Untersuchung zur Strategieumsetzung durch. Dabei stellten wir fest, dass die meisten Organisationen kein formelles System haben, das ihnen dabei hilft. Nur 40 Prozent der Unternehmen koppelten ihre Budgets an ihre Strategien, und nur 30 Prozent schufen eine Verbindung zwischen ihrer Strategie und Prämiensystemen. In den meisten der untersuchten Firmen gaben weniger als 10 Prozent der Mitarbeiter an, sie verstünden die Unternehmensstrategie. Natürlich können Beschäftigte, die die Strategie nicht verstehen, auch nichts zu deren Umsetzung beitragen.

Außerdem verwendeten 85 Prozent der Führungsteams pro Monat weniger als eine Stunde auf die Besprechung ihrer Strategie, und ganze 50 Prozent berichteten, dass sie praktisch überhaupt keine Zeit mit Strategiediskussionen verbrachten. Führungskräfte verließen sich auf taktische operative Systeme vor Ort (beispielsweise Budgets), um die Finanzen zu managen, auf Management durch Zielvereinbarung, um die Mitarbeiter zur Leistung zu motivieren, sowie dezentralisierte IT-, Marketing- und Vertriebspläne. Es gab kein System mit der expliziten Aufgabe, die Umsetzung der Strategie zu managen.

Wir führten 2006 eine Nachfolgestudie durch, für die wir Antworten von 143 Leistungsmanagement-Experten über die Systeme erhielten, mit denen ihre Unternehmen die Strategieumsetzung managen. Die Ergebnisse der Untersuchung, die in Abbildung 1-1 zusammengefasst sind, hatten einige Ähnlichkeit mit denen von 1996, es zeigten sich allerdings auch signifikante Unterschiede. Ähnlichkeiten bestanden zwischen den 46 Prozent der Befragten, die angaben, dass sie immer noch kein formelles System für die Umsetzung der Strategie hatten; 73 Prozent von diesen berichteten, ihre strategische Leistung sei durchschnittlich oder unterdurchschnittlich, ein Prozentsatz, der in etwa dem entspricht, der sich in früheren Befragungen zur Strategieumsetzung ergab. Aber inzwischen konnten 54 Prozent der Befragten melden, dass sie einen formellen Prozess zum Management der Strategieumsetzung hatten.[8] Von diesen gaben 70 Prozent an, dass die Leistung ihres Unternehmens über derjenigen von Vergleichsunternehmen läge; ihre Erfolgswahrscheinlichkeit hatte sich also deutlich erhöht. Mit einem förmlichen System zur Strategieumsetzung ist die Erfolgswahrscheinlichkeit zwei- bis dreimal höher als ohne ein solches System.

Abbildung 1-1: Organisationen mit formellem Prozess zur Strategieumsetzung sind erfolgreicher als andere

Gibt es in Ihrem Unternehmen einen förmlichen Prozess zur Strategieumsetzung?	**Ja** (54 %)	**Nein** (46 %)	
Beschreiben Sie die derzeitige Unternehmensleistung:			
• Wir erzielen bahnbrechende Ergebnisse.	12 %	7 %	**Gewinner**
• Wir sind erfolgreicher als vergleichbare Unternehmen.	58 %	20 %	
Insgesamt	**70 %**	**27 %**	
• Wir sind genauso erfolgreich wie vergleichbare Unternehmen.	18 %	30 %	**Verlierer**
• Wir sind weniger erfolgreich als vergleichbare Unternehmen.	9 %	27 %	
• Wir erreichen kein nachhaltiges Leistungsniveau.	3 %	16 %	
Insgesamt	**30 %**	**73 %**	

Quelle: Studie der Autoren (Ergebnisse einer Studie von 143 Leistungsmanagement-Experten, März 2006)

Abbildung 1-2, die ebenfalls auf Daten aus dieser Befragung basiert, zeigt die Unterschiede bei der Verwendung von sechs Prozessen zur Strategieumsetzung zwischen Unternehmen mit und ohne formellem System zur Strategieumsetzung:[9]

- Übersetzung der Strategie,
- Management strategischer Initiativen,
- Ausrichtung der Organisationseinheiten an der Strategie,
- Kommunikation der Strategie,
- Überprüfung der Strategie,
- Aktualisierung der Strategie.

Abbildung 1-2: Strategiemanagement: Gegenwärtige Vorgehensweisen

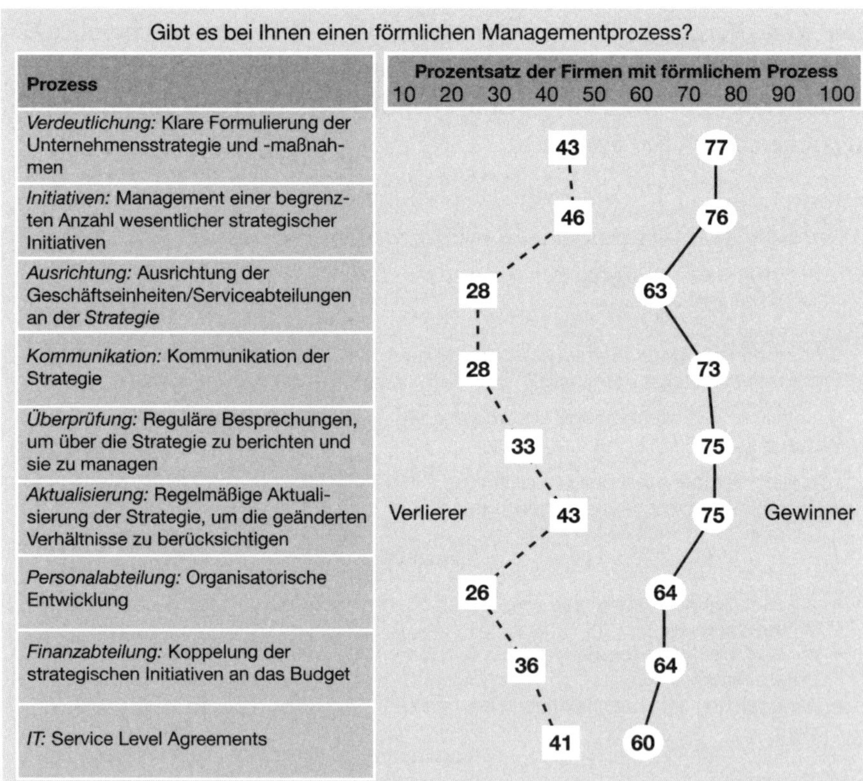

Quelle: Studie der Autoren (Ergebnisse einer Studie von 143 Leistungsmanagement-Experten, März 2006)

Betrachtet man beispielsweise die 73 Prozent der Unternehmen, die hervorragende Leistungen erzielen, so kommunizieren sie ihre Strategie und strategische Maßnahmen klar und deutlich, während dies nur bei 28 Prozent derjenigen der Fall ist, die nur auf eine unterdurchschnittliche Leistung kommen.

Eine Umfrage, die 2003 von der Cranfield University durchgeführt wurde, kam zu dem Ergebnis, dass 46 Prozent der Organisationen einen formellen Prozess für das Leistungsmanagement einsetzen.[10] Von diesen Unternehmen nutzen 25 Prozent eine Variante des Total Quality Managements (TQM) als hauptsächliches Leistungsmanagementsystem, während 75 Prozent mit der Balanced Scorecard arbeiten. Eine Studie, die vom US-amerikanischen Institute of Management Accountants gesponsert wurde, kommt zu dem Ergebnis, dass die Balanced Scorecard mit Abstand zum führenden System für das Management der Unternehmensleistung geworden ist und weit häufiger eingesetzt wird als Systeme, die auf dem Qualitätsmanagement (Baldrige-Kriterien, European Foundation for Quality Management [EFQM] und Six Sigma) oder dem Wertmanagement (Economic Value Added) aufbauen.[11]

Die wachsende Zahl strategischer und operativer Management-Tools

Trotz der zunehmenden Nutzung von Systemen zur Strategieumsetzung, die auf der Balanced Scorecard basieren, stellen wir fest, dass die Umsetzung durch Abteilungen mit direktem Kundenkontakt, Prozessteams und Mitarbeiter nach wie vor von den auf höchster Ebene formulierten Plänen abweicht. Derartige Divergenzen lassen sich teilweise auf die verschiedenen Tools zur Formulierung der Strategie und der betrieblichen Verbesserung zurückführen, die in den letzten dreißig Jahren eingeführt wurden. Die Entwicklung einer Strategie beginnt in der Regel mit der Formulierung der Mission, Vision und Werte, ergänzt durch externe Wettbewerbs-, Wirtschafts- und Umweltanalysen, was zu Aussagen über Stärken, Schwächen, Chancen und Risiken (SWOT) des Unternehmens führt. Zu den Methoden zur Strategieformulierung gehören Michael Porters Fünf-Kräfte-Modell und sein Konzept der Wettbewerbspositionierung, die Ressourcentheorie, die Kernkompetenzen, disruptive

Strategien sowie Analysen von bislang nicht erschlossenen Marktsegmenten. Außerdem setzen Unternehmen die Szenarienplanung, dynamische Simulationen und War Gaming ein, um die Tragfähigkeit ihrer Strategien zu testen.

Strategy Maps und Balanced Scorecards helfen Unternehmen, ihre Strategien zu formulieren, zu kommunizieren und zu messen. Manche Firmen nutzen die Catch-Ball-Komponente des japanischen Hoshin-Kanri-Zielentwicklungsprozesses, um die Strategieziele der obersten Führungsebene in konkrete Ziele für Abteilungen umzusetzen, wonach die Ziele für einzelne Mitarbeiter nach dem Prinzip des Managements durch Zielvereinbarung festgelegt werden. Außerdem setzen Unternehmen TQM-Methoden ein – Six Sigma, Kaizen und Beurteilungsmethoden gemäß den Malcolm-Baldrige- und EFQM-Award-Programmen – um eine stetige Verbesserung und hohe Reaktionsfähigkeit ihrer Geschäftsprozesse zu erreichen. Wenn dramatische Prozessverbesserungen notwendig sind, kann ein innerbetrieblicher Strukturwandel erforderlich sein.

Business-Intelligence-Software bietet eine Vielzahl von Tools, die bei der strategischen Planung helfen, sowie bedarfsgerecht gestaltete Dashboards zur Unterstützung der Verbesserungsprogramme. Unternehmen setzen anspruchsvolle Analyse-Tools ein, um die Leistungsfähigkeit ihrer Strategien zu prüfen, einschließlich Software für das Kundenbeziehungsmanagement und Analysemodelle, um das Kundenverhalten aufzuzeichnen und Kundenprofile zu entwickeln. Die Prozesskostenrechnung wird verwendet, um die Rentabilität von Produkten und Kunden zu berechnen, beides wesentliche Leistungsindikatoren.

Es ist begrüßenswert, dass Unternehmen inzwischen unter einer großen Anzahl strategischer und operativer Tools wählen können, aber es fehlt nach wie vor eine Theorie oder ein Rahmen, der bei der erfolgreichen Integration dieser vielen verschiedenen Instrumente hilft. Unternehmen finden häufig keine Antwort auf die Frage, wie das Zusammenspiel dieser Tools in einem System funktionieren könnte. Meistens werden diese Tools spontan und bei Bedarf eingesetzt, ohne dass man sich darüber austauscht oder eine Koordinierung stattfindet.

Das einzige gemeinsame Element im Managementsystem der meisten Unternehmen ist das finanzielle Budget, das immer noch das hauptsächliche Instrument zur Koordinierung, Prognose und Leistungsbeurteilung ist. Aber auch diese Praxis wurde schon infrage gestellt. Mit der Einführung der Balanced Scorecard im Jahr 1990 verfolgten wir hauptsächlich das Ziel, zum Nachdenken über die ausschließliche Verwendung von finanziellen Messgrößen zur Motivierung und Leistungsbeurteilung anzuregen. Vor nicht allzu langer Zeit hat die »Beyond Budgeting«-Bewegung, die ihren Ausgang in Europa nahm und dann ihren Einzug in den USA hielt, die Verwendung von Budgets zur Planung der Zukunft und zur Beurteilung vergangener Leistung scharf kritisiert.[12]

Zusammenfassend lässt sich sagen, dass die Entwicklung von Strategien und das Ankoppeln der Unternehmenstätigkeit an die Strategien nach wie vor auf sehr unterschiedliche, fragmentierte Weise und meistens ad hoc erfolgt. Angesichts der zahllosen strategischen und operativen Management-Tools, die es inzwischen gibt, vertreten wir die Auffassung, dass es für Unternehmen vorteilhaft ist, wenn sie sich für einen systematischen Ansatz zur Verbindung von Strategie und operativen Maßnahmen entscheiden. Ein umfassendes, integriertes Managementsystem kann Firmen helfen, die Schwierigkeiten und den Frust zu vermeiden, die bei dem Versuch, ihre Strategien umzusetzen, auftreten – insbesondere im Fall neuer Strategien, mit denen fundamentale Veränderungen bewirkt werden sollen.

Ein Managementsystem zur Integration der Strategieplanung und operativen Umsetzung

Wir haben, wie in Abbildung 1-3 dargestellt, die Struktur für ein umfassendes, integriertes Managementsystem entwickelt, in dem die Formulierung und Planung der Strategie mit deren Umsetzung verbunden sind. Das System gliedert sich in sechs Hauptphasen.

Phase 1: Manager *entwickeln die Strategie* mithilfe der erwähnten Strategie-Tools.

Phase 2: Das Unternehmen *plant die Strategie* mithilfe von Tools wie den Strategy Maps und Balanced Scorecards.

Phase 3: Sobald die Strategy Map und Balanced Scorecard auf höchster Ebene formuliert wurden, *richten* die Manager das Unternehmen an der Strategie *aus*, indem sie verknüpfte Strategy Maps und Balanced Scorecards an alle Unternehmenseinheiten weitergeben. Die Orientierung der Mitarbeiter an der Strategie erfolgt mithilfe eines formellen Kommunikationsprozesses und durch die Anbindung der persönlichen Ziele und Prämien der Mitarbeiter an die strategischen Ziele.

Abbildung 1-3: Das Managementsystem: Verbindung von strategischem und operativem Management

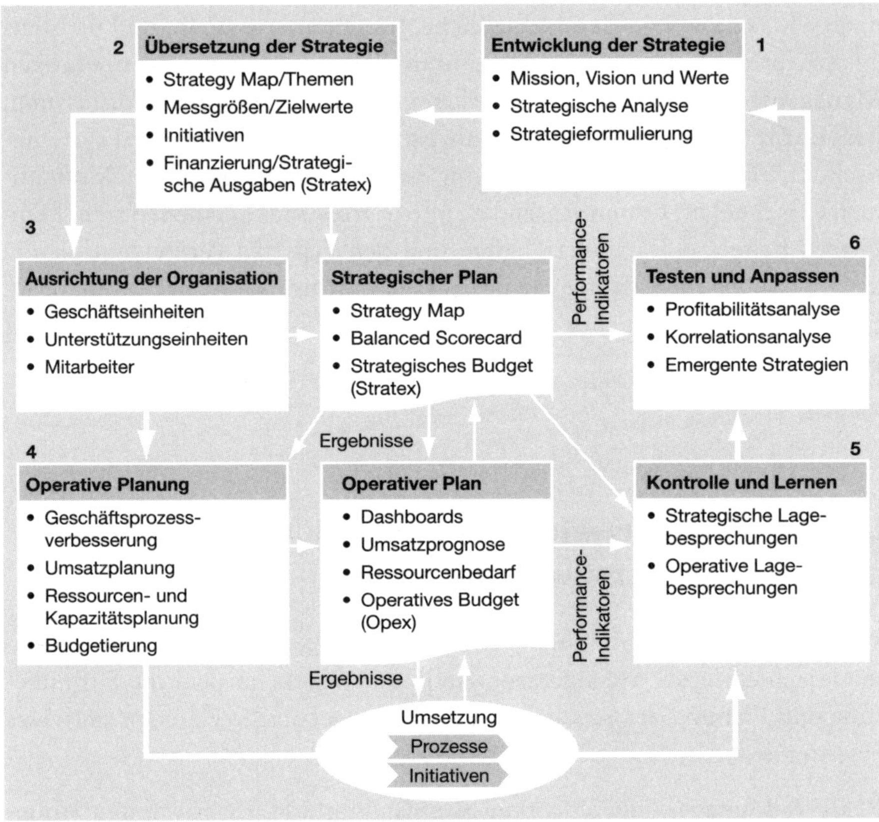

Phase 4: Nachdem alle Unternehmenseinheiten und Mitarbeiter gemäß der Strategie ausgerichtet wurden, können die Manager die *operative Tätigkeit planen*, wobei sie Instrumente wie Qualitäts- und Prozessmanagement, Neuorganisation, Prozess-Dashboards, gleitende Prognosen, Prozesskostenrechnung, Ressourcen- und Kapazitätsplanung und eine dynamische Budgetierung einsetzen.

Phase 5: Während die strategischen und die operativen Pläne ausgeführt werden, *beobachtet* das Unternehmen Probleme, Hindernisse und Herausforderungen und *zieht Lehren* daraus. Im Rahmen dieses Prozesses fließen Informationen über die operativen Tätigkeiten und Strategien in regelmäßige Bewertungen durch das Management ein.

Phase 6: Die Manager nutzen interne Unternehmensdaten sowie externe über die Entwicklung des Umfelds und des Wettbewerbs, um ihre *Strategie zu überprüfen und anzupassen*, und beginnen so eine weitere Schleife um das integrierte System der Strategieplanung und der operativen Umsetzung.

Als Nächstes werden die sechs Phasen des integrierten Managementsystems kurz beschrieben, anschließend erläutern wir sie im Detail in den folgenden Kapiteln dieses Buches.

Phase 1: Entwicklung der Strategie

Am Anfang des integrierten Managementsystems stehen Führungskräfte, die eine Strategie entwickeln. Dabei befassen sie sich mit drei Fragen:

1. *Was ist unser Geschäft und warum betreiben wir es? (Klärung der Mission, Vision und Werte)*: Die Führungskräfte beginnen die Entwicklung einer Strategie mit einem klaren Bekenntnis zum Unternehmenszweck (Mission), zum internen Kompass, der als Leitlinie für die Aktivitäten dient (Werte), und zu den Hoffnungen und Erwartungen hinsichtlich zukünftiger Ergebnisse (Vision). Die Aussage über die Mission, Vision und Werte stellt eine Orientierungshilfe bei der Formulierung und Umsetzung der Strategie dar.
2. *Was sind die Hauptthemen und -probleme? (Durchführung einer strategischen Analyse)*: Die Manager begutachten das unternehmerische und Wettbewerbsumfeld, insbesondere wesentliche Veränderungen, die seit der letzten Strategiefestlegung eingetreten sind. Die aktuellen Daten, die als Grundlage für die Beurteilung dienen, stammen aus drei Bereichen: dem *externen Umfeld* (dem politischen, wirtschaftlichen, gesellschaftlichen, technischen, umweltbezogenen und rechtlichen), der *internen Umgebung* (wesentliche Prozesse, beispielsweise die aktuelle Personalsituation, Produktion und Logistik, Innovationen und der Einsatz von

Technologien), sowie den Fortschritten, die mit der *vorhandenen Strategie* gemacht wurden. Die Beurteilung des externen Umfelds und der internen Umgebung wird in einer SWOT-Tabelle der Stärken, Schwächen, Chancen und Risiken zusammengefasst, die hilft, eine Reihe von Problemen zu identifizieren, mit denen sich die Strategie befassen muss.

Das Führungsteam entwickelt und kommuniziert eine Reihe von Richtlinien, die so genannte *Agenda für den strategischen Wandel*, in der die Gründe für die erforderliche Strategieänderung erläutert sind.

3. *Wie können wir uns am besten dem Wettbewerb stellen? (Formulierung der Strategie)*: In der letzten Phase entwickeln die Führungskräfte eine Strategie, indem sie sich mit den folgenden Themen befassen:

   - In welchen *Nischen* werden wir am Wettbewerb teilnehmen?
   - Welcher *versprochene Kundennutzen* wird uns in diesen Segmenten von anderen unterscheiden?
   - Welche *wesentlichen Prozesse* helfen im Rahmen dieser Strategie bei der Differenzierung?
   - Welche Fähigkeiten und Fertigkeiten unserer *Mitarbeiter* erfordert diese Strategie?
   - Welche *technischen Voraussetzungen* erfordert die Strategie?

In Kapitel 2 werden die drei strategischen Entwicklungsprozesse ausführlich beschrieben: Klärung der Mission, Vision und Werte, Durchführung der strategischen Analysen und Formulierung einer Strategie.

Phase 2: Übersetzung der Strategie

In dieser Phase planen die Manager die Strategie, indem sie strategische Ziele, Messgrößen, Zielwerte, Initiativen und Budgets entwickeln, die Orientierungshilfen für die Aktivitäten und die Ressourcenverteilung bieten. In diesem Stadium befassen sich Unternehmen üblicherweise mit fünf Themen:

1. *Wie beschreiben wir unsere Strategie? (Entwicklung der Strategy Map)*: Zu einer *Strategie* gehören verschiedene Dimensionen organisatorischer Änderungen, von kurzfristigen Produktivitätsverbesserungen bis zu langfristigen Innovationen. Eine *Strategy Map* ist eine bildliche Darstellung sämtlicher strategischer Dimensionen, die wir nun als *strategische*

Themen bezeichnen, auf einer Seite. Es ist schwierig, das Erreichen von 15 bis 25 Zielen in einer typischen Strategy Map gleichzeitig zu managen. Deshalb werden verwandte Ziele zu vier bis sechs strategischen Themen zusammengefasst, die den Kern der Strategie darstellen. Mithilfe der Strategy Map auf der Basis von strategischen Themen können Führungskräfte sämtliche Kernkomponenten der Strategie getrennt planen und managen, obgleich sie alle zusammen funktionieren. Nur mit fachbereichs- und geschäftseinheitsübergreifenden Themen lässt sich die Strategie erfolgreich umsetzen.

2. *Wie messen wir unseren Plan? (Messgrößen und Zielwerte auswählen)*: In dieser Phase wandeln die Manager die in den Strategy Maps und strategischen Themen definierten Ziele in eine Balanced Scorecard von Messgrößen, Zielwerten und Wertlücken (value gap) um. Die Wertlücke, die üblicherweise durch die ambitionierte Formulierung der Vision definiert ist, wird in einzelne Abweichungen unterteilt, die jeweils ein strategisches Thema binnen drei bis fünf Jahren beseitigen soll.
3. *Was muss zur Umsetzung der Strategie getan werden? (Auswahl strategischer Initiativen): Strategische Initiativen* sind Aktionsprogramme, mit denen die Ziele der Strategy Map erreicht werden sollen. Man kann diese Initiativen nicht für sich allein betrachten, man muss sie als Portfolio von sich ergänzenden Aktionen sehen, die alle erfolgreich umgesetzt werden müssen, wenn das Unternehmen die durch die Themen vorgegebenen Ziele und das strategische Gesamtziel erreichen will.
4. *Wie finanzieren wir unsere Initiativen? (Berechnung der strategischen Ausgaben)*: Zur Strategieumsetzung gehört, dass alle Initiativen gleichzeitig auf koordinierte Weise ausgeführt werden. Dafür müssen geeignete Mittel zur Verfügung gestellt werden. Das herkömmliche Budgetierungssystem konzentriert sich auf die Ressourcen, die für bestehende Fachabteilungen und Geschäftsbereiche erforderlich sind, sowie auf deren Verantwortung und Leistung. Die strategischen Investitionen für fachabteilungs- und geschäftsbereichsübergreifende Initiativen müssen aus den üblichen Unternehmensbudgets herausgenommen und vom Führungsteam getrennt gemanagt werden. Die Schaffung einer eigenen Budgetkategorie für strategische Ausgaben erleichtert den Prozess.
5. *Wer übernimmt die Führung bei der Strategieumsetzung? (Schaffung von Thementeams)*: Für die Umsetzung der Strategie mithilfe von Themen schaffen Unternehmen neue Verantwortungsstrukturen. Sie ernen-

nen Führungskräfte zu *Themenleitern*, finanzieren sie durch strategische Ausgaben und geben ihnen *Thementeams* zur Unterstützung, die aus verschiedenen Unternehmensbereichen rekrutiert werden. Die Themenleiter mit ihren Teams sind für die Umsetzung der Strategie im Rahmen ihres Themas verantwortlich und geben Feedback darüber.

In Kapitel 3 werden die ersten beiden Strategieplanungsprozesse beschrieben: die Schaffung einer Strategy Map auf der Basis von Themen und die Wahl von Messgrößen und Zielwerten für die Ziele der Strategy Map. Kapitel 4 präsentiert die drei Initiativenmanagementprozesse: Auswahl, Finanzierung und Übertragung der Verantwortung für die Portfolios strategischer Initiativen auf Themenbasis.

Phase 3: Ausrichtung der Organisation

Um das Beste aus einem Unternehmen mit mehreren Sparten und Fachabteilungen zu machen, müssen die Führungskräfte die Gesamtstrategie des Unternehmens mit den Strategien der Geschäftseinheiten und Fachbereiche verknüpfen. Alle Mitarbeiter müssen die Strategie verstehen und zu deren Umsetzung motiviert werden. Im Rahmen des Ausrichtungsprozesses befassen sich die Unternehmen mit drei Fragen:

1. *Wie können wir sicherstellen, dass alle Unternehmenseinheiten am gleichen Strang ziehen (Ausrichtung der Geschäftsbereiche)*: Üblicherweise wird eine Strategie auf Geschäftsbereichsebene definiert. Aber die meisten Unternehmen haben zahlreiche Sparten. Die Unternehmensstrategie legt fest, wie die Strategien der einzelnen Geschäftsbereiche so integriert werden können, dass Synergien entstehen, die es nicht gäbe, wenn alle Geschäftseinheiten unabhängig voneinander operierten. Die Unternehmensstrategie ist in einer Strategy Map dargestellt, welche die verschiedenen Synergiequellen identifiziert. Die Manager geben diese Strategy Map an die Geschäftsbereiche weiter, sodass deren eigene Strategien dann die Ziele reflektieren, die (1) vor Ort erreicht werden müssen und (2) mit der Unternehmensstrategie und den Strategien anderer Geschäftseinheiten im Einklang sind.
2. *Wie richten wir Unterstützungseinheiten an den Strategien des Unternehmens und der Geschäftseinheiten aus (Ausrichtung der Unterstützungseinheiten)*: Häufig behandeln Führungskräfte Unterstützungsein-

heiten als eigenständige Kostencenter, das heißt als Gemeinkostenstellen, deren Kosten möglichst niedrig zu halten sind. Infolgedessen sind Strategien und Arbeit von Serviceabteilungen häufig nicht an denen des Unternehmens und der Geschäftsbereiche ausgerichtet, die sie unterstützen sollen. Eine erfolgreiche Strategieumsetzung bedingt, dass die Strategien der *Unterstützungseinheiten* sich an denen der wertschöpfenden Bereiche orientieren. Stabsabteilungen sollten mit den Geschäftseinheiten Service Level Agreements vereinbaren und darin ihre Dienstleistungen genau definieren. Gibt es auf der Basis der Service Level Agreements Strategy Maps und Scorecards für Unterstützungseinheiten, so können diese ihre eigenen Strategien entwickeln und umsetzen, um diejenigen der Geschäftseinheiten zu unterstützen.

3. *Wie motivieren wir die Mitarbeiter zur Umsetzung der Strategie? (Ausrichtung der Mitarbeiter)*: Letztendlich sind es die Mitarbeiter, welche die von der Strategie geforderten Prozesse verbessern und Projekte, Programme und Initiativen ausführen. Die Mitarbeiter müssen die Strategie verstehen, wenn sie ihre tägliche Arbeit erfolgreich daran orientieren sollen. Sie können keine Strategie umsetzen, wenn sie diese nicht kennen oder verstehen. Unternehmen nutzen formelle Kommunikationsprogramme (»sieben Mal auf sieben verschiedene Arten kommunizieren«), um ihren Mitarbeitern die Strategie verständlich zu machen und sie zu deren Umsetzung zu motivieren. Ergänzend zur Kommunikation werden die persönlichen Ziele und Leistungsprämien der Mitarbeiter an die Unternehmens- und Geschäftseinheitsziele gekoppelt. Die nötige Kompetenz zur erfolgreichen Strategieumsetzung erwerben die Beschäftigten durch Schulungen und Weiterbildungsprogramme.

Kapitel 5 beschreibt Best-Practice-Beispiele, mit denen Unternehmen Geschäftseinheiten und Mitarbeiter an der Strategie ausrichten.

Phase 4: Operative Planung

Ein wichtiges Unterscheidungsmerkmal des hier vorgestellten umfassenden Managementsystems ist die Betonung der Verbindung zwischen langfristiger Strategie und täglicher Arbeit. Unternehmen müssen ihre Aktivitäten zur Prozessverbesserung an ihren strategischen Prioritäten orientieren.

Auch die Finanzierung der für den Geschäftsbetrieb erforderlichen Ressourcen muss zum strategischen Plan passen. Im Rahmen der Unternehmensplanung müssen sich Manager mit den folgenden Fragen befassen:

1. *Welche Geschäftsprozesse sind zur Umsetzung der Strategie am wichtigsten? (Verbesserung von Schlüsselprozessen)*: Die prozessbezogenen Ziele in einer Strategy Map zeigen, wie die Strategie umgesetzt wird. Die strategischen Themen der Strategy Map beruhen auf den wesentlichen Prozessen, die hier definiert werden.[13] Beispielsweise erfordert das strategische Thema »Wachstum durch Innovation« ein hervorragendes Ergebnis des Produktentwicklungsprozesses; das Thema »Kundentreue erhöhen« verlangt nach deutlich verbessertem Kundenbeziehungsmanagement. Mit manchen Prozessverbesserungen sollen Kosten gesenkt oder die Produktivität erhöht werden, mit anderen soziale oder Regulierungsziele erreicht werden. Unternehmen müssen ihre gesamten Qualitätsmanagement-, Six-Sigma- und Strukturwandelprogramme auf die Verbesserung der Prozesse ausrichten, die für die angestrebten Verbesserungen auf der Finanz- oder Kundenebene erforderlich sind.

   Nachdem die wichtigsten zu verbessernden Prozesse identifiziert wurden, schaffen Firmen für ihre Prozessmanagementteams bedarfsgerechte Dashboards, die wesentliche Indikatoren für die Prozessleistung vor Ort bieten. Die Dashboards helfen den Mitarbeitern, sich auf die Prozessverbesserung zu konzentrieren und geben ihnen Feedback. In Kapitel 6 wird erläutert, wie man Prozessverbesserungen am Strategieplan orientiert und Prozess-Dashboards entwickelt.
2. *Wie koppeln wir operative Pläne und Budgets an die Strategie? (Entwicklung eines Ressourcen- und Kapazitätsplans)*: Die Prozessverbesserungspläne sowie die strategischen Maßnahmen und Ziele der obersten Geschäftsebene, die sich auf der Balanced Scorecard finden, müssen in einen operativen Plan für das Jahr umgesetzt werden. Der operative Plan hat drei Komponenten: Eine detaillierte Umsatzprognose, einen Ressourcen- und Kapazitätsplan sowie Budgets für die Betriebs- und Investitionsausgaben.

   Umsatzprognose: Unternehmen müssen die Einnahmeziele aus ihren strategischen Plänen in Umsatzprognosen überführen. Die am Anfang erwähnte Beyond-Budgeting-Bewegung fordert, dass Unternehmen laufend auf eine dynamische Umwelt reagieren, indem sie vierteljährliche

Umsatzzahlen für die nächsten fünf oder sechs Quartale immer wieder neu prognostizieren. Unabhängig davon, ob er jährlich oder vierteljährlich erstellt wird, basiert jeder operative Plan auf einer Umsatzprognose, die sich mit analytischen Ansätzen wie der von Erfolgsfaktoren gesteuerten Planung leichter erstellen lässt. Da ein detaillierter operativer Plan auf ihr aufbaut, sollte die Umsatzprognose die zu erwartenden Absatzmengen, den Produkt-Mix, die Art der einzelnen Verkaufsaufträge, die Stückzahlen und Transaktionen enthalten.

Ressourcen- und Kapazitätsplan: Unternehmen können ein Time-Driven-Activity-Based-Costing-Modell (TDABC, eine ressourcenorientierte Weiterentwicklung der Prozesskostenrechnung) verwenden, um anhand der Absatzprognosen die für den Prognosezeitraum erforderlichen Ressourcen und Kapazitäten zu schätzen.[14] Die Prozesskostenrechnung wird als Instrument zur Messung der Kosten und Rentabilität von Prozessen, Produkten, Kunden, Vertriebskanälen, Regionen und Geschäftseinheiten verwendet, aber besonders wichtig ist sie für die Ressourcenplanung und Budgetierung. Da ein TDABC-Modell Faktoren berücksichtigt, die einen Einfluss auf die Kapazität haben, um den Transaktionen, Produkten und Kunden die entsprechenden Ausgaben für die Ressourcen gegenüberzustellen, kann ein derartiges Modell auch leicht für alle Absatz- und Prozessverbesserungsprognosen die zur Planerfüllung notwendigen Mengen an Ressourcen – Mitarbeiter, Maschinen, Anlagen – schätzen.

Betriebs- und Kapitalbudgets: Wenn sich die Führungskräfte auf die Menge der erforderlichen Ressourcen geeinigt haben, können sie leicht die finanziellen Auswirkungen (in einem Gewinnplan zusammengefasst) sowie die erforderlichen Betriebs- und Kapitalbudgets berechnen. Das Unternehmen kennt die Kosten für jede Einheit der Ressourcen. Es multipliziert die Kosten jeder Ressourcenart mit der genehmigten Menge und kennt dann die Kosten für die Bereitstellung der Ressourcen und Kapazitäten für den Absatz- und Unternehmensplan. Der größte Posten des Betriebsbudgets sind die Personalkosten. Eine Erhöhung der Maschinenkapazität wirkt sich auf das Kapitalbudget aus. Das Ergebnis dieses Prozesses sind Betriebs- und Kapitalbudgets, die sich rasch aus den Absatz- und Unternehmensplänen entwickeln lassen.

Da das Unternehmen erst eine detaillierte Einnahmeprognose macht und dann die mit dieser Prognose verbundenen Kosten der Ressourcen berechnet, kann es mittels einer einfachen Subtraktion für jedes Produkt, jeden Kunden, jeden Vertriebskanal und jede Region eine ausführliche Gewinn-und-Verlust-Rechnung prognostizieren.

In Kapitel 7 wird dargelegt, wie sich ein strategischer Plan in Ressourcen- und Kapazitätspläne sowie solche für die Betriebs- und Kapitalausgaben umwandeln lässt.

Phase 5: Beobachten und Lehren ziehen

Nachdem die Strategie entwickelt, geplant und an den operativen Plan gekoppelt wurde, beginnt das Unternehmen, seine strategischen und unternehmerischen Pläne umzusetzen, die Ergebnisse zu beobachten und Maßnahmen zu ergreifen, um aufgrund von neuen Informationen und Erkenntnissen den operativen Plan und die Strategie zu verbessern. In *operativen Lagebesprechungen* analysieren Unternehmen die Leistung einzelner Fach- und sonstiger Abteilungen und kümmern sich um bestehende oder neue Probleme. Sie halten *strategische Lagebesprechungen* ab, um die Indikatoren und Initiativen der Balanced Scorecard jeder Einheit zu diskutieren und die Fortschritte bei deren Umsetzung sowie Hindernisse zu begutachten. Durch die Trennung der Besprechungen über die operative Lage und die Strategie wird vermieden, dass kurzfristige Geschäftsprobleme und Fragen der Taktik die Diskussion über Umsetzung und Anpassung der Strategie in den Hindergrund drängen. In den verschiedenen Besprechungen werden unterschiedliche Fragen erörtert:

1. *Haben wir das operative Management unter Kontrolle? (Operative Lagebesprechungen)*: Derartige Besprechungen finden statt, um über die Leistung in letzter Zeit zu reden und auf neu identifizierte Probleme zu reagieren, gegen die sofort etwas unternommen werden muss. Die Häufigkeit dieser Besprechungen hängt davon ab, wie oft neue Daten zur Geschäftstätigkeit vorliegen, wie rasch das Management darauf reagieren will und welche Fragen zur Taktik auftauchen. In vielen Unternehmen finden entsprechende Sitzungen wöchentlich, zweimal in der Woche oder sogar täglich statt, um die Dashboards für den Verkauf, die Buchungen und die Auslieferungen zu betrachten und kurzfristig auftretende Probleme zu lösen: Reklamationen wichtiger Kunden, verspätete Lieferungen, fehlerhafte Produkte, ein Maschinenschaden, eine kurzfristig unzureichende

Liquidität, die längere Abwesenheit eines wichtigen Mitarbeiters oder eine sich neu ergebende Verkaufschance. Diese Besprechungen finden üblicherweise auf Abteilungs- oder Fachbereichsebene statt; Wissen und Erfahrung der Mitarbeiter werden zur täglichen Problemlösung im Verkauf, im Einkauf, in der Logistik, der Finanzabteilung und im Innendienst genutzt. Derartige Treffen sollten kurz, äußerst konzentriert, datengesteuert und handlungsorientiert sein.

2. *Setzen wir die Strategie gut um? (Strategische Lagebesprechung)*: Üblicherweise trifft sich das Führungsteam monatlich, um die Fortschritte zu prüfen, die bei der Umsetzung der Strategie gemacht wurden. Die Einhaltung der Pläne wird debattiert, bei der Umsetzung auftretende Probleme werden untersucht und Korrekturmaßnahmen vorgeschlagen sowie Verantwortungen für die Zielerreichung zugewiesen. Wenn man sich Strategie und Problemlösungen als Planen-Tun-Checken-Aktivwerden-Zyklus vorstellt, dann sind die strategischen Lagebesprechungen der Checken- und Aktiv-werden-Teil der Strategieumsetzung.

   Themenverantwortliche verteilen vor der Sitzung Daten zu den Messgrößen und Initiativen der Balanced Scorecard. Die Besprechung konzentriert sich auf die Diskussion und Auswahl von Aktionsplänen zur Lösung der Probleme, die seit der letzten Debatte aufgetreten sind. Da eine ausführliche, monatliche Behandlung jedes Ziels, jeder Messgröße und jeder Initiative zu viel Zeit erfordern würde, organisieren Unternehmen ihre strategischen Lagebesprechungen nach strategischen Themen und behandeln pro Sitzung ein oder zwei davon ausführlich. So wird jedes Thema und jedes Ziel mindestens einmal pro Quartal sorgfältig untersucht und debattiert.

In Kapitel 8 werden Organisation, Häufigkeit, Teilnehmer, Agenda und Maßnahmen der operativen und strategischen Lagebesprechungen dargestellt.

Phase 6: Testen und Anpassen

Zusätzlich zu den häufigen operativen und strategischen Lagebesprechungen müssen auch eigene Sitzungen stattfinden, um zu prüfen, ob die grundsätzlichen strategischen Annahmen noch gültig sind. Seit der jeweils letzten großen Überprüfung und Aktualisierung der Strategie hat das Unternehmen eine Menge zusätzlicher Daten aus operativen Dashboards und den monatlichen Kennziffern der Balanced Scorecard gesammelt, Informationen über Veränderungen der Wettbewerbssituation und neue Vorschriften zusammengetragen und Vorschläge und Anregungen von Mitarbeitern erhalten. Die *Besprechung zur Prüfung und Anpassung der Strategie* befasst sich mit folgender grundlegender Frage:

Funktioniert unsere Strategie? (Test und Anpassung der Strategie): Das Führungsteam trifft sich in regelmäßigen Abständen, um die Strategie zu hinterfragen, zu prüfen und, falls notwendig, anzupassen. Wir vertreten die Auffassung, dass jede Firma eine derartige Besprechung mindestens einmal jährlich, vielleicht sogar vierteljährlich durchführen sollte (abhängig davon, wie rasch sich die Wettbewerbssituation, die Technologie und das Konsumentenverhalten in der Branche ändern). In der Sitzung beurteilt das Führungsteam die Leistung der Strategie und betrachtet die Auswirkungen der jüngsten Veränderungen im Umfeld. Die Prüfung und Anpassung der Strategie sollte immer Teil der strategischen Analyse sein, die zur Entwicklung des Managementsystems durchgeführt wird. Wir behandeln diesen Aspekt getrennt, da es hier um die Modifizierung einer bestehenden Strategie geht und nicht um die Einführung einer völlig neuen Strategie, wie in Kapitel 2 behandelt. Die Besprechung zur Prüfung und Anpassung der Strategie schließt den Regelkreis des Systems für strategische Planung und ausführende Maßnahmen.

Die Teilnehmer sollten über die jeweiligen externen Bedingungen (Analyse des politischen, wirtschaftlichen, gesellschaftlichen, technischen, umweltbezogenen und rechtlichen Umfelds) sowie die Wettbewerbssituation informiert sein. Außerdem verfügen Unternehmen heutzutage über zahlreiche Daten, die den Erfolg oder Misserfolg der vorhandenen Strategie beschreiben. Rentabilitätsberichte fassen Gewinn- und Verlustdaten für jede Produktgruppe, jeden Kunden, jedes Marktsegment, jeden Vertriebskanal und jede Region zusammen. Die Führungskräfte sehen, wo die Strategie erfolgreich war und wo nicht. Sie können neue Ansätze formulieren, um aus der Verlust- in die Gewinnzone zu kommen, und rentable Aktivitäten ausweiten. Andere Berichte präsentieren statistische Analysen oder zeigen Zusammenhänge zwischen strategischen Kennziffern auf. Hypothetisch angenommene Zusammenhänge in der Strategy Map und zwischen strategischen Themen können bestätigt und quantifiziert werden. Wenn keine oder gar eine negative Korrelation besteht, stellt das Führungsteam Elemente der bestehenden Strategie infrage oder lehnt sie ganz ab.

Wenn das Führungsteam die Strategie aktualisiert, ändert es auch die Strategy Map und die Balanced Scorecard und beginnt eine neue Runde strategischer Planung und operativer Umsetzung: neue Ziele, neue Initiativen, ein Absatz- und Betriebsplan für die nächste Periode, Prioritäten für Prozessverbesserungen, Anforderungen an Ressourcen und Kapazitäten sowie eine Aktualisierung des Finanzplans. Die strategischen und operativen Pläne sind die Basis und zeigen den Informationsbedarf für die operativen und strategischen Lagebesprechungen sowie die Prüfung und Anpassung der Strategie. In Kapitel 9 finden sich Details und Fallstudien zur Prüfung und Anpassung der Strategie.

Das Büro für Strategiemanagement

Die sechs Managementprozesse stellen einen integrierten und umfassenden Regelkreis dar, der die strategische Planung mit der operativen Planung, der Umsetzung, dem Feedback und den gewonnenen Erkenntnissen verknüpft. Das System enthält viele bewegliche Elemente und gegenseitige Beziehungen und erfordert eine gleichzeitige Koordinierung aller Linien- und Stabsabteilungen.

Bestehende Prozesse, die in unterschiedlichen Bereichen des Unternehmens durchlaufen werden – in der Finanzabteilung die Budgetierung, in der Personalabteilung Prozesse bezüglich Mitarbeiterzielen und Kommunikation – müssen modifiziert und koordiniert werden, um eine Ausrichtung an der Strategie zu erzielen. Sie müssen als System funktionieren, nicht als eine Reihe unkoordinierter Prozesse. Außerdem schlagen wir einige neue Prozesse vor, beispielsweise die Schaffung von Strategy Maps und Balanced Scorecards, die für eine Ausrichtung der Organisationseinheiten und Mitarbeiter an der Strategie sorgen. Da diese Prozesse für die meisten Unternehmen neu sind, haben sie in der bestehenden Struktur keinen angestammten Platz. Es ist eine anspruchsvolle Aufgabe, ein derart komplexes System miteinander verbundener, neu eingeführter Managementprozesse umzusetzen.

Für die Ausführung und Leistung der meisten Prozesse in einem Unternehmen gibt es Verantwortliche. Der Leiter der Finanzabteilung ist für die

Budgeterstellung verantwortlich, der Leiter Qualitätssicherung für die Qualitätskontrolle und Six-Sigma-Verbesserungen. Man findet nur selten eine Person oder eine Abteilung, die sich um die vielfach vernetzten Prozesse der strategischen Umsetzung kümmert. Wir finden, eine Fachabteilung, die wir als Büro für Strategiemanagement bezeichnen, sollte für den Prozess der Strategieumsetzung verantwortlich sein.[15]

In leistungsstarken Unternehmen integriert und koordiniert das Büro für Strategiemanagement Aktivitäten, die fachabteilungs- und geschäftsbereichsübergreifend die Unternehmenstätigkeit an der Strategie ausrichten. Dieses Büro synchronisiert die verschiedenen Planungs- und Kontrollprozesse, die unterschiedlich häufig ablaufen. Dashboards und Lagebesprechungen sind eine tägliche oder wöchentliche Angelegenheit, Informationen über strategische Maßnahmen und Initiativen werden monatlich für die Strategiebesprechung gesammelt, und die Untersuchung des externen Umfelds sowie analytische Studien werden vierteljährlich oder jährlich für die Prüfung und Anpassung der Strategie durchgeführt. Diese verschiedenen Zyklen müssen integriert und aufeinander abgestimmt werden.

Das neue Büro für Strategiemanagement hat drei grundsätzliche Funktionen (siehe Abbildung 1-4). Zunächst entwirft es als *Architekt* die neuen Strategie- und operativen Managementprozesse. Das Büro stellt sicher, dass alle Planungs-, Ausführungs- und Feedbackkomponenten vorhanden und in einem Regelkreis miteinander verbunden sind.

Das Büro ist für viele der Schlüsselprozesse im Managementsystem *verantwortlich*. Es erleichtert die Durchführung von fachabteilungs- und geschäftseinheitsübergreifenden Prozessen, einschließlich derjenigen zur Entwicklung und Planung der Strategie, Ausrichtung der Organisationseinheiten an der Strategie, sowie Überprüfung und Anpassung der Strategie.

Außerdem muss das Büro sicherstellen, dass die Strategie die Leitlinie für eine Reihe bereits vorhandener Prozesse darstellt, einschließlich dem Finanzmanagement, der Strategiekommunikation, der Planung des Personalbedarfs, dem Leistungsmanagement, der IT-Planung, dem Initiativenmanagement sowie der Verbreitung von *Best Practice*. In den meisten Organisationen gibt es diese Prozesse und dafür Verantwortliche bereits. Aber sie sind unabhängig voneinander und möglicherweise nicht an der Strategie ausgerichtet. Das Büro für Strategiemanagement fungiert als *Integrator*, der diese unterschiedlichen Prozesse an der Strategie orientiert.

Kapitel 10 schließt dieses Buch ab mit einer Beschreibung der Aufgaben und Verantwortung des Büros für Strategiemanagement als Architekt, Prozessverantwortlicher und Integrator der Prozesse, die in das Strategiemanagementsystem eingebunden sind.

Abbildung 1-4: Funktionen des Büros für Strategiemanagement

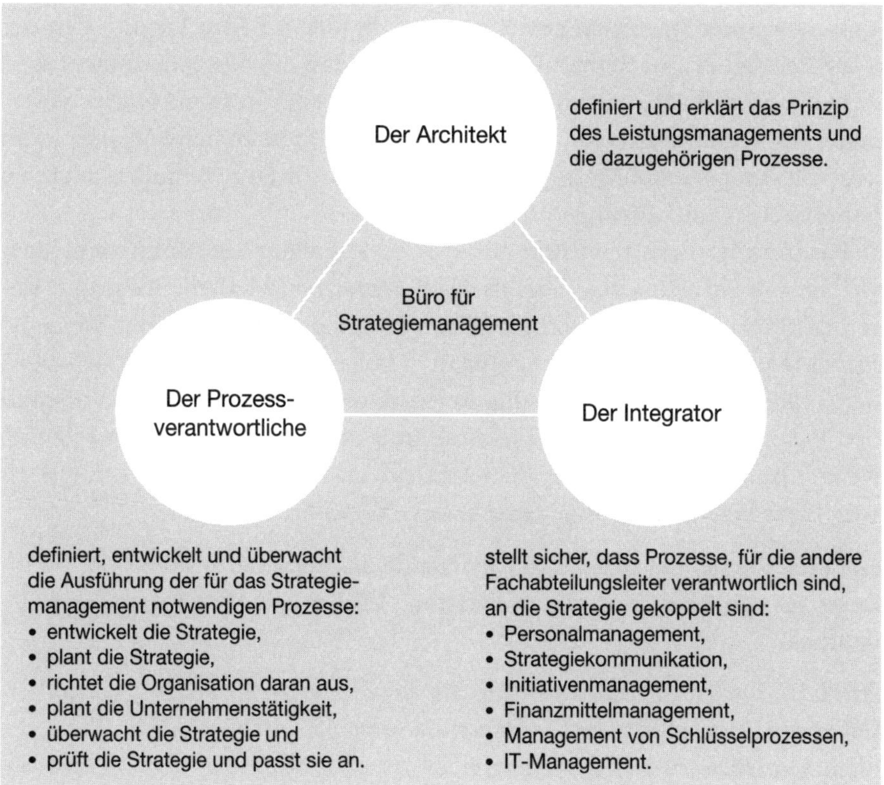

Die Rolle der Führung: notwendig und hinreichend

Auch wenn sie nicht ausdrücklich Teil einer der sechs Phasen des Strategiemanagements ist, so spielt die Führung doch in jeder dieser Phasen eine Rolle. In allen Kapiteln beschreiben wir Unternehmen – aus Nord- und Südamerika, Europa, Indien und Japan –, die ihre Strategien erfolgreich umsetzen. Sie sind in unterschiedlichen Branchen tätig, in der Produktion, als Finanzdienstleister, gemeinnütziger Verein, im Bildungswesen und im öffentlichen Dienst. Sie verfolgen unterschiedliche Strategien: Manche produzieren billige Massenware oder bieten Standarddienstleistungen, andere haben Komplettlösungen für ihre Kunden und wieder andere sind im Bereich Hightech innovativ. Ihre außergewöhnlichen und visionären Führungspersönlichkeiten sind der einzige Aspekt, der all diesen erfolgreichen Umsetzern von Strategien gemeinsam ist. In jedem Beispiel stellte sich der Vorsitzende der Geschäftsführung an die Spitze der Veränderungen, weil er verstanden hatte, wie wichtig es ist, Vision und Strategie jedem Mitarbeiter zu kommunizieren. Ohne eine starke Unternehmensführung kann auch das umfassende Managementsystem, das wir hier vorstellen, nicht zu bahnbrechenden Leistungen führen.

Führung ist derart wichtig für das Strategiemanagementsystem, dass wir sie sowohl für *notwendig* als auch *hinreichend* halten. Aufgrund unserer Erfahrung mit über hundert Unternehmen auf der ganzen Welt, die inzwischen in die Balanced Scorecard Hall of Fame aufgenommen wurden, halten wir sie für notwendig. In jedem dieser Fälle leitete der Vorstand den Prozess der Strategieentwicklung und überwachte deren Umsetzung. Keine Organisation, die mit dem Strategiemanagementsystem erfolgreich war, hatte eine gleichgültige oder passive Geschäftsleitung.

In Phase 1 leitet der Vorstandsvorsitzende die Veränderungsagenda, beeinflusst sie von oben und macht Mission, Vision und Werte immer wieder deutlich.

In Phase 2 wird die Strategy Map als Ausdruck der in Phase 1 formulierten Strategie bestätigt; die Organisation setzt sich anspruchsvolle Ziele, die allen Mitarbeitern viel abverlangen.

In Phase 3 engagiert sich die Unternehmensführung für die Ausrichtung der Organisationseinheiten an der Strategie und kümmert sich um die Kommunikation von Mission, Vision und Werten an alle Mitarbeiter.

In Phase 4 unterstützt die Führungspersönlichkeit organisationseinheitenübergreifende Prozessverbesserungen.

In Phase 5 bestimmen Offenheit und Geschick des Vorstands bei der Leitung der strategischen Besprechungen die effektive Feinabstimmung der Strategie im Lauf des Jahres.

In Phase 6 muss die Führungskraft zulassen, dass selbst eine gut formulierte und umgesetzte Strategie angesichts neuer Umstände, vorliegender Daten über die Leistung der vorhandenen Strategie und neuer Vorschläge von Mitarbeitern infrage gestellt wird. Die Bereitschaft, Strategien aufgrund von Fakten zu hinterfragen und Debatten darüber zu begrüßen, ist das Markenzeichen erfolgreicher Führung.

Unsere Behauptung, gute Führung sei hinreichend, ist ausgesprochen kühn. Die in diesem Buch beschriebenen Managementprozesse geben einer erfolgreichen Führungspersönlichkeit einen Rahmen zur effektiven Strategieumsetzung. Keine der sechs Phasen des Managementsystems ist einfach oder schnell erledigt. Aber zusammengenommen bieten die Managementprozesse Führungskräften ein umfassendes, erprobtes System, um die Entwicklung, Planung, Umsetzung, Überprüfung und Anpassung ihrer Strategien zu managen. Am Anfang dieses Kapitels wiesen wir auf die Statistiken über den enttäuschenden Mangel an Strategieumsetzung hin, aber wir denken, dass unsere 18-jährige Arbeit mit Organisationen aus allen Sektoren und Regionen der Welt zum Beginn einer Wissenschaft der strategischen Umsetzung geführt hat. Jede der sechs Phasen des strategischen Managementsystems ist durchführbar, insbesondere wenn ein Büro für Strategiemanagement auf höchster Ebene die Leitung übernimmt. Aber eine Blaupause für visionäre und wirkungsvolle Führung können wir nicht bieten. Daher glauben wir, dass die Unternehmensführung sowohl notwendig als auch hinreichend für eine erfolgreiche Strategieumsetzung ist.

Der Umsetzungserfolg

Im Jahr 2000, acht Jahre nach der Einführung der Balanced Scorecard, gründeten wir mit unseren Kollegen von der Balanced Scorecard Collaborative die Balanced Scorecard Hall of Fame. Wir wollten Organisationen aus der ganzen Welt öffentlich Anerkennung dafür zollen, dass sie die Scorecard auf vorbildliche Weise nutzten, um ihre Strategien umzusetzen und bahnbrechende Ergebnisse zu erzielen. Außerdem wollten wir die optimalen Verfahren dieser erfolgreichen Organisationen identifizieren und daraus lernen. Wir verwendeten zwei Auswahlkriterien:

1. Werden Strategy Maps und Balanced Scorecards im Rahmen eines formellen Strategieumsetungssystems genutzt?[16]
2. Lässt sich anhand signifikanter, quantifizierbarer Resultate beweisen, dass die Strategien erfolgreich umgesetzt wurden?

Seit der Einführung des Programms wurden rund hundert Organisationen ausgezeichnet.[17] Obwohl sie aus ganz unterschiedlichen Bereichen und von verschiedenen Erdteilen kommen, folgt ihr Ansatz zur Beschreibung und Umsetzung ihrer Strategien ähnlichen Prinzipien und bringt ihnen beträchtliche Umsetzungserfolge ein. Am Anfang dieses Kapitels beschrieben wir die Erfahrungen des Marriott Vacation Club International, der 2006 in die BSC Hall of Fame aufgenommen wurde. Aber auch andere ruhmreiche Unternehmen haben die leistungsstarken Prozesse in dem neuen Managementsystem umgesetzt. Als Beispiel mögen die Erfahrung von Ricoh, Luxfer Gas Cylinders und Nordea dienen.

Ricoh

Nach zahlreichen Übernahmen vor gut zehn Jahren brauchte Ricoh eine Gesamtstrategie, um seine vier Geschäftsbereiche – Ricoh U.S., Lanier, Ricoh Canada und Ricoh Latin America – unter ein Dach zu bringen[18]. Die Führungskräfte der in New Jersey beheimateten Tochtergesellschaft der japanischen Ricoh Company Ltd. wussten, dass sie auf die stark veränderte Nachfrage nach den Bürokommunikationsanlagen und elektronischen Produkten des Unternehmens entschieden reagieren mussten.

Im Jahr 2001 erkannte der damalige CEO Katsumi »Kirk« Yoshida, dass die Nachfrage nach den herkömmlichen Produkten des Unternehmens – Schwarz-Weiß-Digitalkopierer, -Faxgeräte und -Laserdrucker – nur noch langsam anstieg, während der Markt für Farb- und Multifunktionsgeräte rasch wuchs. Außerdem war ihm klar, dass sich Ricoh nicht länger ausschließlich auf hervorragende Produkte und Innovationen verlassen konnte, um eine nachhaltige Wertschöpfung zu erzielen. Die Nähe zum Kunden würde für den zukünftigen Erfolg Ricohs ausschlaggebend sein, und das bedeutete, dass die Produkte als Lösungen präsentiert werden mussten. Yoshida kam zu dem Schluss, dass die verschiedenen Geschäftsbereiche stärker integriert werden mussten, um bedarfsgerechte Gesamtlösungen bieten zu können. In dem Jahr begann im Unternehmen die Diskussion über einen neuen Verkaufsansatz, und die Balanced Scorecard wurde als Rahmen für die strategische Veränderung eingeführt.

Der Zeitpunkt war glücklich gewählt: Das organisationsübergreifende Führungsteam von Ricoh hatte erst kurz zuvor begonnen, den 14. Strategieplan für drei Jahre (den mittelfristigen Plan, MTP) zu entwickeln. Das Team entwarf eine Strategy Map und Balanced Scorecard für das ganze Unternehmen und darauf aufbauend das Gleiche für alle vier Geschäftsbereiche. In Lateinamerika führte Ricoh entsprechende Strategy Maps und Balanced Scorecards auch in den zwölf Niederlassungen in verschiedenen Ländern ein. Yoshida legte zehn für alle geltende Messgrößen der Balanced Scorecard fest, und ein Beraterteam schulte die Führungskräfte in der Entwicklung und Umsetzung von Balanced Scorecards. Zur Ausrichtung der Mitarbeiter an der Strategie wurde die Leistung von jedem an drei bis fünf Zielen gemessen, die sich an der Unternehmensstrategie sowie der Balanced Scorecard des jeweiligen Geschäftsbereichs orientierten. Die Entlohnung und Leistungsprämien der Mitarbeiter wurden an das Erreichen der jeweiligen persönlichen Ziele gekoppelt.

Als 2005 der neue mittelfristige Plan erstellt wurde, verbesserte Ricoh sein Balanced-Scorecard-Programm weiter. Der Nachfolger von Yoshida, Susumu »Sam« Ichioka, verfolgte eine ehrgeizige Wachstumsstrategie: Das 2,9-Milliarden-Unternehmen sollte bis 2007 einen Umsatz von US-$ 3,85 Milliarden erreichen. Die geänderte Strategie basierte nach wie vor auf der 1999 festgelegten Mission, Vision und den gleichen Werten – »In Amerika das führende Unternehmen werden, das Lösungen zur Optimierung des Dokumentenmanagements bietet«, aber um die Konzentration des Unternehmens auf seine Kunden zu verdeutlichen, wurden Änderungen vorgenommen. Die Vision wurde ausgeweitet: »Ein Fortune-500-Unternehmen werden, das Kunden die höchste Rendite für ihre Investitionen in Dokumentenlösungen bietet.« Die strategischen Themen betonten die Kundenbedürfnisse nun noch stärker.

Die Strategieformulierung wurde verbessert und neue Strategy Maps und Balanced Scorecards entwickelt. In einem Zeitraum von sechs Monaten in den Jahren 2004 und 2005 trafen sich Führungskräfte aus vier verschiedenen Strategieplanungsteams regelmäßig zur Formulierung der Strategie und Festlegung strategischer Initiativen. Das Strategie- und Planungsbüro (SPO), das 2004 zur Koordination der strategischen Planung gegründet worden war, organisierte eine Reihe von Treffen der vier fachbereichsübergreifenden Teams, die mit der Überwachung der Strategieumsetzung im ganzen Unternehmen betraut waren. Sam Hosoe, der Leiter des Büros, entwickelte mit anderen Führungskräften neue Strategy Maps und Balanced Scorecards, um die geänderte Strategie abzubilden.

Ricohs Umsetzungserfolge

- Im Geschäftsjahr 2004 stieg der Ricoh-Umsatz in Amerika um 6,8 Prozent, verglichen zum Vorjahr. Erstmalig brachten alle Länder in Lateinamerika Gewinne ein.
- Der Marktanteil bei Digitalkopierern (Farbe und Schwarz-Weiß) stieg von 17,6 Prozent 2001 auf 24,1 Prozent im Jahr 2004.
- Das Alliance Program, eine 2003 eingeführte strategische Initiative zur Verbesserung der Kundenbeziehungen, führte zu einer Einnahmensteigerung um 42 Prozent im Geschäftsjahr 2004 und bis Ende des Geschäftsjahres 2005 zu einer 172-prozentigen Steigerung im Vergleich zum Vorjahr.
- Die Bekanntheit der Marke nahm laut dem unabhängigen Marktforschungsinstitut Consensus Research von 2003 auf 2004 deutlich zu.
- Der recycelbare Anteil stieg von 19,1 Prozent 2001 auf 25,2 Prozent im Jahr 2004. Den Werken in Amerika gelang eine hundertprozentige Wiederverwertung von Ressourcen.

Ricoh führte ein Programm vierteljährlicher und monatlicher strategischer Lagebesprechungen auf Konzern- und Geschäftsbereichsebene ein.

Das Unternehmen entschied sich für einen einzigartigen Ansatz zur Auswahl von Projekten, die nicht aus dem normalen Budget finanziert werden können, sowie deren Ausrichtung an der Strategie. Jährlich schlagen die Geschäftsbereiche Initiativen vor, die miteinander um zusätzliche Investitionsmittel konkurrieren. Der Geschäftsführer und Mitglieder des Strategie- und Planungsbüros küren die Sieger und verteilen die Mittel gemäß der strategischen Bedeutung der Initiativen.

Diese Maßnahmen führten zu einem besseren Geschäftsergebnis. Finanzvorstand Kuni Minakawa erklärte: »Unsere Strategy Maps und Balanced Scorecards sind eine revolutionäre Managementmethode; jeder Mitarbeiter versteht nun, was er zur Umsetzung der Strategie leistet. Mit diesem Ansatz wandeln wir Ricoh in ein strategiefokussiertes Unternehmen um.« Die obige Übersicht gibt eine Vorstellung von Ricohs Umsetzungserfolgen.

Luxfer Gas Cylinders

Luxfer Gas Cylinders (LGC) wurde 1958 in Großbritannien gegründet und nahm 1972 den Betrieb in den USA auf.[19] LGC ist Weltmarktführer in der Entwicklung, Fertigung und im Vertrieb von nahtlos extrudierten Aluminium- und Hochdruck-Kompositflaschen für Gase. LGC liefert Produkte für medizinische Gase, Gase für lebenserhaltende Systeme, die Getränkeindustrie, Feuerlöscher, Tauchflaschen, Industrie- und Spezialgase, Gase für Sicherheitsprodukte der Schiff- und Luftfahrt sowie Fahrzeuge, die mit alternativen Kraftstoffen betrieben werden. Luxfer, mit Firmensitzen in Nottingham, England, und Riverside, Kalifornien, erzielte im Geschäftsjahr 2006 Einnahmen in Höhe von £120,4 Millionen. Das Unternehmen hat vier Werke in den USA und jeweils eins in England, Frankreich und China, außerdem Vertriebs-, Reparatur- und Distributionszentren auf der ganzen Welt.

Von 1996 bis 2000 verfolgte LGC eine Strategie hervorragender Betriebsleistung, um neu dazugekaufte Geschäftsbereiche zu integrieren. Alle waren erfolgreich und erreichten eine dominierende Position in den wichtigsten Märkten, die LGC bediente.

Als die Führungskräfte Ende 2001 das Marktgeschehen betrachteten, bot sich ihnen ein erschreckendes Bild. Die Marktanteile im Geschäft mit Massenprodukten sanken aufgrund des zunehmenden Wettbewerbsdrucks, das Kerngeschäft wurde durch technische Entwicklungen bedroht, und das Unternehmen war auf neu entstehenden Märkten und im Bereich neuer Technologien unterrepräsentiert. LGC-Chef John Rhodes wurde klar, dass das Unternehmen seine Position durch die Konzentration auf eine hervorragende Leistung im Bereich Massenprodukte nicht würde halten können und dass sich so auch keine Basis für zukünftiges Wachstums schaffen ließ: »Ich hatte das Gefühl, dass wir eine Richtungsänderung brauchten und alle am gleichen Strang ziehen mussten – denn ich ahnte schon, dass sich ein paar unserer Manager den Veränderungen widersetzen würden, die ich im Sinn hatte.«

Neue Entwicklungen, zunehmender Wettbewerbsdruck und ein Preiskampf im US-Markt für medizinische Gase (dem größten Markt von LGC), zeigten, wie notwendig eine neue Strategie war. Außerdem hatte die »Wir gegen die«-Haltung unter den Managern der europäischen Geschäftsbereiche zugenommen. »LGC handelte nicht wie ein Unternehmen«, erklärte Rhodes, »sondern wie eine Gruppe dezentraler, regionaler Firmen.«

Im zweiten Quartal 2002 lud Rhodes zu einem Treffen von Führungskräften aus verschiedenen Bereichen und der ganzen Welt ein, um einen neuen strategischen Ansatz für die Zukunft zu entwickeln. Die Geladenen beteiligten sich aktiv an einer lebhaften und häufig kontrovers geführten Diskussion. Sie einigten sich schließlich auf eine neue Strategie, weg von der kurzfristigen Konzentration auf den Verkauf von Massenware hin zu einer langfristigen, kundenorientierten Sicht, die innovative, hochwertige Angebote mit hohen Margen in den Mittelpunkt stellte, beispielsweise leichte Komposit- statt Aluminiumflaschen. Nach Auffassung von Rhodes könne LGC mit der neuen Strategie »durch das Angebot eines hohen Nutzens eine solide Führung im Markt behaupten, statt einfach auf Marktschwankungen zu reagieren, die durch die kurzfristigen Taktiken der Wettbewerber verursacht werden«.

Das Managementteam übertrug die neue Strategie in die erste Strategy Map und Balanced Scorecard des Unternehmens, außerdem in Scorecards für die drei Geschäftsregionen. Die regionalen Strategy Maps enthielten einige Elemente der konzernweiten Strategy Map, spiegelten aber auch die Ziele in den Märkten vor Ort wider. Beispielsweise betonten die Strategy Maps für Ostasien und Europa eine Steigerung des Absatzes von Kompositflaschen, weil der Absatz dort im Vergleich zu anderen Gegenden schwächelte.

Außerdem führte das Führungsteam wesentliche strategische Themen auf der Basis der Strategy Map ein (mehr dazu in Kapitel 3) und ernannte Themenverantwortliche. Zusätzlich gab es für jedes Thema einen international besetzten Lenkungsausschuss. Dank seiner neuen Struktur war LGC nicht länger nur eine Ansammlung autonomer, regionaler Einheiten.

Aufgrund der Erkenntnis, dass Strategie etwas Lebendiges ist, überprüften und verbesserten Rhodes und sein Team 2005 die Strategy Map, um Veränderungen auf dem Weltmarkt (beispielsweise Knappheit und steigende Preise wichtiger Rohstoffe) sowie die dreijährige Erfahrung mit der Balanced Scorecard zu berücksichtigen. Die neue Strategy Map konzentrierte sich noch stärker auf die Kunden und marktorientierte Innovationen. LGC erhöhte seine Investitionen in Schulungen – um die Marketingfähigkeiten der Mitarbeiter zu verbessern – und die Produktentwicklung.

Das Unternehmen machte die Balanced Scorecard zum festen Bestandteil der Unternehmenskultur, sie gehört nun, wie Rhodes es formuliert, zur »DNA« von LGC. Auf neue Ideen reagieren Manager mit der Frage: »Findet sich das auf der Karte?«, was heißt: »Ist es strategisch wichtig?« Wenn es das nicht ist, wird keine Zeit an die Untersuchung neuer Ideen verschwendet. Die Umsetzungserfolge von LGC sind in der folgenden Übersicht zusammengestellt.

LGCS Umsetzungserfolge

- Der Umsatz nahm zu (in Europa um 22,4 Prozent), der Gewinn wurde verdoppelt, während ein ausländischer Mitbewerber von LGC Konkurs anmeldete und einem einheimischen Konkurrenten das gleiche Schicksal drohte.
- LGC senkte die Fixkosten als Anteil am Umsatz von 31,9 Prozent auf 26,5 Prozent, wodurch sich Ersparnisse um £6,9 Millionen ergaben.
- Das Produktportfolio wird inzwischen von technisch hochentwickelten Produkten dominiert (Komposit- statt Aluminiumflaschen), mit denen sich höhere Margen erzielen lassen. Der Umsatz mit Kompositflaschen hat sich mehr als verdoppelt und macht nun 43,5 Prozent der Einnahmen aus (statt 24,5 Prozent im Jahr 2001).
- Die stärkere Konzentration auf den Kundendienst half LGC, einen ehemaligen Kunden zurückzugewinnen, der zu einem Wettbewerber mit niedrigeren Preisen abgewandert war. Eben dieser Kunde schließt die Marke LGC nun deutlich sichtbar in seine Werbung ein – genau wie einige andere Unternehmen.

(Die Zahlen stammen aus den Jahren 2001 bis 2006.)

Nordea

Nordea entstand in den 1990er Jahren durch den Zusammenschluss von vier nationalen dänischen, norwegischen, schwedischen und finnischen Banken zu einem einzigen Finanzinstitut.[20] Bis 2000 hatte sich Nordea zum führenden Finanzdienstleister der nordischen und baltischen Region und weltweit zu einem führenden Anbieter von Online-Banking entwickelt, dessen Aktien an den Börsen von Stockholm, Helsinki und Kopenhagen gelistet waren. Das Unternehmen hatte 31 000 Mitarbeiter, 11 Millionen Kunden und einen Marktanteil von 45 Prozent in Skandinavien. Das Privatkundengeschäft über 1 225 Filialen war der größte Geschäftszweig, aber das Unternehmen war auch stark im Corporate Banking, im institutionellen Bankgeschäft und in der Vermögensverwaltung involviert.

Die Führungskräfte von Nordea waren mit der herkömmlichen Gewinn-und-Verlust-Rechnung unzufrieden, die von den ursprünglichen Unternehmen verwendet wurde. Sie hatten den Eindruck, dass ein Budget die Aufmerksamkeit des Managements zu sehr in die Vergangenheit und nicht auf zukünftige Leistungen lenkte. Außerdem war die jährliche Budgeterstellung sehr arbeitsintensiv. Schwankungen von Zinssätzen oder Änderungen auf den Wertpapiermärkten nach Abschluss des Budgets führten häufig dazu, dass dieses schon vor Beginn des Budgetzeitraums überholt war. Der Budgetierungsprozess war inflexibel, erlaubte keine Änderungen nach Verabschiedung des Budgets und frustrierte die Manager. Darüber hinaus hatte das Budget auch wenig mit den strategischen Zielen der Bank zu tun. Dem Management fehlte ein System zur Überwachung der Fortschritte bei der Strategieumsetzung, wenn sich das Budget aufgrund der Veränderungen am Markt als unbrauchbar erwies.

Die Führungskräfte von Nordea beschlossen, ein neues Managementsystem einzuführen, das sich auf die Schaffung von Shareholder-Value konzentrieren und die Strategie mit der Geschäftstätigkeit verbinden sollte. Sie wollten ein zukunftsgerichtetes und handlungsorientiertes System, das ihnen ständig ein aktuelles Bild der gegenwärtigen und zukünftigen Leistung bieten sollte. Das System sollte außerdem zur Unternehmenskultur beitragen: »Eine Bank – auf die Weise von Nordea«, sodass alle Mitarbeiter im ganzen Unternehmen sich für die Strategieumsetzung engagierten.

Das neue, Planning and Performance Management Model (PPMM) genannte System bestand aus drei Komponenten. Zunächst wurde eine Balanced Scorecard entwickelt, um die Geschäftspläne in Unternehmenskennziffern, Zielwerte und Aktionspläne umzusetzen. Dann wurde das inflexible Jahresbudget durch gleitende Finanzprognosen für die nächsten fünf Quartale ersetzt. Drittens wurden im Rahmen des Modells Service Level Agreements zwischen internen Serviceanbietern und den Geschäftsbereichen eingeführt, um ein kosteneffizientes Angebot der Dienste zu gewährleisten, die die Geschäftseinheiten zur Umsetzung ihrer Strategien brauchen.

Nordea Balanced Scorecard. Die Balanced Scorecard des Konzerns beschreibt die Strategie mithilfe von vier strategischen Themen:

- einen effizienten Kapitaleinsatz und eine hohen Qualität der Kreditportfolios sicherstellen;
- eine hervorragende Betriebsleistung, strenge Kostenkontrolle und Verringerung der Komplexität sicherstellen;
- ein stetiges, rentables Einnahmenwachstum sicherstellen;

- hochmotivierte, kompetente und leistungsorientierte Mitarbeiter anziehen, fördern und im Unternehmen halten (Lern- und Entwicklungsperspektive).

Nordea leitete die Business Scorecard der Zentrale an die Geschäftsstellen und Stabsabteilungen weiter, wo die Leiter ihre Erfahrung mit der Entwicklung der Strategy Map des Konzerns nutzten, um die Strategien für ihren eigenen Bereich zu klären. Jede Strategy Map eines Geschäftsbereichs enthielt die vier strategischen Themen der übergeordneten Strategy Map mit einigen Anpassungen an die besonderen Herausforderungen des jeweiligen Bereichs. Beispielsweise unterstützte das wirkungsvolle Risikomanagement für die Bereiche Corporate Banking und institutionelles Bankgeschäft das strategische Ziel der Gruppe: »Sicherstellung eines effizienten Kapitaleinsatzes und einer hohen Qualität der Kreditportfolios«.

Mitte 2004 hatte Nordea bereits 1 000 Scorecards im Privatkundenbereich sowie weitere Scorecards für jede wichtige Geschäftseinheit in den Bereichen Corporate Banking, institutionelles Bankgeschäft und Vermögensverwaltung und außerdem für alle wichtigen Fachabteilungen, einschließlich Informationstechnik, Finanzen, Recht und Personal.

Nordea kommunizierte die Strategie intensiv und systematisch im ganzen Unternehmen. Über das Intranet hatten alle Mitarbeiter Zugriff auf Anleitungen, Schulungsmodule und Präsentationen über die Balanced Scorecard. Mitarbeiter in den Ländern, wo das Unternehmen seine wichtigsten Niederlassungen hatte, erhielten ihre eigenen Seiten, nicht nur auf Englisch (Konzernsprache), sondern auch in ihrer eigenen Sprache. Das Interesse war groß: Während des ersten Quartals 2004 hatte die Homepage über 6 000 Besucher pro Monat. *Nordic Ideas*, die vierteljährliche Firmenzeitschrift (auf Dänisch, Finnisch, Norwegisch, Schwedisch und Englisch veröffentlicht), brachte Interviews mit Balanced-Scorecard-Anwendern und Leitlinien für Benutzer.

Um die gemeinsame Ausrichtung weiter zu fördern, verknüpfte Nordea die Ziele und Leistungsprämien für das Topmanagement (sowie einige Führungskräfte auf mittlerer Ebene) mit den Balanced Scorecards. 500 Personen hatten ihre eigenen Balanced Scorecards. Das Unternehmen beurteilte die Managementleistung anhand solcher Kriterien wie der Anzahl an Service Level Agreements und der Einrichtung von Personalförderungsplänen für alle vollbeschäftigten Mitarbeiter.

Die umfassende Nutzung der Scorecards in über 1 000 Bankfilialen ermöglichte ein internes Benchmarking der wichtigsten Leistungskennziffern und führte zu einem gesunden Wettbewerb unter den Filialen. Die Unternehmensleitung überprüfte die Strategy Map in jedem Quartal und aktualisierte Zielwerte aufgrund vorherrschender Bedingungen und Prognosen.

Gleitende Finanzprognosen Nordea ersetzte die jährliche Budgeterstellung durch vierteljährliche Prognosen der wichtigsten Finanzkennziffern für die nächsten fünf Quartale. Die Vorhersagen basierten auf der Unternehmensleistung in jüngster Zeit – gemessen anhand der verschiedenen Balanced Scorecards – sowie den vorherrschenden und prognostizierten Bedingungen des Geschäftsumfelds. Die Leiter und Controller der wichtigsten Geschäftsbereiche und Stabsabteilungen leiteten den Prognoseprozess. Die Vorhersagen spiegelten die bestmöglichen Schätzungen der zukünftigen finanziellen Entwicklung durch die Manager wider. Die Prognosen wurden nicht verwendet, um Ziele vorzugeben oder Leistungen zu beurteilen.

Anders als die detaillierten Angaben im früheren Budget enthielten die vierteljährlichen Prognosen nur Finanzdaten für die oberste Ebene, entsprechend den Finanzkennziffern der Balanced Scorecard jeder Geschäftseinheit. Der vierteljährliche Bericht präsentierte auf einer einzigen Seite die tatsächlichen Ergebnisse für das vergangene Jahr, das laufende Jahr und einen Teil des kommenden Jahres.

Alle Manager hatten den Eindruck, dass die Umsetzung des neuen, äußerst anpassungsfähigen Prognoseprozesses wesentlich einfacher, billiger und flexibler war als die Erstellung eines Budgets. Jede Prognose ergänzten die Leiter der Geschäftseinheiten durch Kommentare zu wesentlichen Annahmen, wichtigen Einflussfaktoren auf die Einnahmen-, Kosten- und Volumentrends sowie die Auswirkungen der Prognose auf die Balanced Scorecard der Geschäftseinheit.

Der Prozess der gleitenden Finanzprognosen wurde bis Mitte 2004 in allen vier Regionen des Privatkundengeschäfts, in den vier Geschäftseinheiten des Corporate Banking und institutionellen Bankgeschäfts, den fünf Geschäftseinheiten der Vermögensverwaltung sowie den vier IT- und Innendienstabteilungen eingeführt. Die übrigen Stabsabteilungen erstellten jährliche Prognosen, weil kurzfristige Veränderungen des Geschäftsumfelds die Nachfrage nach ihren Diensten nicht stark tangierten.

Besprechungskalender Nordea führte den jährlichen strategischen Planungsprozess in einem zweiten Quartal ein, seinen Höhepunkt findet er jeweils in den Prognosen des vierten Quartals. Letztere enthalten strategische Anweisungen für den Konzern und die Geschäftseinheiten sowie Zielwerte und Service Level Agreements für das kommende Jahr. Die gleitenden Prognosen für die vier Quartale des Folgejahres wurden zu den Finanzzielwerten der Balanced Scorecards für das betreffende Jahr – das einzige Mal, dass sich diese Zielwerte an den gleitenden Prognosen orientierten.

Im Folgejahr verglich das Management die tatsächliche Leistung mit den Vorgaben der Balanced Scorecards und achtete auf Modifikationen der Balanced Scorecard aufgrund von Änderungen der Finanzprognosen. Der Informationsfluss von den Balanced Scorecards in die Finanzprognosen spiegelte die Auswirkungen neuer strategischer Initiativen wider, die bei den vierteljährlichen Überprüfungen der Balanced Scorecards beschlossen wurden. In der Zeit zwischen diesen Überprüfungen und der Aktualisierung der gleitenden Prognosen beobachtete das Management die wesentlichen Leistungsindikatoren des Unternehmens auf monatlicher und die Umsatzzahlen auf wöchentlicher Basis und ergriff kurzfristige, taktische Maßnahmen, um auf neue Probleme oder unerwartete Gelegenheiten zu reagieren.

In den vierteljährlichen strategischen Lagebesprechungen prüften die Manager die Gegebenheiten am Markt, die Wettbewerbssituation und die allgemeine Leistung, die im vierteljährlichen Balanced-Scorecard-Bericht dargestellt war. Jede Strategy Map enthielt Kommentare der Führungskräfte zu den Gründen für eine unterdurchschnittliche Leistung und aktuelle Informationen zum Status der strategischen Initiativen. Um die Ursachen von Leistungsabweichungen zu verstehen und Korrekturmaßnahmen vorzuschlagen, analysierten die Manager nicht erreichte Ziele (rot) oder strategische Themen im Detail.

In jeder vierteljährlichen Besprechung reagierten die Führungsteams nicht nur auf rote Bereiche, sondern untersuchten auch eines der vier strategischen Themen im Detail. Die Manager diskutierten, ob das Thema die richtigen Leistungsindikatoren, Zielwerte und Initiativen hatte und ob man eine Veränderung der Strategie in Erwägung ziehen sollte. Nach der Strategiebesprechung und in Kenntnis der Korrekturmaßnahmen und Veränderungen der strategischen Initiativen aktualisierten sie die gleitenden Finanzprognosen.

Die Umsetzung Sven Edvinsson, der Leiter der Zentralen Planungsabteilung, bemerkte zu den Auswirkungen des neuen Managementsystems: »Die Balanced Scorecard hat die Agenda und die Denkweise von Nordea verändert. In der Vergangenheit drehten sich die Diskussionen um Budgetabweichungen und deren Ursachen. Jetzt reden wir darüber, wie wir eine unzureichende Leistung verbessern können. Wir haben eine Managementkultur geschaffen, die auf Teams basiert und zukunftsgerichtet und handlungsorientiert ist und sich zunehmend auf Strategievorgaben und -umsetzung konzentriert. In Besprechungen nutzen wir die Balanced Scorecard, um Prioritäten zu kommunizieren und über die Leistung zu referieren, unter anderem den Status der strategischen Initiativen.«

Arne Liljedahl, Finanzvorstand von Nordea, erklärte: »Die Balanced Scorecard hat die Verantwortlichkeit der Firmenleitung, von Managern und Mitarbeitern durch klare Zielvorgaben anhand der Balanced Scorecard erhöht; sie hat einen großen Einfluss auf deren Verhalten.«

Nordeas Umsetzungserfolge

- Die Aktienrendite lag 2003 bei 47,9 Prozent und Nordea damit an dritter Stelle in einer Gruppe von 20 vergleichbaren Banken.
- Der Betriebsgewinn stieg 2003 um 17 Prozent.
- Hinsichtlich des Börsenwerts verbesserte sich die Gruppe von 2003 bis 2004 vom fünfzehnten auf den achten Platz.
- Die Unternehmensleitung kann leichter Prioritäten für ihre Aktivitäten setzen und sich auf die wichtigsten strategischen Bemühungen konzentrieren.

Sven Edvinsson resümierte: »Die Balanced Scorecard hat die Strategie zu einem laufenden Prozess gemacht und dazu beigetragen, aus Nordea EINE Bank zu machen.«

Zusammenfassung

Viele Komponenten zur wirkungsvollen Strategieumsetzung sind bereits vorhanden, es gibt Instrumente zur Entwicklung und Formulierung von Strategien. Auch Hilfsmittel für die Strategieplanung, einschließlich Strategy Maps und Balanced Scorecards, gibt es seit über zehn Jahren. Fast alle Unternehmen nutzen Tools für das Qualitätsmanagement, die Prozessverbesserung, Dashboards und die Prozesskostenrechnung. Es fehlt jedoch ein umfassender Rahmen, um alle diese Instrumente zu integrieren, aufeinander abzustimmen und zu synchronisieren.

In diesem Buch präsentieren wir einen umfassenden Management-Regelkreis in sechs Phasen zur Integration der Managementinstrumente, um Unternehmen bei den folgenden Prozessen zu helfen:

- Entwicklung einer Strategie;
- Planung der Strategie;
- Ausrichtung der Organisationseinheiten und Mitarbeiter an der Strategie;
- Planung der Unternehmenstätigkeit durch das Setzen von Prioritäten für das Prozessmanagement und die Ressourcenverteilung, sodass die Strategieziele erreicht werden;
- Beobachtung der Unternehmenstätigkeit und Strategie, um Lehren daraus zu ziehen;
- Prüfung und Anpassung der Strategie.

Unternehmen brauchen eine förmliche Struktur für diese Elemente. Außerdem brauchen sie eine neue Abteilung, die bei der Entwicklung des integrierten Systems hilft, wesentliche Prozesse selbst ausführt und die übrigen mit anderen Fachabteilungen koordiniert – eine Abteilung, die wir Büro für Strategiemanagement nennen.

Die Strategieumsetzungsprozesse und die dazugehörige Infrastruktur stellen einen systematischen Ansatz für die Strategieplanung und deren Verbindung mit der Unternehmenstätigkeit dar. Die Fallstudien in diesem Kapitel geben eine Vorstellung von den Umsetzungserfolgen – sie wurden von Pilotanwendern dieses Ansatzes bereits realisiert. Mithilfe verschiedener Konzepte, Fallstudien und Methoden verdeutlicht dieses Buch die Grundlagen eines Systems, in dessen Mittelpunkt die Balanced Scorecard steht und mit dem sich Strategie und Unternehmenstätigkeit managen lassen.

Anmerkungen zum ersten Kapitel

1 Anonym; das Zitat wird vielfach Sun Tzu in seinem Buch *Die Kunst des Krieges* zugeschrieben, aber beim sorgfältigen Lesen stellt man fest, dass das Zitat so nicht verwendet wird.

2 Porter, M.: »What Is Strategy?«, *Harvard Business Review* (November-December 1996).

3 Hammer, M.: »Redesigning the Practice of Management«, Präsentation auf der Konferenz von Hammer & Company: *Management: The Last Process Frontier*, Cambridge, MA, 4. Dezember 2006.

4 *Balanced Scorecard Hall of Fame 2007* (Boston: Harvard Business School Publishing, 2007).

5 Die acht wichtigsten Prozesse waren die Kundenpflege, das Lieferprogramm, die Markteinführung neuer Produkte, Finanzen und Buchhaltung, Personal, IT, Recht und Service für Ferienanlagen.

6 »Marriott Vacation Club International«, *Balanced Scorecard Hall of Fame Report: 2007* (Boston: Harvard Business School Publishing, 2007), S. 28.

7 S. Hawkes: »Thousands of Jobs to Go at BP as Chief Acts to Cut Overheads«, *The Times (London)*, Business Section, 12. Oktober 2007.

8 Wir befragten Mitglieder unserer Online-Community, www.bscol.com. Die Mitglieder entscheiden selbst über ihre Zugehörigkeit, wenn sie an der Nutzung der Balanced Scorecard zur Strategieumsetzung interessiert sind, daher liegen die angegebenen 54 Prozent sicherlich über dem Prozentsatz, den man generell im privaten und staatlichen Bereich findet.

9 Diese Prozesse haben wir unserer Befragung entnommen. Sie sollten nicht mit den sechs Phasen unseres Management-Regelkreises verwechselt werden, die wir in diesem Kapitel kurz vorstellen und in diesem Buch detailliert besprechen.

10 Marr, B.: *Business Performance Management: Current State of the Art*, Untersuchungsbericht, Cranfield School of Management and Hyperion, 2004.

11 Lawson, R.; Desroches, D.; Hatch, T.: *Scorecard Best Practices: Design, Implementation, and Evaluation* (Hoboken, NJ: John Wiley, 2008), S. 59-60.

12 Hope, J.; Fraser, R.: »Who Needs Budgets?«, *Harvard Business Review* (February 2003): S. 108-115; Hope, J.; Fraser, R.: *Beyond Budgeting: Wie sich Manager aus der jährlichen Budgetierungsfalle befreien können* (Stuttgart: Schäffer-Poeschel, 2003).

13 Horizontale strategische Themen, beispielsweise in Bezug auf Lernen und Wachstum oder Finanzziele, sind Ausnahmen und haben ihren Ursprung möglicherweise nicht in der Prozessperspektive.

14 Kaplan, R.S.; Anderson, S.R.: »Time-Driven Activity-Based Costing«, *Harvard Business Review* (November 2004), S. 131-138; Kaplan, R.S.; Anderson, S.R.: *Time-Driven Activity-Based Costing* (Boston: Harvard Business School Press, 2007).

15 Kaplan, R.S.; Norton D.P.: »The Office of Strategy Management«, *Harvard Business Review*, October 2005, S. 72-80.

16 Wir formulierten die fünf Prinzipien für eine erfolgreiche Strategieumsetzung in:

Kaplan, R.S.; Norton, D.P.: *Die strategiefokussierte Organisation* (Stuttgart: Schäffer-Poeschel, 2001).

17 Informationen über die Balanced Scorecard Hall of Fame, einschließlich ihrer Mitglieder nach Regionen, Branchen und Jahr der Aufnahme finden sich unter: http://www.thepalladiumgroup.com/about/hof/Pages/Welcome.aspx.

18 *Balanced Scorecard Report Hall of Fame 2006* (Boston: Harvard Business School Publishing, 2006).

19 *Balanced Scorecard Report Hall of Fame 2007* (Boston: Harvard Business School Publishing, 2007).

20 *Balanced Scorecard Report Hall of Fame 2005* (Boston: Harvard Business School Publishing, 2005).

Kapitel 2

Entwicklung der Strategie

Wie in Abbildung 2-1 dargestellt, handelt es sich beim Strategiemanagement um einen Regelkreis, wobei alle Teile des Systems einander beeinflussen. Das System beginnt mit der Strategieentwicklung. Unsere früheren

Abbildung 2-1: Das Managementsystem: Entwicklung der Strategie

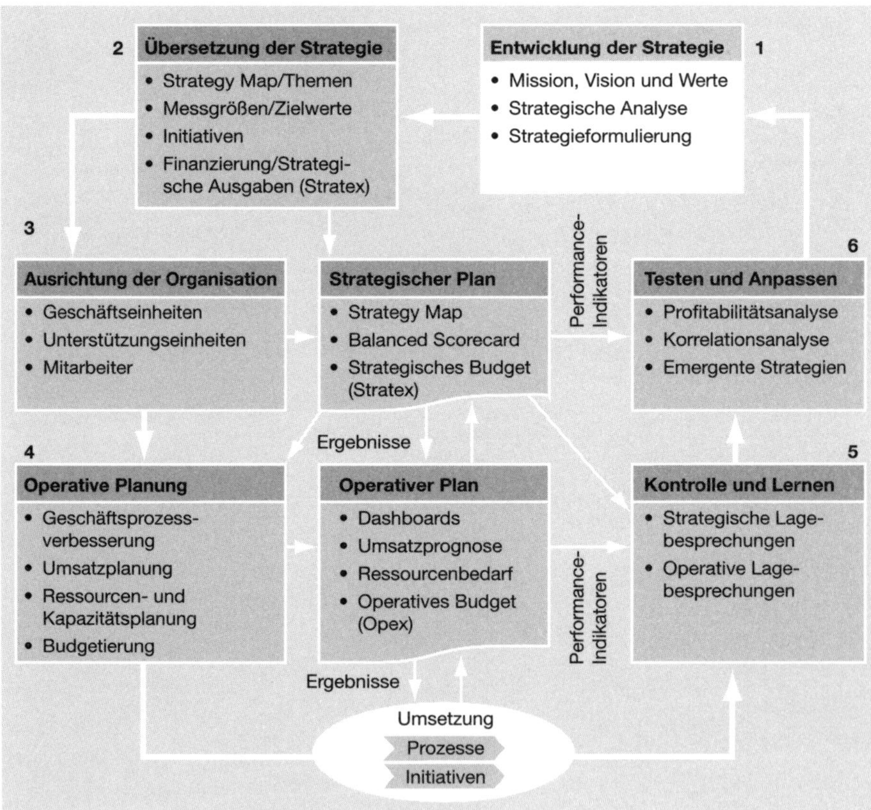

Arbeiten zur Übertragung einer Strategie in Strategy Maps und Balanced Scorecards haben Unternehmen geholfen, ihre Strategien in die Tat umzusetzen, nehmen aber die Strategie eines Unternehmens grundsätzlich als gegeben an. Während der letzten 15 Jahre konnten wir bei unserer Arbeit mit Unternehmen beobachten, wie sie ihre Strategien entwickeln und dabei neue Praktiken einsetzen, beispielsweise zur Quantifizierung der Vision und die Formulierung einer präzisen Agenda für den Wandel.

Abbildung 2-2 zeigt einen systematischen Strategieentwicklungs- und Umsetzungsprozess, der eine Synthese geeigneter Methoden beinhaltet. Der Ansatz beginnt mit der Definition einer Vision der Zukunft des Unternehmens auf oberster Führungsebene und endet damit, dass Führungskräfte und Teams die Portfolios der einheitlich ausgerichteten strategischen Initiativen umsetzen.

Abbildung 2-2: Entwicklung des Strategieplans

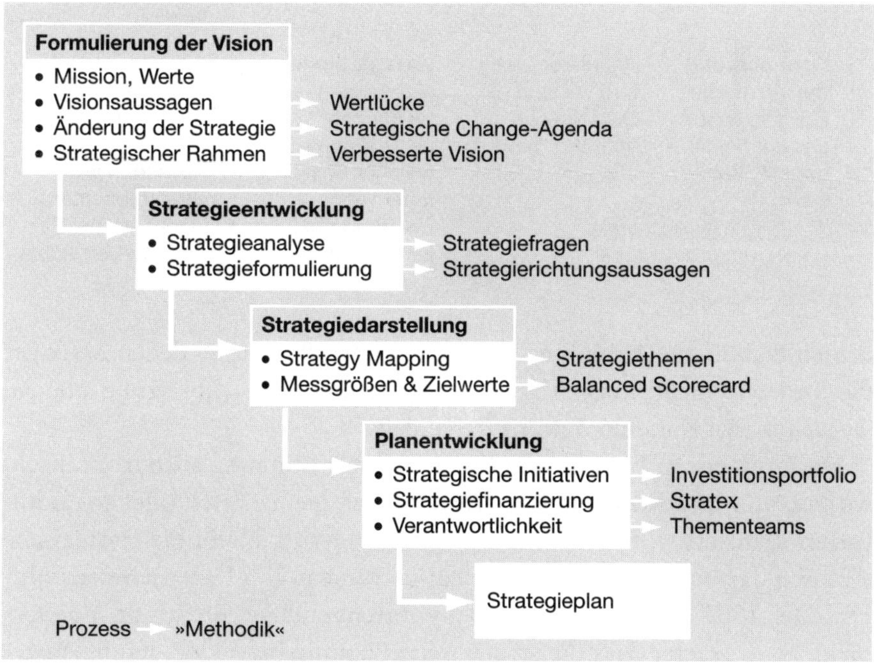

In diesem Kapitel erläutern wir den Prozess, der zur klaren Formulierung der Vision und der Strategieentwicklung erforderlich ist, also die ersten

Abbildung 2-3: Das Modell für den Strategie-Entwicklungsprozess

Strategieentwicklungsprozess	Ziel	Hindernisse	Typische Instrumente
1. **Formulierung von Mission, Vision und Werten** *Warum sind wir in diesem Geschäft?*	Festlegung von Richtlinien auf Konzernebene über Zweck und Ausrichtung der Organisation.	Die Formulierung der Vision ist häufig keine Hilfe für deren Umsetzung.	• Eindeutige Mission • Schlüsselwerte • Quantifizierung der Vision • Change-Agenda der Strategie • Geänderte Vision
2. **Durchführung der Strategieanalyse** *Welche wesentlichen Aspekte beeinflussen unsere Strategie?*	Mittels strukturierter Analyse Identifizierung von Ereignissen, Kräften und Erfahrungen, die zu Strategieänderungen führen.	Die Analyse konzentriert sich häufig auf Ergebnisse, nicht auf die Einflussfaktoren.	• Analyse äußerer Einflüsse (PESTEL) • Prüfung der Wettbewerbsfähigkeit (SWOT) • Strategie der Dokumentenanalyse • Strategische Aspekte
3. **Formulierung der Strategie** *Wie stellen wir uns am besten dem Wettbewerb?*	Definieren, wie und wo sich die Organisation dem Wettbewerb stellt.	Viele Methoden stehen zur Wahl. Es herrscht keine Einigkeit, welcher Ansatz unter welchen Umständen zu verwenden ist.	• Analyse wesentlicher Probleme • Strategie-Methodik • Aussagen über Strategierichtung • Unerlässliche Faktoren berücksichtigen

beiden Phasen aus Abbildung 2-2. Die übrigen Phasen, in denen Manager die Strategie in Strategy Maps übertragen und ihre Umsetzung planen, werden in den Kapiteln 3 und 4 behandelt.

Die strategische Planung auf Konzernebene ist häufig als bürokratisch, Kommando-und-Kontroll-Ansatz, inflexibel, hierarchisch oder sogar autoritär kritisiert worden. Trotz der häufigen Kritik bleibt die strategische Planung das beliebteste Managementinstrument von Unternehmensführern. Die 2007 von Bain & Company durchgeführte *Survey of Management Tools* zeigte, dass die strategische Planung besonders häufig eingesetzt wurde; 88 Prozent der befragten Organisationen gaben an, dass sie eine formelle strategische Planung machten.[1] Von den 25 beurteilten Managementinstrumenten erzielte sie außerdem den höchsten Zufriedenheitswert – 3,93 auf einer Skala von 1 bis 5. Eine kürzlich von McKinsey durchgeführte Umfrage bestätigte die Ergebnisse von Bain & Company: 79 Prozent der 800 befragten Unternehmen gaben an, dass sie einen formellen strategischen Planungsprozess nutzten.[2] Mehr als die Hälfte dieser Firmen erklärte, dass dies eine wesentliche Rolle bei der Entwicklung der Firmenstrategie spielte. Diese Zahl liegt noch höher für Organisationen, die mit ihrem Planungsprozess zufrieden sind.

Wie in Abbildung 2-3 zusammengefasst, beginnen Unternehmen mit der Formulierung oder Bestätigung ihres Leitbildes, ihrer Vision und Werte. Dann betrachten sie die externen und internen Kräfte, die sich auf die Unternehmensstrategie auswirken. Dieser Schritt führt ganz natürlich zur Identifizierung und Analyse von wesentlichen Themen und Problemen, gefolgt von der Formulierung der neuen Strategie selbst und – insbesondere im Fall von neuen Strategien, die grundlegende Veränderungen nach sich ziehen – der notwendigen Überzeugung aller im Unternehmen, dass dieser Wandel erforderlich ist. Wir gehen auf diese Punkte nacheinander ein.

Klärung der Aussagen über Leitbild, Vision und Werte

Ehe sie eine Strategie formulieren, müssen sich Führungskräfte über ein Leitbild (Mission), den internen Kompass, an dem sich die Aktivitäten orientieren (Werte) und die Zukunftsziele (Vision) einig sein. Normalerweise bleiben Leitbild und Werte eines Unternehmens langfristig unverändert. Die Vision ist nicht ganz so konstant, bleibt aber häufig auch während eines drei- oder fünfjährigen Strategieplans unverändert. Trotzdem beginnen viele Organisationen ihren jährlichen Strategieentwicklungsprozess häufig mit einer Überprüfung und erneuten Bestätigung ihrer Leitbild-, Visions- und Werteaussagen. Ein Vorstand meinte dazu: »Das Führungsteam muss sich ständig die Grundlagen seines Handelns vor Augen führen.«

Formulierung des Leitbilds

Ein *Leitbild* ist eine kurze Aussage (üblicherweise ein oder zwei Sätze), die den Grund für die Existenz des Unternehmens angibt. Das Leitbild sollte kurz den Zweck der Organisation nennen, insbesondere, was sie Kunden (oder, falls es sich um öffentliche beziehungsweise gemeinnützige Organisationen handelt, den Bürgern, Nutznießern und Begünstigten) bieten will. Das Leitbild sollte Führungskräften und Mitarbeitern das übergeordnete Ziel vor Augen führen, das sie gemeinsam verfolgen wollen. Die folgenden Leitsprüche sind hervorragend:

»Wir wollen innovative Produkte entdecken, entwickeln und erfolgreich vermarkten, um Krankheiten zu verhindern und zu heilen, Leid zu lindern und die Lebensqualität zu verbessern. Außerdem wollen wir eine Rendite erzielen, die eine hervorragende Leistung widerspiegelt und diejenigen belohnt, die Ideen und Arbeit in unser Unternehmen investieren.« (Novartis)[3]

»Die Informationen der Welt organisieren und allgemein zugänglich und nutzbar machen.« (Google)[4]

Aussagen zu Werten

Die *wichtigsten Werte* eines Unternehmens sagen etwas über seine Einstellung, sein Verhalten und seinen Charakter aus. Whole Foods beschreibt auf seiner Website die Bedeutung der Werte besser, als wir es könnten:

»Die ... zentralen Werte zeigen, was uns als Unternehmen wichtig ist. Diese Werte ändern sich nicht immer wieder von Situation zu Situation und Mensch zu Mensch, sie stellen vielmehr die Basis unserer Unternehmenskultur dar. Viele Menschen gehören gerne zu Whole Foods und arbeiten gerne für uns. Unsere zentralen Werte sind der Hauptgrund für dieses Gefühl, sie sind bedeutender als unsere Größe und Wachstumsrate. Wenn wir diese Kernwerte unabhängig von der Größe der Firma bewahren, dann erhalten wir auch das, was sie immer schon zu etwas Besonderem gemacht hat. Diese zentralen Werte sind die Seele unseres Unternehmens.«[5]

Indigo, die bedeutendste Buchhandlungskette in Kanada, bekennt sich zu folgenden Werten:

- »Es gibt uns, weil wir Freude in das Leben unserer Kunden bringen möchten. Wir sehen ihre Bedürfnisse voraus und übertreffen ihre Erwartungen.«
- »Bei allem, was wir tun, zählt die hervorragende Leistung.«
- »Erfolg ist nur mit außergewöhnlichen Menschen möglich, die in einem offenen Umfeld zusammenarbeiten, das Wissen und Wachstum fördert.«

- »Bücher lesen und Geschichten erzählen sind wesentlich, damit sich eine Gesellschaft weiterentwickelt.«
- »Innovation ist der Schlüssel zum Wachstum und kann jederzeit von jedem initiiert werden.«
- »Wir sind dafür verantwortlich, den Gemeinschaften, in denen wir tätig sind, etwas zurückzugeben.«[6]

Earthlink, ein Internet-Dienstleister, hat sehr umfassende Unternehmensgrundsätze, zu denen folgende Aussagen gehören:

- »Wir respektieren das Individuum und sind überzeugt, dass Menschen, die man mit Respekt behandelt und denen man Verantwortung überträgt, darauf so reagieren, indem sie ihr Bestes geben.«
- »Wir sind sparsam. Wir hüten und bewahren die Ressourcen des Unternehmens genauso wie unsere eigenen persönlichen Ressourcen.«
- »In all unserem Tun bemühen wir uns, freundlich und höflich zu sein, außerdem fair und mitfühlend.«
- »Bei allen Angelegenheiten, die unsere Kunden betreffen, haben wir ein Gefühl der Dringlichkeit. Wir fühlen uns für Probleme verantwortlich und sind immer aufgeschlossen. Wir sind kundenorientiert.«[7]

Die Unternehmensvision

Die *Unternehmensvision* definiert die mittel- bis langfristigen (drei bis zehn Jahre) Ziele der Organisation. Sie sollte marktorientiert sein und – häufig in kühner Formulierung – ausdrücken, wie das Unternehmen von der Welt gesehen werden möchte. Eine Aussage wie »Wir werden bis 2012 zu einem der drei Spitzentransportunternehmen für Personen und Güter in Nordamerika werden« gibt eine klare, präzise Zielvorstellung. Cigna Property and Casualty, eine Versicherung, mit der wir in den 1990er Jahren arbeiteten, hatte folgende Vision: »Binnen fünf Jahren ein Spezialversicherer mit einer Rentabilität im obersten Quartil zu werden.«[8] Die Aussage ist zwar kurz, enthält aber drei wesentliche Elemente:

- eine *anspruchsvolle Zielvorgabe*: eine Rentabilität im obersten Quartil zu erzielen (als dies formuliert wurde, lag Cigna P& C im unteren Teil des vierten Quartils);

- die *Definition eines Segments*: ein Spezialversicherer zu werden und nicht wie bisher ein Generalist zu bleiben;
- einen *Zeithorizont*: Fünf Jahre.

Sehen Sie sich auch die Vision an, die 1997 von der Online-Banking-Sparte der Wells Fargo Bank veröffentlicht wurde: »Bis zum Endes des Jahrzehnts eine Million Online-Kunden zu haben«.[9] Diese kurze Aussage enthält ebenfalls die drei wesentlichen Elemente:

- *Anspruchsvolle Zielvorgabe*: Anzahl Kunden (1 Million);
- *Definition eines Segments*: Online-Banking-Kunden;
- *Zeithorizont*: bis Ende des Jahrzehnts (2000).

Die Vision einer gemeinnützigen oder staatlichen Organisation sollte eine anspruchsvolle Zielvorgabe definieren, die sich auf ihre Mission bezieht. Präsident John F. Kennedy formulierte 1961 eine der berühmtesten Visionen des öffentlichen Sektors, als er erklärte, das Weltraumprogramm der USA werde »vor dem Ende dieses Jahrzehnts einen Mann auf den Mond und wieder sicher zurück zur Erde bringen«. Diese Aussage ist nicht nur inspirierend, sie bietet auch ein klares Maß für den Erfolg und einen konkreten Zeitrahmen.

Die Universität von Leeds in Großbritannien bietet ein hervorragendes Beispiel für die wohlformulierte Vision einer gemeinnützigen Einrichtung: »Bis 2015 wird unsere ausgeprägte Fähigkeit, hervorragende Forschung, Wissenschaft und Ausbildung zu integrieren, uns einen Platz unter den 50 besten Universitäten der Welt sichern.«[10] Auch diese Aussage enthält die drei wesentlichen Elemente:

- *Anspruchsvolle Zielvorgabe*: zu den 50 weltbesten Universitäten gehören;
- *Definition eines Segments*: Forschung, Wissenschaft und Ausbildung zu integrieren;
- *Zeithorizont*: bis 2015.

Die anspruchsvolle Zielvorgabe der Vision sollte klar von der derzeitigen Position der Organisation abweichen. Es ist wichtig, dass sich Unternehmen ehrgeizige Ziele setzen, und der Firmenschef muss damit anfangen. Eine der Hauptaufgaben einer erfolgreichen Führungskraft ist es, ein Gefühl von Dringlichkeit zu schaffen und Ziele zu formulieren, die alle Mitarbeiter, selbst in leistungsfähigen Unternehmen, herausfordern, viel besser zu werden. Ohne starke Führung wird eine Organisation selbstgefällig und erzielt bestenfalls kleine Verbesserungen des Istzustandes.

Echte Führer wissen, dass Selbstgefälligkeit der Feind ist. Ein klassisches Beispiel ist die Herausforderung von Jack Welch, als er Chef des GE-Konzerns wurde, dass jede Sparte entweder die Nummer eins oder zwei in ihrer Branche werden oder den Konzern verlassen müsse. Collins und Porras bemerken: »Visionäre Unternehmen mögen auf Außenstehende spießig und konservativ wirken, aber sie scheuen sich nicht, richtig große, kühne Ziele in Angriff zu nehmen.«[11] Ein anspruchsvolles Ziel vorzugeben und einen konkreten Zeithorizont für die Zielerreichung festzulegen ist eine der wichtigsten Aufgaben von Unternehmensführern.

Unternehmen, die die Balanced Scorecard einsetzen, um erfolgreich zu sein, hatten inspirierende Führungskräfte. Als Gerry Isom die Leitung der Versicherungssparte Cigna Property and Casualty übernahm, steckte sie in Schwierigkeiten, und er setzte ihr dieses ambitionierte Ziel: Sie sollte binnen fünf Jahren aus dem unteren Bereich des vierten Rentabilitätsquartils in den oberen Bereich des ersten Quartils aufsteigen. Dudley Nigg, Chef der Online-Banking-Sparte von Wells Fargo im Jahr 1997, verstand, dass die Firma auch als führende Online-Bank der USA deutlich besser werden musste, wenn sie den Vorsprung, den sie als Erste am Markt hatte, bewahren wollte. Als Michael Arthur 2004 Vizekanzler der University of Leeds wurde, stellte er die Dekane, Fakultäten und das Verwaltungspersonal vor die Herausforderung, die Universität in eines der weltbesten Forschungs- und Ausbildungsinstitute zu verwandeln.

Bedeutende Führungskräfte setzten ihren Organisationen ambitionierte Ziele. Die Unternehmensvision sollte auf höchster Unternehmensebene ehrgeizige Strategieziele ausdrücken, einschließlich einer eindeutigen Messgröße für den Erfolg und einem konkreten Zeithorizont, um diesen zu erreichen.

Die Change-Agenda für die Strategie

Durch die Vision wird ein Ziel vorgegeben; sie beschreibt auf Konzernebene, wie die Organisation in Zukunft Nutzen schaffen will. Aber die Mitarbeiter verstehen möglicherweise nicht, warum eine neue Strategie erforderlich ist und warum sie sich ändern müssen, um das anspruchsvolle Ziel zu erreichen. Eine der Hauptaufgaben von Führungskräften ist es, ein Gefühl der Dringlichkeit zu schaffen und die Notwendigkeit einer Veränderung zu kommunizieren.[12] Dazu kann ein Managementinstrument verwendet werden, das wir als *Change-Agenda für die Strategie* bezeichnen und das begründet, warum ein Wandel notwendig ist. Die Change-Agenda vergleicht den Status quo verschiedener Organisationsstrukturen, Fähigkeiten und Prozesse mit dem, was binnen der nächsten drei bis fünf Jahre daraus werden muss.

Betrachten wir einmal die Situation von Graham Sher, als er Chef der Canadian Blood Services (CBS) wurde. CBS wurde während einer Unternehmenskrise infolge eines berüchtigten Skandals während der 1990er Jahre als Nachfolgeorganisation des Kanadischen Roten Kreuzes gegründet. Aufgrund des Versagens von Behörden, der Unternehmungsleitung und Entscheidungsträgern wurden Tausende Kanadier mit kontaminiertem Blut infiziert. Der Vertrauensverlust, den das ganze System erlitt, war irreparabel. Während der Anfangsjahre konzentrierte sich CBS auf betriebliche Aspekte, um dem System wieder auf die Beine zu helfen. Nach rund vier Jahren intensiver Arbeit konnte CBS verkünden, dass es in Kanada wieder ein verlässliches System der Blutversorgung mit ausreichenden Mengen an sicheren, qualitativ hochwertigen Blutpräparaten gab, die den klinischen Anforderungen entsprachen.

Zu diesem Zeitpunkt trat der Firmenchef zurück, und Sher wurde Geschäftsführer von CBS. Er stellte fest, dass viele voneinander unabhängige Initiativen begonnen worden waren, die häufig um die gleichen beschränkten Ressourcen konkurrierten und nicht gemeinsam gemanagt wurden. Nachdem die firmeninternen Probleme von CBS behoben waren, sah Sher die Chance, ein modernes, zuverlässiges Blutsystem aufzubauen und das einzigartige Vertriebsmodell von CBS zu nutzen, um auch andere Gesundheitsprodukte in Kanada anzubieten. Dafür waren aber eine klare Strategie, ein neuer Strategieumsetzungsprozess und eine stärkere, einheitliche Ausrichtung der Organisation erforderlich.

Ehe Sher diese schwierige Aufgabe in Angriff nahm, entwickelte er zusammen mit seinem Führungsteam die in Abbildung 2-4 dargestellte Change-Agenda, um die Notwendigkeit des Wandels zu demonstrieren und allen CBS-Mitarbeitern begreiflich zu machen. Häufig widersetzen sich die Beschäftigten Veränderungen, unter anderem auch, weil sie ihrer

Führung nicht glauben, dass sie den Prozess bis zum Ende durchführen wird. Eine klare Ablehnung der bestehenden Situation durch diese Führung – verbunden mit einer eindeutigen, ausführlichen Erläuterung zur Notwendigkeit einer Änderung – hilft, derartige Widerstände zu überwinden.

Abbildung 2-4: Die Strategie-Change-Agenda definierte den Weg von CBS in die Zukunft

Die Change-Agenda von Canadian Blood Services

vorher		**nachher**
Blutpräparate	Mission	Mehr Produkte und Service
Taktisch, operativ	Fokus der Unternehmensleitung	Langfristiger strategischer Dialog
Unverstanden und abgelehnt	Umsetzung der Qualitätskontrolle	Verantwortungsvoll unterstützt
Kurzfristig, aus einer Quelle	Finanzierung	Aus mehreren Quellen, strategische Investitionen
Geerbt, nicht effektiv	Infrastruktur	Generalüberholt, modern, zweckmäßig
Im Verborgenen reagierend	Medizinische F & E	Zielorientiert, engagiert, sichtbar
Manuell	Kernprozesse	Standardisiert und automatisiert
Hierarchisch	Führung	Fördert, überträgt Vollmachten
Ohne klaren Benchmark	Stückkosten	Klar definiert, nahe am Richtwert
Auf Aufgaben vor Ort konzentriert; keine Kenntnis der Strategie	Mitarbeiter	In die Strategie eingebunden

Als weiteres Beispiel mögen die Herausforderungen dienen, denen sich das U.S. Federal Bureau of Investigation (FBI) nach dem Terroranschlag vom 11. September 2001 stellen musste. Um auf die Bedrohung zu reagieren, brauchte das FBI eine völlig neue Strategie und Änderung seiner Unternehmenskultur. Direktor Robert Mueller erkannte, dass er alle Mitarbeiter auf die bevorstehenden Änderungen vorbereiten und sie darüber unterrichten musste. Er entwickelte die in Abbildung 2-5 dargestellte Change-Agenda, um Umfang und Ausmaß der Transformation zu demonstrieren.

Abbildung 2-5: Change-Agenda des FBI, um für die Änderungen zu werben

Die Change-Agenda des FBI

Vergangenheit	Zukunft
Inland	Weltweit
Gesetzesvollzug	Nationale Sicherheit und Gesetzesvollzug
Auf Vorfälle reagierend	Bedrohungsorientiert
Quantitative Beurteilung (der Vorfälle)	Qualitative Beurteilung (bedrohungsorientiert)
Zuarbeiter	Echte Partner
Taktisch	Strategisch
»Nur das Notwendigste wird bekannt gegeben«	»Nur das Notwendigste wird geheim gehalten«
Schlechte Kommunikation	Effektive, rechtzeitige, relevante Kommunikation
Einzelkämpfer (Silodenken)	Integrierter Teamansatz
Ineffiziente Prozesse der Personalabteilung	Effiziente Personalprozesse
Agenten/Hilfspersonal	Team von Fachkräften
Alte, nicht integrierte IT-Systeme	Integrierte IT-Systeme zur Arbeitsunterstützung; Produktivitäts-Tools
Verwendung vorhandener Wissenschaft und Technik	Entwicklung und Verwendung optimaler Wissenschaft und Technik
Das Budget bestimmt die Strategie	Die Strategie bestimmt das Budget

Die Change-Agenda zeigt, dass sich das FBI von einer Organisation, die auf begangene Verbrechen reagiert, in eine bedrohungsorientierte (die versucht, Anschläge zu verhindern) wandeln musste. Statt als Einzelkämpfer im Geheimen zu arbeiten, mussten Agenten nun als integrierte Teammitglieder tätig werden. Es bedeutete einen noch größeren Umbruch, dass das

FBI nun Informationen an andere Bundes- und einzelstaatliche Behörden weitergeben und mit ihnen zusammenarbeiten musste, um die Gefahr von US-Bürgern abzuwenden.

Die Richtlinien, die nach intensiven Gesprächen in der ganzen Organisation entstanden, bezogen alle Ebenen des FBI in die Festlegung von Zielen für die neue strategische Richtung mit ein und trugen zum Verständnis der neu formulierten Strategie und ihrer Unterstützung bei. Direktor Mueller trug die Change-Agenda für die Strategie (Abbildung 2-5) immer bei sich, wenn er Außenstellen besuchte. Wenn Agenten skeptisch waren oder sich Widerstand gegen die neuen Initiativen und Strukturen regte, verdeutlichte Mueller anhand der einen Seite, warum die Veränderungen notwendig waren.

Zusammenfassend ist festzustellen, dass am Beginn des Strategieentwicklungsprozesses das Führungsteam die Mission, Vision und Werte der Organisation bestätigen muss, wobei bei Bedarf einzelne Ziele und die Unternehmensvision zu aktualisieren sind. Wenn sich Strategie und Unternehmen grundlegend ändern müssen, sollte die Geschäftsleitung eine Change-Agenda für die Strategie formulieren und kommunizieren, in der die notwendigen kulturellen, organisatorischen und betrieblichen Änderungen dargestellt sind.

Definition einer umfassenden Vision

Zur Umsetzung der Strategie braucht man einen Rahmen, um Strategien und Tätigkeiten verschiedener Unternehmenseinheiten zu integrieren. Untersuchungen zeigen jedoch, dass über 60 Prozent der Organisationen zurzeit keine integrierte strategische Perspektive haben; Fachabteilungen wie Personal, IT und Finanzen sind häufig nicht in die Strategien der Geschäftsbereiche und des Konzerns eingebunden.[13]

Wie wir in früheren Büchern erläuterten, bietet die Strategy Map eine integrierte Sicht auf die Strategie.[14] Führungsteams können die grundlegende Struktur der Strategy Map schon während der Strategieentwicklung nutzen, auch wenn sie erst später im Detail ausgearbeitet wird. Wie Abbildung 2-6 zeigt, können die vier Perspektiven der Strategy Map bei der Definition einer *umfassenden Vision* helfen. Sie bietet einen detaillierten Überblick über die Voraussetzungen zum Erreichen der Vision, einschließlich des versprochenen Kundennutzens, der wesentlichen Prozesse und der von Mitarbeitern und der Technik geschaffenen immateriellen Werte.

Betrachten wir einmal den Ansatz von Nemours, einem US-amerikanischen Gesundheitsdienstleister, der sich speziell um das Wohlergehen und die Behandlung von Kindern kümmert. Die Unternehmensvision – »Frei von beeinträchtigenden Bedingungen« – beschreibt einfach und präzise die Zielsetzung, bietet aber kaum Anhaltspunkte für die Formulierung einer Strategie.

Abbildung 2-6: Strategieausrichtung anhand einer Vision

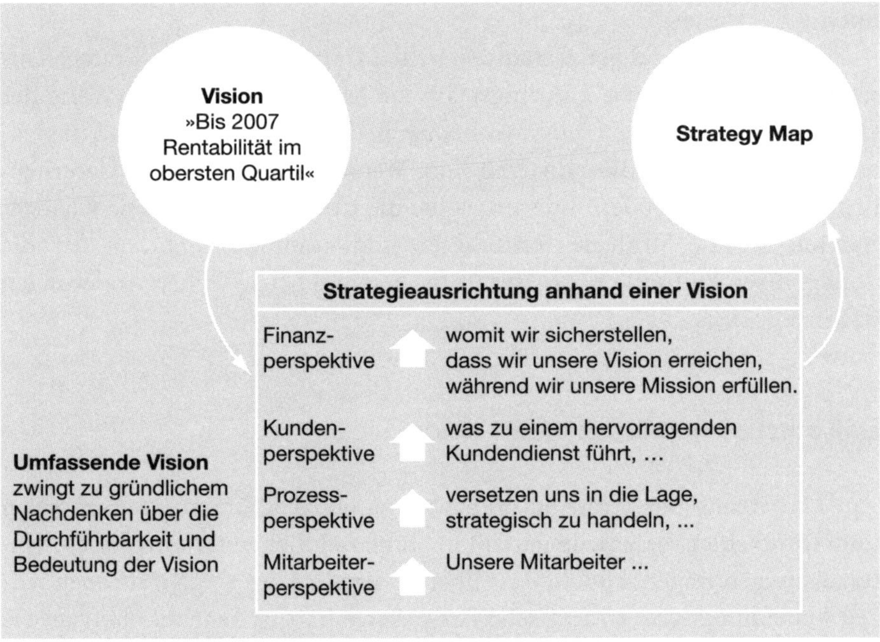

Nemours formulierte eine umfassende Vision, um die Entwicklung der Strategy Map (Abbildung 2-7) zu steuern. Vision und Mission stehen am Anfang, denn sie weisen auf das endgültige Ziel und die Verantwortung des Unternehmens hin. Die zentralen Werte stehen unten in der Strategy Map, weil sie die Grundlage für die gesamte Unternehmenstätigkeit bilden. Die umfassende Vision beschreibt den Übergang zur Strategie. Außerdem definierte Nemours in der Strategy Map strategische Prioritäten, um seine Vision und Mission besser zu erreichen.

Abbildung 2-7: Die Strategy Map von Nemours

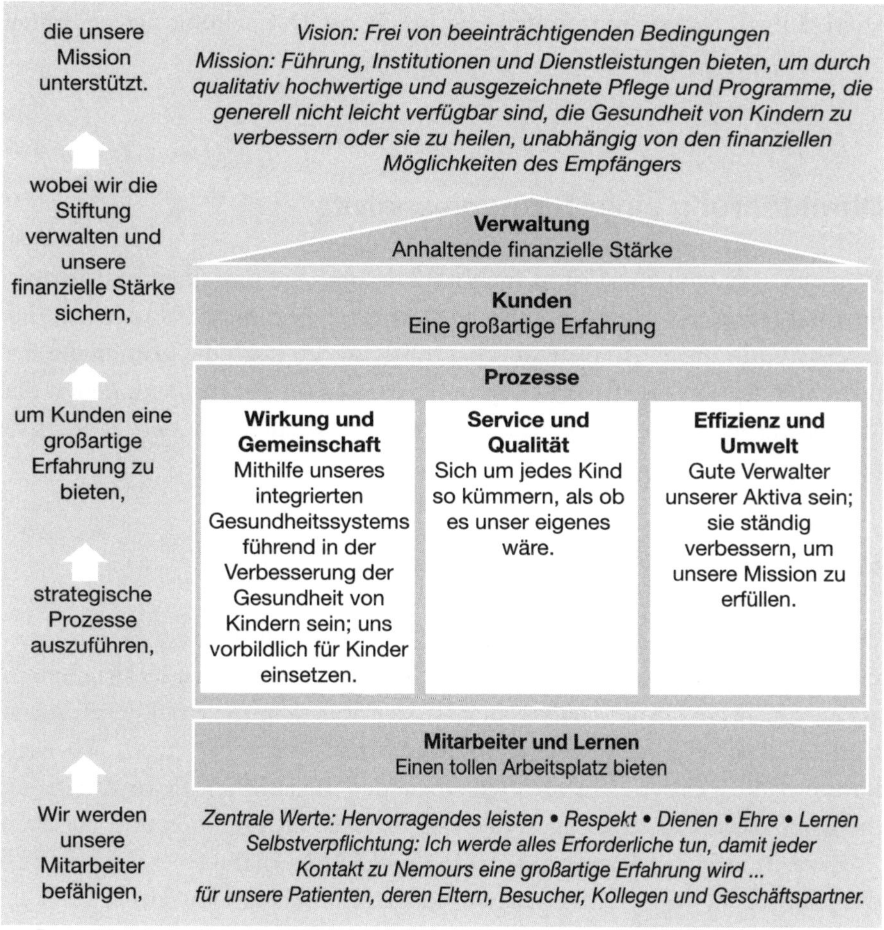

Dank der umfassenden Vision konnte die Strategie in vier Substrategien gegliedert werden:

- *Wirkung und Gemeinschaft*: mithilfe unseres integrierten Gesundheitssystems bei der Verbesserung der Gesundheit von Kindern führend sein; uns vorbildlich für Kinder einsetzen.
- *Service und Qualität*: sich um jedes Kind so kümmern, als ob es unser eigenes wäre.
- *Effizienz und Umwelt*: gute Verwalter unserer Aktiva sein; sie ständig verbessern, um unsere Mission zu erfüllen.

- *Mitarbeiter und Lernen*: einen tollen Arbeitsplatz bieten.

Diese Substrategien führten ganz natürlich zur Darstellung der gesamten Strategie, wie in Kapitel 3 gezeigt wird.

Durchführung einer Strategieanalyse

Wenn es sich über die Vision im Klaren ist und sie umfassend ausformuliert hat, weiß ein Unternehmen, was es erreichen muss. Nun wird eine externe und interne Analyse durchgeführt, zu der auch die gründliche Beurteilung der eigenen Fähigkeiten und Leistung im Vergleich zu denen der Wettbewerber sowie der eigenen Position verglichen mit den Branchentrends gehören.

Externe Analyse

Das Führungsteam muss die Auswirkungen von allgemeinen Wirtschafts- und Branchentrends auf Strategie und Geschäftstätigkeit des Unternehmens verstehen. Die externe Analyse befasst sich mit dem makroökonomischen Umfeld, das heißt dem Wirtschaftswachstum, den Zinssätzen, Wechselkursen, Faktorkosten, Vorschriften sowie den allgemeinen Erwartungen an die Rolle des Unternehmens in der Gesellschaft. Gelegentlich und aus dem Englischen kommend wird dies auch als PESTEL-Analyse bezeichnet, weil die politischen, wirtschaftlichen, sozialen, technischen, Umwelt- und rechtlichen Faktoren berücksichtigt werden (siehe Abbildung 2-8).

Zur externen Analyse gehört auch eine Betrachtung der Branche, wozu gern das Fünf-Kräfte-Modell von Michael Porter verwendet wird, das die Aspekte: Verhandlungsmacht der Kunden, Verhandlungsmacht der Lieferanten, Bedrohung durch Ersatzprodukte oder -leistungen, Bedrohung durch neue Wettbewerber sowie den brancheninternen Wettbewerb berücksichtigt.[15] Dieses Modell hilft bei der Einstufung der Attraktivität einer Branche und dabei, die Kräfte zu identifizieren, die sie formen. Die Branchenanalyse sollte auch anhand verschiedener Finanzkennzahlen die eigene Unternehmensleistung mit denen der Wettbewerber in der Branche vergleichen.

Abbildung 2-8: Eine externe Analyse mithilfe des PESTEL-Modells

Politische Analyse
- Risiko einer Militärinvasion
- Gesetzlicher Rahmen für die Vertragsdurchsetzung
- Schutz geistigen Eigentums
- Wettbewerbsregeln und Zölle
- Begünstigte Handelspartner

Soziale Analyse
- Demografie
- Klassenaufbau
- Ausbildung
- Kultur (Geschlechterrollen, usw.)
- Unternehmergeist
- Mentalität (Gesundheit, Umweltbewusstsein, Ernährung)
- Freizeitaktivitäten

Umweltanalyse
- Ausstoß an Treibhausgasen
- Müllerzeugung
- Abwasserentsorgung
- Energieverbrauch
- Recycelfähigkeit
- Wasserverbrauch
- Ökologischer Fingerabdruck

Wirtschaftsanalyse
- Wirtschaftssystem in den Ländern, in denen das Unternehmen vertreten ist
- Staatliche Eingriffe in das Wirtschaftsgeschehen
- Komparativer Vorteil des Gastlandes
- Wechselkurse und Währungsstabilität
- Effizienz der Finanzmärkte
- Qualität der Infrastruktur
- Qualifikation der Arbeitskräfte
- Arbeitskosten
- Phase im Konjunkturzyklus (Wohlstand, Rezession, Erholung)
- Wirtschaftswachstum
- Verfügbares Einkommen
- Arbeitslosenquote
- Inflationsrate
- Zinssätze

Technische Analyse
- Jüngste technische Entwicklung
- Auswirkungen der Technik auf das Produktangebot
- Auswirkungen auf die Kostenstruktur
- Auswirkungen auf die Wertkette
- Prozentsatz der technischen Durchdringung

Rechtliche Analyse
- Kartellgesetze
- Preisfestlegungen
- Steuern – Steuersätze und Anreize
- Gesetze über Mindestlohn und Überstundenentgelt
- Arbeitswoche
- Sozialleistungen
- Sicherheitsvorschriften
- Vorschriften für die Produktauszeichnung

Die Beurteilung der Wettbewerber gehört zu einer Branchenanalyse. Manche Unternehmen fassen die Positionen ihrer Wettbewerber in einem Diagramm zusammen, wobei die Achsen je nach Bedarf wesentliche Aspekte darstellen, beispielsweise Produktumfang, technische Fähigkeiten oder geografische Verbreitung. Eine dritte Dimension – Unternehmensleistung – wird dadurch eingeführt, dass jeder Wettbewerber durch einen Kreis dargestellt wird, dessen Größe einem Leistungsindikator entspricht, beispielsweise Umsatz, Vermögen, Marktanteil oder Rentabilität.

Interne Analyse

In der internen Analyse werden Leistung und Fähigkeiten des Unternehmens untersucht. Unternehmen, die dazu noch keine Balanced Scorecard entwickelt haben, nutzen in der Regel Finanzdaten zur Leistungsbeurteilung.

Ein häufig verwendetes Instrument ist die von Michael Porter eingeführte *Wertkettenanalyse*.[16] Als *Wertkette* wird die Folge von Prozessen bezeichnet, die notwendig ist, um die Produkte und Dienstleistungen des Unternehmens an die Kunden zu liefern. Zusätzlich zu den primären Aktivitäten – Herstellung, Vertrieb und Kundendienst – gibt es auch noch unterstützende Aktivitäten, beispielsweise Forschung und Entwicklung, Personalwesen und technische Entwicklung, die den primären Wertschöpfungsprozess fördern. Das Konzept der Wertkette hilft einem Unternehmen, die Aktivitäten zu identifizieren, die es anders oder besser als die Wettbewerber ausführen will, um sich dadurch einen nachhaltigen Wettbewerbsvorteil zu verschaffen.

Die Firmen können außerdem eine Prozesskostenrechnung für jeden Prozess der Wertkette durchführen und so feststellen, welche Prozesse sie zu niedrigeren Kosten als die Wettbewerber ausführen können (ein möglicher Wettbewerbsvorteil) und bei welchen sie verglichen mit der Konkurrenz einen Kostennachteil haben. Unternehmen, die eine Differenzierungsstrategie umsetzen wollen, bietet die Prozesskostenrechnung Informationen darüber, ob die Differenzierung bei einem bestimmten Prozess genug einbringt, um die durch die Differenzierung entstehenden höheren Kosten zu decken.

Identifikation von Stärken, Schwächen, Chancen, Risiken (SWOT-Analyse)

Sind die externen und internen Analysen abgeschlossen, führen die Strategieplaner eine SWOT-Analyse durch. Diese Methode, die möglicherweise das erste und grundlegendste aller Instrumente zur Strategieanalyse ist, legt, wie die folgende Matrix zeigt, die Stärken und Schwächen eines Unternehmens offen, aber auch die Chancen und Bedrohungen, denen es sich ausgesetzt sieht.[17]

	Nützlich zur Umsetzung der Unternehmensvision	Steht der Umsetzung der Unternehmensmission im Weg
Interne Merkmale	**Stärken**	**Schwächen**
Externe Merkmale	**Chancen**	**Risiken**

Die externen Faktoren werden als Chancen oder Risiken, die internen als Stärken oder Schwächen eingeordnet. Die zur Klassifizierung und Beurteilung zu wählenden Merkmale werden bei der Strategieplanung festgelegt.

Eine gründliche externe und interne Analyse kann zu verwirrend vielen Informationen führen. Eine SWOT-Tabelle fasst die Faktoren übersichtlich zusammen, damit das Führungsteam leicht die wesentlichen Probleme erkennt, die bei der Formulierung der Strategie berücksichtigt werden müssen. Stärken können eingesetzt werden, um Chancen zu nutzen und Risiken zu vermeiden, und Manager werden auf interne Schwächen und externe Bedrohungen hingewiesen, denen sie mit der Strategie begegnen müssen. Infosys, ein IT-Beratungs- und Dienstleistungsunternehmen aus Indien, betrachtet verschiedene Szenarien, die die günstigste und schlimmste Situation darstellen. Best-Case-Szenarien dienen der Formulierung kühner Unternehmensziele, und Worst-Case-Szenarien helfen, Risiken zu identifizieren, denen man begegnen muss.

Manche Unternehmen nutzen die vier Perspektiven der Balanced Scorecard für ihre SWOT-Analyse, wie in Abbildung 2-9 dargestellt. Nemours hat sich auch für diese Darstellung entschieden, wie Abbildung 2-10 zeigt. Die Nemours-Manager haben so auf einer Seite eine Zusammenfassung aller Themen und Probleme, die die neue Strategie berücksichtigen muss, geordnet nach Aktionären (im Fall von Nemours: Interessengruppen), Kunden, Prozessen und Mitarbeitern.

Jede Komponente der Strategieanalyse identifiziert Aspekte, die Auswirkungen auf die Strategie haben können. Die mit dem Führungsteam zusammenarbeitenden Planer sollten die Liste so zusammenstreichen, dass nur noch die Punkte von größter Bedeutung übrig bleiben. Eine Einordnung in die Strategy Map sorgt für Kontinuität und Konzentration. Abbildung 2-11 zeigt die Liste strategischer Themen, die eine Bekleidungskette entwickelte. Mithilfe der Strategy Map ließen sich sieben Kategorien identifizieren, die zusammen die Strategie darstellen. Die externe (PESTEL) und interne (SWOT) Analyse führte zur Aufdeckung wichtiger Fragen innerhalb jeder dieser Kategorien.

Abbildung 2-9: Gemäß den Perspektiven der Balanced Scorecard organisierte SWOT-Matrix

	Gemäß den Perspektiven der Balanced Scorecard organisierte SWOT-Matrix			
	Stärken	**Schwächen**	**Chancen**	**Risiken**
Finanzperspektive	Derzeitige finanzielle Stärken und Schwächen		Chancen wachsender Einnahmen und der Produktivitätsverbesserung, die die Kluft zwischen derzeitiger Leistung und übergeordnetem finanziellem Ziel schließen helfen	Gefahr, dass der finanzielle Erfolg nicht beibehalten oder gesteigert werden kann; die Bedrohung durch Wettbewerber wird sich auf unsere Abwehrstrategie auswirken und zeigen, in welchem Umfang und wie schnell Verbesserungen notwendig sind
Kundenperspektive	Stärken und Schwächen unseres Leistungsversprechens in den Augen unserer Kunden, Wettbewerber und des Marktes		Mögliche Ausweitung des Kundenstamms, in neue Märkte einsteigen, Verbesserung des Leistungsversprechens für Kunden zur Befriedigung ihrer Bedürfnisse	Gefahr von Kunden und Wettbewerbern
Prozessperspektive	Stärken unserer internen Prozesse; wo wir hervorragend sind	Schwächen unserer internen Prozesse und der Wertkette	Möglichkeiten der internen Prozessverbesserung, um Chancen zu nutzen	Gefahr aufgrund von Schwächen interner Prozesse
Mitarbeiterperspektive	Stärken und Schwächen unserer Mitarbeiter, Kultur, Kernkompetenzen und strategischen Fähigkeiten		Chancen, die Kultur, Fähigkeiten und Fertigkeiten zu entwickeln, um strategische Prioritäten umsetzen zu können	Gefährdung der Strategieumsetzung wegen mangelnder Fähigkeiten, Fertigkeiten, Organisation und Kultur

Abbildung 2-10: Die SWOT-Matrix von Nemours

	Stärken	Schwächen	Chancen	Risiken
Verwaltung	• Finanzielle Stärke • Unterstützung durch die Stiftung • Möglichkeit der Kreditaufnahme • AAA-Bonitätsbeurteilung • Niedrige Kapitalkosten	• Langsameres Wachstum bei Managed Care • Sinkende öffentliche Einnahmen • Schwindende Einnahmequellen der Partner-Gemeinden • Office of Development noch am Anfang	• Externe Finanzierung der biomedizinischen Forschung • Spenden für Nemours • Information der Kandidaten im Wahlkampf 2008	• Kostendruck (Labor und Haftpflichtversicherung) • Uneinbringliche Forderungen von Nicht- und Unterversicherten • Rückerstattung durch Medicaid • Kapitalbedarf • 2008 neuer Gouverneur in Delaware
Kunden	• Einzigartige Vorbeugungs- und Hilfsprogramme • Konzentration auf die Gesundheit von Kindern • Als Experte im Gesundheitsdienst und für Kindergesundheit anerkannt	• Rückgang der stationär behandelten Patienten • Unzufriedenheit von Patienten und ihren Familien mit der Aufnahme (Telefonkontakt, Zeitplanung, Website)	• Befürwortung von Veränderungen der Richtlinien, Programme und Praktiken zur Förderung der Kindergesundheit • Marktanteil in Delaware und Florida steigern • Branding von Nemours und sonstiges Sozialmarketing	• Vorbeugemaßnahmen werden nicht erstattet • Beträchtlicher Wettbewerb in Delaware Valley • Rückläufige Geburtenrate und Bevölkerungszahl in Delaware • Prozessfreudiges Umfeld
Prozesse	• Integriertes Gesundheitssystem für Kinder • Gute elektronische Ausstattung • Einsatz von Informationssystemen in der klinischen Betreuung • Sicherheit des Patienten und Qualität gehen vor	• Infrastrukturbedarf beim Kinderhospital	• Wir müssen uns in der Qualität unserer Kliniken, Patientensicherheit und Förderung der Kindergesundheit von anderen unterscheiden • Verbesserung der Servicequalität	• Verbraucherorientierte Gesundheitspläne • Zahlung für Leistung • Preistransparenz • Auswirkung der Inflation auf Investitionsprojekte • Veralterung der Technik

	Stärken	Schwächen	Chancen	Risiken
Prozesse	• Spezialprogramme: Kidshealth, NHPS, Brightstart • Partner von Behörden und Gemeinden zur Förderung der Prävention		• Problem der Kontaktaufnahme lösen (Telefon, Termine) • Integration von klinischer Behandlung und vorbeugenden Maßnahmen	
Mitarbeiter	• Qualifiziertes medizinisches Fachpersonal bietet hohe Leistung • Selten freie Stellen • Unterdurchschnittliche Fluktuation	• Branchenübliche Bezahlung und Sozialleistungen, insbesondere für Ärzte • Unternehmenskultur • Leistungsmanagement • Personalbedarf in Orlando	• Initiative zur Änderung der Unternehmenskultur	• Mangel an Kinderärzten und Krankenschwestern • Alternde Arbeitnehmer • »Whitewater«-Veränderung • Aufzehrung des Stiftungskapitals

In der ersten Kategorie (Wachstum) muss das Unternehmen seine Wachstumsziele definieren. In Kategorie 5 (Einkaufserlebnis) sind die Wachstumsziele in spezifische Zielwerte für sämtliche Läden umzusetzen. Ein anderes Thema in Kategorie 5 sind steigende Einnahmen pro Kunde, indem das Einkaufserlebnis zum reinen Vergnügen gemacht wird.

Diese strategischen Aspekte bilden einen Leitfaden für die Agenda der strategischen Lagebesprechungen, die in Kapitel 8 beschrieben werden. Die Themenliste enthält die wesentlichen Aspekte, die ständig diskutiert und gemanagt werden müssen, um die Strategie erfolgreich umzusetzen.

Diese Liste ist auch die Basis für die Formulierung der Strategie, die nächste Phase in der Strategieentwicklung.

Formulierung der Strategie

Wir haben nun den Punkt erreicht, an dem die Kunst der Strategieformulierung beginnt. Jetzt müssen die Führungskräfte entscheiden, wie sie ihren

Plan angesichts der durchgeführten Analysen, ihrer Ziele, Themen, wichtigen Aspekte, Chancen und Risiken umsetzen wollen.

Abbildung 2-11: Ergebnisse der Strategieanalyse und strategische Fragen

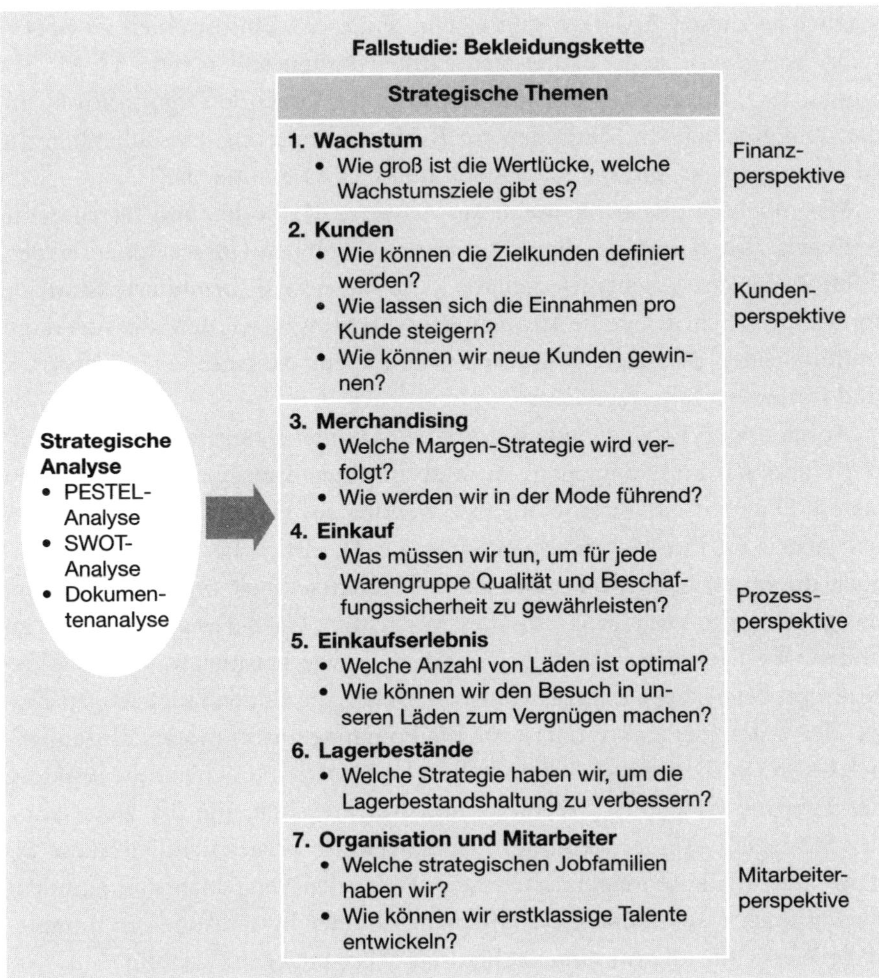

Anregung kreativer Strategien

Es gibt überwältigend viele verschiedene Ansätze und Lehrmeinungen zur Formulierung und Entwicklung von Strategien. Dazu zählen die Positionierung (mit Michael Porter in Zusammenhang gebracht), die Ressourcentheorie, die Kernkompetenzen, Wertmanagement, der Erfolgsfaktor Kerngeschäft, die Erschließung neuer Markträume, emergente/entstehende Strategien, die Schaffung gemeinsamer Erlebnisse und Erfahrungen mit Kunden (experience cocreation) sowie die zerstörende Innovation.[18] Zusätzlich zu diesen Ansätzen gibt es eine Fülle von Philosophien zu operativen Verbesserungen, an die sich Firmen halten sollen, wie TQM, Six Sigma, ISO, die schlanke Produktion und die lernende Organisation. Ergänzend gibt es noch Methoden zur Risikominimierung, einschließlich Risikomanagement, interne Kontrollen und COSO-Standards.[19]

Wir möchten uns auf keine dieser Ansätze, Methoden und Instrumente festlegen. Wir haben sie alle schon in verschiedenen Unternehmen erfolgreich im Einsatz gesehen. Jedenfalls kann die einmal formulierte Strategie im nächsten Schritt in eine Strategy Map übertragen werden, die sich dann mithilfe einer Balanced Scorecard von Zielen, Messgrößen, Zielwerten und Initiativen umsetzen lässt.

Abbildung 2-12 zeigt, wie sich die verschiedenen strategischen, operativen und Risikomanagement-Ansätze in einer Strategy Map darstellen lassen. Die meisten Unternehmen verwenden ein Finanzportfolio als Ausgangsbasis für ihre Unternehmensstrategie. Derartige Portfolios verdeutlichen die finanziellen Merkmale jeder Geschäftseinheit und sollen helfen, das gewünschte Verhältnis zwischen Wachstum, Cash-Flow und Risiko zu finden. Wertorientierte Managementansätze, wie beispielsweise das EVA-Konzept, bevorzugen die Auswahl von Zielen, die zu den langfristigen Zielen der Finanzperspektive passen. Risikomanagementansätze, einschließlich COSO und die internen Kontrollen, konzentrieren sich auf die Senkung der Finanz-, Geschäfts-, Technik- und Marktrisiken, die die Umsetzung der Strategie behindern könnten. Üblicherweise berücksichtigen diese Finanz- und Risikomanagementansätze weder den versprochenen Kundennutzen noch wesentliche Geschäftsprozesse oder Investitionen in immaterielle Werte, die alle für eine nachhaltige Wertsteigerung wichtig sind.

Am meisten Beachtung finden die Formulierungsansätze, die sich auf die Kunden konzentrieren. Porters Konzept der Wettbewerbsvorteile betont die Konzentration auf einzelne Marken- und Kundensegmente und die Frage, ob man in den entsprechenden Segmenten mit niedrigen Kosten oder einer Differenzierungsstrategie den Erfolg suchen soll. Chris Zook von Bain & Company behauptet, die erfolgreichsten Unternehmen entwickelten ihre

Abbildung 2-12: Methoden zur Formulierung einer Strategie

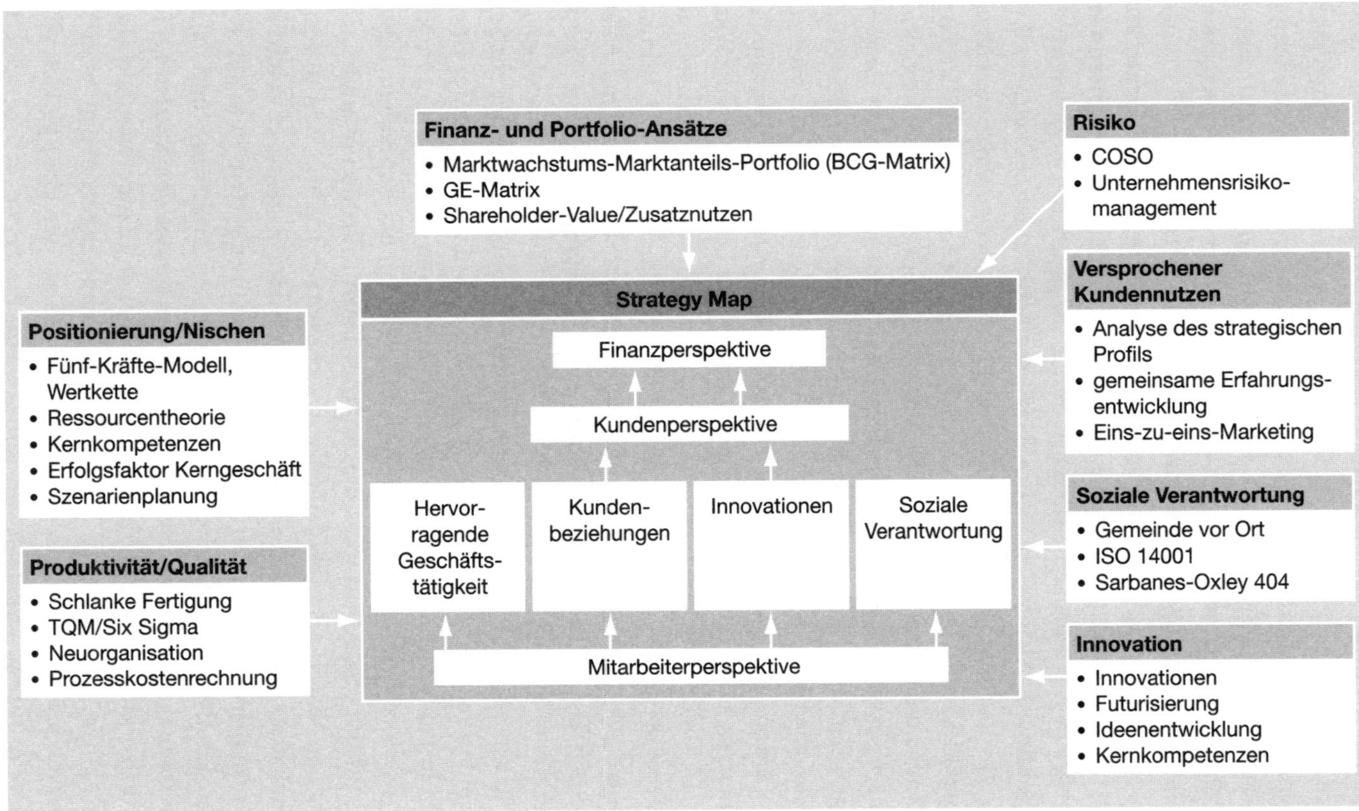

Strategie um ihr Kerngeschäft herum, für das sie das nötige Fachwissen, Glaubwürdigkeit und ein tiefes Verständnis für die Kundenwünsche mitbringen. Er nennt die Gartner Group und Bausch & Lomb als Beispiele für Unternehmen, die nach einer Ausweitung ihrer Aktivitäten auf neue Märkte schlechte Ergebnisse erzielten und erst wieder Erfolg hatten, nachdem sie in ihr angestammtes Marktsegment zurückgekehrt waren.[20]

Unternehmen, die sich für eine Erschließung neuer Markträume entscheiden, entwickeln einen kreativen und nachhaltigen Wettbewerbsvorteil, um einen großen Kundenstamm anzusprechen.[21] Beispielsweise schuf Southwest Airlines ein neues Marktsegment, indem es die Geschwindigkeit von Flugreisen mit den niedrigen Preisen, der hohen Frequenz und den pünktlichen Abfahrten verband, derentwegen Kunden normalerweise mit Bussen von Stadt zu Stadt fahren. Die Zielgruppe, preisbewusste Reisende, akzeptiert, dass sie keinen Sitzplatz reservieren kann, nimmt lange Schlangen beim Besteigen des Fliegers und das Fehlen einer ersten Klasse in Kauf, um einen praktischen, pünktlichen Flug zu niedrigen Preisen zu nutzen.

Cirque du Soleil, der auch eine solche Blue-Ocean-Analyse durchführte, besetzte ein großes neues Segment, indem das Unternehmen die Akrobatik und Faszination eines Zirkus mit Musik und Tanz kombinierte, die man normalerweise in Musicals erwartet. Durch den Verzicht auf Tiernummern – die fast 50 Prozent der Betriebsausgaben ausmachten und auf Ablehnung durch Tierschützer stießen – konnte viel Geld gespart werden, das dann in die Entwicklung von Geschichten, Originalmusik und Tanzeinlagen investiert wurde. Unternehmen wie Southwest Airlines und Cirque du Soleil beeinflussen mit ihren innovativen Angeboten die Dynamik ganzer Branchen.

Indem Unternehmen zusammen mit ihren Kunden Entwicklungen generieren, können sie das passende Leistungsversprechen schaffen.[22] Mithilfe dieses Ansatzes macht John Deere, Hersteller landwirtschaftlicher Maschinen, das Leben von Landwirten leichter und produktiver, indem er ihnen über ein Netz für Landwirte Zugang zu wichtigen Informationen bietet. Ein Deere Trax genanntes System in Echtzeit macht es Landwirten möglich, den Einsatz ihrer Traktoren und sonstigen Fahrzeuge zu überwachen. Außerdem verbindet das System Landwirte mit vergleichbaren Problemen und ähnlichen demografischen Daten im Rahmen verschiedener Themengemeinschaften, in denen man Wissen austauschen und die kombinierte Erfahrung der Gruppe nutzen kann. Die Produkte und Dienstleistungen von Deere werden gemeinsam mit den Kunden geschaffen, wobei die Landwirte im Mittelpunkt des Prozesses stehen.

Eine weitere Lehrmeinung betrachtet die Strategie als einen aktiven Wettbewerbsprozess. Die häufig verwendete Szenarienplanung wurde ursprünglich von Shell entwickelt; sie sieht vor, dass Unternehmen Antworten auf Veränderungen im Wettbewerbs- und sonstigen Umfeld entwickeln. LG Philips LCD setzt die Simulation von Kriegsspielen (mehr darüber in Kapitel 9) ein, um die wahrscheinliche Reaktion von Wettbewerbern auf verschiedene Strategien zu testen, die das Unternehmen umsetzen möchte. In Kapitel 5 wird beschrieben, wie Strategien mit verschiedenen Betriebsverbesserungsprogrammen, beispielsweise TQM, Prozessmanagement und Kostenmanagement, zusammenhängen.

Unabhängig von der Methode geht es bei der Strategieformulierung darum, eine Richtung vorzugeben, die das Unternehmen von den Wettbewerbern unterscheidet, damit es einen nachhaltigen Wettbewerbsvorteil entwickeln kann, der zu überragendem finanziellem Erfolg (oder, im Fall gemeinnütziger Organisationen, zu nachweislich günstigen Auswirkungen auf die Gesellschaft) führt. Die kreative Formulierung der Strategie wird zu einem bedeutenden Mittel zu diesem Zweck. Strategische Planer können unter den in Abbildung 2-12 dargestellten Methoden wählen, um ihre Differenzierungsstrategie zu entwickeln. Je mehr Führungskräfte über die Instrumente zur Strategieformulierung wissen, umso leichter können sie sich für den Ansatz entscheiden, der für die Situation, Geschichte, Kultur und die Kompetenzen ihres Unternehmens am geeignetsten erscheint.

Die Nutzung der Strategy Map zur Auswahl von Strategien

Die in Abbildung 2-12 dargestellte Strategy Map kann bei der Strategiewahl helfen. Wenn in einem Unternehmen beispielsweise eine schlechte Kapitalverwertung herrscht, kann das Wertmanagement bei der Definition einer Finanzstrategie helfen. Fehlt einem Unternehmen eine hervorragende Marke oder mangelt es an der Marktpräsenz, dann könnte die Identifizierung eines attraktiven Kundensegments – vielleicht mithilfe des Positionierungsansatzes, einer Analyse des strategischen Profils oder der Schaffung von Erlebnissen gemeinsam mit dem Kunden – besonders wichtig sein. Wenn eine Firma bei wichtigen Geschäftsprozessen den

Wettbewerbern gegenüber einen deutlichen Vorteil hat – beim operativen Management, beim Auswerten von Kundendaten, bei Produktmerkmalen oder hinsichtlich der Innovation – dann bieten die Ressourcentheorie und die Identifizierung von Kernkompetenzen einen nützlichen Rahmen zur Formulierung der Strategie. Hat ein Unternehmen gut ausgebildete, erfahrene und äußerst motivierte Mitarbeiter, dann kann das Bemühen, eine lernende Organisation zu werden und Mitarbeiter zur Entwicklung von Strategien zu ermuntern, vielversprechende neue Ansätze zutage fördern.

Ein Beispiel hierfür ist die Bank of Tokyo-Mitsubishi, UFJ, eine der weltweit größten Banken. Abbildung 2-13 zeigt, wie die Bank verschiedene Planungsmethoden in einen strategischen Entwicklungsprozess integriert hat. Im Mittelpunkt steht die Strategy Map mit ihren einzelnen Themen, beispielsweise der Qualität des operativen Managements, für die bestimmte Strategieziele festgelegt wurden. Rechts und links von der Strategy Map sieht man die Methoden, die für die nächste Strategiebeurteilung und -aktualisierung in Bezug auf vier Aspekte zur Verfügung stehen: versprochener Kundennutzen, Engagement der Mitarbeiter, soziale Verantwortung des Unternehmens und Compliance- und Risikomanagement.

Da die Bank ihre Strategie jedes Jahr schrittweise aktualisiert, werden die meisten Instrumente zur Datensammlung und Leistungsbeurteilung benutzt. Die Methoden, die mit dem versprochenen Kundennutzen zusammenhängen, werden eingesetzt, um Informationen über die Zufriedenheit externer Kunden, des Managements, der einzelnen Sparten und Niederlassungen zu sammeln. Andere Methoden werden zur Beurteilung der Leistung strategischer Initiativen und der Ergebnisse der ISO-9001- und ISO-14001-Prüfungen eingesetzt. Mithilfe dieser Informationen aktualisiert die Bank ihre Strategie für das kommende Jahr. Ihre Umsetzungserfolge sind in der Übersicht dargestellt.

Die Umsetzungserfolge der Bank of Tokyo-Mitsubishi, UFJ

- Die BTMU-Führungskräfte schlossen dank der bereits bestehenden einheitlichen strategischen Ausrichtung von BTM und seiner Sparten den Zusammenschluss zweier Megabanken erfolgreich und ohne signifikante Betriebs- oder Systemprobleme ab.
- BTMU gehörte zwei Jahre früher als im Strategieplan vorgesehen zu den fünf führenden Finanzinstituten der Welt.

Abbildung 2-13: Die Grundlagen der Geschäftsstrategie der Bank of Tokyo-Mitsubishi, UFJ

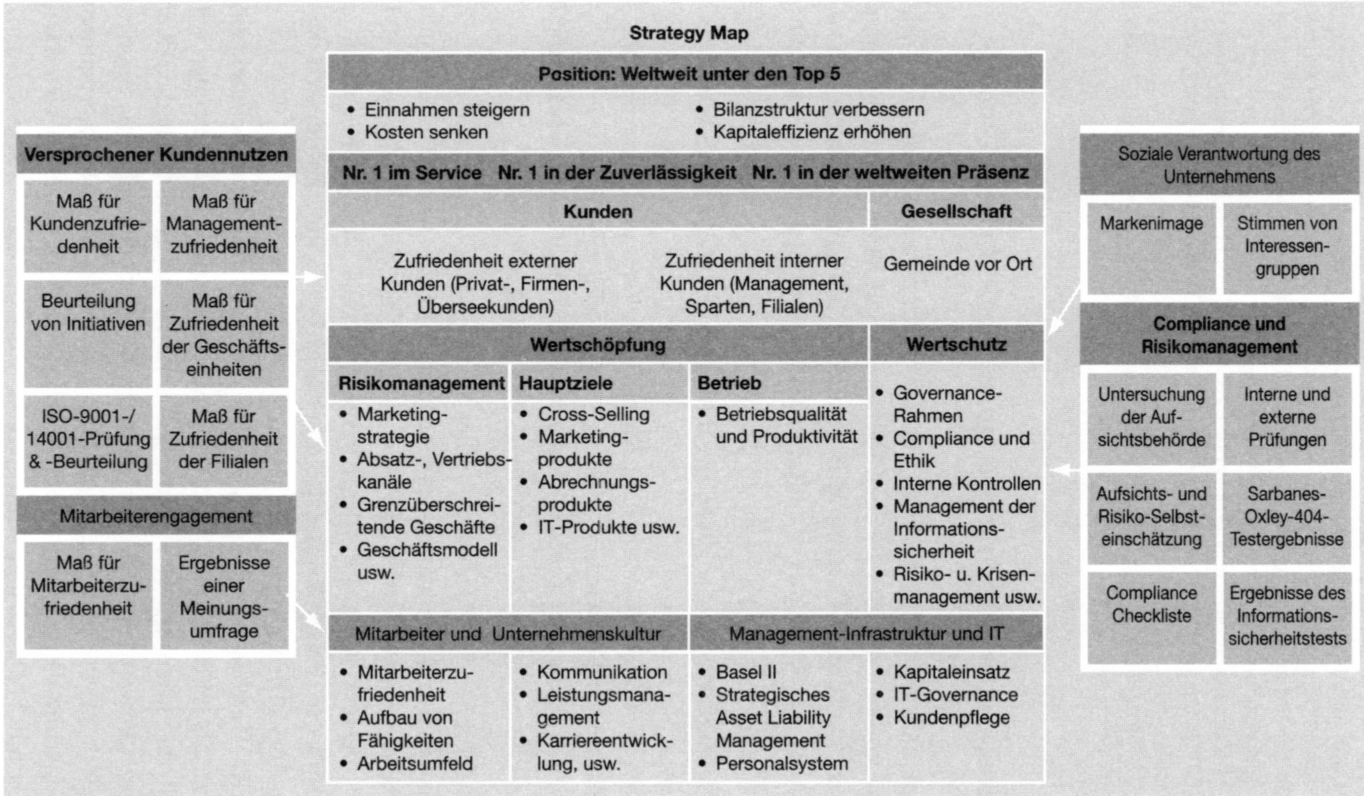

Quelle: BScol Konferenz, Boston, Juli 2007

- Durch die Verbindung der auf COSO basierenden Selbstbeurteilung mit der Balanced Scorecard erhielt das BTMU-Geschäft in den USA eine gute Beurteilung in der Untersuchung durch die Aufsichtsbehörde (aus gesetzlichen Gründen dürfen keine Details offengelegt werden).
- Im Zeitraum von März 2004 bis März 2006 stieg der Geschäftsgewinn von BTMU um 117,5 Prozent und seine Moody's-/S&P-Bonitätsbeurteilung von A2/BBB auf A1/A.
- Im Nikkei-Bericht über Unternehmensmarken ist BTMU die führende Marke unter den japanischen Finanzinstituten.

Aussage über Zielsetzung, Wettbewerbsvorteil und Umfang

Wenn sich das Führungsteam für eine Strategie entschieden hat, muss es diese kodifizieren, um sie allen Managern und Mitarbeitern zu kommunizieren. Die jüngste Forschung an der Harvard Business School kam zu dem Schluss, dass eine gute Strategieaussage grundsätzlich drei Elemente enthalten sollte:[23]

- *die Zielsetzung*: die Ziele, die mit dieser Strategie erreicht werden sollen;
- *den Wettbewerbsvorteil*: die Mittel, mit denen das Unternehmen seine Ziele erreichen wird;
- *den Umfang*: der Bereich – oder, wie wir früher geschrieben haben: die Nische – in dem/der das Unternehmen tätig sein will.

Der Teil über die *Zielsetzung* in der Strategieaussage entspricht der Unternehmensvision, die wir bereits beschrieben haben: Er enthält eine quantifizierte Zielangabe – typischerweise Rentabilität, Größe, Marktanteil, Position in einer Rangliste oder Kursgewinn plus Dividende – sowie einen Zeitrahmen, beispielsweise drei oder fünf Jahre, innerhab dessen das Ziel erreicht werden soll.

Der *Wettbewerbsvorteil* steht für das, was das Unternehmen anders, besser als seine Wettbewerber oder auf einzigartige Weise machen will. Er stellt das Leistungsversprechen des Unternehmens dar, mit dem Kunden angezogen werden sollen. Das Leistungsversprechen sollte die Aspekte des Kauferlebnisses oder der Beziehung beschreiben, die das Unternehmen auf einzigartige Weise oder deutlich besser als die Wettbewerber bieten will. Es kann mit den üblichen strategischen Begriffen ausgedrückt werden, beispielsweise niedrige Kosten oder Differenzierung durch Produktmerkmale, Service oder Kundenpflege.

Der *Umfang* definiert das Marktsegment, in dem sich das Unternehmen dem Wettbewerb stellen und erfolgreich sein will. Dabei kann es sich um ein Kundensegment, den Umfang der Produktfamilie, die eingesetzten Techniken, Länder und Regionen oder das Ausmaß an *vertikaler Integration* (die Aktivitäten der Wertkette, die das Unternehmen selbst übernimmt) handeln.

Betrachten wir als Beispiel einmal, wie in diesem Rahmen die Strategie von Southwest Airlines dargestellt werden kann:[24]

»Die rentabelste US-amerikanische Fluggesellschaft sein …« (Zielsetzung)
»indem wir die Geschwindigkeit von Flugreisen mit den niedrigen Preisen und häufigen, pünktlichen Abfahrten von Autos, Bussen und Zügen verbinden …« (Wettbewerbsvorteil)
»und dies preisempfindlichen Reisenden anbieten, die bequeme Flüge schätzen.« (Umfang)

Das Ziel des Unternehmens, die rentabelste Fluggesellschaft zu werden, überrascht nicht. Ein Zeitraum wird nicht genannt, denn die Gesellschaft ist im Hinblick auf diese Kennziffer bereits führend und möchte diese Position halten. Der Wettbewerbsvorteil besteht darin, die Geschwindigkeit des Fliegers zu dem Preis und der Bequemlichkeit von Autos, Bussen und Zügen zu bieten. Den Umfang des Angebots machen die preisempfindlichen Reisenden aus, die bereit sind, mangelnde Sitzplatzreservierungen, Massenandrang, eine fehlende erste Klasse und nicht vorhandene Passagierlounges hinzunehmen, wenn sie eine pünktliche, kostengünstige Städteverbindung per Flugzeug bekommen. Das Beispiel zeigt, wie sich Vision und Strategie auf eine knappe, präzise Formel reduzieren lassen.

Aussagen über die Strategierichtung

Nach der Formulierung der Strategie geht es mehr ins Detail und um Messgrößen, Zielwerte, Initiativen, Budgets und Verantwortung, wie in den nächsten beiden Kapiteln dargelegt wird. Ehe es sich mit der Planung befasst, kann das Führungsteam seine bei der Strategieformulierung gezeigte Kreativität auch für Aussagen über die Strategierichtung nutzen (siehe Abbildung 2-14). Richtungsaussagen werden zu jedem identifizierten Strategieaspekt gemacht. Dabei handelt es sich um eine Art Vision zu jedem Strategieaspekt mit drei Komponenten, die für die anschließende Entwicklung detaillierter Pläne wichtig sind:

- *Strategieziele*: Sie definieren ganz konkret die zu erreichenden Ziele.
- *Unerlässliche Elemente*: Damit werden die unabdingbaren Aktivitäten bezeichnet, die zur Zielerreichung erforderlich sind. Sie sind wesentliche Bausteine für die anschließende Entwicklung der Strategy Maps und Initiativen.

Abbildung 2-14: Die Formulierung der Strategie gibt die Richtung vor

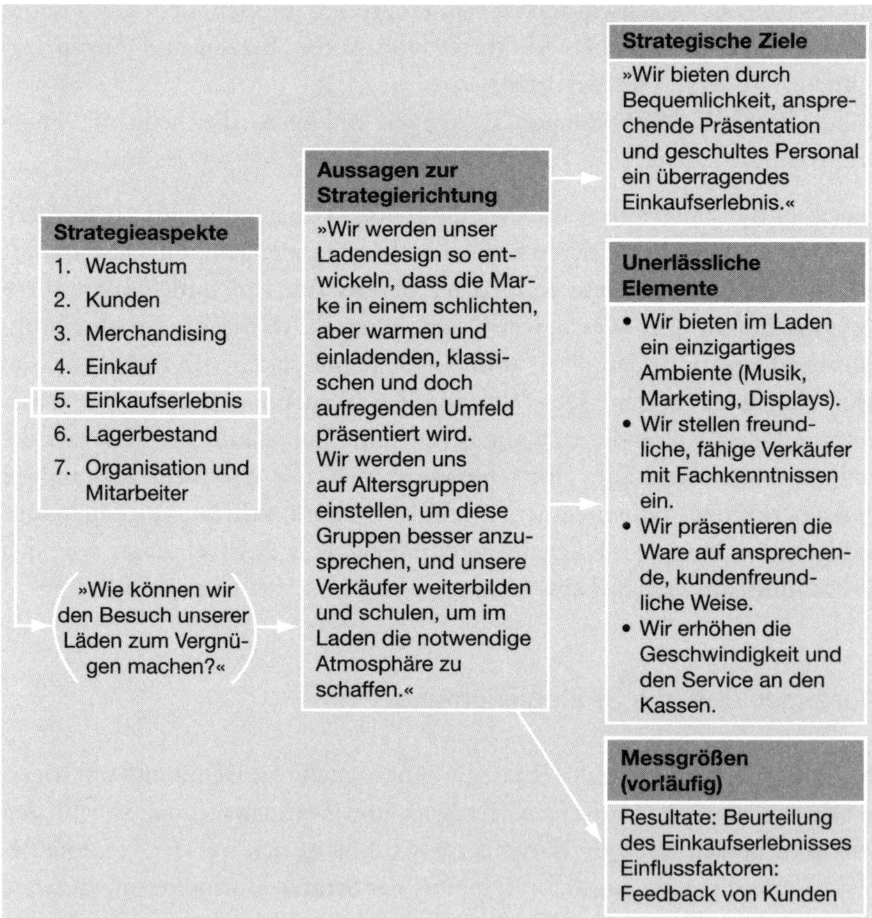

- *Vorläufige Messgrößen*: Sie sind ein erster Schritt auf dem Weg zu den Messgrößen, die dann in der Balanced Scorecard verwendet werden.

Betrachten wir einmal den Strategieaspekt: »Wie können wir den Besuch unserer Läden zum Vergnügen machen?« Eine Beschäftigung mit dieser Frage könnte zu einer Richtungsaussage führen, die ein neues Ladenumfeld vorsieht, sowie zu detaillierten Strategiezielen, unerlässlichen Elementen und vorläufigen Messgrößen, wie in Abbildung 2-14 dargestellt. Entsprechende Richtungsaussagen werden für sämtliche Strategieaspekte getroffen, um so auf der Basis der ausformulierten Strategie einen strategischen Aktionsplan zu entwickeln.

Kleine Anpassung oder grundlegende Änderung der Strategie

Karl Sweeney, Strategiemanager beim Marriott Vacation Club International (MVCI) und Teilnehmer an einer unserer Konferenzen, antwortete auf die Frage nach dem Zweck der jährlichen Strategiebesprechungen in seinem Unternehmen: »Im vergangenen Jahr hätte ich auf diese Frage geantwortet: ›Marginale Anpassung.‹ Wir waren damit beschäftigt, unsere Strategie erfolgreich umzusetzen. In diesem Jahr ist es anders. Wir sind in einer Phase, in der es neue Herausforderungen für unser bestehendes Geschäftsmodell gibt. In der nächsten Besprechung müssen wir uns gründlich mit der Strategie befassen und werden uns vermutlich völlig umorientieren.«[25]

Ähnlich wie MVCI geht es vielen Organisationen. Eine Strategie, egal ob gut oder schlecht, hat eine begrenzte Lebenserwartung. Wettbewerber beobachten die erfolgreiche Strategieumsetzung und unternehmen schließlich etwas, um den Vorteil des Ersten am Markt zu unterminieren. Meistens dauert es drei Jahre oder länger, bis die Unternehmensleistung von solchen Maßnahmen tangiert wird.

Peter Aldridge, Geschäftsführer von HSBC Rail, ließ vorbeugend die Strategie überprüfen, obwohl das Unternehmen eine hervorragende Ertragslage hatte. Aldridge erläuterte, dass HSBC Rail zwar gerade unter hervorragenden Bedingungen operierte, er aber bereits Sturmwolken am

Himmel erkannt hatte. Die Muttergesellschaft HSBC forderte eine deutlich bessere Kapitalverwertung. Ein ganz wichtiger Anteilseigner, das britische Verkehrsministerium, erwartete mehr für das Geld, mit dem es das britische Schienennetz subventionierte. Umweltschutzbedenken und ein höheres Passagier- und Frachtaufkommen würden sich früher oder später auf die bestehende Strategie von HSBC Rail auswirken.

Statt die Zukunft passiv abzuwarten, führte Aldridge zehn Workshops zur Diskussion von Zukunftsszenarien für das oberste Führungsgremium und das mittlere Management durch. Für jedes Szenarium wurden Prioritäten und Einflussfaktoren identifiziert und dann in einer Change-Agenda berücksichtigt. Außerdem flossen sie alle in die Entwicklung der Strategy Map und der Balanced Scorecard für HSBC Rail ein. Die Workshops halfen den Teilnehmern, die Mission, Vision und Werte des Unternehmens zu verstehen und zu akzeptieren. Auf dieser Basis konnte eine mithilfe der Strategy Map umsetzbare Strategie entwickelt werden (die Strategy Map von HSBC Rail wird in Kapitel 8 vorgestellt).

Aufgrund unserer Gespräche mit Klienten und Konferenzteilnehmern kommen wir zu dem vorsichtigen Schluss, dass Strategien üblicherweise drei bis fünf Jahre lang brauchbar sind. Während dieser Zeit nehmen die Unternehmen jährlich geringfügige Anpassungen vor (vorausgesetzt, sie sind mit den Ergebnissen der Strategie zufrieden). Erst wenn ein Unternehmen feststellt, dass ihm die Strategie nichts mehr nutzt, wenn ein Ereignis beträchtliche Auswirkungen auf die Geschäftstätigkeit hat oder wenn die Entwicklung nicht mehr positiv ist, wird über eine neue Strategie nachgedacht, die zu einer grundlegenden Überarbeitung führen kann.

Zur Entwicklung einer völlig neuen Strategie betrachtet und ändert eine Firma möglicherweise zunächst wichtige Elemente der bisher genutzten Strategie, einschließlich der langfristigen Mission, Vision, Werte und strategischen Themen, aber auch die finanziellen Erwartungen, Kundensegmente, Leistungsversprechen, wesentliche strategische Prozesse sowie die erforderliche Personal-, Informations- oder Kapitalbasis.

Auslöser einer grundlegenden Strategieänderung

Solche Auslöser können negativer Art sein, beispielsweise eine existenzielle Krise oder die Unwirksamkeit einer Strategie. Wir konnten das in den

1990er Jahren feststellen, als mehrere Unternehmen die Balanced Scorecard einführten, um nach einer Finanzkrise eine radikal andere Strategie umzusetzen: Cigna Property and Casualty machte die höchsten Verluste in der ganzen Branche und hatte eine Schaden-/Kostenquote von 140; Mobil US Marketing and Refining hatte in einem Jahr einen negativen Cash-Flow von US-$ 500 Millionen und war das unrentabelste Unternehmen seiner Branche, und 1996 verlor AT&T Canada Can-$ 350 Millionen. Wenn Feuer auf dem Dach ist, dann ist auch die Motivation hoch, eine ganz neue Strategie zu entwickeln, statt Opfer einer gescheiterten zu werden.

Die Ernennung eines neuen Geschäftsführers führt, insbesondere wenn er von außerhalb kommt, zu einer umfassenden Prüfung und häufig grundlegenden Änderung der vorhandenen Strategie. Neue Führungskräfte werden häufig in Krisensituationen berufen, aber Änderungen an der Spitze von Organisationen sind inzwischen völlig normal, auch im öffentlichen Bereich, wo nach einer Wahl leitende Positionen neu besetzt werden, oder beim Militär, wo Führungskräfte nur eine begrenzte Zeit im Amt bleiben.

Technische Veränderungen können ein Auslöser sein, wie viele Einzelhändler und Finanzinstitute in den 1990er Jahren feststellen mussten, als sich das Internet plötzlich als bedeutender neuer Absatzkanal entwickelte. Als die Dotcoms wie Pilze aus dem Boden schossen, erklärten eine Reihe von Unternehmen, sie würden »amazoned«. Für Wells Fargo war das Internet der Katalysator, der zu einer strategischen Neuausrichtung weg von der Produktivitätserhöhung und Kostensenkung hin zu Einnahmenwachstum und Kundenbeziehungsmanagement im Online-Banking führte. Clay Christensen und andere haben verfolgt, wie technische Veränderungen in vielen Branchen zu grundlegenden Strategieänderungen führten.[26]

Die gesamtwirtschaftliche Lage kann ein Auslöser sein, beispielsweise steigende Rohstoff- und Energiepreise und Wechselkursschwankungen. Änderungen im Aufsichtswesen können auch einiges bewegen, beispielsweise wenn neuen Wettbewerbern der Zutritt zu einem bestehenden Markt erlaubt wird, der ihnen bisher verschlossen war.

Zusammenfassend lässt sich sagen, dass Unternehmen eine grundsätzliche Strategieänderung entweder regelmäßig und planvoll vornehmen können, wie Ricoh es alle drei Jahre tut, oder dann, wenn dem Führungsteam bewusst wird, dass die bestehende Strategie nicht länger brauchbar und ein neuer Ansatz erforderlich ist. Andy Grove löste in den 1980er Jahren bei Intel den Strategiewandel weg von Speicherchips hin zu Mikroprozessoren aus, als er sein Team fragte: »Wenn wir die Firma heute neu gründeten, würden wir Kapazitäten schaffen, um massenweise Speicherchips zu produzieren?«

Die Strategie von MVCI wurde bereits seit fünf Jahren genutzt (siehe Abbildung 2-15). Vier Jahre lang war sie nur geringfügig angepasst worden, was vollständig ausreichend schien. Aber, wie das Zitat von Sweeney oben zeigt, hatte sich im fünften Jahr das Wettbewerbsumfeld derart verändert, dass dem Führungsteam klar war, dass es die Strategie grundlegend ändern musste. Vor der nächsten jährlichen Strategiebesprechung wurde zum besseren Verständnis das neue Wettbewerbsumfeld gründlich analysiert und so die Basis für die Entwicklung einer völlig neuen Strategie geschaffen.

Abbildung 2-15: Auslöser für Strategieänderungen beim Marriott Vacation Club International

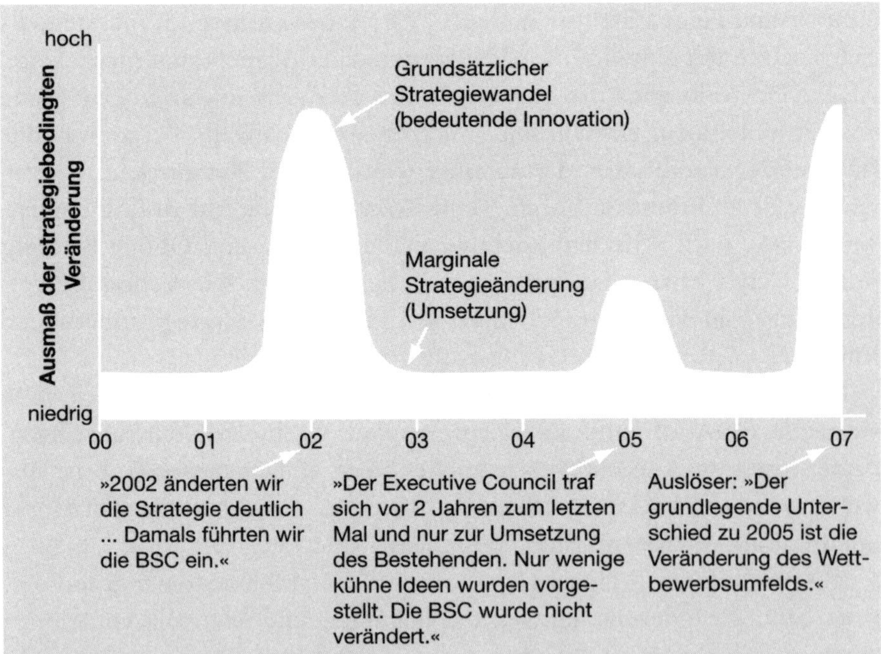

Die Änderung wurde durch die jährliche Strategiebesprechung ausgelöst.

Die jährliche Strategieanpassung hatte funktioniert, und wenn sich die Bedingungen änderten, wurde eine neue Strategie eingeführt. Aber eine Führungskraft bemerkte: »Im Nachhinein bin ich nicht mit dem Planungsprozess vor einem Jahr zufrieden. Wenn wir unser Umfeld besser beobachtet und die vorhandenen Daten in einer früheren Strategiebesprechung gründlicher analysiert hätten, wären uns die Probleme schon ein Jahr früher aufgefallen, was unsere Reaktionsgeschwindigkeit deutlich verbessert hätte. In unserer Branche macht es sehr viel aus, wenn man schon ein Jahr früher etwas tut!«[27]

In Kapitel 9 berichten wir von einer ähnlichen Erfahrung, die die Convenience-Kette Store 24 machte. Eine eigens durchgeführte Studie – eine statistische Analyse der Ursache-Wirkungs-Verbindungen in der Strategy Map – zeigte, dass die Firma Probleme mit ihrer Strategie schon ein Jahr früher hätte erkennen können. Also auch dann, wenn die umgesetzte Strategie zu funktionieren scheint und Änderungen offenbar nicht erforderlich sind, ist ein Führungsteam gut beraten, jedes Jahr die externen Veränderungen und internen Daten gründlich zu analysieren, um sicherzustellen, dass die vorhandene Strategie wirklich noch ein weiteres Jahr verwendet werden kann. In Kapitel 9 gehen wir auf die Nutzung der Unternehmensdaten für die jährliche Strategiebesprechung ein.

Die beiden Extreme – kleine Anpassung oder grundsätzliche Änderung der Strategie – sind nicht die einzigen Möglichkeiten. Wie wir in Kapitel 3 erläutern werden, besteht eine Strategie üblicherweise aus mehreren strategischen Themen. Möglicherweise muss eines davon völlig verändert werden, während man an den anderen wenig bis gar nichts machen muss. Beispielsweise entdeckte Chase in den 1990er Jahren bei der Integration mehrerer Übernahmen in den Konzern, dass das Ziel »100-prozentige Kundenbindung« falsch war. Viele Kunden, vor allem jene mit geringen Einlagen, waren nicht rentabel. Daher änderte Chase das Ziel für sein Kundenbeziehungsthema in »Bindung von Einlagen« ab und bemühte sich, nur noch die rentablen Kunden zu behalten. Die strategischen Themen: Aufbau einer Unternehmensmarke, hervorragende Unternehmensleistung und Förderung der Fähigkeiten der Mitarbeiter blieben unverändert.

Zusammenfassung

Das Führungsteam eines Unternehmens sollte sich mindestens einmal jährlich zusammensetzen, um die Strategie zu aktualisieren. In dieser Besprechung werden die Mission, Vision und Werte überprüft und bestätigt. Externe und interne Informationen sind zu analysieren und kritische strategische Aspekte in einer SWOT-Analyse zusammenzufassen. Wenn das Führungsteam zu der Auffassung kommt, dass für die kommenden Jahre eine deutliche Strategie- oder Kulturänderung erforderlich ist, entwickelt es eine Change-Agenda, die dann im ganzen Unternehmen kommuniziert wird.

Wenn die vorhandene Strategie nach wie vor gut funktioniert, kann sich das Team entscheiden, sie nur marginal anzupassen. Aber da alle Strategien nur eine begrenzte Lebenserwartung haben – üblicherweise nicht mehr als fünf Jahre – nutzt das Führungsteam regelmäßig Instrumente zur Formulierung einer grundlegend neuen Strategie, die dem Unternehmen für die nächsten paar Jahre eine Richtung geben wird.

Anmerkungen zu diesem Kapitel

1 Rigby, D.K.: *Management Tools 2007: An Executive's Guide* (Boston: Bain & Company, 2007).
2 »Improving Strategic Planning: A McKinsey Survey«, *McKinsey Quarterly* (September 2006).
3 Siehe: http://www.novartis.co.uk/about/mission.shtml.
4 Siehe: http://wwwlgoogle.com/corporate/.
5 Whole Foods hat umfassende Unternehmensgrundsätze formuliert; siehe: http://www.wholefoodsmarket.com/company/corevalues.html.
6 Indigo 2007 Geschäftsbericht.
7 Siehe: http://www.earthlink.net/about/cvb/.
8 Nolan, R.; Stoddard, D.: »Cigna Property and Casualty Reengineering (A)«, HBS Fallstudie # 9-196-059 (August 1995), S. 3-4.
9 Kaplan, R.; Tempest, N.: »Wells Fargo Online Financial Services (A)«, HBS Fallstudie, # 9-198-146 (Juni 1999), S. 4.
10 »Our Vision & Purposes«, University of Leeds Strategic Plan 2006: S. 4.
11 Collins, J.; Porras, J.: *Built to Last: Successful Habits of Visionary Companies* (New York: Harper Collins, 1994), S. 9.

12 Kotter, J.: *Leading Change* (Boston: Harvard Business School Press, 1996), S. 21-22.

13 SHRM/Balanced Scorecard Collaborative, Aligning HR with Organization Strategy Survey Research Study 62-17052 (Alexandria, VA: Society for Human Resource Management, 2002); »The Alignment Gap«, *CIO Insight*, 1. Juli 2002.

14 Kaplan, R.S.; Norton, D.P.: *Strategy Maps* (Stuttgart: Schäffer-Poeschel, 2004); Kaplan, R.S.; Norton, D.P.: *Die strategiefokussierte Organisation* (Stuttgart: Schäffer-Poeschel, 2001).

15 Das Fünf-Kräfte-Modell wurde kürzlich noch um eine sechste Kraft, die Komplementoren, erweitert. Siehe: Porter, M.E.: »The Five Competitive Forces That Shape Strategy«, *Harvard Business Review* (January 2008), S. 86-87.

16 Porter, M.E.: *Wettbewerbsvorteile: Spitzenleistungen erreichen und behaupten* (Frankfurt a.M./New York: Campus, 6. Auflage 2000).

17 Einen der ersten Hinweise auf SWOT findet man in: Learned, E.P.; Christensen, C.R.; Andrews, K.; Guth, W.D.: *Business Policy: Text and Cases* (Homewood, IL: Irwin, 1969).

18 Es gibt zahlreiche Artikel und Bücher über das Formulieren von Strategien. Zu den wichtigsten zählen:

Porter, M.E.: *Wettbewerbsvorteile: Spitzenleistungen erreichen und behaupten* (Frankfurt a.M./New York: Campus, 6. Auflage 2000).

Porter, M.E.: *Wettbewerbsstrategie: Methoden zur Analyse von Branchen und Konkurrenten* (Frankfurt a.M./New York: Campus, 11. Auflage 2008).

Porter, M.E. »What Is Strategy?« *Harvard Business Review* (November-December 1996).

Barney, J.: *Gaining and Sustaining Competitive Advantage*, 3. Aufl. (Saddle River, NJ: Prentice-Hall, 2006).

Barney, J.B; Clark, D.N.: *Resource-Based Theory: Creating and sustaining Competitive Advantage* (Oxford: Oxford University Press, 2007).

Hamel, G.; Prahalad, C.K.: *Wettlauf um die Zukunft* (Frankfurt a.M.: Ueberreuter Wirtschaft, 1997).

Collis, D.J.; Montgomery, C.A. »Competing on Resources: Strategy in the 1990s«. *Harvard Business Review* (Juli-August 1995), S. 118-128.

Kim, W.C.; Mauborgne, R.: *Der Blaue Ozean als Strategie* (München: Hanser, 2005).

Christensen, C.M.; Raynor, M.E.: *Marktorientierte Innovation: Geniale Produktideen für mehr Wachstum.* (Frankfurt a.M./New York: Campus, 2004)

Zook, C.; Allen, J.: *Erfolgsfaktor Kerngeschäft. Zeitlose Strategien für Wachstum und Innovation* (München: Econ, 2001).

Mintzberg, H.: »Crafting Strategy«, *Harvard Business Review* (July-August 1987).

Hamel, G.: »Strategy Innovation and the Quest for Value«, *Sloan Management Review* (Winter 1998).

19 COSO ist das Akronym für Committee of Sponsoring Organizations of the Treadway Commission, eine freiwillige, privatwirtschaftliche Organisation, die Standards für die Unternehmensethik, interne Kontrollen und Unternehmensführung entwickelt.

20 Zook, C.; Allen, J.: *Erfolgsfaktor Kerngeschäft.*

21 Kim, W.C.; Mauborgne, R.: *Der Blaue Ozean als Strategie.*

22 Prahalad, C.K.; Ramaswamy, V.: *Die Zukunft des Wettbewerbs. Einzigartige Werte mit den Kunden gemeinsam schaffen* (Wien: Linde Verlag, 2004).

23 Dieser Abschnitt beruht auf Material aus Collis, D.; Rukstad, M: »Can You Say What Your Strategy Is?«, *Harvard Business Review* (April 2008), S. 89-90.

24 Die Aussage über Zielsetzung, Wettbewerbsvorteil und Umfang für Southwest Airlines wurde von den Autoren aufgrund von öffentlich zugänglichen Informationen als Beispiel formuliert. Wir wissen nicht, ob das Unternehmen dieser Darstellung zustimmen würde.

25 Kommentar von K. Sweeney auf der »Achieving and Sustaining Breakthrough Performance: 2007 Leadership Conference«, Balanced Scorecard Collaborative, Boston, MA (Juli 2007).

26 Christensen, C.M.: *The Innovator's Dilemma: When New Technologies Cause Great Firms to Fail* (Boston: Harvard Business School Press, 1997).

27 Kommentar von K. Sweeney auf der »Achieving and Sustaining Breakthrough Performance: 2007 Leadership Conference«, Balanced Scorecard Collaborative, Boston, MA (Juli 2007).

Kapitel 3

Übersetzung der Strategie

Die in Kapitel 2 beschriebenen Schritte zur Strategieentwicklung sind der Ausgangspunkt für die Strategieumsetzung. In dieser Anfangsphase bestätigen die Führungskräfte die Mission, Vision und Werte des Unternehmens,

Abbildung 3-1: Das Managementsystem: Planung der Strategie

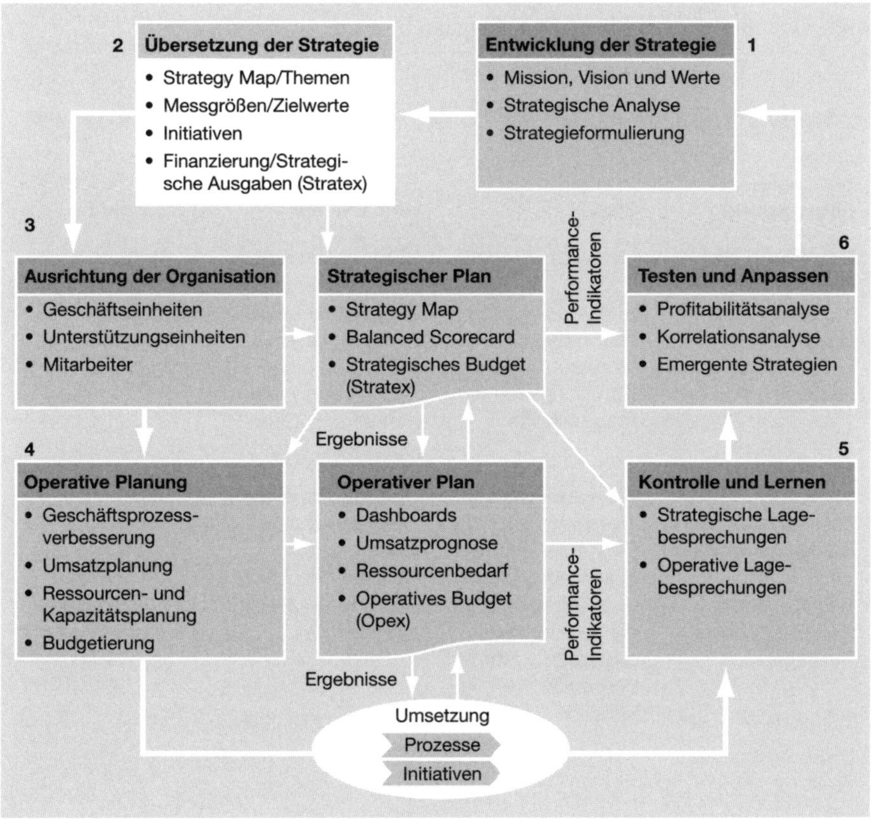

beurteilen dessen Stärken, Schwächen, Chancen und Risiken und entscheiden sich für bestimmte Maßnahmen, um die in der Vision festgelegten Ziele zu verwirklichen. Das Ergebnis ist eine Aussage, die meistens zu allgemein ist, um sich erfolgreich umsetzen zu lassen. Der Prozess der Strategieübersetzung – Phase 2 in Abbildung 3-1 – setzt die Aussagen über die strategische Richtung in spezifische Ziele, Maßnahmen, Zielwerte, Initiativen und Budgets um, die Leitlinien für Aktivitäten bieten und das Unternehmen so an der Strategie ausrichten, dass sie erfolgreich umgesetzt werden kann.

In diesem Kapitel befassen wir uns mit der Übertragung der Strategie in eine Strategy Map, welche die strategischen Themen beinhaltet, und eine damit verbundene Balanced Scorecard mit Messgrößen und Zielwerten für jedes der strategischen Ziele der Strategy Map (Auswahl, Finanzierung und Management strategischer Initiativen werden in Kapitel 4 behandelt.). Die Strategy Map und Balanced Scorecard gehen auf die Fragen und Themen ein, die in Abbildung 3-2 dargestellt sind.

Abbildung 3-2: Das Modell der Strategieübertragung

Strategieübertragung	**Ziel**	**Hindernisse**	**Instrumente**
Schaffung der Strategy Map *Wie drücken wir unsere Strategie aus?*	Ein umfassendes, integriertes Strategiemodell entwickeln, das die vielen verschiedenen Komponenten des Plans enthält.	Strategien werden von verschiedenen Gruppen in unterschiedlichen Bereichen einer Organisation entwickelt und dann nicht integriert.	• Strategy Map (Ursachen und Wirkung) • Strategische Ziele
Messgrößen und Zielwerte wählen *Wie messen wir den Erfolg unserer Strategie?*	Umwandlung von Aussagen über die Strategierichtung in Messgrößen und Zielwerte, die mit dem Managementsystem verbunden werden können.	Untergeordnete Ziele und Zielwerte werden nicht an den übergeordneten Zielen ausgerichtet.	• Balanced Scorecard – Messgrößen – Zielwerte – Wertlücken

Schaffung der Strategy Map

Die Strategy Map bietet einen Rahmen für die Integration der Strategien und Maßnahmen verschiedener Unternehmenseinheiten.[1] (Wenn Strategy Maps und die Balanced Scorecard für Sie ein neues Thema sind, lesen Sie zunächst den Überblick im Anhang zu diesem Kapitel.) Mit unserem aktuellen optimalen Verfahren bauen wir Strategy Maps auf strategischen Themen auf – Gruppen von verwandten strategischen Zielen innerhalb der Strategy Map – wie in Abbildung 3-3 dargestellt.

Abbildung 3-3: Eine Strategie besteht aus mehreren parallelen, sich ergänzenden Themen

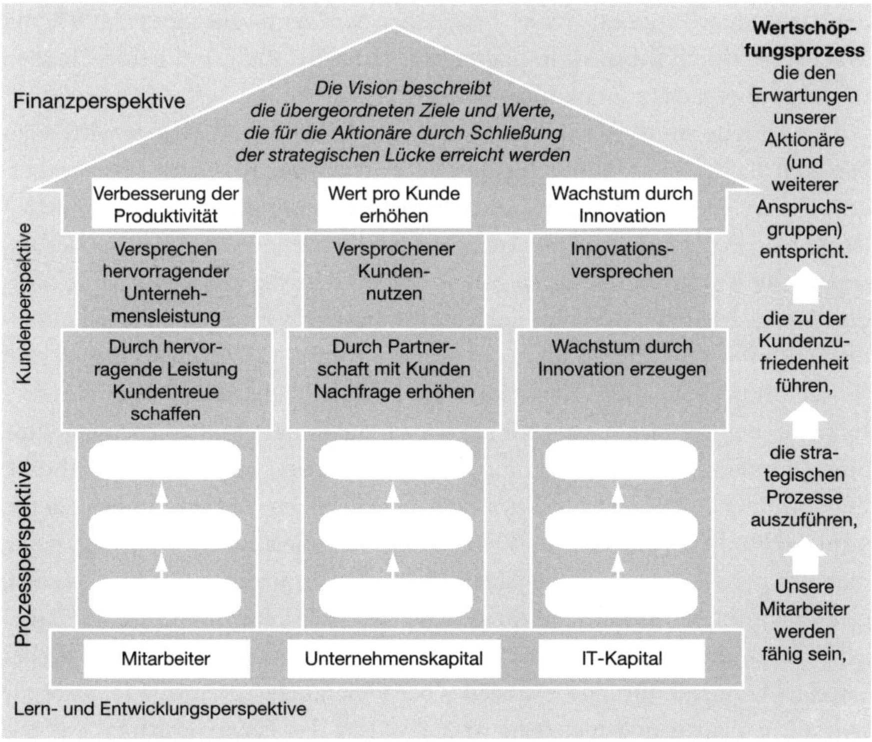

Die meisten strategischen Themen sind vertikale Kombinationen von Zielen, die sich aus der Prozessperspektive ergeben, wo die Strategie umgesetzt wird. Ein auf Prozessen basierendes strategisches Thema kann auch nach oben mit den Resultaten auf Kunden- und Finanzebene sowie nach unten mit der Mitarbeiterperspektive verbunden werden. Man kann strategische Themen jedoch auch entlang einer Balanced Scorecard definieren. Beispielsweise definieren Unternehmen häufig ein strategisches Thema, das alle Lern- und Wachstumsziele beinhaltet, die der Weiterbildung der Mitarbeiter und der Entwicklung von Kultur und Werten dienen, um dadurch kundenorientierte Prozesse zu verbessern.

Strategische Themen unterteilen eine Strategie in verschiedene wertschöpfende Prozesse. Natürlich muss jede Organisationseinheit ihre strategischen Themen an ihrem eigenen Leistungsversprechen – dem Kern der Strategie – sowie an den Wachstums- und Produktivitätszielen der Finanzperspektive ausrichten. Beispielsweise konzentriert sich ein strategisches Thema in Abbildung 3-3 auf die Verbesserung von Produktivität und Kundentreue durch operationale Exzellenz, während ein anderes Thema Wachstum durch Innovation beinhaltet. Offensichtlich sind beide Themen wichtig, aber jedes muss anders umgesetzt werden.

Die Vorteile strategischer Themen (wie in Abbildung 3-3 dargestellt) ergeben sich häufig nach unterschiedlichen Zeiträumen. Kostenersparnisse aufgrund einer Verbesserung von Geschäftsprozessen bringen rasch einen Nutzen (sechs bis zwölf Monate). Eine Änderung des Kundennutzens und eine Verbesserung der Kundenbeziehungen bringt erst mittelfristig einen Nutzen (ein bis drei Jahre). Meistens dauert es noch länger, bis Innovationen zu mehr Einnahmen und höheren Margen führen (drei bis fünf Jahre). Alle diese Themen sind für die Strategie wichtig. Keine Strategie ist nachhaltig, wenn sie langfristige Innovationen vernachlässigt, um kurzfristig die Rentabilität zu erhöhen. Eine Strategie, die die Beziehungen zu Kunden ignoriert, ist nicht durchführbar. Eine Strategie, die nicht auf kurzfristige betriebliche Verbesserungen achtet, wird die Produkt-, Kunden- und Finanzziele verfehlen. Eine Strategy Map, die mehrere parallele strategische Themen enthält, ermöglicht es Unternehmen, gleichzeitig kurz-, mittel- und langfristige Wertschöpfungsprozesse zu managen. Durch die Entwicklung einer Strategy Map auf der Basis strategischer Themen können Führungskräfte jedes der wesentlichen Strategieelemente für sich allein planen und managen, aber so, dass das Ganze kohärent ist. Die fach- und geschäftsbereichsübergreifenden Themen unterstützen den umfassenden Ansatz, der für die erfolgreiche Strategieumsetzung erforderlich ist.

Zur ausführlicheren Untersuchung eines strategischen Themas betrachten wir Abbildung 3-4, die das Thema »Umsatzsteigerung durch Innovation« des

Abbildung 3-4: Innovation als strategisches Thema von NeoSystems

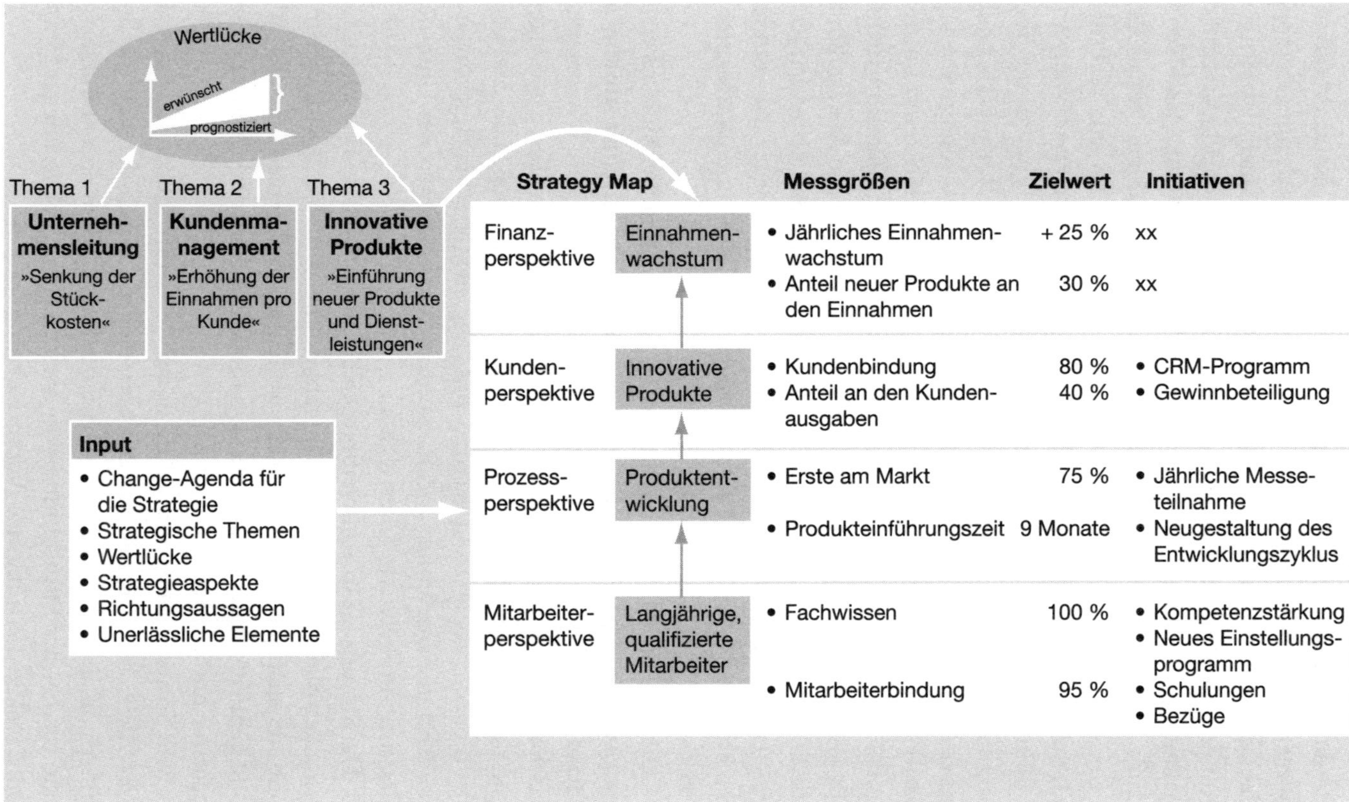

Softwareanbieters NeoSystems zeigt, ein Unternehmen, das aufgrund seiner Produktinnovationen einen Wettbewerbsvorteil hat. Neue Produkte bieten immer die modernste Technik. NeoSystems bemüht sich um eine hohe Kundentreue, die anhand der Kundenbindung und dem Anteil der Firma an den Kundenausgaben gemessen wird.[2] Das strategische Thema basiert auf der Annahme, dass nachhaltige Kundentreue dadurch entsteht, dass NeoSystems dank laufender Verbesserungen der Produktentwicklung immer als Erster neue Produkte auf den Markt bringen kann. Der wichtigste Prozess zur Erreichung dieses Ziels ist die Verkürzung der Produktentwicklungszeit.

Eine schnelle Produktentwicklung hängt von der Qualität der Techniker ab, insbesondere von deren Erfahrung und Fähigkeit, neue Techniken aus ganz unterschiedlichen Bereichen in das Produkt zu integrieren. Zur Rekrutierung geeigneter Leute setzt das Unternehmen ein neues Einstellungs- und Förderprogramm um. Aber die wichtigste Qualifikation ist die Zeit, die ein Mitarbeiter bei NeoSystems arbeitet. Erfahrene Angestellte kennen die Firmenkultur und können das Wissen nutzen, das sie bei früheren Produktentwicklungen gesammelt haben. NeoSystems listet die »Bindung der wichtigsten Mitarbeiter« als grundlegendes Lern- und Wachstumsziel einer innovativen Strategie auf.

Die Strategy Map für das Innovationsthema von NeoSystems zeigt auch die Annahmen, auf denen die Strategie basiert. In einer anschließenden Phase (ebenfalls in Abbildung 3-4 dargestellt) wird NeoSystems die strategischen Ziele in eine Balanced Scorecard mit Messgrößen übertragen, welche die verbal formulierten Ziele umsetzbar machen. Die Zielwerte verdeutlichen, was erreicht werden soll. Die strategischen Initiativen stellen die Aktionsprogramme und Ressourcenanforderungen des Unternehmens dar, um die Zielwerte zu erreichen.

Die Strategy Map von Nemours, dem in Kapitel 2 vorgestellten Gesundheitsdienstleister, findet sich in Abbildung 3-5. Sie hat die Form eines »Strategiehauses«, das auf vier strategischen Themen basiert: Wirkung und Gemeinschaft, Service und Qualität, Effizienz und Umwelt sowie Mitarbeiter und Lernen.

Die Strategy Map enthält für jedes der strategischen Themen drei bis vier Ziele. Die Themen bieten eine Struktur, durch die sich die Strategie innerhalb und außerhalb des Unternehmens leicht kommunizieren lässt und die bei der Entwicklung von Messgrößen, Zielwerten und Initiativen hilft, welche Leistung und Verantwortung fördern.

Abbildung 3-5: Die nach Themen sortierte Strategy Map von Nemours

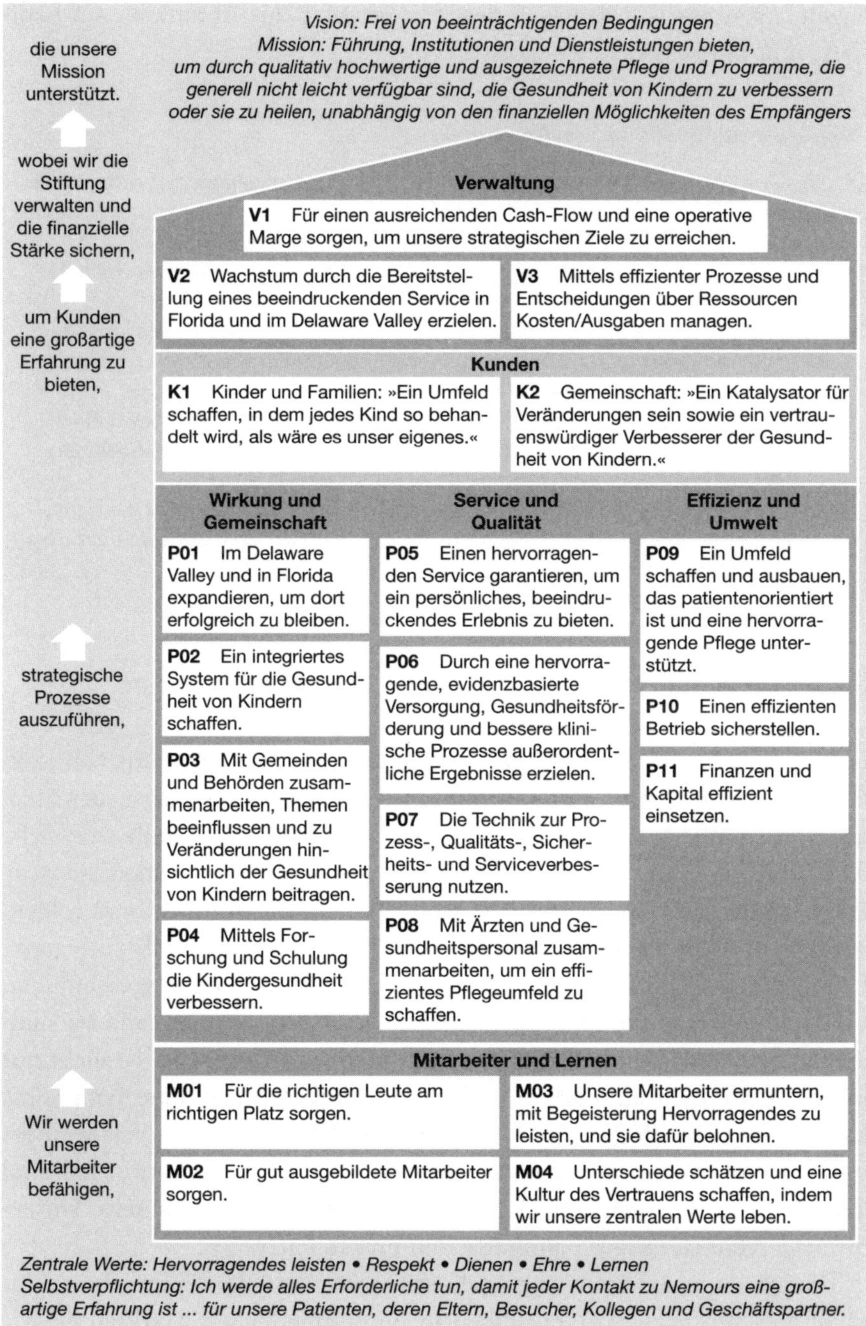

Die Umsetzungserfolge, die Nemours mithilfe seines strategischen Managementsystems auf der Basis der Strategy Map aus Abbildung 3-5 realisiert, sind unten zusammengefasst.

Die Umsetzungserfolge von Nemours

- Die Gesamteinnahmen stiegen vom Juni 2006 (vor der Balanced Scorecard) bis zum Juni 2007 (nach deren Einführung) um 6,4 Prozent, und der Prozentsatz der bezahlten Forderungen stieg binnen vier Monaten deutlich an.
- Die Patientenzufriedenheit nahm um 10 Prozentpunkte zu (gemessen mithilfe einer Befragung aller Patientengruppen).
- Schulungen zur Verbesserung der Freundlichkeit, Effizienz und Effektivität der Mitarbeiter führten zu einem 30-prozentigen Anstieg der Nachfrage nach Terminen während der ersten sechs Monate 2007.
- Die Einführung einer elektronischen Krankenakte führte (binnen eines Jahres) zu einer 15-prozentigen Zunahme fristgerechter Immunisierungen von Patienten und einem Rückgang des Verwaltungsaufwands um 30 Prozent.
- Die Standardisierung klinischer Praktiken nahm aufgrund der durch die Balanced Scorecard beeinflussten, fachabteilungsübergreifenden Zusammenarbeit und Kommunikation zu.

Fallstudie zu strategischen Themen: Luxfer Gas Cylinders

In Kapitel 1 beschrieben wir das Treffen des Managementteams von Luxfer Gas Cylinders (LGC) im Jahr 2002 zur Formulierung einer neuen Strategie. Diese wurde dann in eine so genannte strategische Landkarte (siehe Abbildung 3-6) übertragen, die auf fünf strategischen Themen basierte. Die Gründe dafür beschreibt LGCs Geschäftsführer John Rhodes folgendermaßen: »Ein Thema ist wie eine Melodie, die sich durch eine ganze Komposition zieht. Diese paar Noten werden variiert und ausgeschmückt. Eine gut komponierte Melodie bleibt im Gedächtnis – man kann sie summen oder pfeifen. Diese Fähigkeit, sich an etwas zu erinnern, ist nicht nur in der Musik wichtig, sondern auch für ein Unternehmen. Eine Symphonie kann man nicht pfeifen. Sie muss von einem Orchester gespielt werden, und wenn es ein gutes ist und jeder Musiker sich an seine Partitur hält und alle als Team harmonieren, kann das Ergebnis ein Genuss sein. Unsere Strategy Map ist unsere Landkarte und unsere Partitur.«[3]

Das Managementteam von LGC erkannte, dass das Unternehmen für seine verschiedenen Warengruppen in unterschiedlichen Märkten andere

Leistungsversprechen brauchte. Die Strategy Map verspricht für den Massenmarkt einen Kundennutzen aufgrund hervorragender operativer Leistung. Andere Themen befassen sich mit Märkten, die Komplettlösungen und intensive Beziehungen zum Lieferanten suchen, oder solchen, wo Produkte auf dem neusten Stand der Technik geschätzt werden.

Die fünf strategischen Themen von LGC – Kundenorientierung, Innovation, Image/Branding, hervorragende operative Leistung sowie Lernen und Wachstum – werden als Nächstes beschrieben.

Das Thema »Kundenorientierung« betont die Schaffung von Nutzen durch die Lieferung von Komplettlösungen und einen überragenden Service. Luxfer wollte, dass Kunden in diesem Segment die Firma als ihren besten, aber nicht unbedingt billigsten Lieferanten betrachten. Zum Thema »Fahrzeuge, die mit alternativen Kraftstoffen betrieben werden« zählen solche, die mit Druckerdgas oder Hydrogen betrieben werden, sowie Kraftstoffverteilungssysteme. Die Strategie von Luxfer, bester Lieferant zu werden, erfordert die Entwicklung einer hervorragenden Wertkette mit Partnern, die einen Zusatznutzen und ausgezeichneten Service bieten, was zu kürzeren Lieferzeiten, einer flexiblen Produktentwicklung und günstigen Preisen führt.

Das Thema »Innovation« umfasst die Schaffung von Nutzen durch Innovation. Das Unternehmen soll sich darauf konzentrieren, neue Produkte rasch zu identifizieren, auszuwählen und kommerziell zu nutzen. Die mit diesem Thema verbundenen Ziele helfen LGC, folgende Fragen zu beantworten:

- Haben wir Prozesse zur Antizipation der Marktentwicklung sowie solche zur Entwicklung neuer Produkte geschaffen?
- Verstehen wir unsere Kunden und den ganzen Vertriebskanal? Wir sind häufig zwei oder drei Stufen vom Endkunden entfernt.
- Haben wir gelernt, die richtigen Fragen zu stellen, um neue Produkte zu entwickeln, die der Markt wirklich schätzt? Oder sollten wir nur das Modell vom letzten Jahr leicht verändern?
- Können wir damit Geld verdienen?

Anfangs war die Marketingabteilung für das Thema »Image/Branding« verantwortlich. Binnen fünf Jahren wurde dies jedoch zu einem abteilungsübergreifenden Thema, das nun die Frage in den Mittelpunkt stellte, wie man Luxfer von einem operativ orientierten Unternehmen in ein marktbe-

Abbildung 3-6: Die »Road Map« von Luxfer Gas Cylinders mit ihren strategischen Themen

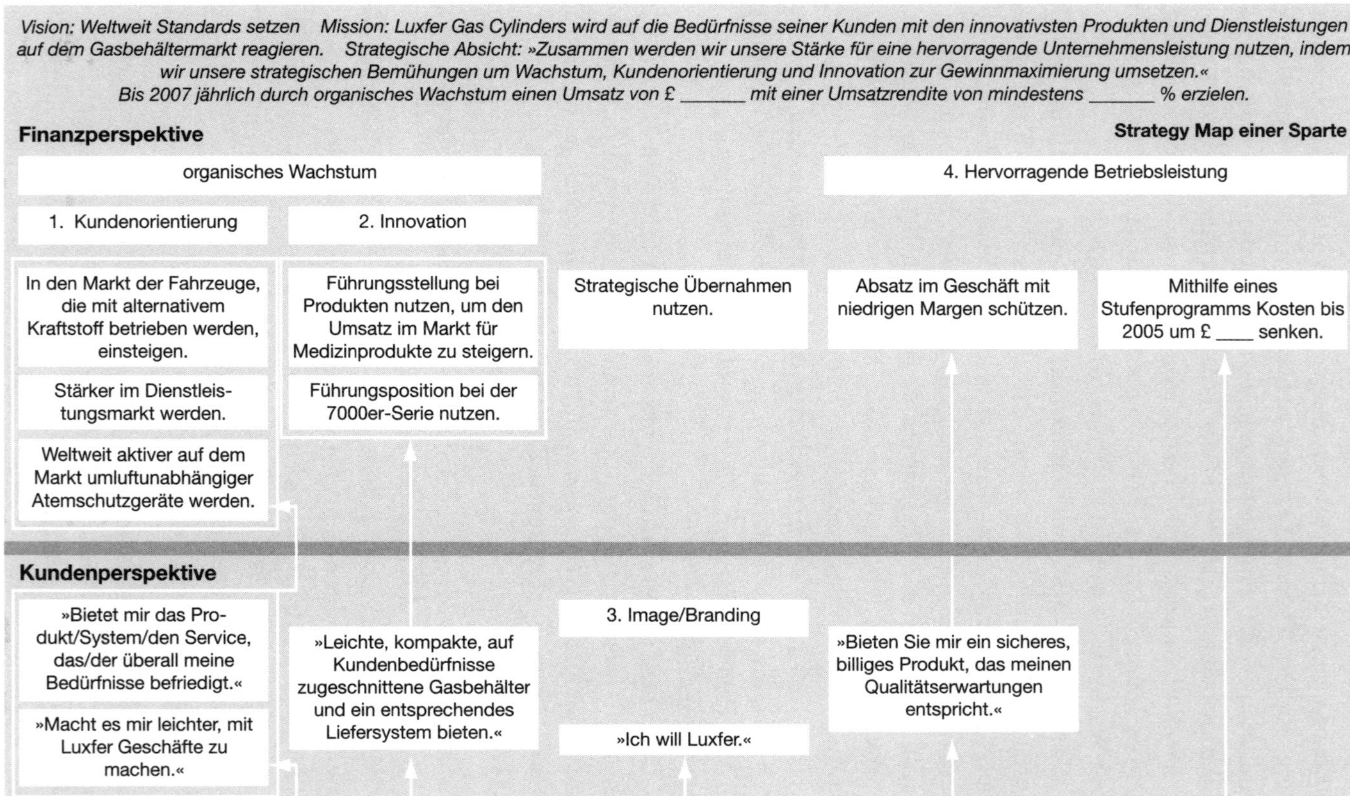

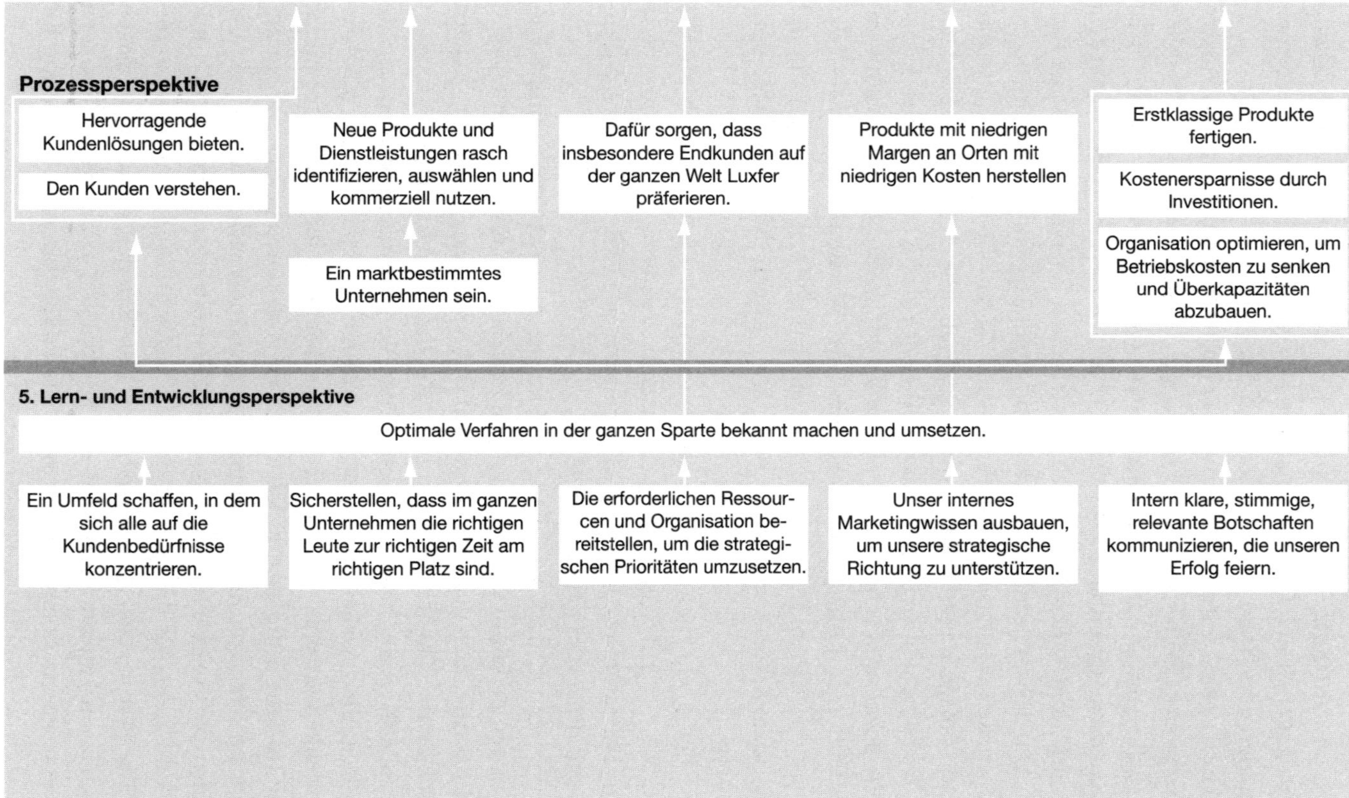
Prozessperspektive
Hervorragende Kundenlösungen bieten.
Den Kunden verstehen.
Neue Produkte und Dienstleistungen rasch identifizieren, auswählen und kommerziell nutzen.
Ein marktbestimmtes Unternehmen sein.
Dafür sorgen, dass insbesondere Endkunden auf der ganzen Welt Luxfer präferieren.
Produkte mit niedrigen Margen an Orten mit niedrigen Kosten herstellen
Erstklassige Produkte fertigen.
Kostenersparnisse durch Investitionen.
Organisation optimieren, um Betriebskosten zu senken und Überkapazitäten abzubauen.
5. Lern- und Entwicklungsperspektive
Optimale Verfahren in der ganzen Sparte bekannt machen und umsetzen.
Ein Umfeld schaffen, in dem sich alle auf die Kundenbedürfnisse konzentrieren.
Sicherstellen, dass im ganzen Unternehmen die richtigen Leute zur richtigen Zeit am richtigen Platz sind.
Die erforderlichen Ressourcen und Organisation bereitstellen, um die strategischen Prioritäten umzusetzen.
Unser internes Marketingwissen ausbauen, um unsere strategische Richtung zu unterstützen.
Intern klare, stimmige, relevante Botschaften kommunizieren, die unseren Erfolg feiern.

stimmtes verwandeln konnte. Zu den Zielen dieses Themas gehören Entwicklung und Ausnutzung der Marke LGC, Entwicklung neuer Produkte sowie ein angenehmer Geschäftspartner zu sein. Diese recht allgemeinen Ziele tangieren mehrere Abteilungen und Regionen.

Das Thema »hervorragende operative Leistung« betont Kostensenkungen für Massenware. Wenn man der bevorzugte Lieferant für diese Produkte werden will, geht es nicht um eine hervorragende Technik; wichtig sind Preis, Sicherheit, gleichbleibende Qualität und Zuverlässigkeit. Außerdem sind Initiativen gefordert, um durch Investitionen für eine erstklassige Produktion, Qualitätssysteme, Lieferkette und Kostensenkungen zu sorgen.

LGC wurde klar, dass es mit Prozessen, die auf Spitzenprodukte und Innovation ausgerichtet waren, nicht generell alle Kunden befriedigen konnte. So entschied sich das Unternehmen für das Konzept einer fokussierten Produktion, das heißt, dass sich jedes der Werke auf einen bestimmten Kundennutzen konzentriert. Beispielsweise wurde die Produktion der Aluminiumflaschen mit niedrigen Margen in Fabriken verlagert, die auf die Massenproduktion von reifen Produkten ausgerichtet und dafür optimiert waren.

Zum Thema »Lernen und Wachstum« gehören Ziele, die sich auf die Umwelt, die Organisation, das Leistungsmanagement und Firmenwerte beziehen. Hier steht die Frage im Mittelpunkt, wie LGC mit seinen Mitarbeitern und diese miteinander umgehen.

Festzuhalten ist, dass sich die LGC-Themen auf Aktivitäten und Kernkompetenzen, nicht auf Fachabteilungen beziehen. »Kundenorientierung«, nicht Marketing, ist ein Thema. Personal ist kein Thema, sondern »Lernen und Wachstum«. Themen ersetzen nicht die Fachabteilungen.

Nicht alle Manager handelten gemäß den Vorgaben, nachdem sie in ihre eigenen Regionen zurückgekehrt waren. Einige kehrten zum alten Scheuklappendenken zurück. Wie Rhodes schon bei der Einführung der neuen Strategie im Jahr 2003 geahnt hatte, waren Aufräumarbeiten und Veränderungen im Management notwendig. Die verbleibenden Führungskräfte verstanden die weltweiten strategischen Prioritäten und setzten sich mit Worten und Taten für die neue Strategie ein, die auf fachbereichsübergreifenden Themen basierte. Die Bereitschaft von Rhodes, entschieden gegen die Trägheit im Unternehmen und den Widerstand gegen Veränderungen vorzugehen, ist ein Beispiel dafür, wie notwendig eine starke Führung für die erfolgreiche Umsetzung von Strategien ist.

Fallstudie zu strategischen Themen im öffentlichen Sektor: Die Strategy Map für Brasiliens wirtschaftliche Entwicklung

Der brasilianische Industriedachverband (Confederação Nacional da Indústria, CNI) war federführend bei der innovativen Anwendung einer Strategy Map auf Themenbasis. Die Mitglieder des CNI bemühen sich, die Wettbewerbsfähigkeit der brasilianischen Industrie zu verbessern. Der CNI setzt sich für ein besseres Geschäftsumfeld, eine marktorientierte Wirtschaftspolitik, verlässliche Vorschriften und ein gutes Investitionsklima ein.

Jorge Gerdau, der Vorsitzende der Gerdau Steel Group und Mitglied des CNI-Vorstands, schlug in einem Gespräch mit Armando Monteiro, dem CNI-Präsidenten, über die langfristigen Perspektiven Brasiliens und die Rolle des privaten Sektors die Verwendung einer Balanced Scorecard vor, um eine Wachstumsagenda voranzutreiben. Die seit Jahrzehnten schlechte Wirtschaftsleistung Brasiliens sollte verbessert werden. Das Wachstum des Bruttoinlandsprodukts lag bei nur 0,7 Prozent pro Jahr. Bei einer derartigen Entwicklung würde Brasilien 100 Jahre brauchen, um ein Pro-Kopf-Einkommen zu erwirtschaften, wie es derzeit Portugal hat. Das geringe Wachstum verhinderte die Schaffung von Arbeitsplätzen und gleiche und faire Bedingungen für alle in der brasilianischen Gesellschaft.

Gerdau hatte die Balanced Scorecard bereits erfolgreich bei Gerdau Steel eingeführt.[4] Er glaubte, dass eine Strategy Map und Balanced Scorecard auf nationaler Ebene dabei helfen könnten, eine umsetzbare wirtschaftliche und soziale Entwicklungsagenda für Brasilien zu erarbeiten. Der CNI gab seinem wichtigsten politischen Beratergremium, dem Nationalen Industrieforum, den Auftrag, eine Agenda mit dazugehörigem Umsetzungsprogramm zu entwerfen. Unter der Führung der Beraterfirma Symnetics entwarfen die im Forum vertretenen 50 Unternehmensführer eine erste Strategy Map für Brasiliens wirtschaftliche Entwicklung. Sie veröffentlichten die Strategy Map und erhielten über 300 Kommentare dazu, unter anderem von Mitarbeitern der im Forum vertretenen Unternehmen, von CNI-Gremien und Mitarbeitern. Ihre überarbeitete Strategy Map ist in Abbildung 3-7 dargestellt.

In Brasilien leben fast 200 Millionen Menschen, aber die Strategy Map für die nachhaltige soziale und wirtschaftliche Entwicklung des Landes passt auf eine Seite. In der obersten Zeile steht die Vision, die die ganze

Abbildung 3-7: Brasiliens Wirtschaftsentwicklungsstrategie

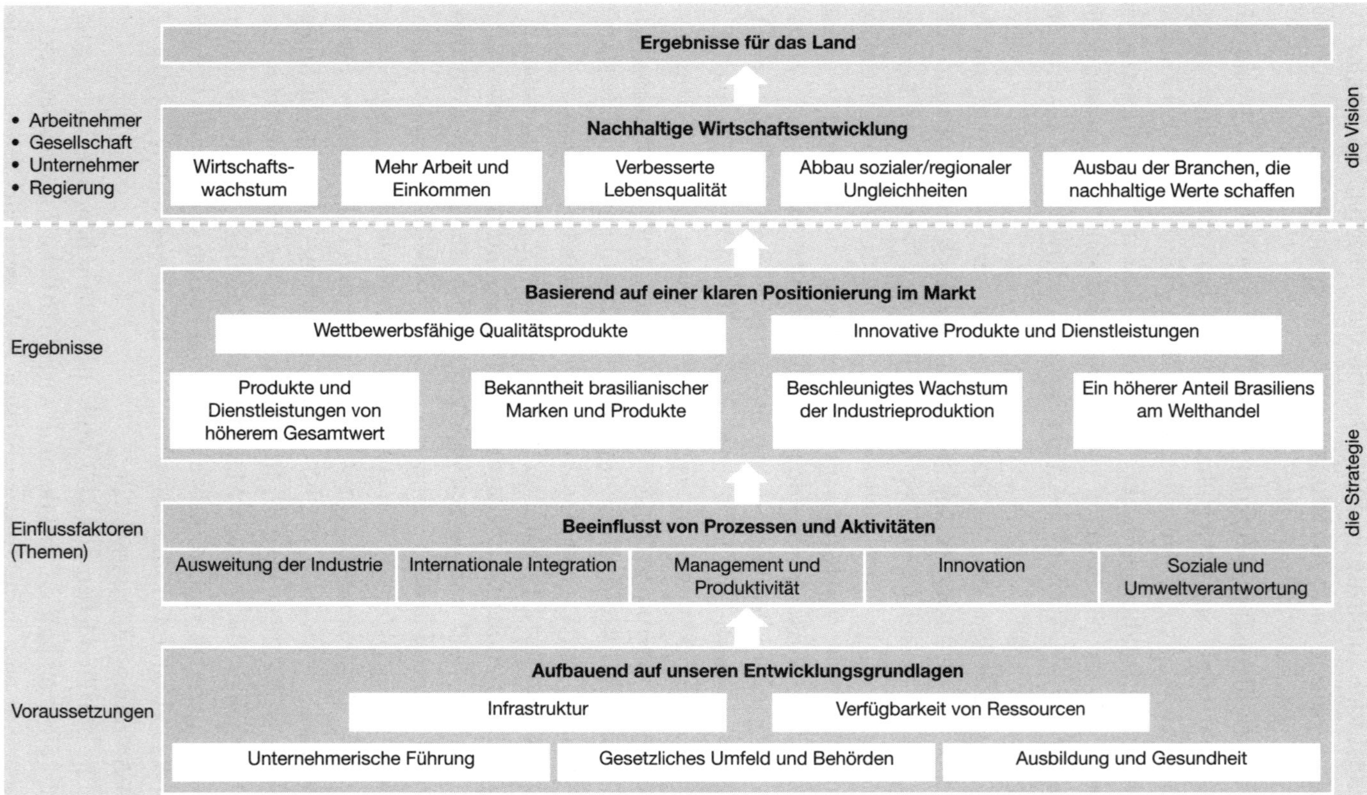

Strategie inspiriert: »Nachhaltiges Wirtschaftswachstum«. Die Strategy Map überträgt die Vision in fünf handfeste Ergebnisse, die die übergeordneten Ziele der Strategie darstellen (das Äquivalent des öffentlichen Sektors zum Unternehmenswert):

- das jährliche Wirtschaftswachstum steigt bis 2010 auf 5,5 Prozent und bis 2015 auf 7 Prozent;
- mehr Arbeitsplätze und Einkommen für die Bürger;
- eine Verbesserung der Lebensqualität;
- Abbau der sozialen und regionalen Ungleichheiten;
- Ausbau der Branchen, die nachhaltige Werte schaffen.

Unter diesen fünf übergeordneten Zielen stehen die Ergebnisse der Strategieumsetzung, die zu den gewünschten Resultaten führen sollen. Der CNI vertritt die Auffassung, dass nur der private Sektor ein nachhaltiges Wirtschaftswachstum schaffen kann: »Ein Wirtschaftsklima, das sich als investitionsfeindlich erweist, entmutigt Unternehmer und behindert das Schaffen von Arbeitsplätzen, die zur Finanzierung der Sozialausgaben und Dienstleistungen zum Nutzen der Gesellschaft beitragen. Unternehmen sind der Wachstumsmotor.«[5]

Damit sich Brasilien wunschgemäß entwickelt, müssen sich die brasilianischen Unternehmen laut Strategy Map »klar im Markt positionieren«. Dies kann man an folgenden Resultaten messen:

- wettbewerbsfähige Qualitätsprodukte,
- innovative Produkte und Dienstleistungen,
- Produkte und Dienstleistungen von höherem Gesamtwert,
- Bekanntheit brasilianischer Marken,
- Wachstum der Industrieproduktion,
- höherer Anteil Brasiliens am Welthandel.

Diese Ergebnisse werden von fünf Treibern oder strategischen Themen bestimmt: Ausweitung der Industrie, internationale Integration, Management und Produktivität, Innovation sowie soziale und Umweltverantwortung. Erforderlich für die Ausführung der Schlüsselprozesse innerhalb der fünf strategischen Themen sind eine Reihe von Voraussetzungen, die der CNI unter dem Thema »Unsere Entwicklungsgrundlagen« zusammengefasst hat, das der Lern- und Entwicklungsperspektive der Balanced Scorecard entspricht. Dazu zählen Infrastruktur, Verfügbarkeit von Ressourcen, unternehmerische Führung, gesetzliches Umfeld und Behörden sowie Ausbildung und Gesundheit.

Die Strategy Map in Abbildung 3-7 zeigt einen allgemeinen Rahmen, für die Umsetzung braucht man jedoch mehr Details. Abbildung 3-8 greift das Thema »Innovation« heraus und zeigt dessen strategische Ziele sowie die Ursache-Wirkungs-Verbindung zwischen ihnen. Dieses Thema soll auf der Basis innovativer Produkte und Dienstleistungen sowie Produkte mit höherem Gesamtwert etwas im ganzen Land bewirken: Wirtschaftswachstum, mehr Arbeitsplätze und Einkommen sowie mehr Unternehmen, die Werte schaffen. Die erwähnten Produkte sind mit innovativen Programmen und mehreren Voraussetzungen der Lern- und Entwicklungsperspektive verbunden. Die in Abbildung 3-8 dargestellte Wirkungskette definiert die Ziele und deren Beziehungen untereinander, die zur Umsetzung des Innovationsthemas der Strategie erforderlich sind.

Diese Darstellung der Wirtschaftsentwicklungsstrategie Brasiliens machte es den politischen Führern erstmals möglich, die Richtung, in die sich das Land bewegen sollte, klar zu kommunizieren. Über 20 000 Exemplare der »Strategy Map für die brasilianische Wirtschaftsentwicklung« wurden gedruckt und verteilt. Sie wurde im Fernsehen, im Radio und in Zeitungen sowie bestimmten Zielgruppen vorgestellt, unter anderem Ministern, den Richtern am obersten Gerichtshof, Universitäten und Wirtschaftskreisen.

CNI erkannte, dass für die Umsetzung der nationalen Strategie die Mitarbeit vieler erforderlich war. Der Verband etablierte daher eine neue Einheit mit der Bezeichnung »Institutionelle Beziehungen« und definierte die Rolle seiner operativen Einheit neu, wobei beide Einheiten direkt dem CEO unterstellt wurden. Diese organisatorische Änderung verfolgte zwei Ziele: den Strategieumsetzungsprozess effektiver zu machen und stärkere Koalitionen mit verschiedenen Interessengruppen (unter anderem Ministerien und Unternehmen) einzugehen, indem man deren Bemühungen mit der Strategie abglich und Druck auf sie ausübte, damit sie strategische Projekte schneller umsetzten. José Augusto Coelho Fernandes, der Chef des CNI, bemerkte: »Die Ziele der Strategy Map gehen über die CNI-eigenen Ziele hinaus. Es handelt sich dabei um eine Strategie für die ganze Industrie und unser Land. Da die Umsetzung nicht vom CNI gesteuert werden kann, können wir am Ende höchstens sagen, wir hätten unser Bestes getan. Die Ergebnisse können wir nicht kontrollieren, aber wir haben eine Strategie, die wir so managen, dass sie zum Erfolg führt. Die Strategy Map erhöht sicherlich die Wahrscheinlichkeit, dass die Strategie im Hinblick auf die sozialen und wirtschaftlichen Ergebnisse umgesetzt wird.«[6]

Abbildung 3-8: Ursache-Wirkungs-Beziehungen für Brasiliens Innovation

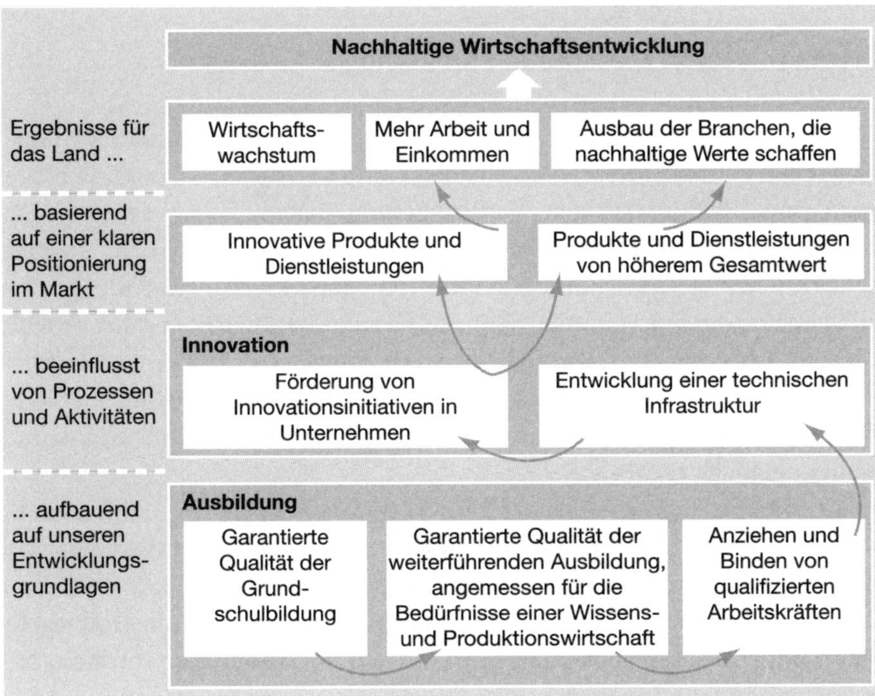

Die Strategy Map zeigt also, was mit der Strategie erreicht werden soll (in Bezug auf die Finanz- und Kundenperspektive), sowie die wesentlichen Prozesse und erforderliche Infrastruktur (Menschen, Systeme und Kultur), die zum Erzielen der Resultate erforderlich sind. Wenn strategische Themen als Bausteine verwendet werden, lässt sich die Strategy Map leichter verstehen und kommunizieren. Die Themen verdeutlichen die Kausalbeziehungen innerhalb der Strategie und bieten einen nützlichen Rahmen für die Ressourcenverteilung, die Verantwortung, Ausrichtung an der Strategie und Berichtslegung.

Die Auswahl von Messgrößen und Zielwerten

Die strategischen Themen verdeutlichen die Logik der Strategie, indem sie diese in überschaubare, verständliche Substrategien unterteilen, die innerhalb eines Themas aus miteinander verbundenen Zielen bestehen. In der nächsten Phase der Strategieplanung werden für jedes Ziel Messgrößen und Zielwerte festgelegt.

Die Auswahl von Messgrößen für strategische Ziele

Als wir die Balanced Scorecard 1992 vorstellten, wollten wir damit Managern eine umfassendere (»ausgewogenere«) Palette an Messgrößen zur Steuerung der langfristigen Wertsteigerung bieten. Unser Interesse an Messgrößen als Mittel zur Leistungsverbesserung geht auf eine Aussage des britischen Wissenschaftlers Lord Kelvin zurück: »Ich habe schon häufig bemerkt, dass man immer dann, wenn man das, worüber man spricht, auch messen und in Zahlen ausdrücken kann, wirklich etwas darüber weiß; kann man es dagegen nicht messen und in Zahlen ausdrücken, bleibt das Wissen gering und unbefriedigend.«[7] Was man nicht messen kann, kann man nicht verbessern.

Aus unserer Sicht sind Messgrößen für Manager genauso fundamental, wie Lord Kelvin sie für Wissenschaftler hielt. Wenn Unternehmen ihre Kundenpflege, ihre operativen Prozesse sowie Innovationsprozesse und ihre immateriellen Werte (wie Mitarbeiter, Systeme oder die Unternehmenskultur) verbessern wollen, dann müssen sie Messgrößen für diese Aspekte in ihr Managementsystem einbauen.

Die strategischen Ziele und die Strategy Map verdeutlichen in Worten und Diagrammen die Ziele, die sich ein Unternehmen für seine kurz- und langfristige Leistung setzt. Aber dem Rat von Lord Kelvin folgend, müssen wir diese Ziele realisierbar machen, indem wir ihnen Messgrößen zuordnen.

Beispielsweise zeigt Abbildung 3-9 die Strategy Map für das strategische Thema »Kundenpflege« einer Bank. Für jedes strategische Ziel müssen die Manager wenigstens eine Messgröße festlegen. Das Messen reduziert sprachliche Ungenauigkeiten, beispielsweise »Das Kundenvertrauen in unsere Finanzberatung erhöhen« oder »Das Unternehmen einsatzbereit machen«. Messgrößen und damit verbundene Zielwerte drücken ein Ziel präzise aus und machen es möglich, die Fortschritte bei der Zielerreichung zu verfolgen.

Abbildung 3-9: Die Balanced Scorecard liefert Messgrößen und Zielwerte für das Thema »Kundenpflege«

Strategy Map zum Thema »Kundenpflege«	**Balanced Scorecard**	
Ziele	**Messgrößen**	**Zielwerte**
Neue Einnahmequellen erschließen	• Umsatzmix • Umsatzwachstum	Neu = +10 % +25 %
Kundenvertrauen in unsere Beratung erhöhen	• Marktanteil • Anteil an den Kundenausgaben • Kundenzufriedenheit	25 % 50 % 90 %
Vertrieb verschiedener Produkte über die gleichen Kanäle	• Cross-Selling-Quote • Zeit mit dem Kunden	2,5 1 Std/Qu
Strategische Position: Finanzplaner	• Bereitschaft der Mitarbeiter	100 %
Strategische Systeme: Portfolioplanung	• Bereitschaft strategischer Anwendungen	100 %
Das Unternehmen einsatzbereit machen	• Mit der BSC verbundene Ziele	100 %

Ziel: Was die Strategie zu erreichen versucht

Messgröße: Wie der Grad der Zielerreichung (Leistung) gemessen wird

Zielwert: Von der Strategie gefordertes Ausmaß der Leistung oder Verbesserung

Wir halten Messgrößen für wichtig und haben bereits ausführlich darüber geschrieben, sodass darüber nicht mehr viel zu sagen bleibt. Dieses Buch konzentriert sich auf die Integration des Leistungsmesssystems in ein umfassendes Managementsystem für die Strategie und operative Tätigkeit. Statt uns zu wiederholen, möchten wir auf zwei frühere Werke verweisen – *Balanced Scorecard: Strategien erfolgreich umsetzen* und *Strategy Maps* – die sich ausführlich mit Messgrößen befassen.[8]

Die Festlegung von Zielwerten

Wenn sie Zielwerte für die Messgrößen der Balanced Scorecard festlegen, müssen Manager die auf Konzernebene festgestellte Wertlücke (z. B. den fehlenden Shareholder-Value) in konsistente Einzelzielwerte für die Kunden-, Prozess- sowie Lern- und Entwicklungskennzahlen, beispielsweise die Ausführung wesentlicher Prozesse und die Fähigkeiten wichtiger Mitarbeiter, aufteilen. Die Zielwerte sind dann konsistent, wenn das Unternehmen durch ihr Erreichen die Wertlücke schließen und das in der Vision angestrebte Resultat erreichen kann.

Wir haben zwar viel über Messgrößen, aber nur wenig über die entsprechenden Zielwerte geschrieben. Sie festzulegen ist schwierig, wir haben jedoch einige Erkenntnisse über diesen Prozess gesammelt. Zwei Techniken können sich als hilfreich erweisen: Die Aufteilung der Wertlücke in Zielwerte für jedes strategische Thema sowie die Festlegung der Zielwerte innerhalb eines Themas auf der Grundlage der Ursache-Wirkungs-Ketten der Strategy Map.

Die Aufteilung der Wertlücke auf strategische Themen

Der Ausgangspunkt für die Festlegung von Zielwerten ist die Vision, in der die Führungskräfte ein ehrgeiziges Ziel für die Organisation festlegen. Durch dieses Ziel entsteht eine Wertlücke zwischen Wunsch und Wirklichkeit, das heißt dem, was bei einer Fortschreibung des Status quo und Beibehaltung der vorhandenen Strategie erreicht würde. Die neue Strategie muss diese Wertlücke schließen.

Wie gesagt, lässt sich diese Wertlücke in Zielwerte für jedes strategische Thema aufteilen. Die einzelnen Themen schaffen auf unterschiedliche Weise Werte, die zusammengenommen die Wertlücke schließen sollten. Die Zielwerte für jedes Thema zeigen, wie wichtig es für die Umsetzung der Strategie ist.

Nehmen wir als Beispiel an, die fiktive Consumer Bank definiert eine Steigerung ihres bisherigen Betriebsergebnisses von US-$ 20 Millionen um US-$ 100 Millionen binnen der nächsten fünf Jahre als Wertlücke (siehe Abbildung 3-10). Zunächst herrschen Zweifel, dass diese unglaubliche Vorgabe erreicht werden kann. Bei einer Aufteilung auf drei strategische Themen zeigt sich jedoch, dass sich die Wertlücke schließen lässt, wenn für jedes Thema der festgelegte Zielwert erreicht wird.

Zunächst legt Consumer Bank einen Wert für das Thema »hervorragende Unternehmensleistung« fest: Senkung der Kosten pro Kunde um 25 Prozent bei gleichbleibend gutem Service. Zweitens wird als Zielwert für das Kundenbeziehungsthema eine Erhöhung der Einnahmen pro Kunde um 50 Prozent vorgegeben, was dadurch erreicht werden soll, dass die Bank zum vertrauenswürdigen Finanzplaner für ausgewählte Kunden wird und die verschiedenen Produkte und Dienstleistungen über die gleichen Kanäle verkauft. Beispielsweise sollten Kunden, für die ein Finanzplan entwickelt wurde, eine ganze Reihe von Finanz- und Serviceprodukten kaufen, Termineinlagen, Spareinlagen, Kreditangebote, Versicherung, Maklergeschäfte, Anlagen und regelmäßige Aktualisierungen ihrer Finanzpläne. Als Drittes setzt sich die Bank ein Ziel für das Thema »Wachstum durch Innovation«: Akquisition von 400 000 Neukunden dank hervorragender Leistung und innovativer Produkte. Wenn für jedes Thema der Zielwert erreicht wird, dann lässt sich die beträchtliche Wertlücke tatsächlich schließen.

Abbildung 3-10: Aufspaltung der Wertlücke (value gap) von Consumer Bank

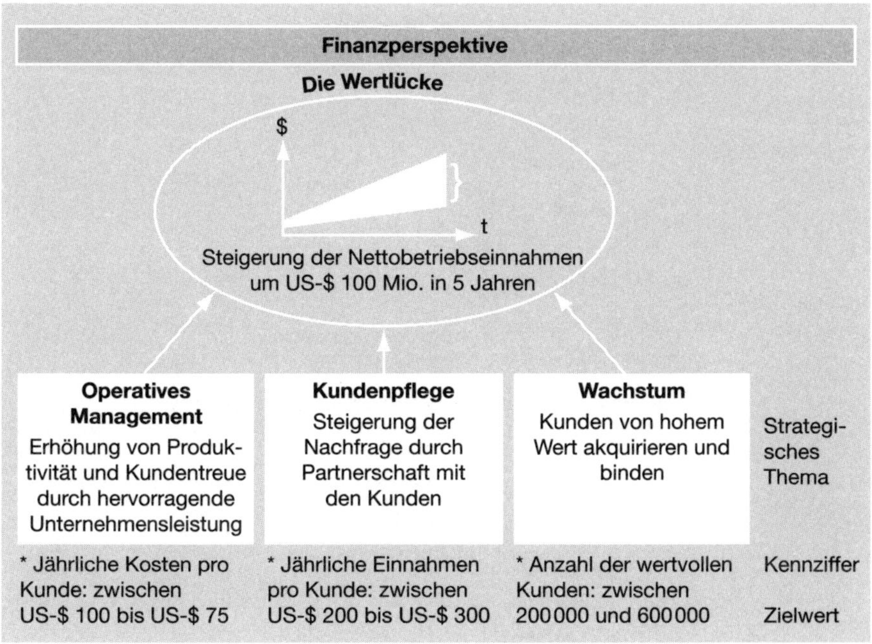

Die Consumer Bank sah voraus, dass die drei strategischen Themen in unterschiedlichen Zeiträumen einen Vorteil bringen würden, wie in Abbildung 3-11 dargestellt. Man ging davon aus, dass sich Kostenersparnisse aufgrund höherer Effizienz rasch erzielen ließen, zu rund 80 Prozent binnen der ersten zwei Jahre. Es würde länger dauern, bis eine Intensivierung von Kundenbeziehungen zu einer Einnahmensteigerung führen würde; mit den höchsten Erträgen wurde in den Jahren drei und vier gerechnet. Eine Ausweitung des Kundenstamms mithilfe innovativer Produkte und eines besseren Markenimages würde am längsten dauern.

Der nach strategischen Themen angeordnete Zeitplan erlaubte es den Managern, die Zielwerte für jedes strategische Thema anhand einer realistischen Einschätzung der Zeit, bis sich Vorteile ergeben würden, sinnvoll festzulegen. Nach Ablauf der fünf Jahre, wenn alle strategischen Themen ihre Zielwerte erreicht haben würden, wäre auch die Wertlücke geschlossen und das Betriebsergebnis um über US-$ 100 Millionen erhöht.

Abbildung 3-11: Festlegung des Zeitplans zur Schließung der Wertlücke der Consumer Bank

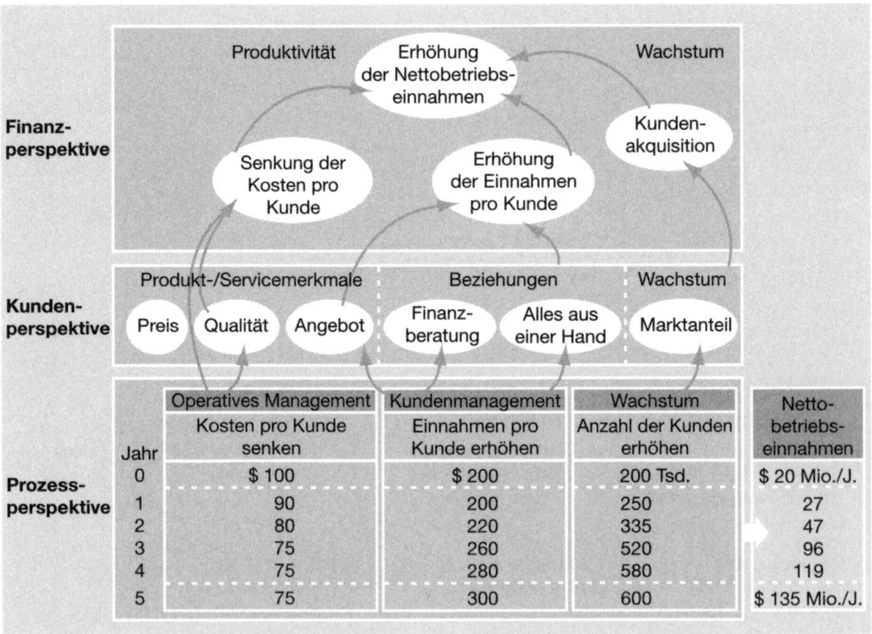

Fallstudie zur Festlegung von Zielwerten: Cigna Property and Casualty

In Kapitel 2 erwähnten wir die Vision der Cigna Property and Casualty Sparte, eine Rentabilität im obersten Branchenquartil zu erzielen. Angesichts des Ausgangspunktes, einer Rentabilität im unteren Quartil, musste die Sparte ihre Schaden-/Kostenquote von 140 erheblich verbessern; im obersten Quartil lag diese Quote bei 103. Das bedeutete, dass mit der neuen Strategie binnen fünf Jahren eine Wertlücke von 37 Punkten zu schließen war.

Abbildung 3-12 zeigt, wie Cigna Antworten auf die beiden wichtigen Fragen fand, die alle Manager stellten: *Wo* sollten die beträchtlichen Verbesserungen zur Schließung der Wertlücke herkommen, und *wann* sollten sie stattfinden? Das Führungsteam unterteilte die Strategie in vier strategische Themen, die jeweils für vergleichsweise unabhängige Wertschöpfungsprozesse standen. Das Team schätzte dann, wie viel jedes der Themen zur Schließung der Wertlücke beitragen konnte, und legte den Zeitplan für die Fortschritte während der nächsten fünf Jahre fest. Dieser erste Durch-

Abbildung 3-12: Cigna spaltete die Wertlücke bei der Schaden-/Kostenquote auf vier Themen auf, für die realistische Zielwerte entwickelt wurden

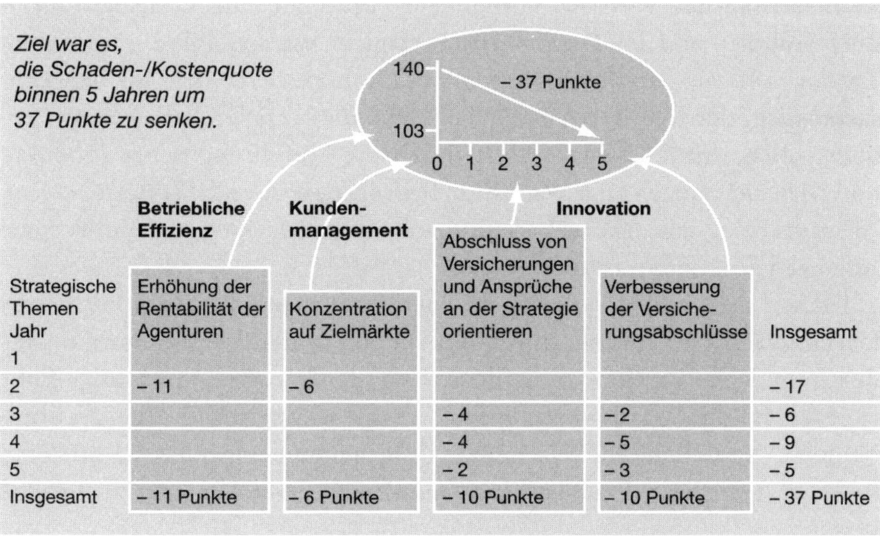

	Betriebliche Effizienz	**Kundenmanagement**	**Innovation**		
Strategische Themen Jahr	Erhöhung der Rentabilität der Agenturen	Konzentration auf Zielmärkte	Abschluss von Versicherungen und Ansprüche an der Strategie orientieren	Verbesserung der Versicherungsabschlüsse	Insgesamt
1					
2	– 11	– 6			– 17
3			– 4	– 2	– 6
4			– 4	– 5	– 9
5			– 2	– 3	– 5
Insgesamt	– 11 Punkte	– 6 Punkte	– 10 Punkte	– 10 Punkte	– 37 Punkte

gang bewies, dass das ehrgeizige Ziel erreichbar war, und bildete die Grundlage für ein gründliches Nachdenken über Ziele, Messgrößen und Zielwerte innerhalb jeder der vier strategischen Themen.

Fallstudie zur Festlegung von Zielwerten: Ricoh

Der Fall Ricoh bietet ein weiteres Beispiel für die Aufspaltung einer Wertlücke in kleinere, machbare Substrategien. Wie in Kapitel 1 erläutert, hat Ricoh einen formellen Planungsprozess, der auf mittelfristigen Plänen basiert. Bei der Festlegung des 15. mittelfristigen Plans (von April 2005 bis März 2008) setzte der Vorstandsvorsitzende Susumu »Sam« Ichioka ein ehrgeiziges Ziel für das Einnahmenwachstum und nutzte zur Erreichung seines Ziels vier strategische Themen, um wichtige Substrategien und deren Zielwerte festzulegen. Das ambitionierte Ziel schuf ein Gefühl der Dringlichkeit im gesamten Führungsteam von Ricoh.

Abbildung 3-13 zeigt die wichtigsten Elemente der Strategie. Die kleine Matrix links oben verdeutlicht das einfache Prinzip der Strategie: Gesamtwachstum durch organisches Wachstum, Akquisition neuer Kunden, Nutzung neuer Absatzkanäle sowie neue Produkte und Dienstleistungen. »Organisches Wachstum« war das erste strategische Thema, das durch eine Verbesserung des Vertriebs vorhandener Produkte und Dienstleistungen über Händler und im Direktvertrieb erreicht werden sollte. Das zweite Thema, »Absatz- und Vertriebskanäle«, konzentrierte sich auf den Umsatzanstieg, der sich durch zusätzliche Händler erzielen ließ. »Neue Produkte«, das dritte Thema, würde durch die Einführung neuer Produkte und Dienstleistungen zum Wachstum beitragen, während das vierte, »Neue Absatzkanäle« zusätzliche Verkäufe auf neuen Märkten und durch neue Allianzen generieren sollte.

Binnen drei Jahren würden die vier Strategien zusammen zu einem Umsatzwachstum führen, durch das die durch den Vorstandsvorsitzenden festgelegte Wertlücke geschlossen werden könnte. Da wichtige Führungskräfte die Verantwortung für die vier strategischen Themen übernahmen, hatte Ichioka das ganze Unternehmen mobilisiert, um eine neue Strategie zum Erzielen einer bahnbrechenden Leistung zu formulieren.

Abbildung 3-13: Ricoh spaltete seine Wertlücke in vier Themen

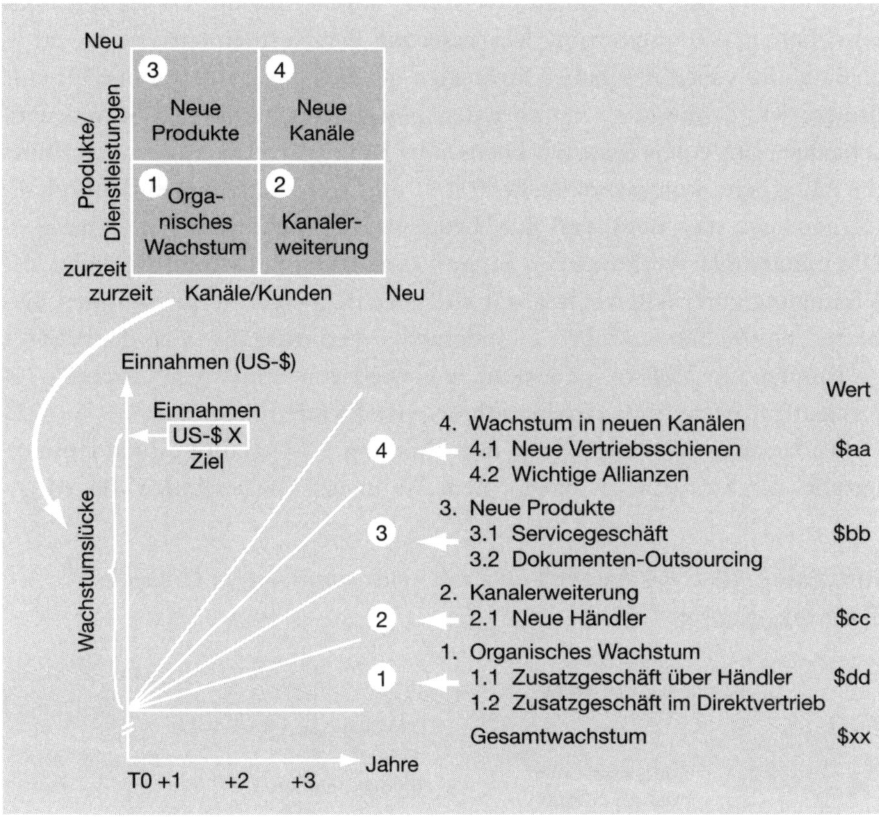

Die Nutzung einer Ursache-Wirkungs-Kette zur Festlegung von Zielwerten

Die Zielwerte für jedes strategische Thema müssen noch weiter unterteilt werden in Werte für jedes strategische Ziel innerhalb eines strategischen Themas. Die letztgenannten Zielwerte dürfen nicht isoliert festgesetzt werden. Jeder einzelne von ihnen sollte in einer Ursache-Wirkungs-Kette mit den Werten für andere Ziele im Zusammenhang stehen.

Betrachten wir einmal das strategische Thema »Kundendienst« in Abbildung 3-14. Die Festlegung der Zielwerte (rechts) beginnt mit der Wertlücke – einer 50-prozentigen Verbesserung der Nettoeinnahmen – die mithilfe der Strategie zu schließen ist. Ein finanzielles Unterziel des Themas ist die Erhöhung der Einnahmen pro Kunde um 20 Prozent. Dieser Zuwachs wird helfen, die angestrebte Verbesserung der Nettoeinnahmen zu erreichen. Unter vielen möglichen Strategien hat sich das Unternehmen für eine höhere Kundenbindung durch einen besseren, persönlichen Service entschieden. Um einen besseren Dienst am Kunden bieten zu können, muss die Mitarbeiterkompetenz insgesamt erhöht werden, was sich dadurch erreichen lässt, dass besonders gute Leute im Unternehmen gehalten werden. Die miteinander verbundenen Hypothesen lauten, dass eine Senkung der Kündigung guter Mitarbeiter, um 20 Prozent zu einer 30-prozentigen Verbesserung des Service führt. Eine derartige Verbesserung wird den Verlust an Kunden um 25 Prozent senken, was wiederum zu der gewünschten 20-prozentigen Steigerung der Einnahmen pro Kunde führt.

Die Ursache-Wirkungs-Kette in Abbildung 3-14 erlaubt es, die Umsetzbarkeit der Strategie zu überprüfen. Wenn ein Unternehmen die vorge-

Abbildung 3-14: Festlegung von Zielwerten mithilfe von Ursache-Wirkungs-Ketten

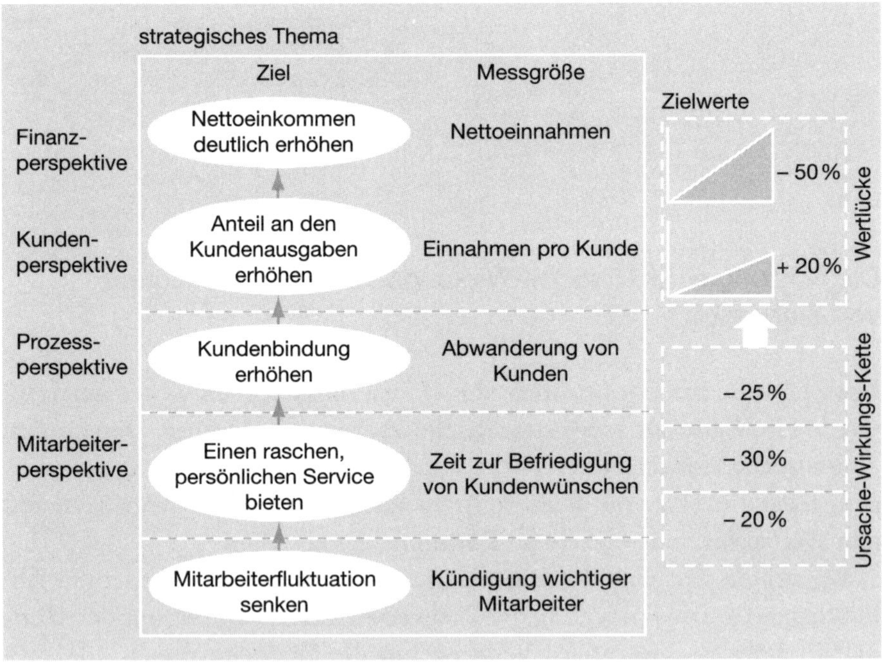

schlagene Strategie für machbar hält, setzt es die Ursache-Wirkungs-Kette in Gang, indem es Initiativen entwickelt, um wichtige Mitarbeiter in der Firma zu halten. Diese Maßnahme sollte dann zu einer ganzen Kette von Ereignissen führen, die letztendlich eine geringere Abwanderung von Kunden und eine Einnahmensteigerung um den gewünschten Betrag bewirken.

Vergleichsmaßstäbe und Zielwerte

Die Festlegung bestimmter Zielwerte für die strategischen Ziele ist eine Ermessensentscheidung, insbesondere wenn sie zum ersten Mal vorgenommen wird. Sobald Unternehmen mehr Erfahrung mit ihren Messgrößen haben, verstehen sie deren Eigenschaften und Veränderungsmöglichkeiten besser.

Zur Messung der Leistung können *externe Vergleichsmaßstäbe* nützlich sein, aber man muss vorsichtig mit ihnen umgehen und sicherstellen, dass die Umstände, denen sich das Unternehmen gegenübersieht, den Bedingungen ähnlich sind, unter denen die externe Leistung erreicht wurde.[9] Für das Beispiel in Abbildung 3-14 ließen sich sicher für alle vier Perspektiven externe Richtwerte finden. Das Unternehmen könnte versuchen, mithilfe öffentlich zugänglicher Daten sowie Verbands- und Beraterdatenbanken herauszufinden, in welches Perzentil die Leistung einzuordnen ist, die es erreichen will. Geht es um Spitzen- oder leicht überdurchschnittliche Leistung? So lässt sich feststellen, wie kühn die Zielwerte sind, vorausgesetzt, die Bedingungen des Unternehmens ähneln denen der Vergleichsfirmen.

Unternehmen im privaten Sektor suchen erst Vergleichsmaßstäbe für die Finanzperspektive. Da es sich bei den meisten Wettbewerbern vermutlich um Aktiengesellschaften handelt, lassen sich leicht Daten über ihre Finanzergebnisse finden. Unternehmen sollten sich um eine Leistung bemühen, die sie in die Spitzengruppe ihrer Branche im Hinblick auf Kapitalerträge, Einnahmenwachstum, operative Margen und Produktivität bringt. Sie sollten danach streben, im Hinblick auf diese Messgrößen zur Nummer eins oder zwei ihrer Branche zu werden oder zumindest in das oberste Quartil oder Quintil vorzustoßen, insbesondere dann, wenn ihre derzeitige Leistung unter dem Zentralwert der Branche liegt. Staatliche oder gemeinnützige Organisationen nutzen oft veröffentlichte Finanzdaten vergleichbarer Organisationen, beispielsweise das Verhältnis der Betriebsausgaben zu jenen Ausgaben, die direkt den Wählern oder Nutznießern zugutekommen.

Einige kundenbezogene Kennziffern, beispielsweise die Verbesserung des Marktanteils oder der Anstieg des Anteils an den Kundenausgaben, sind natürlich nach außen gerichtet und werden mit denen der Wettbewerber verglichen. Außerdem können Unternehmen ihre Kunden bitten, ihre Leistung verglichen mit der anderer Lieferanten in eine Rangreihe zu bringen. Ein ehrgeiziges Ziel für eine derartige Messgröße wäre: »Der bevorzugte Lieferant unseres Kunden bleiben (oder werden)«.

Unternehmen mit einer großen Anzahl homogener Filialen, beispielsweise Einzelhandelsketten, Hotels, Banken und Schnellimbissketten, können ihre Statistiken analysieren, um Zielwerte für Prozesse und Mitarbeiterqualifikationen festzulegen. Das wäre ein Beispiel für *internes Benchmarking*. In Kapitel 6 beschreiben wir, wie eine kanadische Bank mit ihren Daten von Hunderten von Filialen eine multiple Regressionsanalyse durchführte, um Zielwerte für jede Filiale festzulegen. Die Koeffizienten der Regressionsanalyse maßen den Anstieg der Rentabilität, der Kundenzufriedenheit und der Kundentreue, der mit Prozessverbesserungen und der Zunahme der Mitarbeiterzufriedenheit einherging. Die Bank setzte diese Koeffizienten aktiv ein, um die Prozess- und Mitarbeiterleistung einzuschätzen, die in jeder Filiale erforderlich war, um das gewünschte Ausmaß an Kundenzufriedenheit und finanziellem Erfolg zu erzielen.

Unternehmen können sich bei der Festlegung von Zielwerten auch am Branchenprimus orientieren, insbesondere für jene, die sich auf Kosten, Qualität und Durchlaufzeiten beziehen. Nehmen wir einmal an, eine Bank hätte herausgefunden, die Genehmigung von Hypotheken und Darlehen sei ein wichtiger Prozess. Die Bank könnte sich dann das Ziel setzen, die schnellstmögliche Reaktionszeit – vom Kreditantrag bis zu dessen Genehmigung – der Branche zu bieten. Eine andere Bank könnte sich entscheiden, die niedrigste Ausfallrate aller Geldautomaten zu erreichen. Eine dritte Bank könnte danach streben, mit ihrer Werbung die größte Zahl an Neukunden zu akquirieren. In Bezug auf einen Innovationsprozess könnte sich ein Fertigungsbetrieb oder eine Softwarefirma das Ziel setzen, die kürzeste Produktentwicklungszeit der Branche zu erzielen, gemessen als Zeitraum zwischen der ersten Idee bis zur Kommerzialisierung des Produkts. Um externe Vergleichswerte nutzen zu können, muss ein Unternehmen Zugang zu Branchen- oder Verbandsdaten haben, einen Benchmarking-Service abonnieren oder sich an vergleichenden Untersuchungen beteiligen.

Fallstudie zur Zielwertfestlegung: Vista Retail

Vista Retail (Name geändert) verwendet interne Vergleichsdaten seiner vielen Filialen, um Zielwerte für folgende Balanced-Scorecard-Messgrößen festzulegen:

- operatives Ergebnis,
- Einnahmen pro Filiale verglichen mit den Wettbewerbern,
- Kundentreue,
- Mitarbeitertreue.

Jährlich vergleicht Vista die Leistung jeder seiner über 1 000 Filialen in Bezug auf jede Messgröße mit denen der Spitzenfiliale. Der Unterschied zwischen beiden ist die Leistungslücke. Vista legt unternehmensweit für die Filialen fest, dass sie die Leistungslücke jährlich um einen bestimmten Prozentsatz schließen müssen – beispielsweise 25 Prozent. Nehmen wir einmal an, eine unterdurchschnittliche Filiale erreiche bei einer bestimmten Kennziffer einen Wert von 45, während der Spitzenwert für einen vergleichbaren Laden bei 89 liegt. In diesem Fall errechnet sich der Zielwert für die Leistung der unterdurchschnittlichen Filiale als

$$45 + [0{,}25 \times (89-45)] = 56.$$

Dieser Ansatz berücksichtigt, dass Rom auch nicht an einem Tag erbaut wurde. Jeder Filiale werden ehrgeizige, aber erreichbare Ziele gesetzt. In die Festlegung der Zielwerte zur Schließung der Leistungslücke fließt auch die Erkenntnis ein, dass sich Verbesserungen schwerer durchführen lassen, wenn eine Filiale bereits eine fast perfekte Leistung bietet. So liegt der Zielwert für eine Einheit, die jetzt schon einen Wert von 75 erreicht, bei 78,5, was eine deutlich geringere prozentuale Verbesserung ist, als von einem noch unterdurchschnittlichen Geschäft erwartet wird.

Vista setzt nicht nur erreichbare Zielwerte, sondern analysiert auch die Vorgehensweise und Verfahren in den Spitzengeschäften. Dieses Wissen wird dann genutzt, um optimale Verfahren im ganzen Unternehmen einzusetzen (wir gehen in Kapitel 6 auf die gemeinsame Nutzung vorbildlicher Vorgehensweisen ein). So orientiert eine Filiale ihre eigenen Zielwerte nicht nur an der optimalen Leistung, sie lernt auch aus den Praktiken der erfolgreichsten Läden.

Fallstudie zum Thema »Zielwerte festlegen«: Mobil US Marketing and Refining

Ehrgeizige Zielwerte für die Messgrößen strategischer Themen vorzugeben ist eine Sache. Eine andere Aufgabe und ein ebenso ehrgeiziges Ziel ist es, dafür zu sorgen, dass die Manager diese Zielwerte verinnerlichen und sich bemühen, sie zu erreichen. Zahlreiche Unternehmen motivieren ihre Führungskräfte, sich ehrgeizige Ziele zu Eigen zu machen, indem sie Leistungsprämien an das Ausmaß der Zielerreichung koppeln.

Mobil US Marketing and Refining ließ Manager Zielwerte für jede Messgröße der Balanced Scorecard festlegen und außerdem einen Leistungsfaktor schätzen, der die vermuteten Schwierigkeiten bei der Erreichung des Zielwertes verdeutlichte. Der höchste Indexwert von 1,25 wurde vergeben, wenn der Zielwert die Spitzenleistung der Branche darstellte. Ein durchschnittlicher Zielwert erhielt den Leistungsfaktor 1,00, und der Faktor 0,7 wurde angewandt, wenn der Zielwert leicht zu erreichen war oder eine schwache Leistung andeutete.

Die Führungskräfte der einzelnen Geschäftsbereiche schlugen Leistungsfaktoren für jede Messgröße vor und erläuterten und verteidigten sie in einer Besprechung mit der obersten Geschäftsleitung und den Leitern der bereichsübergreifenden Serviceabteilungen. Zusammen verfügte diese Gruppe über ein profundes Wissen über das Geschäft und die Herausforderung, die jeder Zielwert darstellte, Wissen, das half, übertrieben optimistische Ziele zu vermeiden.

Der Leistungsfaktor wurde dann mit dem tatsächlichen Wert der Messgröße multipliziert; so ergab sich ein Leistungswert, der dem bei Wettkämpfen im Turmspringen vergleichbar ist. Bei diesem Sport kann jemand einen leichten Sprung fehlerfrei ausführen und für die technische Ausführung 10 Punkte bekommen. Wegen des niedrigen Schwierigkeitsgrads (beispielsweise 0,8) wird die Gesamtpunktzahl niedrig ausfallen. Ein anderer Teilnehmer kann sich an einen äußerst schwierigen Sprung wagen (Dreifachsalto rückwärts mit zweieinhalb Schrauben, Schwierigkeitsgrad 2,8) und ihn gut, aber nicht perfekt ausführen (7,1 Punkte für die technische Ausführung), wodurch er eine deutlich höhere Punktzahl (19,9) erreicht. Eine Festlegung von Leistungsfaktoren unter Berücksichtigung des Schwierigkeitsgrads führt zu einer besseren Vergleichbarkeit aller Geschäftsbereiche, unabhängig von Region und Produktpalette.

Die Festlegung ehrgeiziger Zielwerte erlaubt es auch, Manager zu belohnen, selbst wenn sie das Ziel nicht ganz erreichen. Sonst besteht die Gefahr, dass Manager vorsichtig sind und nur Ziele wählen, von denen sie sicher sind, dass sie diese erreichen können, statt ein ehrgeiziges Ziel knapp zu verfehlen. Um dem entgegenzusteuern, sollte der Bonus in einem nicht linearen Verhältnis zur Leistung stehen. Die Leistungsprämie für Manager, die ihr Ziel um 10 Prozent verfehlen, könnte um 30 bis 50 Prozent unter dem maximal erreichbaren Wert liegen. Ein solches System stellt einen Anreiz dar, dem Zielwert so nahe wie möglich zu kommen.

Das Team des brasilianischen Dachverbands der Industrie (CNI) entwickelte zusätzlich zur Strategy Map (Abbildung 3-7) für jedes strategische Thema eine Reihe von Messgrößen und Zielwerten. Beispielsweise lautete die Messgröße für das strategische Ziel »Innovationsinitiativen in Unternehmen fördern«: »Private Investitionen in Innovation als Prozentsatz des Bruttoinlandprodukts«. Das Team wollte den Zielwert von 0,6 Prozent (im Jahr 2007) bis 2015 auf 1,4 erhöhen. Viele der CNI-Zielwerte basierten auf Erfahrungen in vergleichbaren Ländern, die bereits optimale Verfahren einsetzten.

Zusammenfassung

Dieses Kapitel befasst sich mit der Übersetzung der Strategie, die in dem im 2. Kapitel beschriebenen Prozess formuliert wurde. Erst übertragen wir die Strategie in Strategy Maps, die auf Themen basieren. Innerhalb der Themen beschreiben miteinander verbundene Ziele, wie ein Nutzen geschaffen werden kann. Außerdem wird erläutert, wie Zielwerte für die einzelnen strategischen Themen auszuwählen sind, die dazu beitragen, die Vision des Unternehmens und die Zielwerte für sämtliche Messgrößen der

Balanced Scorecard, die mit den strategischen Zielen zusammenhängen, in die Tat umzusetzen.

Die Nutzung der Strategy Map als Rahmen ist das wichtige Unterscheidungsmerkmal unseres Strategieentwicklungs- und übersetzungsansatzes. Die meisten anderen Ansätze konzentrieren sich auf das gewünschte *Ergebnis*, das mit der Strategie erzielt werden soll. Beispielsweise beschreibt eine Strategie den versprochenen Kundennutzen, den ein Unternehmen bieten will, sowie das Segment, in dem sich das Unternehmen dem Wettbewerb stellt. Aber die Aussage über den versprochenen Kundennutzen macht keine Angaben, wie dies erreicht werden soll. Viele beliebte Ansätze zur Unternehmensstrategie sagen, *was* erreicht werden soll, aber nicht *wie*. Eine umfassende Strategie sollte auf das Was und Wie eingehen – oder, wie wir es formulieren, die gewünschten Resultate sowie die Einflussfaktoren.

Eine Strategy Map bietet einen umfassenden und logischen Rahmen für Entwurf und Umsetzung einer Strategie. Die Strategy Map erlaubt es Organisationen, ihre Strategie effektiver zu managen und so Umsetzungserfolge zu erzielen.

Anhang zu Kapitel 3

Strategy Maps

Eine Strategy Map (siehe Abbildung 3-A1) beschreibt den Wertsteigerungsprozess mithilfe von Ursache-Wirkungs-Beziehungen zwischen den Zielen der vier Perspektiven der Balanced Scorecard.[10]

- Das übergeordnete Ziel einer Organisation besteht darin, langfristig für Aktionäre (Privatwirtschaft) oder Anspruchsgruppen (öffentlicher Sektor) einen Nutzen zu schaffen.
- Dieser Nutzen entsteht, indem ein den Kunden gegebenes Leistungsversprechen eingelöst wird.
- Mithilfe interner Prozesse wird der Nutzen zur Zufriedenstellung der Kunden geschaffen; diese Prozesse helfen auch beim Erreichen der Produktivitätsziele der Finanzperspektive.
- Immaterielle Werte (Mitarbeiter, Technik und Kultur) beschleunigen die Verbesserung der wesentlichen Prozesse, die für Kunden und Anspruchsgruppen einen Nutzen schaffen.

Die *Finanzperspektive* beschreibt die materiellen Ergebnisse einer Strategie mithilfe von Kennziffern wie Kapitalrentabilität, Geschäftswertbeitrag, Betriebsergebnis, Einnahmen pro Kunde und Stückkosten. Bei diesen Werten handelt es sich um Spätindikatoren, die anzeigen, ob die Strategie den Aktionären reale Ergebnisse bringt.

Zur *Kundenperspektive* gehören Messgrößen des Resultats für die Kunden, beispielsweise Zufriedenheit, Kundenbindung und Wachstum, aber auch Kennziffern für das Wertversprechen, das ausgewählten Kundengruppen gegeben wurde. Das Leistungsversprechen stellt den Kern der Strategie dar. Es beschreibt, wie sich ein Unternehmen in den Augen der Kunden von anderen unterscheiden will. Außerdem definiert es den Kontext für den Rest der Strategie. Das Versprechen, für die Kunden die niedrigsten Kosten zu erreichen, erfordert ganz andere Prozess- und Mit-

Abbildung 3-A1: Eine Strategy Map zeigt, wie für Anspruchsgruppen ein Nutzen geschaffen werden soll

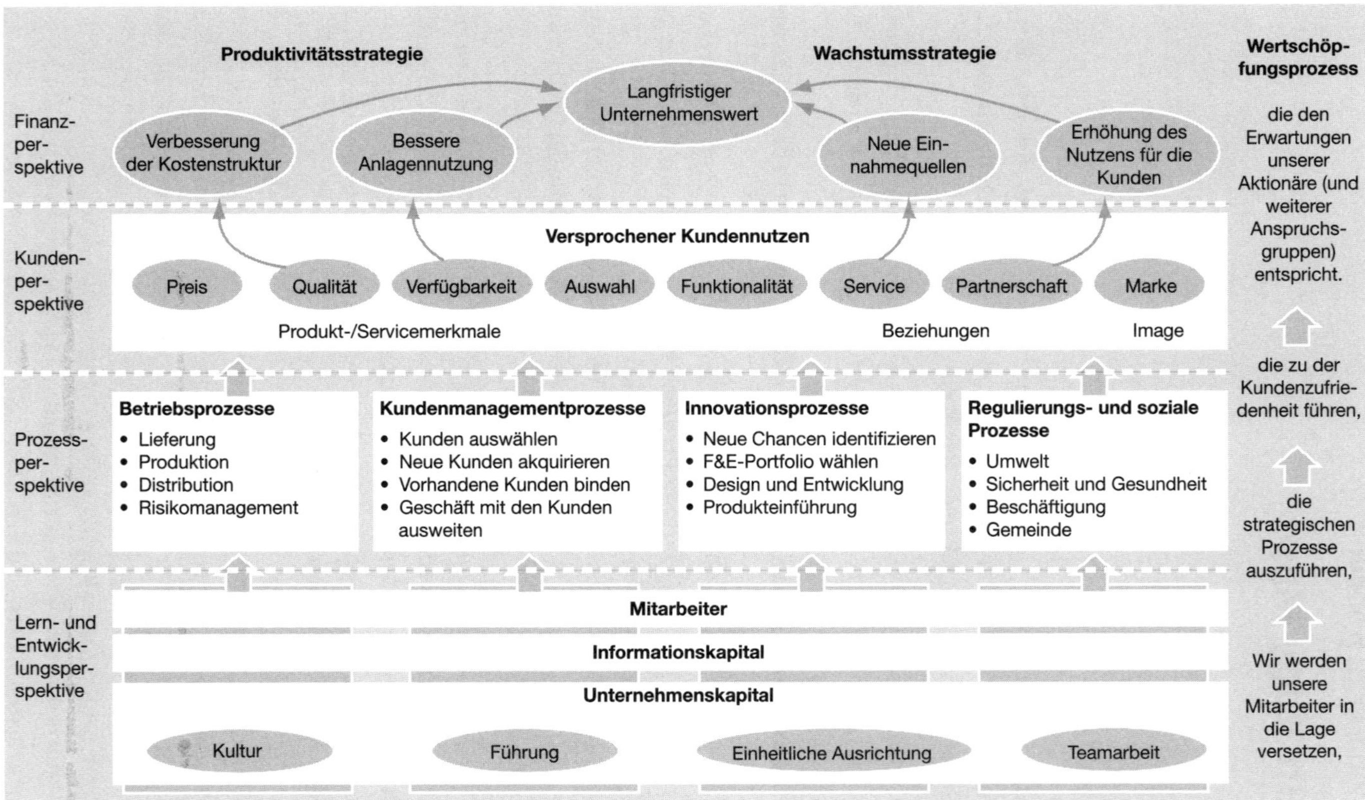

arbeiterqualitäten als das Versprechen, den Kunden bedarfsgerechte Komplettlösungen zu bieten.

Die Finanz- und Kundenperspektiven in Strategy Maps und Balanced Scorecards beschreiben zusammen, was die Organisation erreichen möchte: Steigerung des Unternehmenswertes durch Umsatzwachstum und Produktivitätsverbesserungen sowie Erhöhung des Anteils des Unternehmens an den Kundenausgaben durch Kundenakquisition, -zufriedenheit, -bindung und Wachstum.

Die *Prozessperspektive* weist auf die wenigen, wirklich entscheidenden Geschäftsprozesse hin, die der Finanz- und Kundenperspektive dienen. In Organisationen werden Hunderte von Prozessen ausgeführt, von den Gehaltszahlungen und Veröffentlichungen der Vierteljahresberichte über die Wartung von Maschinen und Anlagen bis hin zur Entwicklung neuer Produkte. Alle Prozesse müssen angemessen ausgeführt werden, aber nur wenige führen zu der wesentlichen Unterscheidung, die für die Strategie notwendig ist. Die Strategy Map sollte diese wesentlichen Prozesse identifizieren, damit Führungskräfte und Mitarbeiter sich darauf konzentrieren können, sie stetig zu verbessern.

Die *Lern- und Entwicklungsperspektive* identifiziert die Arbeitsplätze (Mitarbeiter), Systeme (Informationskapital) und das Klima (Organisationskapital), die den Wertschöpfungsprozess unterstützen. Zusammengenommen beschreiben die Ziele der Prozess- sowie der Lern- und Entwicklungsperspektive, wie die Organisation ihre Strategie umsetzen wird.

Die Strategy Map ist eine bildliche Darstellung der Kausalzusammenhänge zwischen den strategischen Zielen; sie ist weit verbreitet und der Ausgangspunkt für alle Balanced-Scorecard-Projekte.

Anmerkungen zu diesem Kapitel

1 Kaplan, R.S.; Norton, D.P.: *Strategy Maps: Der Weg von immateriellen Werten zum materiellen Erfolg* (Stuttgart: Schäffer-Poeschel, 2004); Kaplan, R.S.; Norton, D.P.: *Die strategiefokussierte Organisation* (Stuttgart: Schäffer-Poeschel, 2001).

2 Der *Anteil an den Kundenausgaben* ist der Anteil, den ein Unternehmen in einer bestimmten Kategorie an den Kundenausgaben, beispielsweise Finanztransaktionen, Oberbekleidung, Lebensmittel, hat.

3 »Balanced Scorecard European Summit«, Prag, Juni 2007.
4 »Gerdau Açominas«, in: *Balanced Scorecard Hall of Fame Report 2007* (Boston: Harvard Business School Publishing, 2007), S. 19-20.
5 »Growth: The Industry's Vision«, Confederação Nacional da Indústria, Brasilia, 2006.
6 Rede von José Augusto Coelho Fernandes auf dem BSC Nordamerikatreffen, San Diego, November 2006.
7 Lord Kelvin [William Thomson], »Electrical Units of Measurement«, in: *Popular Lectures and Addresses*, Band 1 (London und New York: Macmillan & Co., 1894).
8 Kaplan, R.S.; Norton, D.P.: *Balanced Scorecard: Strategien erfolgreich umsetzen* (Stuttgart: Schäffer-Poeschel, 1997) und Kaplan, R.S.; Norton, D.P.: *Strategy Maps.*
9 Kaplan, R.S.: »Limits to Benchmarking«, *Balanced Scorecard Report* (HBS Publishing Newsletter), November 2005.
10 Kaplan, R.S.; Norton, D.P.: »Strategy Maps«, Kapitel 3 in: *Die strategiefokussierte Organisation.*

Kapitel 4

Strategische Initiativen

Bewegung in die Strategie bringen

In Kapitel 3 zeigten wir, wie eine Strategie in strategische Themen, Ziele, Messgrößen und Zielwerte übersetzt wird, die verdeutlichen, *was* die Organisation erreichen will. Strategische Initiativen beschreiben, *wie* das geschieht. Wenn man das erste Newtonsche Gesetz auf Unternehmen anwendet, dann besagt es, dass eine Organisation im Ruhezustand auch im Ruhezustand bleiben wird. Das zweite Gesetz von Newton besagt, dass eine Kraft erforderlich ist, um eine Masse in Bewegung zu setzen. Strategische Initiativen stellen die Kraft dar, die die Masse »Organisation« in Bewegung setzt und so die Trägheit und den Widerstand gegen Veränderungen überwindet. *Strategische Initiativen* sind Veränderungsprojekte und -programme von begrenzter Dauer zusätzlich zur normalen Unternehmenstätigkeit, die der Organisation helfen sollen, die angestrebte Leistung zu erreichen.

Obwohl es offensichtlich scheint, dass die langfristige Strategie an die unmittelbaren Aktionspläne gekoppelt sein muss, zeigen unsere bereits in Kapitel 1 erwähnten Untersuchungen, dass 50 Prozent der Organisationen keine Verbindung zwischen ihrer Strategie und ihren kurzfristigen Plänen und Budgets herstellten. Ein Unternehmensführer drückte stellvertretend für andere Führungskräfte seinen Frust über diese Situation aus: »Mit der Hälfte meiner Initiativen erreiche ich strategische Ziele. Ich weiß bloß nicht, mit welcher Hälfte.«

Wie in Abbildung 4-1 dargestellt, nutzen Organisationen drei Prozesse, um ihr Portfolio strategischer Initiativen zu managen: Auswahl der Initiativen, Bereitstellung von Ressourcen dafür und Übertragung der Verantwortung für ihre Ausführung. Wir besprechen diese Prozesse nacheinander.

Abbildung 4-1: Modell für das Management von Initiativen

Managementprozess für Initiativen	Ziele	Hindernisse	Instrumente
1. Wahl der strategischen Initiativen *Welche Aktionsprogramme sind für unsere Strategie erforderlich?*	Das zur Schließung der Leistungslücken erforderliche Portfolio an Initiativen definieren.	Strategische Investitionen werden in verschiedenen Bereichen der Organisation isoliert gerechtfertigt.	• Initiativen-Portfolios für jedes strategische Thema
2. Finanzierung der Strategie *Wie finanzieren wir unsere Initiativen?*	Mittel für die strategischen Initiativen bereitstellen, die unabhängig vom operativen Unternehmensbudget sind.	Die geschäftsbereichsübergreifende Finanzierung des Portfolios widerspricht der hierarchischen abteilungsbezogenen Struktur des Budgetprozesses.	• Stratex (Strategische Ausgaben) • Prioritätensetzung für Initiativen
3. Übertragung von Verantwortung *Wer wird für die Umsetzung der strategischen Initiativen zuständig sein?*	Die Verantwortung für die Umsetzung der geschäftsbereichsübergreifenden strategischen Themen und Initiativen übertragen.	Mitglieder des Führungsteams sind generell für das Management innerhalb einzelner Fachabteilungen oder Geschäftsbereiche zuständig.	• Themen- und Initiativenverantwortliche auf Führungsebene • Thementeams

Die Auswahl strategischer Initiativen

Ein strategischer Plan erfordert das koordinierte Management zahlreicher Initiativen im ganzen Unternehmen, einschließlich fachabteilungs- und geschäftsbereichsübergreifender Prozesse. In unserem ursprünglichen Konzept der Balanced Scorecard schlugen wir vor, die Initiativen unabhängig für jedes strategische Ziel zu wählen. Die Unternehmen konnten dann eine Rentabilitätsanalyse durchführen, beispielsweise den Barwert oder die Kapitalrentabilität berechnen – häufig in Verbindung mit nicht-monetären Kriterien, wie dem Projektrisiko, der Projektdauer sowie geschäftsbereichsübergreifenden Auswirkungen – um so anhand eines gewichteten Index eine Rangreihe der vorgeschlagenen Initiativen zu bilden. Wir mussten jedoch feststellen, dass eine derartige Auswahl von Initiativen den kumulativen Effekt zahlreicher, miteinander verbundener strategischer Initiativen unberücksichtigt ließ.

Initiativen sollte man nicht losgelöst voneinander auswählen. Wenn man ein strategisches Ziel der Kunden- oder Finanzperspektive erreichen will, sind dafür meistens mehrere, sich ergänzende Initiativen in verschiedenen Bereichen der Organisation erforderlich, die beispielsweise das Personalwesen, die Informationstechnik, Marketing, Distribution und die Betriebsführung tangieren. Wie in Abbildung 4-2 dargestellt, empfehlen wir

Abbildung 4-2: Für jedes Thema ist ein Portfolio strategischer Initiativen zu entwickeln

			Portfolio strategischer Initiativen	
Strategy Map (Thema)	**Balanced Scorecard (BSC)**		**Aktionsplan**	
	Kennziffern	**Zielwerte**	**Initiative**	**Budget**
Mehr Einnahmequellen erschließen	• Umsatzmix • Umsatzwachstum	Neu = +10 % +25 %		
Das Vertrauen der Kunden in unsere Finanzberatung verbessern	• Marktanteil • Anteil an den Kundenausgaben • Kundenzufriedenheit	25 % 50 % 90 %	• Segmentierungsinitiative (Anpassungsinitiative) • Zufriedenheitsstudie	US-$ xxx US-$ xxx
Die gleichen Kanäle für mehrere Produkte nutzen	• Anzahl Produkte pro Absatzkanal • Zeiteinheit pro Kunde	2,5 1 Std/Qu	• Finanzplanungsinitiative • Integriertes Produktangebot	US-$ xxx US-$ xxx
Strategische Jobfamilie: Finanzplaner	• Vorhandene Mitarbeiterkompetenzen	100 %	• Beziehungsmanagement • Zertifizierung der Finanzplaner	US-$ xxx US-$ xxx
Strategische Systeme: Portfolioplanung	• Kompetenzen für strategische Anwendungen	100 %	• Integrierte Kundendatei • Portfolioplanung	US-$ xxx US-$ xxx
Organisation einsatzbereit machen	• Mit der BSC verknüpfte Ziele	100 %	• Aktualisierung des Managements durch Zielvereinbarung • Incentives	US-$ xxx US-$ xxx
			Gesamtbudget	US-$ xxx

nach wie vor, dass mit jedem nicht-monetären Ziel wenigstens eine Initiative verbunden sein sollte, die dessen Erreichen vorantreibt, dass aber auch für jedes strategische Thema Initiativen gebündelt und als integriertes Portfolio betrachtet werden.

Wenn die Ziele des in Abbildung 4-2 dargestellten strategischen Themas »Kundenmanagement« erreicht werden sollen, dann muss die Gesamtheit der ausgewählten Initiativen umgesetzt werden. Zur Verbesserung der Kompetenzen der Mitarbeiter sind beispielsweise zwei Initiativen erforderlich: eine zur Entwicklung der Beziehungsmanagementfähigkeiten und eine weitere zur Zertifizierung von Mitarbeitern als Finanzplaner. Werden diese beiden Initiativen ausgeführt, wird das Ziel der 100-prozentigen Kompetenz von Mitarbeitern, die sich um ausgewählte Kunden kümmern, erreicht.

Aber wenn die für die anderen Ziele erforderlichen Initiativen nicht effektiv ausgeführt werden, wird das Gesamtergebnis in Bezug auf das Kundenmanagement schlechter ausfallen. Die strategischen Kompetenzen müssen einhergehen mit dem Angebot von Neuprodukten, mit neuen kundenorientierten Informationssystemen und einem Bonussystem, das Mitarbeiter belohnt, die intensive Kundenbeziehungen entwickeln und ausbauen. Ein umfassendes Managementprogramm für Portfolioinitiativen erfordert die gleichzeitige Umsetzung aller zu einem Thema gehörigen Initiativen; jede einzelne Initiative ist notwendig, alleine aber nicht hinreichend.

Viele Unternehmen weisen mit Recht darauf hin, dass es bei ihnen bereits zu viele Initiativen gibt und dass sie nicht über die Finanzmittel oder Mitarbeiter verfügen, um noch zusätzliche Initiativen in Angriff zu nehmen. Genau dies ist der Grund, warum Unternehmen erst ihre Strategie und die strategischen Themen entwickeln sollten, ehe sie Entscheidungen über Initiativen treffen. Betrachten wir beispielsweise die Situation Ende der 1990er Jahre in der Online-Banking-Abteilung von Wells Fargo.[1] Diese Abteilung war bereits Marktführer im Online-Banking und erlebte ein geradezu explosionsartiges Wachstum. Die Mitarbeiter machten ständig interessante Vorschläge für neue Initiativen, um das Wachstum und die führende Stellung am Markt zu unterstützen. Es kam der Moment, da sich die Abteilung mit 600 Initiativen befasste und sich das Führungsteam jede Woche einen halben Tag lang zusammensetzte, um neu vorgeschlagene Initiativen zu prüfen und zu billigen, den Fortschritt bestehender Initiativen zu beobachten und zu entscheiden, welche davon aufgegeben werden und wie die Mittel und Mitarbeiter dann auf die übrigen verteilt werden sollten.

Nach wie vor kämpfen viele Unternehmen mit zu vielen Initiativen. Das passiert, wenn man Vorschläge und Auswahl von Initiativen als eine Reihe einzelner, voneinander unabhängiger Entscheidungen behandelt, die nicht innerhalb eines strategischen Rahmens getroffen werden. Wenn Firmen ihre erste Strategy Map entwickeln, ergibt sich sofort ein Nutzen für sie, wenn sie ihre Initiativen überprüfen und rational damit umgehen, wie in Abbildung 4-3 dargestellt.

Abbildung 4-3: Unternehmen prüfen die Ausrichtung ihrer Initiativen an strategischen Themen und Zielen

Programme/Projekte **Strategische Themen/ Initiativen-Portfolio**	**Neuorganisation der Beschaffung**	**Schulung des Vertriebs**	**Ausweitung des Lagers**	**Identifizierung von Qualitätsanforderungen**	**Produktentwicklungs-trichter**	**Umstrukturierung des Finanzsystems**	**Vernetzung des Call-Centers für Kunden**	**Initiative »n«**
Service verbessern • Ziel 1 • Ziel 2	X			X				
Beziehungen zu Partnern ausweiten • Ziel 3 • Ziel 4		X					X	
Die zukünftige Wertsteigerung sicherstellen • Ziel 5					X			
Offiziellen Normen genügen								
Unsere Fähigkeit erhöhen, uns auf den Kunden zu konzentrieren • Ziel 6 • Ziel 7		X					X	

Die Initiative unterstützt kein Thema

Thema ohne Initiativen

Hierbei handelt es sich um eine Matrix mit Themen und Zielen der Balanced Scorecard in den Zeilen und den bestehenden Initiativen in den Spalten. Für jede bestehende Initiative werden die Themen und Ziele identifiziert (und angekreuzt), von denen man erwartet, dass eine erfolgreiche Ausführung der Initiative signifikant zu ihrem Erreichen beiträgt.

Wie Abbildung 4-3 zeigt, wirkt sich eine Initiative überhaupt nicht auf irgendein strategisches Thema aus. Unserer Erfahrung nach trifft dies auf etwa 20 bis 30 Prozent aller Initiativen zu. Sie sind die ersten Kandidaten für eine Konsolidierung oder sollten ganz aufgegeben werden, falls sie nicht zur Einhaltung von Vorschriften erforderlich oder kurzfristig zu einem deutlichen finanziellen Nutzen aufgrund von lokalen Betriebsverbesserungen führen.

Dieser Rationalisierungsprozess für Initiativen, der unmittelbar nach Entwicklung der Strategy Map durchgeführt werden sollte, führt sofort zu finanziellen Einsparungen, die üblicherweise höher sind als die Kosten der Umsetzung der Balanced Scorecard. In der Online-Banking-Abteilung von Well Fargo senkten Konsolidierung und Delegierung von betrieblichen Initiativen an verschiedene Geschäftsbereiche und Fachabteilungen die Anzahl der Initiativen, die das Führungsteam aktiv überwachen musste, von über sechshundert auf etwa ein Dutzend.

Obwohl sie häufig dreimal so viele oder noch mehr Initiativen als Ziele haben, müssen Unternehmen feststellen, dass es für manche Ziele keine Initiativen gibt, hier also ein Bedarf besteht. Wenn die Manager die Mitarbeiter mittels der Strategy Map und Balanced Scorecard über die Strategie informieren, fordern sie diese meistens auch dazu auf, neue Initiativen vorzuschlagen, die zum Erreichen der Leistungsziele des Unternehmens beitragen könnten.

Eine eigens dafür bestellte Gruppe (typischerweise ein Thementeam, das im nächsten Abschnitt beschrieben wird) prüft alle neuen Vorschläge, führt eine förmliche Beurteilung durch und erstellt eine Rangreihe.[2] Viele Organisationen haben inzwischen eine Schablone zum Vorschlagen von Initiativen, die folgende Aspekte berücksichtigt:

- Beschreibung der Initiative,
- das strategische Thema oder Ziel, das sie unterstützen soll,
- die voraussichtlichen Ergebnisse,
- erforderliche Ressourcen, Kosten und Zeit.

Das Team beurteilt die Initiativen dann in einem förmlichen Prozess und bildet eine Rangreihe. Abbildung 4-4 zeigt die typische Vorgehensweise, um Initiativen zu prüfen und ihnen einen quantitativen Wert zuzuordnen. Drei Kriterien werden berücksichtigt: Wie gut passt die Initiative zur Strategie, und welchen Nutzen bringt sie (mit 0,5 gewichtet), welche Anforderungen an die Ressourcen stellt sie (mit 0,3 gewichtet) und welche unternehmerischen Fähigkeiten und Risiken sind damit verbunden (mit 0,2 gewichtet). Natürlich sollte jedes Unternehmen seine eigenen Kriterien und Gewichtungsfaktoren festlegen.

Abbildung 4-4: Die Bewertung sämtlicher Initiativen erleichtert den Vergleich

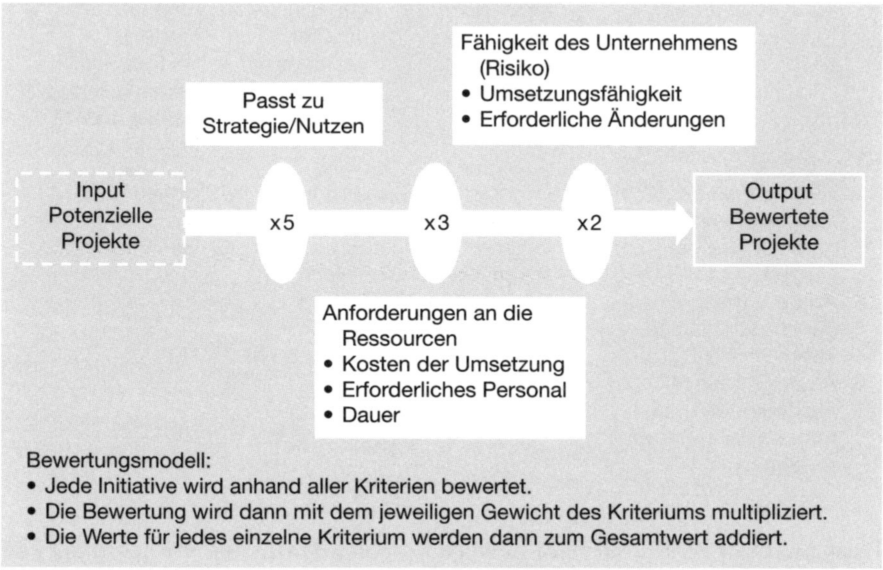

Abbildung 4-5 zeigt ein typisches Gewichtungsschema, das zur Festlegung eines Wertes für eine Initiative anhand der drei in Abbildung 4-4 dargestellten Kriterien führt. Nachdem alle potenziellen Initiativen bewertet und in eine Rangreihe gebracht wurden, legt das Projektteam die Initiativen und ihre Bewertung dem Führungsteam zur abschließenden Diskussion und Auswahl vor. Auf der letztendlich genehmigten Liste stehen die wenigen strategischen Initiativen, die zur Leistungssteigerung ausgewählt und finanziert werden.

Abbildung 4-5: Bewertung möglicher Initiativen für ein strategisches Thema

Jede Initiative wird in Bezug auf jede der drei Kriterien anhand einer Skala von 1 bis 9 bewertet. Jedes Kriterium hat ein eigenes Gewicht. Die Bewertung in Bezug auf ein Kriterium wird mit dessen Gewicht multipliziert und die so erhaltenen Werte zu einem Gesamtwert addiert. Je höher dieser Wert, umso vielversprechender die Initiative.			
Kriterium 1 (0,5) Strategische Bedeutung und Nutzen	**Kriterium 2 (0,3) Anforderungen an die Ressourcen**		**Kriterium 3 (0,2) Risiken**
• Auf strategische Bedeutung hin prüfen • Zielen gegenüberstellen und Auswirkung bestimmen • Strategischen Nutzen bestimmen	**Personalbedarf und Dauer** • Anzahl Mitarbeiter • Menge an Ressourcen • Projektdauer	**Kosten** • Investitionen • Vertriebs-, Gemein- und Verwaltungskosten	• Projektrisiko (Komplex, viele Einheiten involviert, Ausführung, betriebliche Fragen) • Budgetrisiko • Personalverfügbarkeit und -fähigkeiten
1. Nicht gut an der Strategie ausgerichtet, geringer strategischer Nutzen 3. An der Strategie ausgerichtet, mäßiger strategischer Nutzen 9. An der Strategie ausgerichtet, bedeutender strategischer Nutzen	1. Erfordert zur Ausführung viele wertvolle Ressourcen 3. Erfordert zur Ausführung einige wertvolle Ressourcen 9. Erfordert zur Ausführung wenige wertvolle Ressourcen		1. Hohes Risiko 3. Moderates Risiko 9. Geringes Risiko

Bei Canadian Blood Services bewerten Projektteams die vorgeschlagenen Initiativen für jedes strategische Thema danach, wie sie zur Strategie passen, welchen Nutzen sie bringen, wie lange es dauert, bis dieser Nutzen entsteht, welche Kosten bei der Ausführung anfallen, ob ein Projektteam verfügbar ist, welche Risiken damit verbunden sind und welche Veränderungen sich dadurch ergeben (siehe Abbildung 4-6). Die ersten drei Aspekte werden doppelt, alle anderen einfach gewichtet. So erhalten Initiativen, die gut zur Strategie passen und potenziell einen hohen Nutzen bringen, auch ein hohes Gewicht. Die anderen Aspekte tendieren zu Initiativen, die rascher Vorteile bringen, deren Kosten und Risiken vergleichsweise niedrig sind, für die ein Projektteam verfügbar ist und die in der Organisation vergleichsweise geringe Veränderungen bewirken.

Abbildung 4-6: Bewertung von Initiativen durch Canadian Blood Services (CBS)

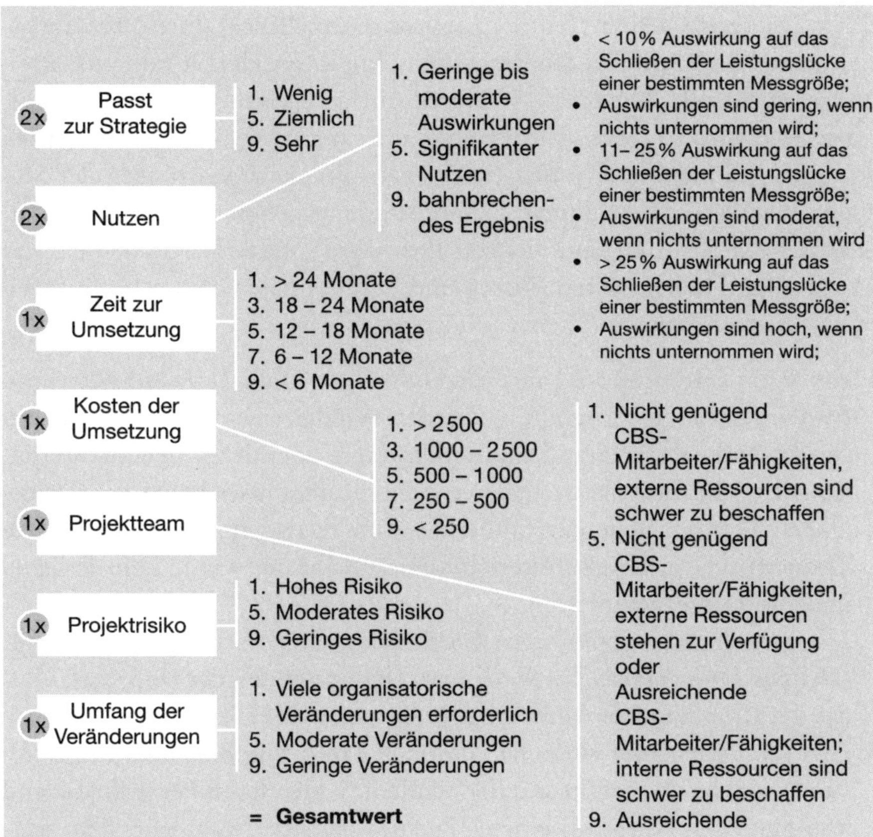

Fallstudie zur Auswahl von Initiativen: University of Leeds

Die University of Leeds in Großbritannien, deren Vision kurz im 2. Kapitel beschrieben wurde, hat über 30000 Studenten.[3] Nach seiner Ernennung zum Vizekanzler erkannte Michael Arthur, dass es notwendig war, eine Strategie zu entwickeln, um die Vision zu verwirklichen, bis 2015 eine der

50 besten Universitäten auf der Welt zu werden. Das Ergebnis war die in Abbildung 4-7 dargestellte Strategie Map. Die Strategie räumt Forschung und Lehre die gleiche Bedeutung ein und will sich durch die Integration von beiden von anderen unterscheiden.

Zur Erreichung des strategischen Ziels, weltweit in der Forschung führend zu sein, führte die Universität ein Verfahren zur Auswahl von rund einem Dutzend Qualitätszentren (centers of excellence) durch, für die gezielt Mittel bereit gestellt werden sollten, um ihre weltweit führende Position zu etablieren. Abbildung 4-8 verdeutlicht den Rahmen für die Umsetzung des dritten Themas »Unsere Studenten zur Entwicklung ihres ganzen Potenzials zu inspirieren«. Dieses Thema sollte die Erwartungen der Studenten erfüllen, indem ihnen eine Ausbildung geboten wurde, die Karrierechancen schaffen und sicherstellen würde, dass die Studenten von Akademikern lernen, deren Wissen und Entdeckungen dem neusten Stand entsprechen. Zu diesem Thema gehörten vier Ziele:

1. *Ein hervorragendes und inspirierendes Lehr- und Unterrichtsangebot bieten*: Unterrichtsprogramme werden ständig weiterentwickelt, damit sie auf dem neusten Stand sind; Programme orientieren sich an internationalen Standards, konzentrieren sich auf die Entwicklung der lebenslangen Lernfähigkeit der Studenten und bieten außerdem besondere Chancen, beispielsweise internationale Erfahrung, Lernen am Arbeitsplatz und Unternehmertum.
2. *Umsetzung einer hervorragenden Leistung in Forschung und Wissenschaft in Lernchancen für Studenten*: Die Forschung der Universität bildet die Grundlage der Unterrichtsprogramme auf allen Stufen.
3. *Den Studenten eine außergewöhnliche Erfahrung bieten*: Die Universität versteht die Erfahrung der Studenten aus deren Perspektive und kommuniziert dies in einem Partnerschaftsvertrag mit den Studenten.
4. *Die Teilnehmerzahl derjenigen erhöhen, die einen Nutzen aus dem Studium ziehen können*: Einführung eines neuen Ansatzes, um Studenten aus allen Bereichen, auch unterrepräsentierten und ungewöhnlichen, zu rekrutieren.

Das Projektteam der Universität von Leeds quantifizierte diese vier Ziele anhand von fünf Messgrößen, für die ehrgeizige Zielwerte vorgegeben wurden, wie in Abbildung 4-8 dargestellt. Die Ziele, Messgrößen und

Abbildung 4-7: Strategische Themen der University of Leeds

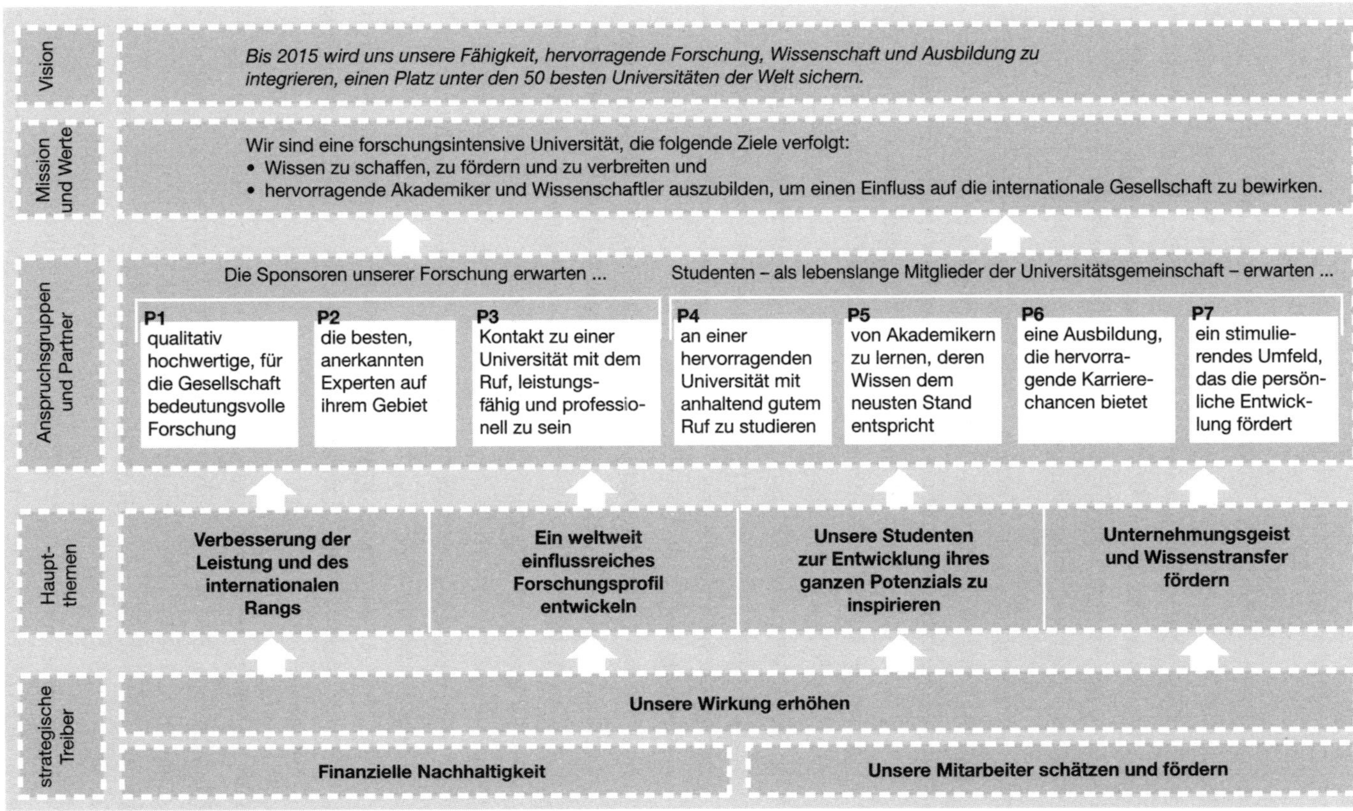

Zielwerte des Themas sind das Ergebnis von Beiträgen, Debatten und Einigung verschiedener Anspruchsgruppen der Universität.

Sobald die Richtung eines Themas festgelegt war, identifizierte das Projektteam eine Reihe von Programmen, um die strategische Vision in die Realität umzusetzen. Es bündelte die Programme in der übergeordneten strategischen Initiative »Studenten sind wichtig«, wodurch die Studentenperspektive als Partner und Anspruchsgruppe der Universität integriert wurde. Zu den spezifischen Programmen im Rahmen der Initiative zählten die folgenden:

- Durchführung einer *Umfrage zur Studentenzufriedenheit*, um ein in Zielen und Messgrößen festzumachendes Feedback zu bekommen. Diese Umfrage ergänzte eine landesweite Befragung, die auch von anderen Universitäten genutzt wurde. Die Universität arbeitete mit der Leeds University Union zusammen, um sicherzustellen, dass auf die Forderungen der Studenten reagiert wurde.
- Verbesserung des *Lehr- und Lernprozesse*s durch koordinierte Projekte, die das Ausbildungserlebnis verbessern sollen, beispielsweise durch die Entwicklung neuer Kurse, Qualitätskontrolle und die Integration von Forschung.
- Einführung eines *Partnerschaftsvertrags mit Studenten*, eines neuen, wechselseitigen Prozesses, der klar definiert, was die Studenten von ihren Kursen und Fakultäten erwarten können, aber auch, was die Fakultäten von den Studenten erwarten dürfen.
- Einführung eines *Mentoringprogramms von Studenten für Studenten*, das für eine erfolgreiche Einführung ins Studium und laufendes Mentoring sorgen soll.
- Schaffung eines Studentenportals, eine Initiative auf technischer Basis, die Immatrikulation, Zahlungen sowie Lehr- und Lernfunktionen online bietet.

Für die weiteren strategischen Themen der Universität gab es eigene Ziele, Messgrößen, Zielwerte und Initiativen. Die Konzentration auf die Umsetzung der Strategie führte zu enthusiastischem Einsatz und positiven Ergebnissen. Vizekanzler Arthur meint zu dem Erfolg: »Wir stehen noch am Anfang, aber es sieht gut aus ... Eine neue Zuversicht breitet sich auf dem Campus aus, was hervorragende neue Mitarbeiter anzieht und andere dazu bewegt, attraktive Angebote anderer Universitäten auszuschlagen ...

Abbildung 4-8: Strategy Map der University of Leeds (3. Thema)

Vision

Bis 2015 wird uns unsere Fähigkeit, hervorragende Forschung, Wissenschaft und Ausbildung zu integrieren, einen Platz unter den 50 besten Universitäten der Welt sichern.

Mission und Werte

Wir sind eine forschungsintensive Universität, die folgende Ziele verfolgt:

- Wissen zu schaffen, zu fördern und zu verbreiten und
- hervorragende Akademiker und Wissenschaftler auszubilden, um einen Einfluss auf die internationale Gesellschaft zu bewirken.

Anspruchsgruppen und Partner

Die Sponsoren unserer Forschung erwarten ...

- **P1** qualitativ hochwertige, für die Gesellschaft bedeutungsvolle Forschung
- **P2** die besten, anerkannten Experten auf ihrem Gebiet
- **P3** Kontakt zu einer Universität mit dem Ruf, leistungsfähig und professionell zu sein

Studenten – als lebenslange Mitglieder der Universitätsgemeinschaft – erwarten ...

- **P4** an einer hervorragenden Universität mit anhaltend gutem Ruf zu studieren
- **P5** von Akademikern zu lernen, deren Wissen dem neusten Stand entspricht
- **P6** eine Ausbildung, die hervorragende Karrierechancen bietet
- **P7** ein stimulierendes Umfeld, das die persönliche Entwicklung fördert

3. Thema: Unsere Studenten zur Entwicklung ihres ganzen Potenzials zu inspirieren

Strategische Ziele	Messgrößen	Zielwerte	Initiativen
1. Ein hervorragendes und inspirierendes Lehrangebot und Unterricht bieten 2. Umsetzung einer hervorragenden Leistung in Forschung und Wissenschaft in Lernchancen für Studenten 3. Den Studenten eine außergewöhnliche Erfahrung bieten 4. Erhöhung der Teilnahme aller, die einen Nutzen aus dem Studium ziehen können	• Studentenzufriedenheit • Verhältnis Studenten/Anzahl Personal • Nachfrage nach Kursen • Durchschnittliches A-Level-Ergebnis der angenommenen Studenten • Anteil der Vollzeitstudenten aus unteren sozioökonomischen Schichten	• Oberstes Quartil im Hochschulbereich • Auf 15:1 senken • Auf acht Anmeldungen pro Platz erhöhen • Auf 420 erhöhen • Auf 24% erhöhen	**»Studenten sind wichtig«** • Untersuchung der Studentenzufriedenheit • Verbesserungsprogramm für den Lern- und Lehrprozess • Partnerschaftsverträge für Studenten • Mentoringprogramm von Studenten für Studenten • Studentenportal

Der Prozess, die strategischen Ziele in die Alltagsarbeit unserer Mitarbeiter zu integrieren, hat höchste Priorität.«[4] Die Umsetzungserfolge der Universität finden sich in der Übersicht.

Die Umsetzungsfolge der University of Leeds

- Im November 2007 erschien die University of Leeds auf Platz 80 der weltweiten THES-QC-Rangliste von Universitäten; sie verbesserte sich damit in einem Jahr um 41 Plätze.[5]

Zusammenfassend lässt sich sagen, dass Initiativen die kurzfristigen Aktionen sind, die eine Organisation auf ihren Weg hin zum Erreichen ihrer Vision bringen. Ein Unternehmen prüft und wählt strategische Initiativen aus, indem es deren Wirkung auf die in strategischen Zielen angestrebte Leistung misst. Für jedes strategische Thema muss es ein vollständiges Portfolio an strategischen Initiativen geben, wenn ehrgeizige Leistungsziele erreicht werden sollen.

Die Finanzierung der Strategie

Es ist gar nicht so einfach, die Strategie an Handlungen zu koppeln. Ein Budget – das herkömmliche Kontrollinstrument des Managements – konzentriert sich auf Leistung und Verantwortlichkeit der zuständigen Linien- (Ertragszentren oder Kostenstellen) und Funktionseinheiten. Jeder Geschäftsbereich sowie jede Stabs- und Fachabteilung hat sein/ihr eigenes Budget.

Wenn strategische Initiativen aus diesen Budgets finanziert werden müssen, ist der Erfolg der Strategie gefährdet. Betrachten wir beispielsweise ein Unternehmen, dessen Mittel zur Schulung in einer bestimmten Fertigkeit aus dem allgemeinen Schulungsbudget der Personalabteilung kommen sollen. Das heißt, dass die betreffende strategische Initiative mit anderen Projekten, die der Personalabteilung wichtig sind, um die Finanzierung konkurriert, was häufig bedeutet, dass Mittel zur Umsetzung der Strategie gefährdet sind. Statt aus einer speziellen Quelle gespeist zu werden, müssen in einem solchen Fall die strategischen Initiativen aus vielen Töpfen finanziert werden, für die ganz unterschiedliche Personen verantwortlich sind. Wir konnten beobachten, dass Strategien nicht umgesetzt wurden, weil eine Abteilung die Mittel für eine strategische Initiative strich oder zu spät bereitstellte, um nicht ihren Budgetrahmen zu überschreiten.

Für das Portfolio an Initiativen zu jedem strategischen Thema müssen Ressourcen – Personal und Mittel – zur Verfügung gestellt werden. Meistens ist zur Festlegung des Gesamtbetrags ein Prozess von oben nach unten (top down) erforderlich, während in einem Prozess von unten nach oben (bottom up) die speziellen Initiativen ausgewählt werden, die finanziert werden sollen. Abbildung 4-9 verdeutlicht die wesentlichen Elemente dieses Prozesses.

Abbildung 4-9: Die Finanzierung strategischer Initiativen

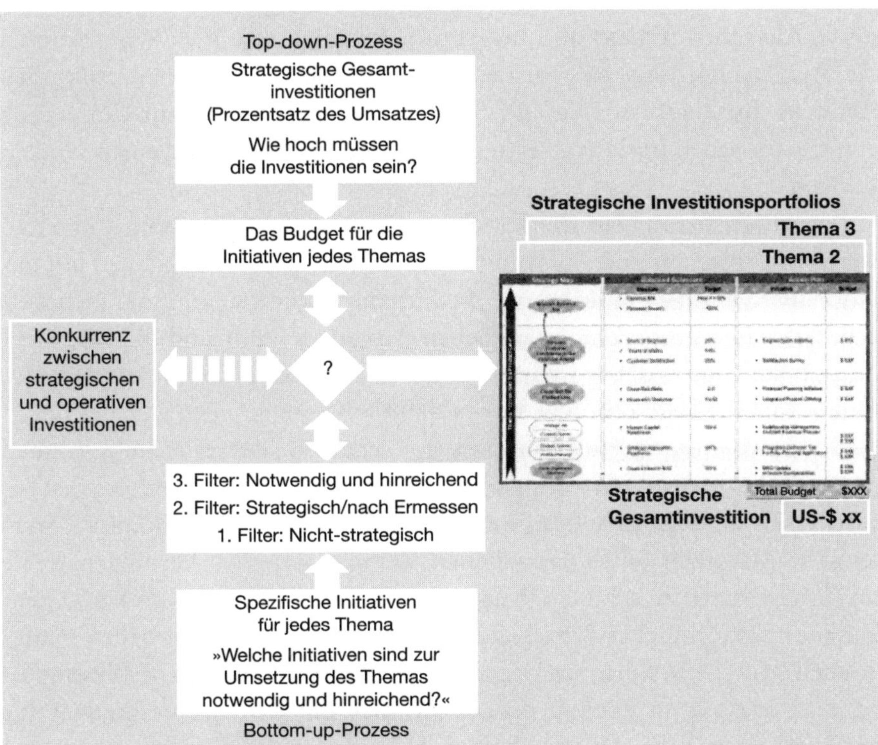

Zunächst stellt das Führungsteam zweckgebundene – und, idealerweise, begrenzte – Mittel zur Finanzierung der Initiativenportfolios für alle strategischen Themen bereit. Die Leiter von Geschäftsbereichen und Fachabteilungen, die unter dem Druck stehen, kurzfristig Resultate liefern zu müssen, nutzen Mittel, die für Initiativen bestimmt sind, die langfristig zu Ergebnissen führen sollen, häufig, um kurzfristige Verbesserungen zu erzielen. Wenn man die Mittel nicht sorgfältig trennt, können Manager glauben, die Umsetzung strategischer Initiativen liege in ihrem Ermessen und sei zweitrangig, solange kurzfristige Maßnahmen zu den erwarteten Ergebnissen führen. Führungskräfte, die kurzfristig denken, geraten leicht in Versuchung, die Finanzierung strategischer Initiativen zu verzögern oder die vorgesehenen Mitarbeiter und Mittel zu nutzen, um kurzfristig die Leistung zu verbessern.

Unternehmen unterscheiden schon lange zwischen operativem Budget und Investitionsmitteln, um Ausgaben für kurzfristige Verbesserungen von denen zu trennen, die langfristig einen Nutzen bringen sollen. Es gibt operative Ausgaben (Opex) und Investitionsausgaben (Capex). Wir vertreten die Auffassung, dass eine dritte Kategorie, die strategischen Ausgaben (Stratex), für die Ressourcen geschaffen werden sollte, die zur Umsetzung von strategischen Initiativen erforderlich sind, die langfristig einen Nutzen bringen.

Investitionsplanungen werden normalerweise für Investitionen in Sachwerte wie Fabriken und Anlagen vorgenommen. Manager rechnen mit der Discounted-Cash-Flow-Methode aus, ob die zukünftigen Einnahmen aufgrund der Investition die anfänglichen Ausgaben dafür und die Opportunitätskosten des in dieser Investition gebundenen Kapitals decken werden. Eine Kapitalbedarfsrechnung klappt dann am besten, wenn sich der durch die Investition generierte Cash-Flow gut schätzen lässt, allerdings können neuere Ansätze auch eher unsichere oder immaterielle Vorteile aus den Investitionen in Liegenschaften, Anlagen und Maschinen einschätzen.[6] Strategische Ausgaben sollen dazu dienen, die immateriellen Vermögenswerte im Unternehmen zu erhöhen, beispielsweise Schulung und Kunden-Datenbanken. Ein förmlicher Prozess zur Bestimmung der erforderlichen strategischen Mittel ermöglicht es Unternehmen, strategische Initiativen sorgfältig und kritisch zu prüfen, genau wie dies mit dem Kapitalbudget für Sachwerte geschieht. Die geschätzten Auswirkungen dieser Investitionen auf das Umsatzwachstum und die Produktivität können in die Aktualisierung der gleitenden Finanzprognosen (rolling financial forecast) einfließen, ein Thema, mit dem wir uns in Kapitel 7 befassen.

Nordea, die skandinavische Bankengruppe, die wir in Kapitel 1 vorstellten, hat einen eigenen Prozess, um ihre strategischen Initiativen zu planen und mit Ressourcen auszustatten. Nach der jährlichen Planungsbesprechung, in der die Strategie, die Strategy Map und die Balanced Scorecard aktualisiert werden, identifiziert das Führungsteam von Nordea die strategischen Initiativen, die zum Erreichen der in der Balanced Scorecard angestrebten Zielwerte erforderlich sind. Diese werden dann aus einem eigenen Budget für strategische Ausgaben finanziert.

Natürlich kommen letztendlich alle Mittel für die operativen Ausgaben, Investitions- und strategischen Ausgaben aus einer Quelle: den flüssigen Mitteln des Unternehmens. Ein Unternehmen kann für neue und teure strategische Initiativen nicht unbegrenzt Mittel bereitstellen. Es braucht eine Methode, um die Nachfrage nach derartigen Mitteln zu begrenzen und zu rationieren. Wir empfehlen, dass das Führungsteam aufgrund seiner Erfahrung und Urteilsfähigkeit für alle strategischen Initiativen ein Finanzierungsniveau festlegen sollte. Es lohnt sich, damit anzufangen, alle Ausgaben für bestehende Initiativen zusammenzurechnen und festzustellen, welchen Prozentsatz der Gesamtausgaben sie ausmachen. Der Prozess des Aussortierens bestehender Initiativen und der Auswahl neuer wird dazu führen, dass der gleiche Betrag für Initiativen genutzt werden kann, die eine höhere Wirkung haben; er kann auch zusätzliche Ausgaben rechtfertigen, um das ganze Portfolio an Initiativen für ein strategisches Thema umsetzen zu können.

Die Bereitstellung der Mittel kann auch einer Pi-mal-Daumen-Regel folgen – beispielsweise fünf Prozent des Umsatzes. Führungskräfte nutzen ähnliche Verfahren, um die für Gemein-, Verwaltungs-, Vertriebs- und F&E-Kosten erforderlichen Mittel zu schätzen. Sie basieren auf Richtwerten der Branche sowie Investitionsanalysen zum Verhältnis von Kann-Ausgaben, die bis zu einem bestimmten Grad ins persönliche Ermessen gestellt sind, zum Umsatz.

Idealerweise berücksichtigen die für strategische Initiativen geplanten Ausgaben sowohl die Vorteile, die durch die Finanzierung zukünftiger Leistung entstehen, als auch die Risiken, die zu hohe Ausgaben für Initiativen mit sich bringen, die in Zukunft keine angemessenen Erträge bringen. Wenn die strategischen Ausgaben nicht den Zielwert erreichen, dann investiert ein Unternehmen nicht genug in sein zukünftiges Wachstum. Liegen die Ausgaben darüber, muss man unter Umständen die Wirksamkeit von deren Kontrolle infrage stellen. Natürlich kann ein Themenverantwortlicher sich für Ausgaben über dem angestrebten Prozentsatz einsetzen und argumentieren, dass ein etwas teureres Portfolio strategischer Initiativen zu einer bahnbrechenden Leistung führen kann.

Abbildung 4-10: Strategische Ausgaben: Die Verbindung zwischen Strategie und Budget

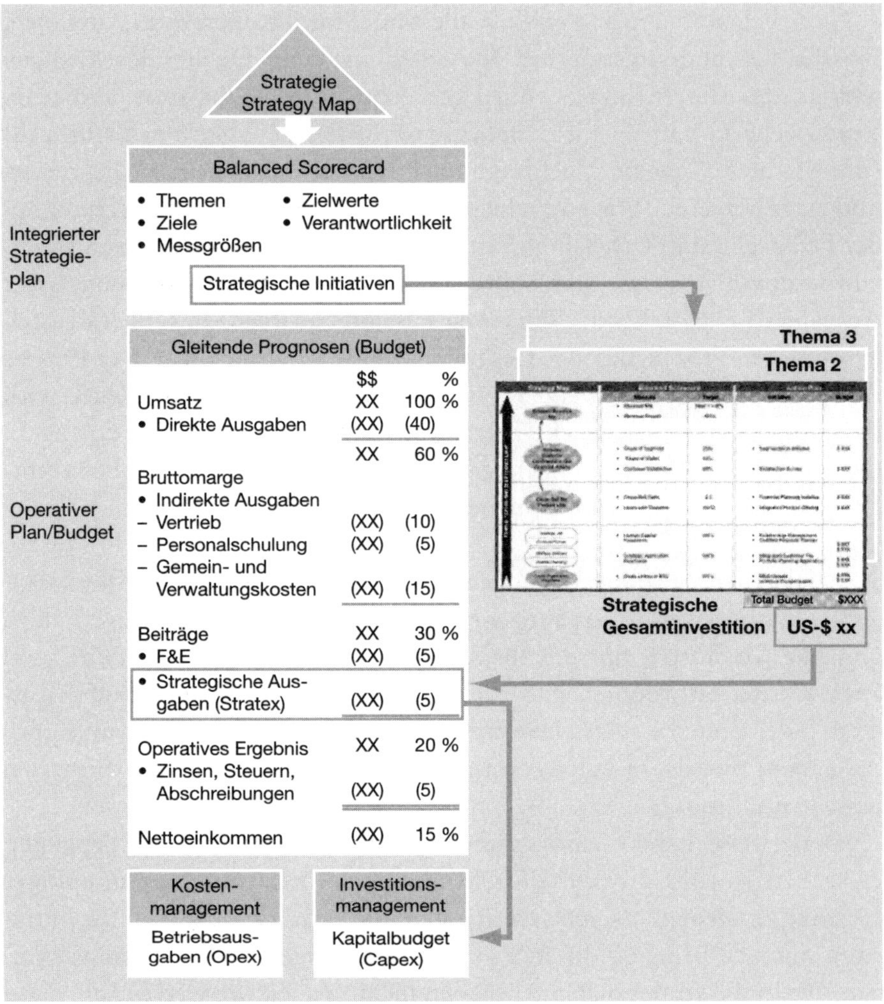

Wir vertreten die Auffassung, dass die Finanzierung geschäftsbereichsübergreifender Initiativen so wichtig ist, dass sie eine eigene, genehmigte Einzelposition im internen Budget oder der Finanzprognose eines Unternehmens verdient (siehe Abbildung 4-10). Auf diese Weise wird die Finanzierung strategischer Initiativen vor dem unvermeidlichen kurzfristigen Druck geschützt, die Kosten zu senken und Ausgaben einzuschränken. Eine eigene Einzelposition für strategische Ausgaben ermöglicht es einer Organisation, in ihrer Finanzprognose und den operativen Prozessen ein Gleichgewicht zwischen lang- und kurzfristigen Überlegungen zu finden.

Fallstudie zur Finanzierung von Initiativen: Ricoh

Ricoh richtet einen strategischen Investitionsfonds für solche Projekte ein, die nicht im Betriebs- oder Investitionsbudget enthalten sind. Auf der Basis des mittelfristigen strategischen Plans legen Geschäftsbereiche und Fachabteilungen detaillierte Vorschläge zur Finanzierung von Initiativen vor, die sie in ihren jeweiligen Plänen identifiziert haben. Ein Team (bestehend aus dem Geschäftsführer und Mitgliedern des Strategie- und Planungsbüros) prüft jeden Vorschlag im Detail und verteilt die Mittel aus dem strategischen Investitionsfonds auf die Projekte, die von größter strategischer Bedeutung erscheinen.

Das Führungsteam trifft sich vierteljährlich, um die Fortschritte der finanzierten Projekte zu beurteilen. Im Fall von Initiativen, die sich über mehrere Jahre erstrecken, gibt der Sponsor für die jährlichen Ergebnisse bestimmte Zwischenziele vor, die erreicht werden müssen, damit die Finanzierung in den folgenden Jahren fortgesetzt wird. Vor der Einführung der Balanced Scorecard bestimmte die Muttergesellschaft von Ricoh die Initiativen, die finanziert werden sollten. Der neue Prozess der Antragstellung, Finanzierung und Überwachung hat genug Vertrauen in der Muttergesellschaft geweckt, um der US-amerikanischen Tochter nun zu erlauben, ihre eigenen Entscheidungen über die Finanzierung strategischer Initiativen zu fällen.

Verantwortung für strategische Initiativen festlegen

Der letzte Schritt bei der Festlegung von Initiativen ist die Ernennung von Verantwortlichen für die Umsetzung der Strategie. Zwei Aspekte machen diesen Schritt zu einer Herausforderung. Erstens muss die Strategie in verschiedene strategische Themen untergliedert werden. Die meisten strategischen Themen sind geschäftsbereichs- und fachabteilungsübergreifend. Daher fallen sie nicht in den Rahmen bestehender Zuständigkeiten einer einzigen Führungskraft. Zweitens handelt es sich bei den strategischen Themen nach wie vor um Pläne. Mit ihnen erzielt man keine Ergebnisse, solange die erforderlichen Änderungen auf betrieblicher und Prozessebene nicht durchgeführt wurden.

Strategische Themen bedürfen einer starken Unternehmensführung, wenn sie angemessen finanziert, beachtet, aktiv unterstützt und überprüft werden sollen. Üblicherweise machen Unternehmen ein oder zwei Mitglieder des Führungsgremiums für jedes strategische Thema verantwortlich, wodurch der *Themenleiter* die Aufgabe bekommt, zusätzlich zu seiner normalen Aufgabe als Leiter eines Geschäftsbereichs oder einer Fachabteilung auch die Ausführung des ihm zugewiesenen strategischen Themas zu überwachen. Auf diese Weise übernehmen Führungskräfte eine zweifache Rolle. Aufgrund ihrer üblichen Arbeit bringen sie geschäftliches, technisches und Fachbereichswissen in Besprechungen des Führungsteams ein; als Verantwortliche für ein strategisches Thema haben sie eine übergeordnete strategische Sicht vom und Verantwortung für den Unternehmenserfolg. Bei Luxfer Gas Cylinders sind Themenverantwortliche für Folgendes zuständig:

1. beurteilen, wie gut die bereichsübergreifenden strategischen Ziele im *ganzen* Konzern umgesetzt werden;
2. wesentliche Probleme und Situationen erkennen, die die Umsetzung der Strategie beeinflussen könnten, und angemessene Maßnahmen und Verantwortliche vorschlagen;
3. als Mittelpunkt der Themenkompetenz, Mentor für das Thementeam und Verbindungsstelle zu anderen Thementeams dienen, um so Schulung, Lernen und Verstehen zu erleichtern;
4. sicherstellen, dass die Messgrößen und Initiativen der Themen zu deren Zielen passen, und, falls erforderlich, in Zusammenarbeit mit anderen Teammitgliedern Änderungen vorschlagen;
5. neue Initiativen oder Veränderungen bestehender Initiativen sponsern und die vorgeschlagenen Änderungen auf die Managementagenda setzen.

Jeder Themenverantwortliche führt ein *Thementeam* – Personen aus verschiedenen Geschäftsbereichen, Regionen und Stabsabteilungen – das die

Aufgabe hat, die strategischen Ziele mit operativen Aufgaben zu koppeln. Die Mitglieder von Thementeams können ausschließlich an einem strategischen Thema arbeiten, oder sie können sich nur zeitweise damit befassen, also gleichzeitig auch ihrer normalen Tätigkeit nachgehen. Sie werden wegen ihrer Kompetenz und Prozesserfahrung für das Team ausgewählt. John Rhodes beschreibt die Rolle von Thementeams bei Luxfer Gas Cylinders:

»Als wir begannen, über Organisationsgrenzen hinweg zusammenzuarbeiten, gab es hin und wieder erhebliche Dissonanzen. Teams gehen durch verschiedene Phasen: Sie bilden sich, es kommt zu internen Kämpfen, dann zur Festlegung von Standards und schließlich leisten sie etwas. Es ist wie bei den Mitgliedern einer Rockband, die lernen, harmonisch miteinander zu spielen.

Wir lehren Mitglieder von Thementeams, zu kommunizieren, zu beeinflussen und zu überzeugen – nicht zu diktieren oder zu fordern. Wir haben Thementeams, damit die Leute anders, intelligenter, gemeinschaftlicher und produktiver zusammenarbeiten wollen, um unsere strategischen Ziele zu erreichen. Man muss Menschen überzeugen, man kann nicht nur befehlen.«[7]

Thementeams haben keine Autorität über Fachabteilungen oder Geschäftsbereiche. Sie bieten unterschiedliche Perspektiven, Stärken und Talente – sie sind Vordenker, detailorientierte Koalitionsbildner, durchsetzungsfähige Spezialisten – und bemühen sich darum, dass ihr Thema im ganzen Unternehmen Akzeptanz findet.

Beispielsweise übernimmt das für das Thema »Produktführerschaft« zuständige Team bei Luxfer nicht die Produktentwicklung, sondern arbeitet mit verschiedenen Abteilungen und Prozessen zusammen. Wenn notwendig, hilft es und lenkt die Aufmerksamkeit auf Aspekte der Produktentwicklung, die nicht den strategischen Anforderungen entsprechen. Die Teilnahme an Thementeams bedeutet, dass eine größere Anzahl Mitarbeiter in das Strategiemanagement involviert ist und beurteilt, wie sich Probleme der Unternehmensleistung auf das Erreichen strategischer Ziele auswirken können. Luxfer hat außerdem festgestellt, dass sich Thementeams als hervorragende Förderer von Talenten sowie als Mechanismus zur kontinuierlichen Erhöhung der strategischen Managementkompetenz im Unternehmen entwickeln.

Das Thementeam hat die übergeordnete Verantwortung für die Identifizierung und Finanzierung (aus dem Topf für strategische Ausgaben) der Initiativen, die für die Umsetzung der Themenstrategie erforderlich sind. Nachdem das Team Ressourcen für die Initiativen ausgewählt und ihnen zugeteilt hat, entscheidet es, wem die Aufgabe für die Umsetzung einer Initiative übertragen werden soll.

Häufig kann das Thementeam diese Aufgabe einer bestehenden Unternehmenseinheit zuordnen. Beispielsweise übernimmt die IT-Abteilung die Verantwortung für eine Anwendung im Rahmen des Warenwirtschaftssystems, während die Personalabteilung für die entsprechende Mitarbeiterschulung zuständig ist.

Manche Initiativen in dem Portfolio werden dagegen mehrere Organisationseinheiten betreffen. In einem solchen Fall bleibt die Verantwortung für diese Initiativen entweder bei dem Thementeam oder wird einem zentralen Projektleitungsbüro übertragen, das besondere Erfahrung mit der Verwaltung von Großprojekten hat. Indem sie Führungskräften (den Themenleitern) umfassende Autorität und Verantwortung übertragen, können Unternehmen eine holistische Umsetzung ihrer strategischen Initiativen erzielen; einzelne Mitarbeiter sind sowohl ihren Abteilungsleitern sowie im Hinblick auf die strategischen Themen, für die sie jeweils verantwortlich sind, auch den Thementeams unterstellt.

Das Thementeam kann außerdem die übergeordneten strategischen Prozessziele in detaillierte, realisierbare Unterprozesse aufteilen. Häufig führt ein Thementeam Analysen durch, um Faktoren zu identifizieren, die einen wesentlichen Einfluss auf strategische Prozesse haben. Diese Einflussfaktoren werden dann in operative Dashboards übertragen, auf die sich die Teams bei ihren Maßnahmen konzentrieren und die ihnen Feedback geben.

Der letzte Prozess, die Anbindung strategischer Themen an kurzfristige Initiativen, macht es erforderlich, dass das Führungsgremium regelmäßig die Ausführung und Resultate der strategischen Initiativen überprüft. In Kapitel 8 behandeln wir die monatlichen strategischen Lagebesprechungen, in denen Führungskräfte die Fortschritte der einzelnen strategischen Initiativen begutachten. In diesem Kapitel konzentrieren wir uns mehr auf die Überprüfung von themenabhängigen Gruppen von Initiativen, die Themenverantwortliche mit ihren Teams durchführen.

Der Themenleiter und sein Team müssen die Leistung sämtlicher Initiativen beobachten; wird eine ganz aufgegeben oder nicht wirkungsvoll ausgeführt, werden das damit verbundene Ziel oder der Zielwert einer Messgröße nicht erreicht, wodurch die Leistung des strategischen Themas gefährdet sein kann. Üblicherweise treffen sich die Themenverantwortlichen monatlich mit ihrem Team, um die Fortschritte jeder Initiative ihres

Themas zu überprüfen, unabhängig davon, ob das Team die Initiative selbst verwaltet oder einer Fachabteilung beziehungsweise einem Projektleitungsbüro übertragen hat. Auf der Basis dieser Besprechungen erstattet der Themenverantwortliche dem Führungsgremium in der monatlichen Strategiebesprechung Bericht über die Fortschritte aller laufenden strategischen Initiativen.

Fallstudie zum Management von Initiativen: Serono

Der Schweizer Pharmakonzern Serono hat das Management von Initiativen zu einem Wettbewerbsvorteil entwickelt. Der entsprechende Prozess beginnt alljährlich, nachdem das Führungsgremium den Fünfjahresplan für jedes der vier Therapiefelder – Multiple Sklerose, Behandlung von Unfruchtbarkeit, Wachstumshormone und Psoriasis – entwickelt hat. Auf der Grundlage dieses Plans identifizieren die Manager alle Einzelprojekte, die zur Umsetzung des Plans erforderlich sind. Dazu können die Entwicklung neuer Arzneimittel ebenso gehören wie Änderungen in der Unternehmensführung.

Serono hat strenge Kriterien für das Ergreifen neuer Initiativen festgelegt. Zu jedem Ziel und jedem strategischen Thema muss mindestens eine Initiative gehören, die Maßnahmen zur Zielerreichung vorantreibt. Außerdem müssen alle Organisationseinheiten und Fachabteilungen sich an wenigstens einer strategischen Initiative beteiligen.

Das Führungsgremium setzt Prioritäten unter den Projekten und ernennt jeweils eines seiner Mitglieder zum Sponsor eines Projekts, dessen Finanzierung genehmigt wurde. So wird sichergestellt, dass eine strategische Initiative alle Ziele auf der Balanced Scorecard des Unternehmens unterstützt. Außerdem überträgt das Führungsgremium die Verantwortung für jede strategische Initiative an eines seiner Mitglieder. Diese Person berichtet monatlich einem fachbereichsübergreifenden Überwachungsausschuss, der die erfolgreiche Umsetzung der Unternehmensstrategie verfolgt, über Richtung und Fortschritte der strategischen Initiative.

Serono setzt ein anspruchsvolles Projektmanagementsystem ein, das als »Strategisches Gesamtkonzept des Unternehmens« bezeichnet und im »Gelben Buch« dokumentiert wird. Dieses Online-System legt die Verfahren für die Kontrolle und Durchführung strategischer Initiativen und Projekte fest. Es wird täglich von den Projektleitern auf den neusten Stand gebracht, und Fortschritte können live verfolgt werden. Das Führungsgremium überprüft monatlich alle Projekte im Gelben Buch. Ein Team in der Konzernzentrale – das einem Mitglied des Führungsgremiums, dem Compliance-Beauftragten sowie dem Leiter der zentralen Verwaltungsabteilung unterstellt ist – fungiert als Verwalter des Systems. Dieses Team sorgt für die Koordinierung und gleichmäßige Ausrichtung von Strategie, Balanced Scorecard und dem Managementprozess für die Initiativen.

Um den Genehmigungs- und Überwachungsprozess zu rationalisieren, werden Projekte auch in Cluster von 15 bis 20 strategischen Initiativen zusammengefasst, die das Führungsgremium mindestens zweimal pro Jahr überprüft. Zur Corporate Governance von Serono gehören auch Kontrollausschüsse, die monatlich zusammenkommen, um die strategischen Initiativen zu prüfen und gegebenenfalls Korrekturmaßnahmen vorzuschlagen. Der Vorstandsvorsitzende prüft alle strategischen Initiativen in förmlichen halbjährlichen Projektbesprechungen.

Zusammenfassung

Nachdem das Führungsgremium seine Strategie in eine Strategy Map und eine Balanced Scorecard übertragen hat, muss es sich an die Spitze eines Prozesses stellen, mit dem themenbezogene Portfolios strategischer Initiativen ausgewählt, finanziert und einem Verantwortlichen übertragen werden. Diese Initiativen dienen der erfolgreichen Strategieumsetzung. Unternehmen setzten drei Prozesse ein, um ihre strategischen Initiativen auszuwählen und zu managen:

1. *Auswahl strategischer Initiativen*: Für jedes strategische Thema werden neue strategische Initiativen identifiziert, in eine Rangreihe gebracht und dann ausgewählt, während gleichzeitig einige vorhandene Initiativen gemäß strategischer Prioritäten gestrichen werden.
2. *Finanzierung der Strategie*: Ein Budget für strategische Ausgaben (Stratex) wird geschaffen, um die Portfolios strategischer Initiativen zu finanzieren.
3. *Verantwortung übertragen*: Themenleiter und Thementeams sind auszuwählen, die für die Umsetzung der strategischen Initiativen verantwort-

lich sind; es ist dann von ihnen zu prüfen, inwieweit mit den strategischen Initiativen die angestrebten Ziele erreicht werden.

Diese Prozesse richten kurzfristige Aktionsprogramme an den strategischen, funktionsübergreifenden Prioritäten aus, sorgen für die ständige Präsenz dieser Programme im Bewusstsein der Mitarbeiter und dadurch für ihre Verantwortlichkeit.

Das Führungsgremium kann sich nun mit der nächsten Phase im Managementsystem befassen: der Ausrichtung der Organisationseinheiten und Mitarbeiter an der Strategie sowie der Koppelung der operativen Tätigkeit an die Strategie.

Anmerkungen zu diesem Kapitel

1 Kaplan, R.; Tempest, N.: »Wells Fargo Online Financial Services (B)«, Fallstudie, # 9-199-019 (Boston: Harvard Business School, 1998). Diese Fallstudie ist ein Beispiel für die unabhängige Auswahl von Initiativen, ohne deren Beziehungen untereinander zu berücksichtigen; siehe auch Kaplan, R.S.; Norton, D.P.: *Die strategiefokussierte Organisation* (Stuttgart: Schäffer-Poeschel, 2001).

2 Ausführlich behandelt wird die Entwicklung und die Beurteilung von Initiativen in LaCasse, P.; Manzione, T: »Initiative Management: Putting Strategy into Action«, *Balanced Scorecard Report* (November-December 2007), S. 7-10, und Brown, T.; Gill, M.: »Charting New Horizons with Initiative Management«, *Balanced Scorecard Report* (September-October 2006), S. 13-16.

3 *University of Leeds Strategic Plan*, 2006, www.leeds.ac.uk.

4 Arthur, M.: »Foreword by the Vice-Chancellor«, University of Leeds Strategic Plan, 2006, S. 2.

5 Die Rangreihe findet man unter: http://www.topuniversities.com/wordluniversity-rankings/results/2007/overall_rankings/top_100_universities/.

6 Copeland, T.; Tufano, P.: »A Real-World Way to Manage Real Options«, *Harvard Business Review* (March 2004); Luehrman, T.A.: »Investment Opportunities as Real Options: Getting Started on the Numbers«, *Harvard Business Review* (July-August 1998), S. 51-67.

7 Rhodes, J.: Rede auf dem Balanced Scorecard European Summit, Prag, Juni 2007.

Kapitel 5

Ausrichtung der Organisation

Hauptziel dieses Buches ist die Entwicklung eines Managementsystems, mit dem die operative Geschäftstätigkeit an der Strategie des jeweiligen

Abbildung 5-1: Das Managementsystem: Ausrichtung der Organisation an der Strategie

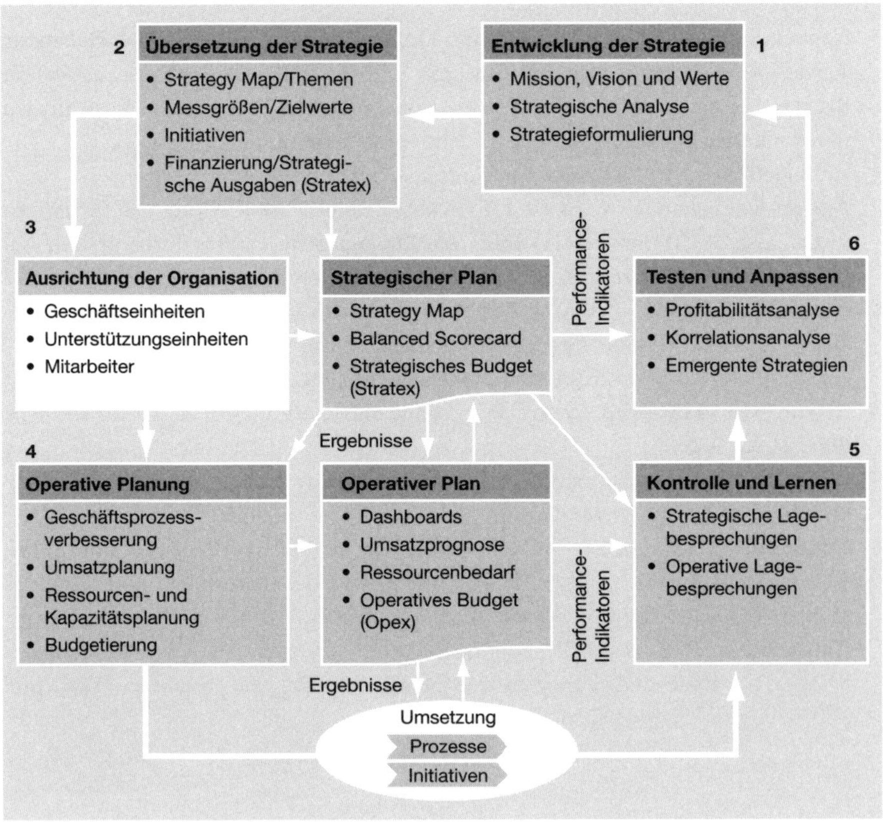

Geschäftsbereichs ausgerichtet werden kann. Da die meisten Unternehmen aus zahlreichen Geschäftsbereichen und Stabsabteilungen bestehen, muss sich dieses System auch damit befassen, wie die Strategie über Organisa-

Abbildung 5-2: Ausrichtung der Organisation an der Strategie

Ausrichtung	Ziele	Hindernisse	Instrumente
1. **Ausrichtung der Geschäftsbereiche** *Wie richten wir Geschäftsbereiche an der Strategie aus, um Synergien zu schaffen?*	Die Unternehmensstrategie in die Strategien der Geschäftseinheiten übertragen.	Üblicherweise werden die Strategien der Geschäftsbereiche unabhängig von anderen entwickelt und genehmigt, ohne dass die Unternehmensperspektive als Leitlinie dient; mangelnde geschäftsbereichsübergreifende Integration.	• Kaskadierung der Strategy Maps in die darunter liegenden Einheiten • Vertikale und horizontale Ausrichtung an der Strategie
2. **Ausrichtung der Stabsabteilungen** *Wie richten wir die Stabsabteilungen an den Strategien der Geschäftseinheiten und des Konzerns aus?*	Sicherstellen, dass jede Abteilung eine Strategie hat, die die Umsetzung der Unternehmens- und Geschäftsbereichsstrategien fördert.	Die Stabsabteilungen werden als reine Kostenstellen behandelt, deren Kosten zu minimieren sind, statt darauf zu achten, dass sie die Unternehmens- und Geschäftsbereichsstrategien unterstützen.	• Service Level Agreements • Strategy Maps und Balanced Scorecard für die Stabsabteilungen
3. **Ausrichtung der Mitarbeiter** *Wie motivieren wir die Mitarbeiter, damit sie uns bei der Umsetzung der Strategie helfen?*	Alle Mitarbeiter verstehen die Strategie und sind motiviert, zu ihrer erfolgreichen Umsetzung beizutragen.	Die meisten Mitarbeiter kennen und/oder verstehen die Strategie nicht. Ihre Ziele und Prämien orientieren sich an der taktischen Leistung vor Ort, nicht an strategischen Zielen.	• Kommunikationsplan der Strategie • Ziele der Mitarbeiter werden an den strategischen Zielen ausgerichtet • Incentive Programme • Programme zur Kompetenzentwicklung

tionsgrenzen hinweg integriert werden kann. Das System muss nicht nur die einzelnen Organisationseinheiten an der Strategie ausrichten, sondern auch die Mitarbeiter. Wenn nicht sämtliche Mitarbeiter die Strategie verstehen und motiviert sind, ihre Ziele zu erreichen, ist eine erfolgreiche Umsetzung der Strategie äußerst unwahrscheinlich. Die Ausrichtung von Organisationseinheiten und Mitarbeitern an der Strategie ist die dritte Phase in unserem Managementsystem (siehe Abbildung 5-1).

In diesem Kapitel behandeln wir die drei Teilprozesse zur Ausrichtung der Organisationseinheiten und Mitarbeiter an der Strategie, wie in Abbildung 5-2 dargestellt.[1] Unsere früheren Bücher, insbesondere *Alignment* und *Die strategiefokussierte Organisation*, behandeln die Ausrichtung der Organisationseinheiten und Mitarbeiter an der Strategie sehr ausführlich. In diesem Kapitel fassen wir die wesentlichen Konzepte dieses Prozesses zusammen.[2]

Ausrichtung von Geschäftsbereichen an der Strategie

Die Unternehmensstrategie beschreibt, wie das Unternehmen mit der Gesamtheit seiner Geschäftsbereiche mehr Wert schaffen will, als die Bereiche es alleine mit eigenem Kapital und ihrer Geschäftsstruktur könnten. Collis und Montgomery fassen eine effektive Unternehmensstrategie folgendermaßen zusammen: »Eine hervorragende Unternehmensstrategie ist keine zufällige Ansammlung von Bausteinen, sondern ein sorgfältig konstruiertes System aus zusammenhängenden Teilen ... In einer großartigen Unternehmensstrategie sind alle Elemente [Ressourcen, Geschäftsbereiche und die übergeordnete Organisation] aneinander ausgerichtet. Diese gemeinsame Orientierung wird von der Ressourcen-Qualität des Unternehmens beeinflusst – seinen besonderen Anlagen, Fertigkeiten und Fähigkeiten.«[3]

Die Firmenzentrale entspricht dem Steuermann in einem Ruder-Achter. Acht kräftige, motivierte, erfahrene Ruderer, die sich unabhängig voneinander betätigen, werden auf der Rennstrecke irgendwie vorankommen. Aber wenn die Bemühungen der Einzelnen schlecht koordiniert sind, dann kommt der Achter möglicherweise langsamer voran als ein Einer. Der Wert des Steuermanns liegt darin, dass er das Umfeld und die Stärken und Schwä-

Abbildung 5-3: Die Balanced Scorecard eines Unternehmens

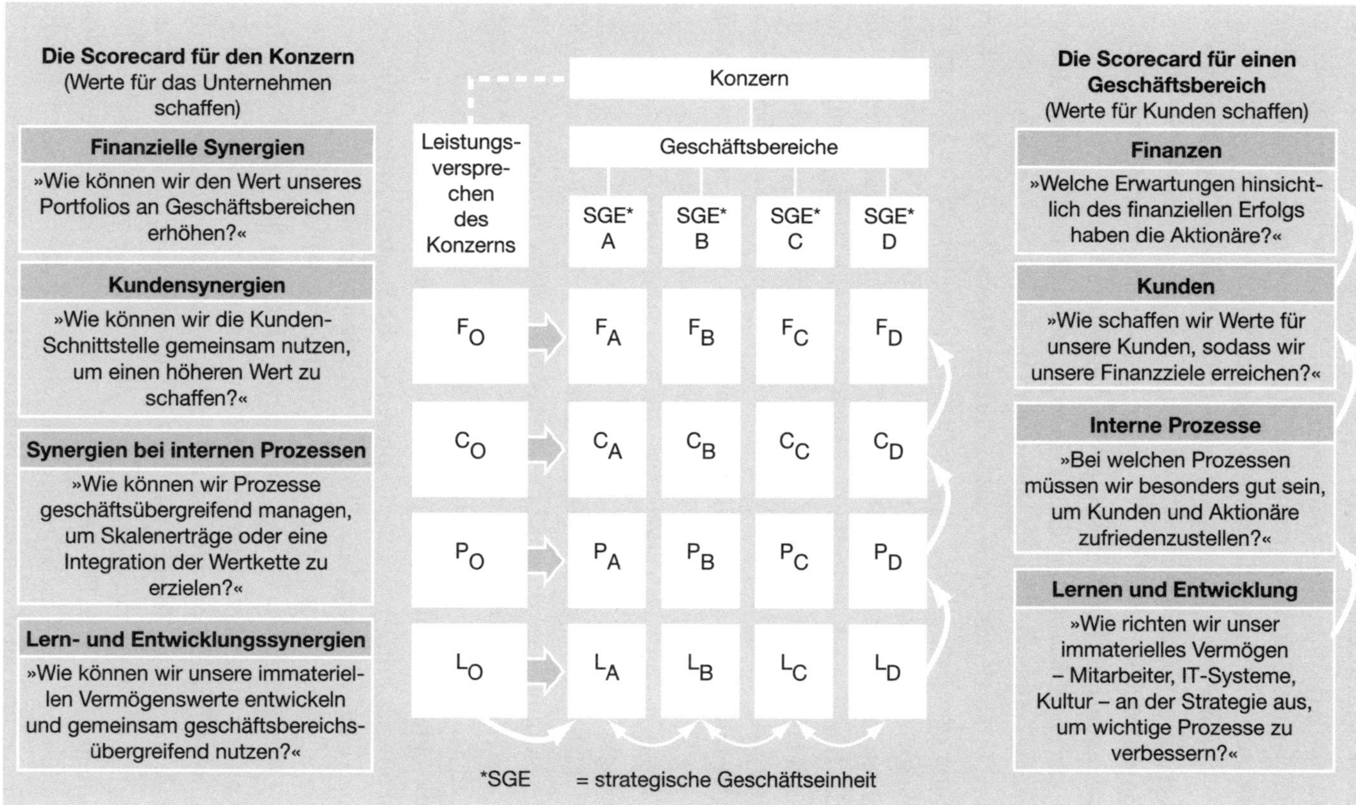

chen der einzelnen Ruderer versteht und dieses Wissen nutzt, um einen stimmigen Aktionsplan zu entwickeln. Sein Plan koordiniert und nutzt die Stärke und Beiträge der einzelnen Ruderer, sodass sie besser sein können als kleinere und möglicherweise wendigere Wettbewerber.

Unternehmen können auf ganz unterschiedliche Weise mit der Gesamtheit ihrer Geschäftseinheiten Synergien erzielen. Die vier Perspektiven der Balanced Scorecard bieten ein nützliches System zur Beschreibung der verschiedenen Synergiequellen (siehe Abbildung 5-3):

Strategy Maps und die Balanced Scorecard sind hervorragende Instrumente, um einer Unternehmenszentrale zu helfen, viele Organisationseinheiten an der Strategie auszurichten, um eine herausragende Wertschöpfung zu erzielen. Das Führungsgremium definiert in der Strategy Map und Balanced Scorecard die Parameter für den Konzern: Wie das Unternehmen einen Zusatznutzen schaffen kann, indem die Geschäftsbereiche innerhalb der hierarchischen Struktur agieren. Wenn die Strategy Map für den Konzern fertig ist, kann sie an die Sparten, Geschäftsbereiche, Stabs- und sonstigen Abteilungen weitergeleitet werden, um die Wertschöpfung in allen Organisationseinheiten zu koordinieren. Abbildung 5-4 zeigt, wie die Strategy Maps von Ebene zu Ebene heruntergebrochen werden, um im ganzen Unternehmen eine einheitliche vertikale und horizontale Ausrichtung zu erzielen.

Nehmen wir als Beispiel die Erfahrung des Marriott Vacation Club International, des Unternehmens, das wir bereits zu Beginn des 1. Kapitels vorstellten. Am Anfang stand die Festlegung der Strategy Map und Balanced Scorecard für den Konzern, in denen die Synergien dargestellt wurden, die eine Koordinierung der verschiedenen Geschäftsbereiche und Stabsabteilungen bringen würde. Dann wurde die Strategy Map an die Geschäftsbereiche weitergegeben. Die vier wichtigsten prozessbasierten Organisationseinheiten entwickelten ihre eigenen integrierten Strategy Maps.

Jede dieser Strategy Map spiegelt wider, was die Einheit vor Ort zu tun hat, um eine hervorragende Leistung zu erzielen, enthält aber auch Ziele, die der Integration mit anderen Einheiten auf der gleichen Ebene (horizontale Integration) dienen und für die Unterstützung der strategischen Prioritäten der Geschäftsbereiche und des ganzen Konzerns sorgen (vertikale Integration). Jede Prozesseinheit kaskadiert ihre Strategie an die Serviceabteilungen der Geschäftsbereiche sowie an die regionalen Geschäftseinheiten und an die einzelnen Filialen. Auf diese Weise schafft MVCI eine

Abbildung 5-4: Unternehmen brauchen eine einheitliche vertikale und horizontale Ausrichtung

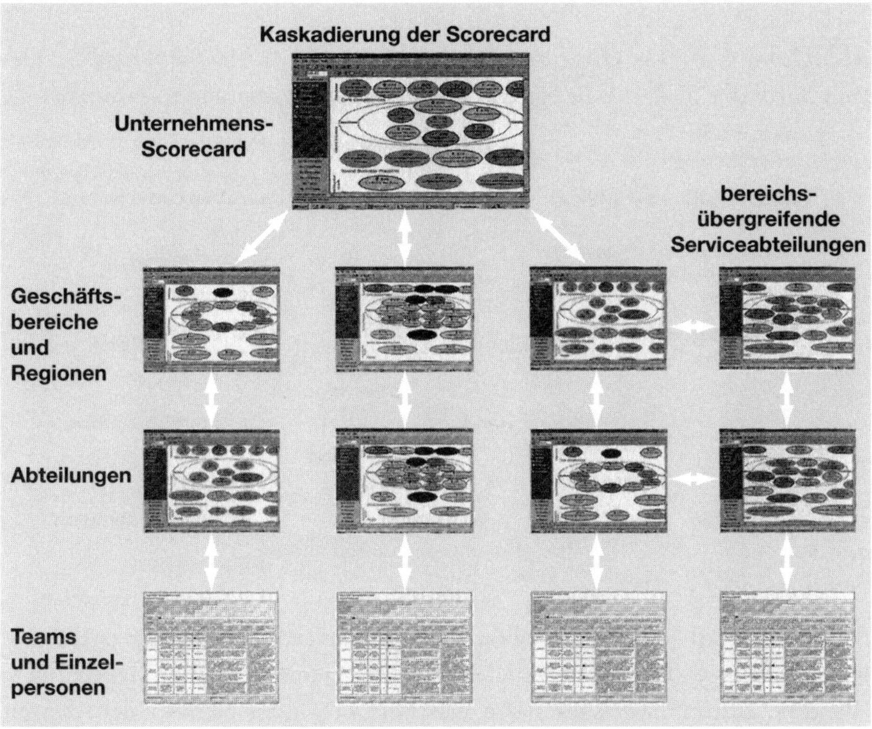

integrierte strategische Ausrichtung aller Geschäftsbereiche, der wichtigsten Prozesse, Serviceabteilungen, Regionen und der einzelnen Standorte.

Abbildung 5-5 verdeutlicht das Ausmaß an Integration, das verschiedene Unternehmensstrategien erfordern. Auf der linken Seite erlauben Holdinggesellschaften – beispielsweise Private-Equity-Firmen oder Familienunternehmen wie Tata aus Indien – ihren verschiedenen Firmen weitgehende Autonomie hinsichtlich ihrer Strategien. Jeder Geschäftsbereich entwickelt seine eigene Strategie, Strategy Map und Scorecard. Die Unternehmenszentrale prüft und genehmigt die Strategie, Strategy Map und Scorecard jeder Einheit und macht sie dann für die erforderliche Leistung verantwortlich. In heterogenen Holdinggesellschaften ergeben sich Synergien aufgrund ihrer Fähigkeit, Kapital erfolgreich an die verschiedenen Sparten weiterzuleiten und eine wirksame Kontrolle auszuüben. Die meisten dieser Gesellschaften sehen keinen Grund, auf Holdingebene eine

Strategy Map und Scorecard zu entwickeln, denn die meisten ihrer wichtigen Kennziffern wären rein finanzieller Art.

Abbildung 5-5: Der Grad der Beeinflussung der Geschäftsbereichsstrategien durch die Zentrale hängt von der Art des Unternehmensverbundes ab.

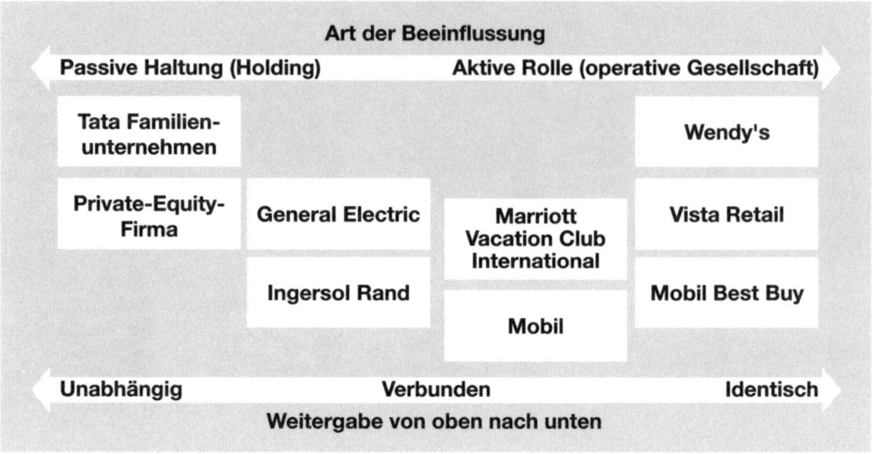

Auf der rechten Seite von Abbildung 5-5 finden sich Unternehmen, die eine Reihe von fast identischen Filialen betreiben, eine Schnellimbisskette wie Wendy's, Einzelhandelsgeschäfte wie Best Buy oder Bankfilialen. Damit sich die Marke bei jedem Kontakt neu einprägt, wollen diese Unternehmen, dass das Verbrauchererlebnis überall gleich ist. Die Zentralen definieren daher das Leistungsversprechen an den Kunden und übertragen die Konzernstrategie in wichtige Kennziffern für die finanzielle Entwicklung, den Kundennutzen und die kritischen Prozesse, die jede dezentralisierte Einheit gut ausführen muss, sowie die Rekrutierung, Schulung und Bindung des Personals. Die Strategy Maps und Scorecards sämtlicher Einheiten sind identisch, wodurch Überwachung und Vergleiche der Leistungen der Einheiten erleichtert werden.

Zwischen den beiden Extremen – vollständige Autonomie der Geschäftsbereiche und völlige Einhaltung der auf Konzernebene festgelegten Strategie und Kennziffern – findet sich die Mehrzahl aller Unternehmen, wie MVCI. Sie haben eine Konzernstrategie, aber die Strategien der Geschäftsbereiche sind eine Mischung aus hervorragender Wettbewerbsleistung vor Ort und Zielen, die die strategischen Themen der Zentrale unterstützen. Die Strategy

Maps und Scorecards solcher Geschäftseinheiten enthalten sowohl Ziele, die sich nur auf den Betrieb vor Ort beziehen, wie auch solche, die die Konzernprioritäten und Ziele widerspiegeln, die für mehrere Geschäftsbereiche gelten. Der Leiter eines Geschäftsbereichs muss eine ausgewogene Mischung aus lokaler Optimierung – als wäre die Geschäftseinheit eine unabhängige Firma – und dem Beitrag der Einheit zu den Zielen des Konzerns und anderer Einheiten – zum Erzielen von Synergien – erreichen.

Betrachten wir einmal ein Elektrizitätswerk mit drei Geschäftsbereichen: Erzeugung, Übertragung und Distribution. Zur Unternehmensstrategie könnten strategische Themen gehören, die sich auf Sicherheit, Umweltschutz, Eingehen auf Verbraucherwünsche und den Umgang mit behördlichen Auflagen beziehen. In den USA wurde das Transmissionsgeschäft schon vor Jahren dereguliert; dessen Strategy Map würde also den Aspekt »Aufsichtsbehörden« nicht berücksichtigen. Zum Leistungsversprechen und den Zielen dieser Einheit würde die Erhöhung ihres Marktanteils bei anderen Erzeugern und Verteilern gehören.

Die Weitergabe strategischer Themen

Die Entwicklung von Strategy Maps auf der Basis strategischer Themen (in Kapitel 3 beschrieben) bietet einen guten Rahmen für die Weitergabe der Unternehmensstrategie an die nächsten Ebenen und für die Integration der Tätigkeit verschiedener Geschäftsbereiche. Nehmen wir als Beispiel die in Kapitel 2 vorgestellten Canadian Blood Services (CBS). Deren Führungsteam identifizierte drei strategische Themen: Sicherheit, operationale Exzellenz und Planung für die Zukunft.

Abbildung 5-6 zeigt die Strategy Map von CBS und die miteinander verbundenen Ziele innerhalb eines jeden der drei prozessbasierten strategischen Themen: Jedes Thema wird von einem gemeinsamen Lern- und Entwicklungsthema unterstützt, um die strategischen Ressourcen zu entwickeln, die für dieses Thema den höchsten Wert haben. CBS ernannte zwei Mitglieder seines Strategierats als Leiter der drei strategischen, prozessbasierten Themen und wählte außerdem gemäß den in Kapitel 4 vorgestellten Leitlinien unternehmensweit Mitglieder für Thementeams aus.

Nachdem mithilfe der in Abbildung 5-6 dargestellten Strategy Map die Strategie formuliert wurde, leitete der Rat die strategischen Themen an sämtliche Geschäftsbereiche (sowohl die regionalen als auch die für Produktgruppen zuständigen Einheiten) weiter. Die Strategy Map jeder Einheit hatte die gleiche Struktur wie die der Zentrale, mit der Mission am Anfang und drei vertikalen strategischen Themen (Sicherheit, operationale Exzellenz und Planung für die Zukunft) im Mittelpunkt, unterstützt von dem Thema »Entwicklung der strategischen Ressourcen (siehe Abbildung 5-7).

Einige Manager fanden, dass bestimmte Ziele und Messgrößen, beispielsweise Sicherheit, so wichtig für Mission und Strategie sind, dass sie ein gemeinsames Sicherheitsziel und eine entsprechende Messgröße in der Strategy Map jedes Geschäftsbereichs erfordern. Außerdem wollte CBS, dass jede Einheit die gleichen Ziele und Messgrößen für das Thema »Entwicklung strategischer Ressourcen« verwendete:

- »Kompetenz des Personals« identifiziert die Tätigkeiten und Fähigkeiten, die das Thema tangieren, beurteilt, inwieweit die Organisation darüber verfügt, und bestimmt die Strategie für den Erwerb der notwendigen Fähigkeiten.
- »Bereitschaft des Informationskapitals« identifiziert *konkrete* Anforderungen in dieser Hinsicht (Informationstechnik, Systeme, usw.), um die Informationsströme aufbauen zu können, die zur Umsetzung dieses Themas erforderlich sind.
- »Kapazität der Qualitätssysteme« identifiziert die spezifischen Qualitätssysteme und -prozesse, die erforderlich sind, damit jedes Thema kontrolliert und mit hervorragenden Prozessen umgesetzt werden kann.

Abgesehen von den konzernweit zwingend vorgegebenen Zielen und Messgrößen liegt es im Ermessen jeder Einheit, solche eigenen Ziele und Messgrößen im Rahmen der drei strategischen Themen hinzuzufügen, die für das Umfeld und die Herausforderungen dieser Einheit am wichtigsten sind. Auf diese Weise werden alle Einheiten an den strategischen Prioritäten der Zentrale ausgerichtet, haben aber trotzdem die Freiheit, lokal bestimmte Strategien zu entwickeln und umzusetzen. Die gemeinsame, themenbasierte Struktur aller Strategy Maps hilft bei der Beurteilung anhand interner Richtwerte und fördert den Wissensaustausch. Viele globale Unternehmen nutzen inzwischen die Struktur von strategischen Themen für ihre Strategy Map, um eine einheitliche Ausrichtung aller regional weit verstreuten Einheiten zu erzielen und einen Beitrag von ihnen zu bekommen.

Abbildung 5-6: Themenbasierte Strategy Map der Canadian Blood Services

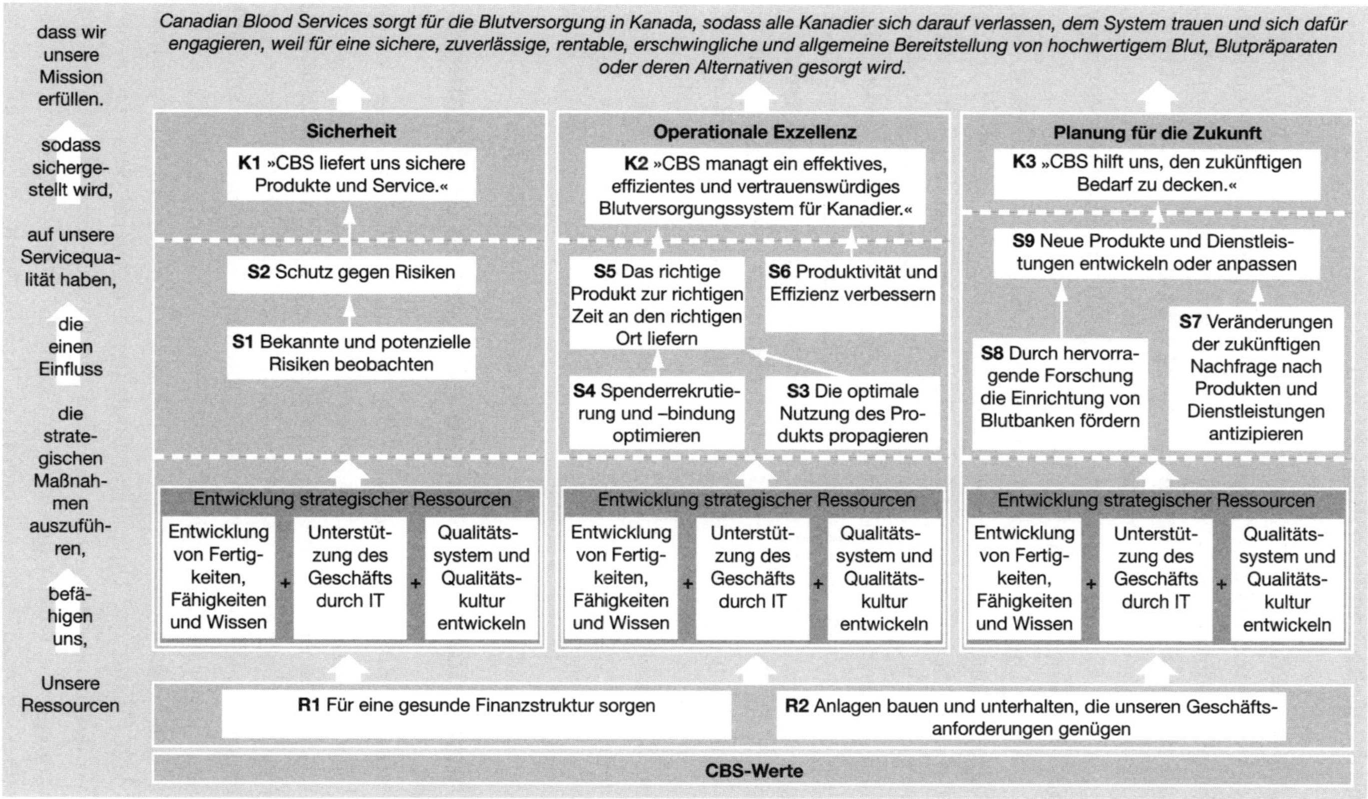

Einheitliche vertikale Ausrichtung

Wir haben die Ausrichtung von Geschäftsbereichen an der Unternehmensstrategie als einen Top-down-Prozess beschrieben. Das Ergebnis dieses Anpassungsschrittes – Phase 3 im Managementsystem des Unternehmens – ist die Basis für die Strategieentwicklung (Phase 1) der Service- oder Funktionseinheiten. Bei diesem Prozess wird davon ausgegangen, dass Unternehmen und Geschäftseinheiten bereits gleich ausgerichtete Strategy Maps und Balanced Scorecards haben.

Wenn Unternehmen erstmals eine Balanced Scorecard umsetzen, dann folgen nur wenige dem Top-down-Prozess. Oft wird zunächst die Balanced Scorecard nur in ein oder zwei Geschäftsbereichen eingeführt, entweder weil deren ursprünglicher Befürworter für eine Geschäftseinheit arbeitet oder weil das Unternehmen ein Pilotprojekt durchführt und den Erfolg des Konzepts auf einer niedrigeren Ebene testen will, ehe es dieses für das ganze Unternehmen einsetzt. Ist Letzteres der Fall, wird die Zentrale nach der Umsetzung in Piloteinheiten ein Projektteam ernennen, das eine Umsetzungsstrategie für den Konzern entwickelt, sie in eine Strategy Map und Scorecard übersetzt und diese dann an die Geschäftsbereiche weiterleitet, wie in diesem Kapitel beschrieben.

Ausrichtung von Stabsabteilungen an der Strategie

Stabs- und bereichsübergreifende Serviceabteilungen, wie Personal, IT, Finanzen und Planung, entwickeln ihre Strategy Maps und Balanced Scorecards, um die Umsetzung der Strategien der von ihnen unterstützten Geschäftsbereiche zu fördern. Möglicherweise erfordert die Unternehmensstrategie, dass die Personalabteilung Synergien schafft, indem sie neue Programme für die Rekrutierung, Schulung, Bindung und den geschäftsbereichsübergreifenden Einsatz von wichtigen Mitarbeitern entwickelt. Wenn die Unternehmensstrategie das Risikomanagement in den Vordergrund stellt, dann werden die Finanz- und die IT-Abteilung das strategische Thema umsetzen müssen, die von ihnen beeinflussbaren Risiken zu managen und gering zu halten. Stabsabteilungen müssen die

Abbildung 5-7: Jede Sparte verwendet den gleichen Aufbau für die Strategy Map

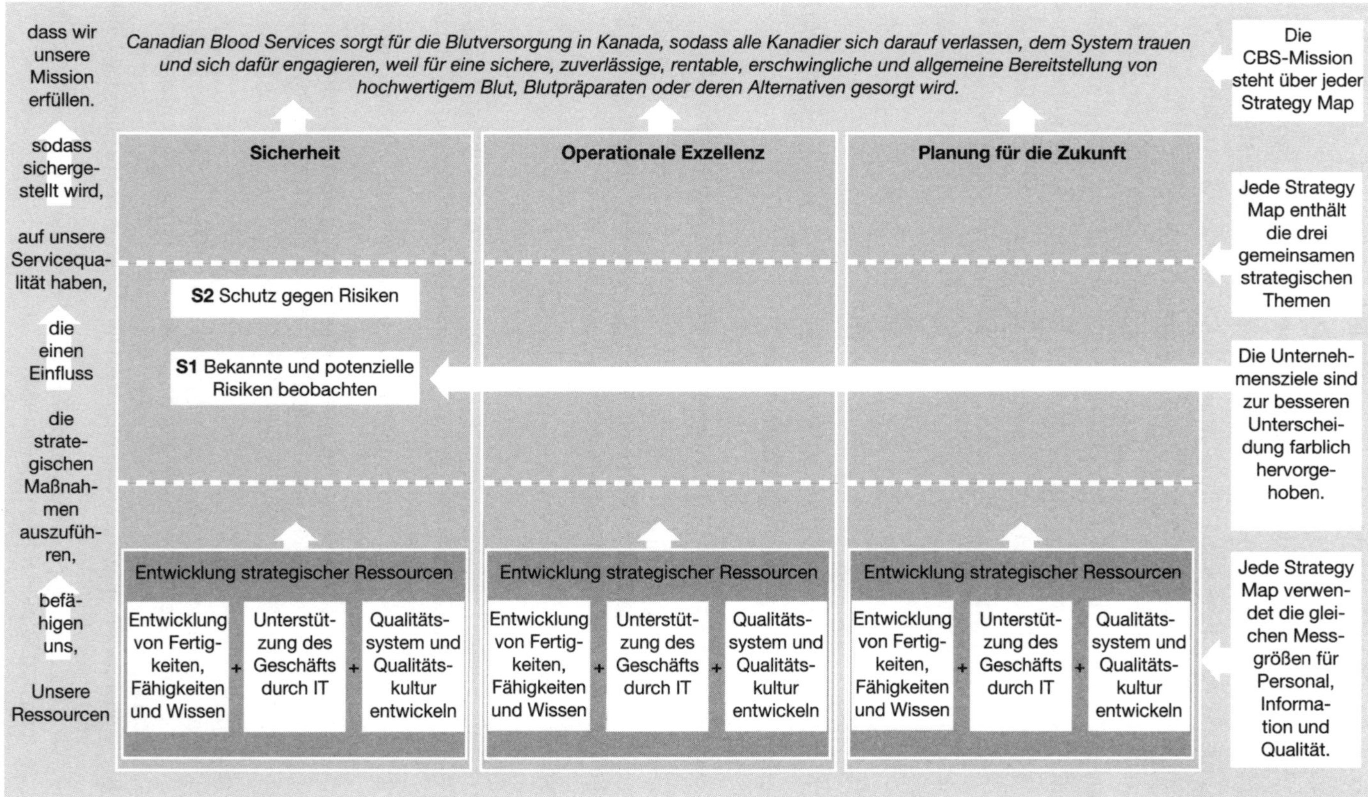

Strategien der Zentrale und Geschäftsbereiche verstehen, damit sie ihre eigenen Aktivitäten daran ausrichten können.

Stabsabteilungen folgen einer Reihe systematischer Prozesse, um für die einheitliche Ausrichtung zu sorgen, durch die Geschäftsbereichen und der Zentrale geholfen wird, ihre strategischen Ziele zu erreichen. Zunächst müssen die Stabsabteilungen die in den Strategy Maps und Balanced Scorecards dargestellten Strategien der Geschäftseinheiten und der Zentrale verstehen. Dann richten die Abteilungen ihre Strategien daran aus, indem sie eine Reihe von strategischen Diensten festlegen, die sie anbieten wollen. Häufig wird dies in einem *Service Level Agreement* förmlich festgelegt, einem Leistungsvertrag zwischen der Stabsabteilung und der oder den Geschäftseinheit(en). Abbildung 5-8 zeigt ein Service Level Agreement in einer Geschäftsbank.

Abbildung 5-8: Beispiel für ein Service Level Agreement der Kreditbearbeitungsabteilung einer Geschäftsbank

Service-Level-Agreement der Kreditverwaltung der RidgeStone Bank
Umfang der Dienstleistung Die Kredit- und Darlehensverwaltung der RidgeStone Bank vereinbart, die folgenden Serviceleistungen bereitzustellen:
Für Privat- und Geschäftskunden
Kreditverwaltung 1. Durchführung einer prompten und genauen Analyse aller Darlehensanträge von Geschäftskunden binnen fünf (5) Werktagen nach Erhalt der vollständigen Anforderung. 2. Sendung einer Mitteilung an die Kreditabteilung neunzig (90) Tage vor der Fälligkeit von Darlehen. 3. Für die Genehmigung einer Anschlusssfinanzierung werden Informationen vom Kunden eingeholt und dreißig (30) Tage vor der Fälligkeit Prüfunterlagen an den Kreditsachbearbeiter geschickt.
Dokumentation 4. Darlehensunterlagen vervollständigen und korrigieren, sodass sie 24 Stunden vor dem Abschluss fertig sind und vom Kreditsachbearbeiter überprüft werden können. 5. Sicherstellen, dass das Kontrollsystem für Darlehen korrekte und aktuelle Informationen enthält. 6. In der Abschlussphase bei Bedarf Mitarbeiter für die Dokumentation, Überprüfung und Kopierarbeiten bereitstellen.

Darlehensverwaltung

7. Darlehenskonten binnen 24 Stunden nach Erhalt der Aufforderung durch eine strategische Geschäftseinheit vollständig, korrekt und fristgerecht bereithalten; Nachbearbeitungen oder Korrekturen werden am gleichen Tag durchgeführt oder sobald das System dies erlaubt.
8. Vollständige und genaue Eingabe der Daten in das Informationssystem bis zum Ende des nächsten Arbeitstages nach Abschluss, einschließlich aller Zahlungen von Drittparteien und Speicherung der Unterlagen zur Darlehenssicherung.
9. Privatkunden: Korrekte und pünktliche Buchungen und Versand des kompletten Finanzierungspakets an die Investoren am Arbeitstag nach dem Abschluss oder dem Rücktritt vom Geschäft, ohne vermeidbare Irrtümer oder Auslassungen.

Qualitätskontrolle

10. Überprüfung aller Abweichungen von der Routine bei der täglichen Arbeit.
11. Binnen drei (3) Arbeitstagen nach Buchung eines Darlehens sind Ergänzungen und die Eingaben ins System auf ihre Korrektheit zu überprüfen.

Wenn eine Stabsabteilung weiß, wie sie die Strategien der Geschäftsbereiche und Zentrale unterstützen kann, erstellt sie eine Strategy Map und eine Balanced Scorecard, um ihre eigene interne Organisation an der Strategie der anderen auszurichten. Genau wie eine Geschäftseinheit hat auch eine Stabsabteilung eine Mission, Kunden, Prozesse und Mitarbeiter. Manche Stabsabteilungen, beispielsweise IT-Abteilungen von Finanzdienstleistern, haben Budgets, die ihnen einen Platz in der *Fortune*-1 000-Liste der größten Unternehmen sichern würden.

Auf der obersten Ebene sollte eine Stabsabteilung das gleiche übergeordnete Ziel haben wie das gesamte Unternehmen – eine Messgröße für den Shareholder-Value (oder etwas Entsprechendes für eine nicht gewinnorientierte Organisation). Es ist ganz wichtig, dass alle Mitarbeiter, sowohl in Linien- als auch in Stabsabteilungen, verstehen, was das eigentliche Maß für den Unternehmenserfolg ist. Die Finanzperspektive der Stabsabteilung umfasst Ziele, die anzeigen, wie die Abteilung zur Kostensenkung, Umsatzsteigerung oder Anlagennutzung im Unternehmen beiträgt.

Die wichtigsten Kunden der Stabsabteilung sind die Leiter der Geschäftsbereiche, die sie unterstützt. Manche Stabsabteilungen haben noch weitere Kunden; die Personalabteilung bietet auch einen Service für Mitarbeiter und die Finanzabteilung liefert Außenstehenden, beispielsweise Investoren, dem Vorstand, Analysten, Aufsichtsbehörden und dem Finanzamt Berichte und Daten. Wenn sie die Ziele auf ihrer Strategy Map und Balanced Scorecard festlegt, muss eine Stabsabteilung wissen, wie sie zu den wertschöpfenden Strategien der Geschäftseinheiten oder sonstiger Gruppen beiträgt, die sie unterstützt.

Die Prozessperspektive auf der Balanced Scorecard der Stabsabteilung enthält üblicherweise drei Themen, die dafür sorgen, dass sie ihre Finanz- und Kundenziele erreicht. Ein Ziel im Hinblick auf die effiziente Betriebsleistung betont die Notwendigkeit von Kostensenkungen bei gleichzeitiger Sicherstellung erstklassiger Dienstleistungen. Ein weiteres Thema befasst sich mit den Beziehungen zwischen der Stabsabteilung und ihren internen Kunden. Ein drittes Thema beschreibt die strategische Unterstützung des Geschäfts durch die Abteilung, wozu auch die Bereitstellung neuer Fähigkeiten zur Unterstützung zählen kann.

Die Lern- und Entwicklungsperspektive spiegelt den besonderen Bedarf der Mitarbeiter dieser Abteilung hinsichtlich Schulung, technischer Ausstattung und positivem Arbeitsklima wider.

Fallstudie zur Strategy Map einer Stabsabteilung: Die interne IT-Abteilung von Lockheed Martin

Durch den Zusammenschluss von Lockheed und Martin Marietta im Jahr 1995 entstand Lockheed Martin Corporation, mit 140 000 Mitarbeitern der größte Rüstungskonzern der USA, mit einem Umsatz von US-$ 41,9 Milliarden im Jahr 2007. Größter Kunde ist das amerikanische Verteidigungsministerium, aber Lockheed beliefert auch andere Regierungsorganisationen, den internationalen Markt und die zivile Luftfahrt.

Die Enterprise Services Internal IT Group beschäftigt über 5 000 Mitarbeiter an Standorten in 47 US-Bundesstaaten und im Ausland. Die IT-Abteilung ist für rund zwei Drittel der unternehmensweiten Ausgaben für Informationstechnik verantwortlich; der Rest verteilt sich auf vier dezentralisierte Geschäftsbereiche.

Diese IT-Abteilung hat sich für eine Strategie der »Kundenkomplettlösung« entschieden und verfolgt das Ziel, ein glaubwürdiger Innovator und Anbieter von netzbasierten Lösungen auf dem neusten Stand der Technik zu sein, die sie zum bevorzugten IT-Serviceanbieter für die Geschäftsbe-

Abbildung 5-9: Die komplette Strategy Map für Kundenlösungen der IT-Abteilung

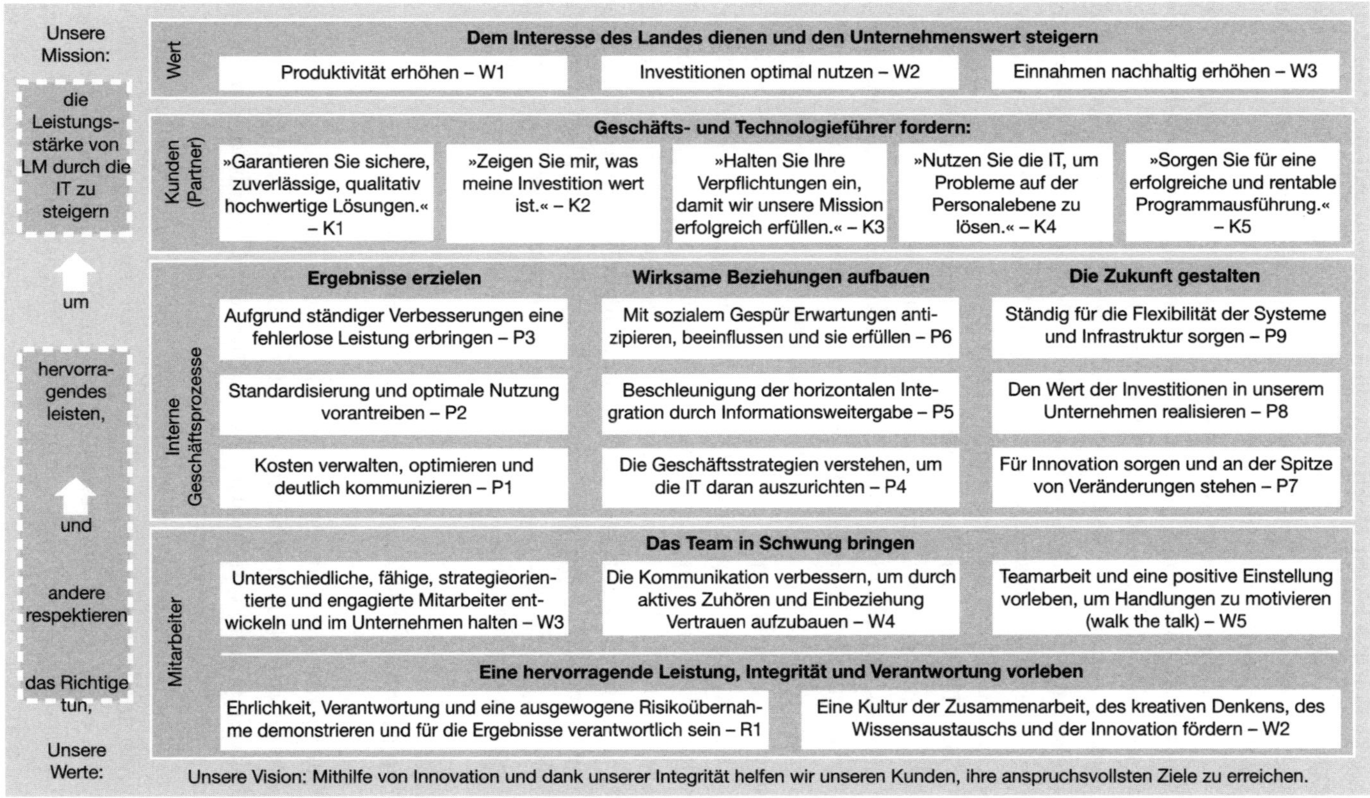

reiche von Lockheed Martin machen. Außerdem will die Abteilung auch externen Kunden des Unternehmens helfen, staatliche Großaufträge, beispielsweise vom Verteidigungsministerium, zu bekommen, bei denen die Informationstechnik eine Rolle spielt.

Abbildung 5-9 zeigt die Strategy Map der IT-Abteilung mit den Geschäftsbereichen von Lockheed Martin und Technologieführern als wichtigsten Kunden. Die fünf kundenbezogenen Ziele werden aus Sicht der Kunden formuliert. Von links nach rechts betrachtet bewegen sich diese Ziele von der Anfangsinvestition hin zu dem Ziel, einen Nutzen zu schaffen, indem die Informationstechnik in die Lösungen integriert wird, die die Geschäftseinheiten ihren Kunden bieten.

Die Themen der Prozessperspektive betonen, dass die IT-Abteilung Werte erzielen, wirksame Beziehungen aufbauen und die Zukunft gestalten muss. Die grundlegenden Ziele der Lern- und Entwicklungsperspektive verlangen, die Unternehmenswerte zu leben und eine Kultur zu entwickeln, die das Team motiviert, herausragend, rechtschaffen und verantwortungsbewusst zu arbeiten.

Die Strategy Map wurde erst vor kurzer Zeit in der IT-Abteilung eingeführt, aber die Führungskräfte gehen davon aus, dass die Vorteile einer gemeinsamen Ausrichtung mithilfe der Strategie während der nächsten fünf Jahre zu deutlichen Kosteneinsparungen in Millionenhöhe aufgrund von Produktivitätssteigerungen führen werden. Außerdem werden zusätzliche Ersparnisse aufgrund einer besseren Kunden- und Geschäftsbereichsorientierung erwartet.

Die gemeinsame Ausrichtung als Prozess managen

Genau wie alle anderen Prozesse der Strategieumsetzung ist die gemeinsame Ausrichtung bereichsübergreifend. Damit sie gelingt, müssen Mitarbeiter aus ganz verschiedenen Bereichen der Organisation integriert werden und zusammenarbeiten. Dies stellt ein Problem dar, denn in den meisten Unternehmen gibt es keinen natürlichen Platz für bereichsübergreifende Prozesse. In Kapitel 10 legen wir die Gründe für die Einrichtung eines neuen Büros für Strategiemanagement dar, das die zur erfolgreichen Umsetzung der Strategie erforderlichen Prozesse ausführt und koordiniert. Es wäre die natürliche Aufgabe eines solchen Büros, die Verantwortung für eine wirkungsvolle gemeinsame Ausrichtung zu übernehmen. Es könnte sicherstellen, dass die Strategy Maps und Scorecards sämtlicher Geschäftsbereiche und Stabsabteilungen gleichmäßig an der Unternehmensstrategie ausgerichtet sind, wie im Beispiel über die Canadian Blood Services dargestellt.

Motivierung von Mitarbeitern

Um eine Strategie effektiv umzusetzen, müssen sich die Mitarbeiter persönlich dafür engagieren, dem Unternehmen und ihrem jeweiligen Geschäftsbereich bei der Umsetzung der Strategie zu helfen. Die Ausrichtung der Mitarbeiter an der Strategie erfolgt in drei Schritten:

1. den Mitarbeitern die Strategie kommunizieren und sie ihnen verständlich machen;
2. die persönlichen Ziele und Leistungsprämien der Mitarbeiter an der Strategie ausrichten;
3. die individuellen Schulungs- und Förderprogramme an der Strategie ausrichten, um den Mitarbeitern das Wissen, die Fähigkeiten und Kompetenzen zu vermitteln, die sie zur Umsetzung der Strategie brauchen.

Die Strategie kommunizieren und den Mitarbeitern verständlich machen

Führungskräfte setzen im Unternehmen eine beträchtliche Kreativität und Energie frei, wenn sie sich den Wunsch der Mitarbeiter zunutze machen, für eine erfolgreiche Organisation zu arbeiten, die in der Welt einen positiven Beitrag leistet. Mitarbeiter wollen stolz auf die Firma sein, in der sie einen Großteil ihrer Zeit verbringen. Sie sollten verstehen, wie der Erfolg ihres Unternehmens nicht nur für die Aktionäre einen Nutzen schafft, sondern auch für die Kunden, die Lieferanten und die ganze Gemeinschaft, in der das Unternehmen tätig ist. Mitarbeiter sollten den Eindruck haben, dass ihre Firma effizient und effektiv arbeitet. Niemand arbeitet gerne für einen erfolglosen Betrieb. Die Beschäftigten sollten zuversichtlich davon ausgehen können, dass zur Erfüllung der Mission keine Ressourcen verschwendet werden. Schlecht funktionierende Organisationen, Bürokratien, die eine Entscheidungsfindung behindern, und Streitigkeiten, die auf engstirnigem Verhalten beruhen, werden von allen bemerkt und entmutigen alle.

Die Kommunikation der Mission, Vision, Werte und Strategie ist der erste Schritt zur Mitarbeitermotivation. Führungskräfte können die Strategy Map und Balanced Scorecard zur Kommunikation der Strategie nutzen – um bekanntzugeben, *was* das Unternehmen erreichen und *wie* es seine strategischen Ziele umsetzen will. Wenn man sämtliche Ziele und Messgrößen zusammen betrachtet, erhält man ein umfassendes Bild der wertschöpfenden Aktivitäten eines Unternehmens.

Diese neue Darstellung der Strategie macht allen deutlich, worum es der Organisation geht: wie sie langfristig einen Nutzen stiften will und wie jeder Einzelne zur Umsetzung der Unternehmensziele beitragen kann. Die Mitarbeiter können sich täglich voll Begeisterung daran machen, ihre Arbeit anders und besser zu machen und so den Unternehmenserfolg zu fördern und ihre eigenen persönlichen Ziele zu realisieren.

Die Kommunikation beeinflusst auch die Unternehmenskultur. In Kapitel 2 stellten wir dar, wie Führungskräfte die Veränderungsagenda für die Strategie nutzen können, um ihrer Besorgnis über die vorherrschende Kultur und die vorhandenen Prozesse Ausdruck zu geben und ihre Zukunftsvision für das Unternehmen zu vermitteln. Zu den Kulturbotschaften können das Engagement für Leistung und Verantwortung, die Kundenorientierung und der leidenschaftliche Einsatz für stetige Verbesserungen, Kreativität oder Innovation zählen.

Bei der Bank of Tokyo-Mitsubishi, Americas, nutzte das Führungsteam eine modifizierte Veränderungsagenda für die Strategie (siehe Abbildung 5-10), um zu zeigen, welche Herausforderung der Brückenschlag zwischen den unterschiedlichen Kulturen der japanischen und US-amerikanischen Mitarbeiter darstellte. Die Mitarbeiter wurden ermuntert, das Beste aus beiden Welten zu nutzen, um eine einzigartige Unternehmenskultur zu schaffen.

Es ist unerlässlich, dass Führungskräfte kommunizieren. Wenn Führungskräfte nicht führen, können Mitarbeiter nicht folgen. Firmenchefs, die an unseren Konferenzen teilnehmen, berichten immer wieder, dass man gar nicht genug kommunizieren kann; eine wirksame Kommunikation ist wesentlich für eine erfolgreiche Umsetzung der Balanced Scorecard. Ein CEO erklärte, dass er, wenn er ein Buch über die erfolgreiche Umwandlung seines Versicherungsunternehmens schreiben würde, ein Kapitel der Balanced Scorecard widmen würde, weil sie äußerst wichtig für die Restrukturierung war. Aber mit dem Thema »Kommunikation« wollte er sich in fünf Kapiteln befassen, weil er die meiste Zeit damit zugebracht hatte, mit den Leitern der Geschäftsbereiche, den Mitarbeitern im Vertrieb und im Backoffice sowie Maklern und Maklerbüros zu kommunizieren.

Abbildung 5-10: Die Bank of Tokyo-Mitsubishi musste zwei Kulturen verbinden

Japanische Unternehmen		Amerikanische Unternehmen
Unbestimmt	Mission und Vision	Definiert
Schrittweise	Strategieformulierung	Großangelegter Gesamtplan
Betriebliche Effizienz	Wettbewerbsvorteil	Differenzierung/ Einzigartigkeit
Bottom-up (oder von der Mitte nach unten)	Entscheidungsfindung	Top-down
Indirekt/Nichtverbal/ Geschlossen	Kommunikation	Direkt/Verbal/Offen
Prozessorientiert	Leistungsbeurteilung	Ergebnisorientiert
Einheitliche Kultur/ kooperativ	Unternehmenskultur	Diversifizierte Kultur/ Wettbewerbsorientiert

Jack Klinck, ehemaliger stellvertretender Geschäftsführer von Mellon Financial's Investment Manager Solutions (IMS) in London, machte es sich zur Gewohnheit, beim Besuch in einer regionalen Filiale scheinbar zufällig am Schreibtisch eines Mitarbeiters stehen zu bleiben. Dann zog er die Strategy Map von IMS aus seiner Jackentasche und stellte dem Mitarbeiter drei Fragen dazu.

1. »Wissen Sie, was das ist?« (Eine verneinende Antwort sprach mehr gegen den Vorgesetzten als gegen den Mitarbeiter selbst.)
2. »Können Sie mir das erklären?«
3. »Welche Auswirkung hat das, was Sie gerade machten, als ich Sie unterbrach, auf eines oder mehrere der Ziele auf dieser Liste?«

Anfangs waren nicht alle Antworten zufriedenstellend. Man kann sich den E-Mail-Austausch im Konzern vorstellen, der alle darauf aufmerksam machte, dass sie bei einem Besuch von Klinck in der Lage sein sollten, etwas zur Strategie zu sagen, und wie diese an ihre tägliche Arbeit gekoppelt war. Diese Art Führung ist unbezahlbar, um zu verdeutlichen, wie wichtig es der Geschäftsleitung ist, dass alle Mitarbeiter die Strategie verstehen und sich erfolgreich an ihrer Umsetzung beteiligen.

Erfahrene Manager behaupten, man müsse etwas sieben Mal auf sieben verschiedene Arten kommunizieren. Sie nutzen regelmäßig ganz unterschiedliche Kommunikationsmethoden, um eine Botschaft zu verbreiten: Reden, Newsletter, Broschüren, Nachrichtenbretter, interaktive Mitarbeiterversammlungen, Intranet, monatliche Besprechungen, Schulungsprogramme, Online-Kurse etc.

Abbildung 5-11 zeigt den Plan eines Unternehmens zur wiederholten Kommunikation der Strategie auf verschiedene Weise an Mitarbeiter, die nicht nur sehr verschieden, sondern auch geografisch weit verstreut waren. Abbildung 5-12 zeigt den jährlichen Plan zur Kommunikation der Strategie, den der Marriott Vacation Club International nutzt, um sicherzustellen, dass die Mitarbeiter kontinuierlich auf unterschiedliche Weise über die Strategie informiert werden.

Die besten von erfolgreichen Unternehmen genutzten Kommunikationsmethoden haben ganz bestimmte Merkmale. Die Unternehmensführung steht an der Spitze des Kommunikationsprozesses. Die Kommunikationsabteilung entwickelt einen Plan, damit die richtige Information zur richtigen Zeit verbreitet wird und die mittels verschiedener Medien verbreitete Botschaft für die Zielgruppe relevant ist. In regelmäßigen Abständen befragt die Abteilung Beschäftigte, um zu sehen, ob die Botschaft nicht nur empfangen, sondern auch verstanden wurde.[5]

Abbildung 5-11: Plan zur Kommunikation der Strategie

Ziel: Für jede Zielgruppe die geeigneten Botschaften und Kommunikationskanäle auswählen

Ansatz: Nutzung des internen Kommunikationsteams und der vorhandenen Kommunikationsmethoden, um einen strategisch geplanten Informationsstrom auszusenden, der über längere Zeit einem unterschiedlichen, weit verstreuten Publikum eine komplexe Botschaft vermittelt

Methode	Art der Kommunikation	Kommentare
Besprechung in kleinen Gruppen	Mitarbeiterbesprechungen, Zweiergespräche, Fortschrittsbesprechungen	• Engagement und Begeisterung erzeugen • Arbeitsintensiv
Geselliges Beisammensein	Informelle Veranstaltungen	• Erreicht möglicherweise nicht alle Schichten
Management-News, lokale Newsletter und Veröffentlichungen	Konzernweite und Geschäftsbereichs-Newsletter	• Eigene Spalte für die Scorecard • Relevante Artikel über die BSC • Newsletter
Lokale Intranets	Interne Website	• Nicht alle haben Zugang • Links zu Meganet und BSCol
PowerPoint-Präsentationen	Tabellen für Übersichten, Aktualisierungen, Ressourcen, usw.	• Vielfach genutzt und akzeptiert
Poster, Nachrichtenbretter, Ständer	Poster, Broschüren in Kaffeeküchen, Konferenzräumen, Eingangshallen	• Für alle zugänglich
Gerahmte Plakate	Scorecard des Konzerns/Geschäftsbereichs wird in Bereichen mit viel Mitarbeiterverkehr ausgestellt, hauptsächlich in Konferenzräumen, usw.	• Täglich • Messgrößen, Ziele, Trends veröffentlichen • Vom CEO unterzeichnet
Videos	Der CEO betont die Bedeutung der Initiative, unterstützt das Engagement	• Keine »sprechenden Köpfe« • Wirksames Schulungsinstrument • Motivierender Anfang, Schluss oder Aktualisierungen

Zwei grundlegende, aber wesentliche Anforderungen an eine wirksame Kommunikation:

- Jede Art der Kommunikation muss Mitarbeitern die Frage beantworten: »Was bringt mir das?«
- Jede Initiative muss mit dem Kaskadieren der BSC synchronisiert werden.

Quelle: Balanced Scorecard Report, Mai-Juni 2002.

Abbildung 5-12: Der Plan von MVCI zur Kommunikation der Strategie

Kommunikationskanäle	Q1	Q2	Q3	Q4
One-to-One-Beratung		Bei Bedarf		
Strategieplanungsbroschüre	✓			
Webinar	✓			
Strategischer Leistungsbericht	✓	✓	✓	✓
Reihe von Postern	✓	✓	✓	✓
Wöchentliche Aktualisierung	✓	✓		✓
myHR Newsletter	✓		✓	✓
Kommunikationsforum		✓		✓
Auffrischung der Strategie			✓	

Fallstudie zur Kommunikation

Die IT-Abteilung von Lockheed Martin hat ein preisgekröntes Kommunikationsprogramm entwickelt, zu dem Briefings der Führungskräfte, interne Firmennachrichten, Plakate, Videos, Webcasts, gerahmte Strategy Maps für die Konferenzräume des Vorstands, aufgespannte Strategy Maps für alle anderen Konferenzzimmer, interaktive Strategy Maps im Internetportal sowie Exemplare der Abteilungs-Strategy-Map für alle 4000 Mitarbeiter gehören.[6]

Das Kommunikationsprogramm begann mit einer Reihe von Plakaten (siehe Abbildung 5-13). Auf dem fast leeren ersten Plakat stand nur der Satz: »Gibt es eine Strategie?« mitten in einem Fünfeck. Die folgenden Poster, die in regelmäßigen Intervallen erschienen, füllten die leere Fläche aus und zeigten nach und nach die fünf strategieorientierten Unternehmensprinzipien, mit besonderer Betonung von Prinzip 4: »Machen wir die Strategie für alle zur Aufgabe«. In der nächsten Phase der Plakatkampagne wurden die strategischen Themen der Strategy Map der IT-Abteilung vorgestellt, damit die Mitarbeiter sich mit den Zielen und Aspekten der einzelnen Themen vertraut machen konnten.

Abbildung 5-13: Plakatkampagne der IT-Abteilung; 1. Phase – Aufmerksamkeit wecken

Das Kommunikationsteam entwickelte eine bedarfsgerechte Version der Strategy Map. Es entstand ein Schaubild. Dieses zeigt die Strategy Map im Zentrum umgeben von kurzen Beschreibungen der wichtigsten Initiativen mit jeweils einem Hinweis darauf, welches Ziel von welchen Initiativen unterstützt wird. Auf diesem Schaubild können alle Mitarbeiter, die an Initiativen arbeiten, sehen, wo und wie sie zur Strategie des Geschäftsbereichs beitragen. So wird dargestellt, warum die verschiedenen Initiativen erforderlich sind, und wie sich alles zusammenfügt, damit die Strategie der IT-Abteilung umgesetzt werden kann.

Um die Botschaft zu unterstützen, gab das Kommunikationsteam der IT-Abteilung allen Mitarbeitern einen Kuli mit einem aufgerollten, herausziehbaren, bedruckten Stück Kunststoff. Auf der einen Seite sah man die Strategy Map der IT-Abteilung mit der Überschrift: »Machen wir die Strategie für alle zur Aufgabe«, die andere Seite zeigte wesentliche Elemente dieser Strategie.

Außerdem produzierte das Kommunikationsteam eine bedarfsgerechte »iViews«-Komponente zur Strategie für das Internetportal des Unternehmens. Die Seite hatte einen Link zu den »Strategie-News«, die wöchentlich aktualisiert wurden und die wichtigsten Ziele sowie Artikel zur Strategie boten. Hier fand man zur Strategie Schulungsangebote und Ressourcen, Links zu allen Strategy Maps und Kommentare – einschließlich Videoclips – einzelner Mitarbeiter dazu, wie sie die Strategie verstehen. Eine Web-Seite, »Kunden der IT-Abteilung« hat Links zu Service Level Agreements und Kundenbetreuern. Unter »Kontaktieren Sie uns« finden sich Links zu Mitarbeitern, die Fragen zur Strategie beantworten können oder Kommentare dazu entgegennehmen.

Die »Internal IT Group Strategy and Business Planning«-Navigationsleiste hat Schaltflächen, die Links zu den folgenden Seiten bieten:

- *Strategy Maps*: Pull-down-Menüs ermöglichen es den Mitarbeitern, auf die Strategy Maps der Geschäftsbereiche und Stabsabteilungen zuzugreifen.
- *Vierteljährliche Strategieprüfungen*: Ein Pull-down-Menü erlaubt den Mitarbeitern den Zugriff auf alle derartigen Prüfungen seit 2005.
- *Initiativen*: Auf dieser Seite findet man Links zum Qualitätskontrollsystem, zu Neuigkeiten aus dem Bereich Qualität, Ressourcen und interne Initiativen.

Die IT-Abteilung misst den Erfolg ihres Kommunikationsprogramms mithilfe regelmäßiger Mitarbeiterbefragungen. Ende 2006 beurteilten 90 Prozent der Beschäftigten in der Abteilung das Programm zur Strategiekommunikation und -schulung als »sehr wichtig« oder »wichtig«. Unter anderem wurden folgende Kommentare dazu abgegeben:

- »Erläuterung der Strategy Map durch das Management für die einfachen Fußsoldaten.«
- »Leicht verständlich, und ich sehe, wo ich einbezogen bin.«
- »Wie die einzelnen Mitarbeiter der IT-Abteilung zum Erreichen von deren Zielen etwas beitragen können.«
- »Was ich für die Strategie tun kann – hier wird die Strategie für jeden Fachbereich erläutert und gezeigt, wohin sich das Unternehmen bewegt.«

Die IT-Abteilung erzielte die im Folgenden dargestellten Umsetzungserfolge:

Die Umsetzungserfolge von Lockheed Martins International IT Group

- Durch die stärkere Ausrichtung der Ziele an Kundenbedürfnissen und durch den Verzicht auf überflüssige Bemühungen erzielte die IT-Abteilung Einsparungen aufgrund von Produktivitätssteigerungen um 15 %.
- Ersparnisse ergaben sich durch die Reduzierung unwesentlicher IT-Initiativen, -Produkte und -Dienstleistungen.

- Die Nutzung neuer Produkte und Dienste der IT-Abteilung hat internen Kunden 10 % Produktivitätseinsparungen gebracht.
- Die Geschäftsbereiche von Lockheed Martin gewannen aufgrund des besseren Programmwissens der IT-Abteilungen Neugeschäft hinzu.
- Die Kunden hatten einen besseren Eindruck von der strategischen Ausrichtung der IT-Abteilung, wie anhand der Beurteilung des Engagements der Führungskräfte, des Abteilungsklimas und ihrer Kultur, des Vorgehens der Mitarbeiter und deren Weiterbildung sowie der Kundenpflege in Umfragen festgestellt wurde.

Alle Ergebnisse für 2004 bis 2006

Die Koppelung persönlicher Ziele und Prämien an die Strategie

Die Balanced Scorecard wurde immer dann besonders erfolgreich eingesetzt, wenn Unternehmen geschickt die durch Führungskräfte und Kommunikationsprogramme geschaffene Motivation mit derjenigen verbinden konnten, die durch die Ausrichtung persönlicher Leistungsziele und Prämien entsteht. Nachdem ihnen die Strategie ihres Geschäftsbereichs und des Unternehmens kommuniziert und sie darin geschult wurden, entwickelten Mitarbeiter persönliche Ziele, die an den strategischen Zielen ausgerichtet sind (siehe Abbildung 5-14). Durch persönliche Ziele entsteht eine klare »Sichtverbindung« zwischen den strategischen Zielen und der täglichen Arbeit eines Mitarbeiters.

Vorgesetzte und Personalfachleute legen gemeinsam mit den Mitarbeitern jährlich ihre persönlichen strategischen Ziele fest. Zahlreiche Unternehmen ermuntern ihre Mitarbeiter, ihre jeweils persönliche Balanced Scorecard zu entwickeln, wobei der individuelle Beitrag für jede einzelne der vier Perspektiven formuliert werden sollte.

Nehmen wir als Beispiel den Maschinenarbeiter aus Abbildung 5-14. Er könnte seine persönlichen Ziele mithilfe der Balanced Scorecard folgendermaßen ausdrücken:

Die Vorgesetzte des Maschinenarbeiters bespricht die Ziele mit ihm, um sicherzustellen, dass sie an den Zielen der Abteilung, des Werks, des Geschäftsbereichs und des Konzerns ausgerichtet sind. Außerdem diskutiert sie die Zielwerte für jede Messgröße, um für jedes Ziel den passenden Schwierigkeitsgrad festzulegen. Jährlich überprüft der Vorgesetzte mit dem Arbeiter seine Leistung und spricht Empfehlungen hinsichtlich einer Weiterentwicklung oder Prämienzahlung aus.

Abbildung 5-14: Die Ziele der Mitarbeiter sind an den strategischen Zielen ausgerichtet

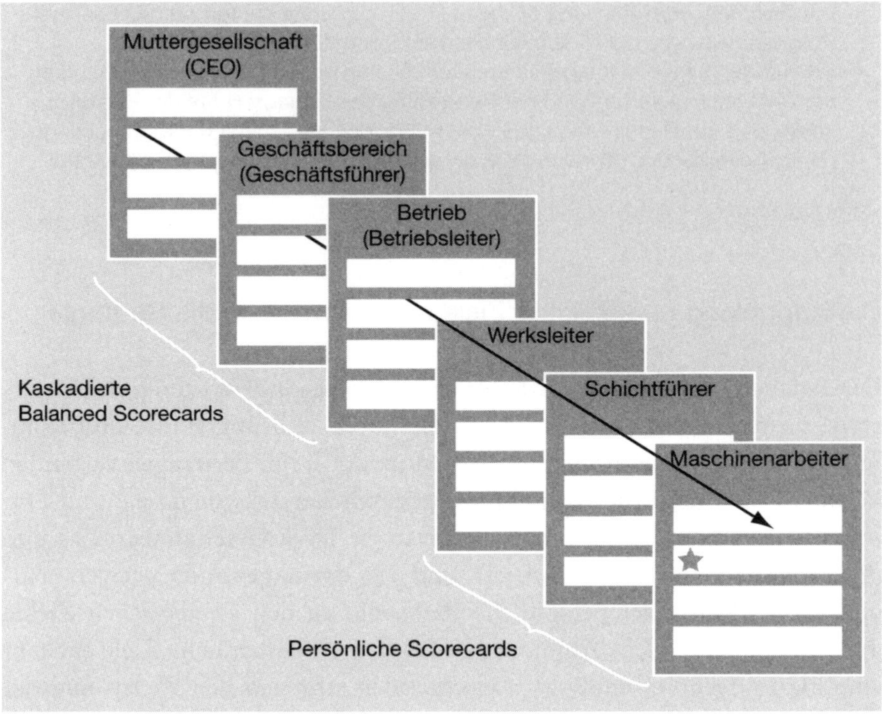

Maschinenarbeiter #452	Persönliche Ziele
Finanzperspektive	Ausfallkosten senken
Kundenperspektive	Rechtzeitiger Transport der fertigen Artikel zum nächsten Arbeitsplatz
Prozessperspektive	Senkung der Rüstzeiten, Anzahl der Maschinenstörungen senken
Lern- und Entwicklungsperspektive	Als Wartungsfachkraft zertifizieren lassen

Die meisten Unternehmen koppeln Leistungsprämien an die angestrebten Messwerte der Balanced Scorecard. In solchen Fällen beobachten die Manager einen deutlichen Anstieg des Interesses an der Umsetzung der Strategie. Eine derartige Verbindung folgt dem Prinzip, dass die Mitarbeiter an den Werten, die sie schaffen, Anteil haben sollten. Außerdem signalisiert die Firma, wenn sie die Prämien an Leistungen gemäß der Balanced Scorecard knüpft, dass sie es mit der Strategie, für die die Scorecard steht, tatsächlich ernst meint. Man konzentriert sich nicht nur auf die kurzfristige finanzielle Entwicklung, sondern es geht darum, dass Mitarbeiter ihre Beziehungen zu (externen und internen) Kunden ausweiten, wesentliche Prozesse verbessern und Kompetenzen entwickeln, die zur künftigen Wertschöpfung beitragen.

Anreizsysteme sind von Unternehmen zu Unternehmen verschieden. Im Allgemeinen enthalten sie eine persönliche Komponente sowie eine weitere, die an die Leistung des Geschäftsbereichs und des ganzen Konzerns gekoppelt ist. Pläne, die Leistungsentgelte nur mit der Entwicklung der Sparte und des Unternehmens verbinden, betonen die Bedeutung von Teamarbeit und Wissensaustausch, können aber auch zu Problemen mit Drückebergern und Trittbrettfahrern führen. Pläne, die nur die Leistung des Einzelnen berücksichtigen, stellen einen hohen Anreiz für diesen dar, seine eigenen Ergebnisse zu verbessern, aber sie behindern die Teamarbeit, Weitergabe von Wissen und führen nicht zu Verbesserungsvorschlägen für Bereiche, für die der Mitarbeiter nicht direkt verantwortlich ist.

Daher gibt es meistens zwei oder drei Bonusebenen: (1) einen Bonusteil, der jährlich an die persönlichen Zielwerte eines Mitarbeiters gekoppelt wird, und (2) eine Prämie, die mit der Leistung des betreffenden Geschäftsbereichs und (3) möglicherweise auch mit derjenigen der ganzen Sparte oder des ganzen Konzerns zusammenhängt.

Um Prämienzahlungen bei schwacher Gesamtleistung des Unternehmens zu vermeiden, wird häufig eine finanzielle Mindestgrenze festgelegt, die überschritten werden muss, ehe es zu Bonuszahlungen kommt. Sie kann im Hinblick auf den Gewinn, als Prozentsatz des Umsatzes, als Kapitalrendite oder als Überschreiten der Gewinnschwelle in einer Geschäftswertbeitragsrechnung (EVA) definiert werden. Wird diese Hürde genommen, dann fließt ein Teil des Überschusses in einen Prämientopf. Die tatsächliche Prämienzahlung orientiert sich an der Leistung gemäß den Kennziffern der Balanced Scorecard, wobei die Nicht-Finanzperspektiven stärker gewichtet werden.

Manche Unternehmen machen das Erreichen von Zielen noch zusätzlich spannend, indem sie den Wettbewerb fördern. Die Einzelhandelskette

Vista hatte US-$ 1 Million in ihrem Prämientopf, die an alle Mitarbeiter in Filialen verteilt wurden, die die ehrgeizigen Zielwerte der wichtigsten Messgrößen der Balanced Scorecard erreicht hatten.

Die Kompetenz der Mitarbeiter verbessern

Noch ein weiterer Schritt ist notwendig, um die Mitarbeiter an der Strategie auszurichten. Sie müssen kompetenter werden – im Hinblick auf ihr Wissen, ihre Fähigkeiten und ihre Werte –, um Herausragendes zu leisten:

Wissen ist *das, was* ein Mensch weiß, ein Verständnis, das auf Ausbildung und Erfahrung beruht. Es bedeutet die Beherrschung eines Fachgebiets, eines Berufs, einer technischen Disziplin oder bestimmter Sachkenntnisse.

Fähigkeiten sind das Wissen darum, *wie* man etwas konsistent und effizient erledigt, beispielsweise eine komplexe Maschine bedient, eine Prüfung durchführt, den Finanzplan eines Kunden entwickelt, eine Besprechung leitet oder ein Verkaufsgespräch führt.

Bei den *Werten* handelt es sich um das Verhalten, die Einstellung und die Motivation, mit denen Menschen an die Aufgaben herangehen, die sie erledigen. Werte können als kundenorientiert, pragmatisch, innovativ oder zielorientiert eingestuft werden.

Ein Unternehmen kann Wissen und Fähigkeiten seiner Mitarbeiter durch Schulungs- und Weiterbildungsprogramme sowie eine Karriereplanung fördern, durch die Beschäftigte Erfahrungen mit verschiedenen Aufgaben, in unterschiedlichen Geschäftsbereichen, Regionen und Fachabteilungen sammeln können. Das Vermitteln von Werten ist komplizierter. Man muss – zusätzlich zur Kommunikation der Unternehmensmission und -werte und einer umfassenden Schulung darin – auch mittels eines sorgfältigen Rekrutierungs- und Auswahlprogramms geeignete Kandidaten finden und sie zu einem Verhalten inspirieren, das im Sinne des Unternehmens ist.

In früheren Arbeiten haben wir beschrieben, wie strategische Jobfamilien identifiziert werden können.[7] Die betreffenden Mitarbeiter, üblicherweise nur ein geringer Prozentsatz aller Beschäftigten, sind in einer Position, in der sie die Leistung derjenigen strategischen Prozesse deutlich verbessern können, die am wichtigsten für die Schaffung von Nutzen für Kunden und Aktionäre sind. Sie sorgen für die Differenzierung, die für einen nachhaltigen Wettbewerbsvorteil erforderlich ist. Angesichts dieser Bedeutung legt die Personalabteilung Wert darauf, bei allen Mitarbeitern dieser strategischen Jobfamilien die gewünschten Kompetenzen zu entwickeln. Natürlich muss die Personalabteilung langfristig sicherstellen, dass es für alle Beschäftigten Programme zur Kompetenzentwicklung gibt, die ihnen Wissen, Fähigkeiten und Werte vermitteln, die sie zum Erreichen der laut ihrer persönlichen Scorecard vorgesehenen Leistung brauchen.

Fallstudie zur Entwicklung von Mitarbeiterkompetenzen: KeyCorp

Das Corporate and Investment Banking (CIB) Team von KeyCorp ist ein Beispiel für ein optimales Verfahren zur Entwicklung von Mitarbeiterkompetenzen.[8] Das CIB-Projektteam wurde von den Leitern der Geschäftsbereiche und der zentralen Personalabteilung ins Leben gerufen. Das Team begann damit, eine umfassende Liste der für jede wichtige Position notwendigen Fähigkeiten und Kompetenzen zu erstellen, und ermittelte dann den Lernbedarf, um die Lücken zu schließen. Auf der Basis des neuen CIB-Geschäftsmodells, das Corporate und Investment-Banking vereint, identifizierte das Team für jede Position die notwendigen Qualifikationen, damit jeder Mitarbeiter sofort etwas bewirken konnte.

Wie in Abbildung 5-15 dargestellt, muss ein Mitarbeiter in der Position des Branchenspezialisten oder Senior Bankers ein Experte sein in der Identifizierung potenzieller Kunden, der Beurteilung der Wettbewerber, Präsentationstechnik und Entwicklung der Bankenperspektive sowie fähig sein, andere darin zu unterrichten. Ein Junior Banker braucht dagegen auf diesen Gebieten nur Grundkenntnisse, benötigt allerdings hervorragendes Verhandlungsgeschick, um die Geschäfte abzuschließen, die von den Branchenspezialisten und Senior Banker an Land gezogen wurden.

Das Projektteam identifizierte Kurse, in denen allen Mitarbeitern die für ihre Position erforderlichen Kenntnisse vermittelt werden konnten. Es verfolgte die Teilnahme an und die Leistung in den verschiedenen Kursen. KeyCorp profitierte schon bald von dem umfassenden Schulungsprogramm, das an strategische Ziele geknüpft war. Alle Kurse waren immer komplett ausgebucht, und niemand versäumte eine Veranstaltung.

Abbildung 5-15: Die KeyCorp-Matrix erforderlicher Fähigkeiten für einzelne Positionen

Diese Matrix ist ein Auszug aus einer wesentlich umfassenderen Übersicht.

	Branchen-spezialist Wissensstand			**Senior Banker** Wissensstand			**Junior Banker** Wissensstand			**Associate** Wissensstand		
Fähigkeit/Kompetenz – Vertrieb	**E**	**W**	**L**	**E**	**W**	**L**	**E**	**W**	**L**	**E**	**W**	**L**
Verhandlungstechniken (Abschluss)		X			X		X					X
Identifizierung und Vorauswahl potenzieller Kunden	X			X				X				
Identifizierung und Vorauswahl potenzieller Kunden (Research)								X			X	
Preisgestaltung (Prozess- und Marktwissen) einschließlich Preisfestsetzung, die dem Kunden vermittelt wird		X			X			X				X
Entwicklung der Bankenperspektive (extern)	X			X				X				X
Wettbewerbssituation (Verständnis dafür, wer sonst noch mitmischt)	X			X				X				X

Erklärung: E: Kann andere schulen
W: Gute Grundlagen
L: Begrenzte Kenntnisse – könnte Hilfe brauchen

Mitarbeiter hatten Folgendes dazu zu sagen: »Der Kurs, den ich gerade abgeschlossen habe, ist direkt relevant für meine tägliche Arbeit ... Wann findet der nächste Kurs zu [Thema xyz] statt? ... Endlich eine Schulung, die genau zu meiner Arbeit passt.« Erträge aus der Kompetenzverbesserung wichtiger CIB-Mitarbeiter stellten sich bald in Form höherer Kundentreue und einem höheren Umsatz und Einkommen der Sparte ein.

Die Umsetzungserfolge von KeyCorp zeigt folgende Übersicht:

Die Umsetzungserfolge von KeyCorp

- Der Aktienkurs von KeyCorp kletterte von niedrigen US-$ 15,69 im Jahr 2000 auf US-$ 35 im Jahr 2005. Die Eigenkapitalrendite stieg auf 15,42 % im Jahr 2005 verglichen mit 13,75 % im Vorjahr.
- Die Nettoeinnahmen verbesserten sich um US-$ 217 Millionen, von US-$ 903 Millionen im Jahr 2003 auf US-$ 1,12 Milliarden im Jahr 2005, die höchsten jemals erzielten Einnahmen von KeyCorp.
- Laut einer Mitarbeiterbefragung stieg die Bereitschaft, »sich besonders anzustrengen«, von einem Wert von 3,78 im Jahr 2001 auf 4,25 im Jahr 2004 (auf einer Skala von 1 bis 5, mit 5 als dem höchsten Wert).
- Die Privatkundenbindung stieg von 2002 bis 2004 um 5 %.
- Die Anzahl notleidender Kredite sank während der letzten Jahre in elf Quartalen in Folge. Die Kreditabschreibungen ausgedrückt in Prozent der Kredite lagen auf dem niedrigsten Niveau seit dem 4. Quartal 1995.

Zusammenfassung

Die konsistente Ausrichtung von Organisationseinheiten und Mitarbeitern ist wesentlich für eine erfolgreiche Umsetzung der Strategie. Der Ausrichtungs- und Kommunikationsprozess sollte beginnen, sobald die strategischen Themen und Ziele auf oberster Ebene festgelegt wurden. Eine vertikale Ausrichtung ermöglicht es jeder Geschäftseinheit und Abteilung, etwas zu den Zielen der höheren Ebenen beizutragen und sich gleichzeitig zu bemühen, lokale Strategien umzusetzen, um im eigenen Wettbewerbsumfeld erfolgreich zu sein. Eine konsistente horizontale Ausrichtung aller Stabs- und Funktionsbereiche ermöglicht die Nutzung von Synergieeffekten:

- den Kunden geschäftsbereichsübergreifend ein einheitliches Leistungsversprechen geben,
- die Unternehmensmarke durch jedes Einkaufserlebnis des Kunden stärken,
- durch eine gemeinsame Nutzung der Fertigung, Technik, Distribution, Vertriebsressourcen und Fachabteilungen Skalenerträge erzielen,
- im ganzen Unternehmen Wissen und optimale Verfahren weitergeben,
- die Kompetenz der Mitarbeiter durch gemeinsame Schulung und gezielte Karriereentwicklungspläne verbessern.

Die Kaskadierung von Strategy Maps auf alle Unternehmensbereiche ermöglicht es Geschäftseinheiten, ihren zwei grundsätzlichen Aufgaben, der individuellen Optimierung und dem Beitrag zum Konzernziel, gerecht zu werden.

Die konsistente Ausrichtung der Mitarbeiter beginnt mit den von Führungskräften gesteuerten Kommunikationsprogrammen. Diese Programme zur Vermittlung der Strategie sollten genauso sorgfältig geplant und gemanagt werden wie Werbe-, Branding- und Marketingkampagnen. Der Kommunikationsplan muss die Botschaft »sieben Mal auf sieben verschiedene Arten« vermitteln. Wenn sich die Mitarbeiter der Strategie bewusst sind und sie verstehen, kann das Unternehmen die Botschaft noch unterstreichen, indem es Mitarbeiter vor Ort auffordert, zusätzlich eigene Ziele zu setzen, die eine klare Sichtverbindung zu den strategischen Zielen des Geschäftsbereichs und Konzerns haben.

Unternehmen erhöhen die Aufmerksamkeit und steigern das Engagement, indem sie Anreize für das Erreichen von Mitarbeiter-, Geschäftsbereichs- und Konzernzielen bieten. Außerdem arbeiten Personalabteilungen eng mit den Mitarbeitern und deren Vorgesetzten zusammen, um bedarfsgerechte Schulungsprogramme zu entwickeln, damit die Mitarbeiter die Kompetenz erlangen, die sie zum Erreichen der strategischen Ziele brauchen und die es ihnen ermöglicht, zum Erfolg ihres Geschäftsbereichs und des Unternehmens beizutragen.

Anmerkungen zu diesem Kapitel

1 Wenn Sie ein Managementsystem in nur einem Geschäftsbereich einführen, können Sie den ersten Teil überspringen (Ausrichtung von Geschäftsbereichen an der Strategie) und sich auf die nächsten beiden Abschnitte konzentrieren (Ausrichtung von Stabsabteilungen an der Strategie und Motivierung von Mitarbeitern).

2 Weitere Details über die gemeinsame Ausrichtung von Unternehmen und Mitarbeitern finden sich in Kaplan, R.S; Norton, D.P.: *Alignment. Mit der Balanced Scorecard Synergien schaffen.* (Stuttgart: Schäffer-Poeschel, 2006) und *Die strategiefokussierte Organisation: Führen mit der Balanced Scorecard.* (Stuttgart, Schäffer-Poeschel, 2001).

3 Collis, D.J.; Montgomery, C.A. »Creating Corporate Advantage«, *Harvard Business Review* (May-June 1998), S. 72.

4 *Kernkompetenzen* wurden definiert als die »Summe an Erfahrung, Wissen und Systemen in einem Unternehmen, die eingesetzt werden können, um die Kosten oder die Zeit zu senken, in der man strategische Ressourcen schaffen oder ausbauen kann. Strategische Ressourcen sind die »schwer zu imitierenden, schwer ersetzbaren und schlecht zukaufbaren Ressourcen, die zu einem Kostenvorteil führen oder die Differenzierung fördern«. Markides, C.: »Corporate Strategy: The Role of the Centre«, Kapitel 5 im *Handbook of Strategy and Management*, Hg.: Pettigrew, A.; Thomas, H.; Whittington, R. (Thousand Oaks, CA: SAGE Publications, 2001).

5 Eine hervorragende Zusammenfassung der Kommunikation einer Unternehmensstrategie findet sich in: Johnson, L.: »Common Sense in Strategy Communication: Four Lessons from Canon USA«, *Balanced Scorecard Report* (May-June 2007), S. 6-7.

6 Das Programm zur Kommunikation der Strategie der Internal IT Group von Lockheed Martin erhielt 2006 den Magellan Award der National League of Communications Professionals.

7 Kaplan, R.S.; Norton, D.P.: »Measuring the Strategic Readiness of Intangible Assets«, *Harvard Business Review* (February 2004), S. 52-63, und Kaplan, R.S.; Norton, D.P.: Strategy Maps: *Der Weg von immateriellen Werten zum materiellen Erfolg*. (Stuttgart: Schäffer-Poeschel, 2004).

8 Über die Erfahrungen von KeyCorp wurde bereits in Kaplan, R.S.; Norton, D.P.: *Alignment* berichtet.

Kapitel 6

Operative Planung: Programme zur Prozessverbesserung

Viele Unternehmen haben eine bahnbrechende Leistung erzielt ohne ein formelles Managementsystem einzusetzen. Charismatische Führung und

Abbildung 6-1: Das Managementsystem: Die Verbindung der Strategie mit der operativen Planung

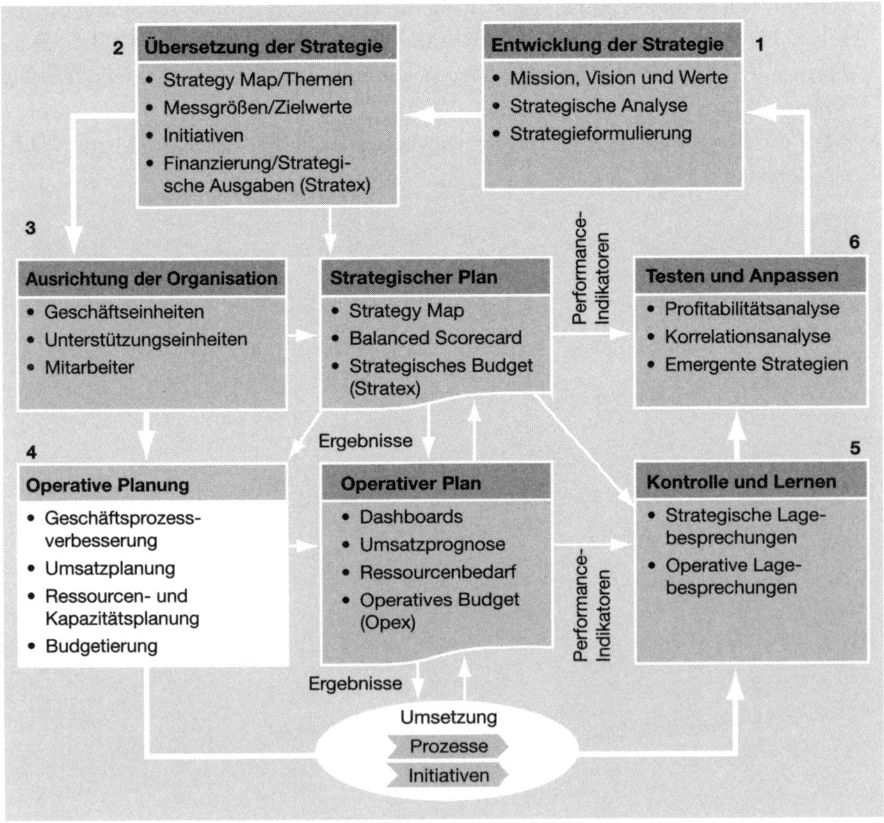

die Kunst des Managements haben häufig eine große Wirkung. Allerdings lässt sich eine Leistung, die von der Energie einzelner Führungspersönlichkeiten abhängt, nicht über längere Zeit aufrechterhalten. Wenn ein Unternehmen seine Strategie nicht mit der Unternehmensführung und den operativen Prozessen verbindet, kann es langfristig nicht erfolgreich sein.

Abbildung 6-1 zeigt die Position des Prozesses, der im Rahmen des ganzheitlichen Managementsystems die Strategie mit dem operativen Geschäft verbindet. Abbildung 6-2 verdeutlicht die beiden wichtigen Subprozesse, mit denen diese Verbindung hergestellt werden soll. Der erste Subprozess koppelt Verbesserungen der Geschäftsprozesse an strategische Prioritäten. Der zweite stellt eine Verbindung zwischen der Ressourcen- und Kapazitätenplanung sowie den Betriebs- und Investitionskosten her, die zur Umsetzung des strategischen Plans erforderlich sind. In diesem Kapitel geht es um die Verbindung zwischen der Strategie und den Prozessverbesserungen. Die Entwicklung des vollständigen operativen Plans – einschließlich der Prognose von Umsatz, Ressourcen und Kapazitäten,

Abbildung 6-2: Operative Planung

Prozess	Ziele	Hindernisse	Maßnahmen
1. Verbesserung der wichtigsten Geschäftsprozesse *Welche Prozessverbesserungen sind für die Strategieumsetzung erforderlich?*	Sicherstellen, dass die für die strategischen Themen erforderlichen Änderungen zu Änderungen operativer Prozesse führen	Keine Ausrichtung von Qualitäts- und Verbesserungsprogrammen an den strategischen Prioritäten	• TQM • Verbesserung von Geschäftsprozessen • Kritische Erfolgsfaktoren • Leistungsindikatoren/Dashboards
2. Ressourcen- und Kapazitätenplanung *Wie wird die Strategie mit operativer Planung und Budgetierung verknüpft?*	Sicherstellen, dass Ressourcen und Kapazitäten, operative Pläne und Budgets die Richtung und Anforderungen der Strategie widerspiegeln	Prognosen, Budgets und operative Pläne werden unabhängig vom Strategieplan entwickelt	• Rolling Forecasts • Prozesskostenrechnung (ABC) • Ressourcenplanung • Budgetierung (Opex, Capex) • Finanzrechnung

dem operativen Budget sowie der projizierten Gewinn-und-Verlust-Rechnung – wird in Kapitel 7 behandelt.

Verbesserung der wichtigsten Prozesse

Die Umsetzung der Strategie erfordert die einheitliche Ausrichtung und Umsetzung von strategischen Initiativen und Programmen zur Prozessverbesserung. In Kapitel 4 stellten wir dar, wie Unternehmen strategische Initiativen – kurzfristige Projekte von begrenzter Dauer (bis zu 12 oder 18 Monaten) – identifizieren und umsetzen, die zu besseren Ergebnissen bei den Messgrößen der Balanced Scorecard führen sollen. In diesem Kapitel beschreiben wir, wie laufende Programme zur Prozessverbesserung an den strategischen Zielen auszurichten sind.

Programme zur Prozessverbesserung gab es schon vor der Einführung der Balanced Scorecard. In den 1970er Jahren demonstrierten japanische Unternehmen die Leistungsfähigkeit ihres TQM-Ansatzes (Total Quality Management), der auf Ideen von Deming, Shewhart, Juran und anderen aufbaute. Westliche Varianten von TQM kamen in den 1980er Jahren auf, einschließlich Lean Management, Just-in-Time und Six Sigma.

Der US-amerikanische Kongress führte 1987 den Malcolm Baldrige National Quality Award ein; mehrere führende europäische Unternehmen gründeten 1988 die European Foundation for Quality Management (EFQM). Diese Organisation schuf ein dem amerikanischen ähnliches Modell zur Beurteilung von Anwärtern auf einen European Quality Award. Als die Balanced Scorecard am Anfang der neunziger Jahre eingeführt wurde, war auch Reengineering ein Thema. Damals setzten fast alle Unternehmen Initiativen zur Qualitäts- und Prozessverbesserung um, die auf diesen Entwicklungen aufbauten.

Organisationen können die strategischen Ziele ihrer Strategy Maps und Balanced Scorecards nutzen, um ihre Programme für das Prozessmanagement zu erweitern und einheitlich auszurichten. Qualitätsmanagementmodelle alleine konzentrieren sich häufig auf lokale, taktische und isolierte Prozessverbesserungen. Ressourcen werden dann unabhängig von strategischen Prioritäten eingesetzt. Die Balanced Scorecard stellt eine eindeutige Kausalbeziehung zwischen Qualitäts- und Prozessverbesserungen und den positiven Ergebnissen für Kunden und Aktionären her. Die Ursache-Wirkungs-Beziehung der Strategy Map und der strategischen Ziele der Balanced Scorecard verdeutlichen diejenigen Prozessverbesserungen, die für eine erfolgreiche Umsetzung der Strategie am wichtigsten sind. Die Balanced Scorecard liefert die Leitlinien zur Allokation knapper Ressourcen (Budget und Mitarbeiter): weg von der Verbesserung wichtiger operativer Prozesse, die bereits gut funktionieren, hin zu jenen Prozessen, die für die Umsetzung der Strategie am wichtigsten sind.

Ein Manager bemerkte hierzu: »Die Balanced Scorecard führte zu einer einheitlichen Ausrichtung und Konzentration unserer TQM-Bemühungen sowie der jährlichen und der langfristigen Geschäftsplanung. Wir hatten eine Menge aktiver Teams, aber ihre Bemühungen waren unkoordiniert und ad hoc. Die Balanced Scorecard führte zu einem einheitlichen, systematischen Ansatz. Wenn wir heute Verantwortung an eine Abteilung übertragen, geschieht dies in einem klar definierten Rahmen.«

Die Ausrichtung von Programmen zur Qualitäts- und Prozessverbesserung an der Strategie beginnt mit dem Wertbeitrag für Kunden – dem Kern der Strategie. Beispielsweise werden sich Unternehmen, die ihren Kunden niedrige Kosten versprechen, auf Kostensenkungen, Qualitätsverbesserungen sowie die Verkürzung der Durchlaufzeiten konzentrieren. Unternehmen, die Komplettlösungen und intensive Kundenbetreuung bieten möchten, werden sich auf Prozesse konzentrieren, die ihre Beziehungen zu ausgewählten Kunden verbessern, beispielsweise indem sie die Kundenbedürfnisse analysieren und zahlreiche Produkte und Dienstleistungen über die gleichen Kanäle anbieten, damit der Kunde ein ganzheitliches Angebot erhält. Unternehmen, die eine Innovationsstrategie verfolgen, werden den höchsten ROI erzielen, wenn sie sich auf eine Verbesserung ihrer Innovations- und Produktentwicklungsprozesse konzentrieren.

Fallstudie zum strategischen Prozessmanagement wesentlicher Prozesse: LowCost Airlines

Betrachten wir die Situation von LowCost Airlines, eine Billigfluglinie, die »operationale Exzellenz« als ein strategisches Thema gewählt hat, wie in Abbildung 6-3 dargestellt. Die wichtigsten Finanzkennzahlen für dieses Thema sind der Gewinn und die Anlagenrendite. Außerdem hat LowCost zwei weitere entscheidende Finanzkennzahlen identifiziert – das Umsatzwachstum und den Grad der Anlagennutzung (weniger Flugzeuge). Wenn das Unternehmen seine Flugzeuge und sein Flugpersonal besser und effizienter nutzen kann, steigert es seinen Umsatz, ohne mehr für diese teuren Ressourcen ausgeben zu müssen.

Die Kundenperspektive des Themas drückt den Wertbeitrag aus, den LowCost seinen Kunden bietet: die niedrigsten Preise als auch die zuverlässigsten Abflug- und Ankunftszeiten der Branche. LowCost misst den Zielerreichungsgrad durch den Vergleich seiner Preise, der Pünktlichkeit der Abflüge und Landungen mit den Benchmarks der Industrie.

Die Senkung der Abfertigungszeit am Boden ist das wesentliche Prozessziel für das strategische Thema »operationale Exzellenz«. LowCost verwendet hierfür zwei Messgrößen: die durchschnittliche Zeit, die Flugzeuge zwischen den Flügen am Boden verbringen sowie den Prozentsatz der Flüge, die den Flugsteig pünktlich verlassen. Wird die Zeit der Bodenabfertigung gesenkt, sind die Flieger in der Lage, pünktlich abzuheben (und erfüllen so die Kundenerwartung), womit die teuersten Ressourcen – Flugzeuge und Flugpersonal – besser genutzt werden. Dank dieser Vorgehensweise kann LowCost Gewinne machen, obwohl die Gesellschaft die niedrigsten Preise in der Branche hat (ein wichtiges finanzielles Ziel). Die Lern- und Entwicklungsperspektive des Themas sieht vor, das Bodenpersonal zu schulen und zu motivieren, um eine schnellere Abfertigungszeit am Boden zu erreichen – ähnlich der Leistung des Boxenpersonals beim Autorennen von Indianapolis, das vier Reifen in weniger als 15 Sekunden wechseln kann.

In der Sprache von TQM und Lean Management ausgedrückt, ist die Zeit, die ein Flugzeug am Boden verbringt, »Verschwendung«, ähnlich wie die Rüstzeit von Maschinen. Niemand bezahlt eine Fluggesellschaft dafür, dass ihre Flieger am Boden sind. Nur wenn ein Flugzeug in der Luft ist und Passagiere und Fracht von einem Ort zum anderen bringt, schafft es einen Nutzen für die Kunden.

Wie bereits in Kapitel 2 erwähnt, steht die Fluggesellschaft LowCost nicht nur im Wettbewerb mit ihresgleichen, sondern auch mit anderen Transportmitteln, wie Bussen, Zügen und Autos. LowCost muss Preise und eine zuverlässige Abfahrt bieten, die denjenigen anderer Verkehrsmittel vergleichbar sind; nur so ist die Strategie erfolgreich. Die Fähigkeit von LowCost, (1) auch bei den niedrigsten Preisen in der Branche Geld zu ver-

Abbildung 6-3: Strategisches Thema von LowCost Airlines: Operationale Exzellenz

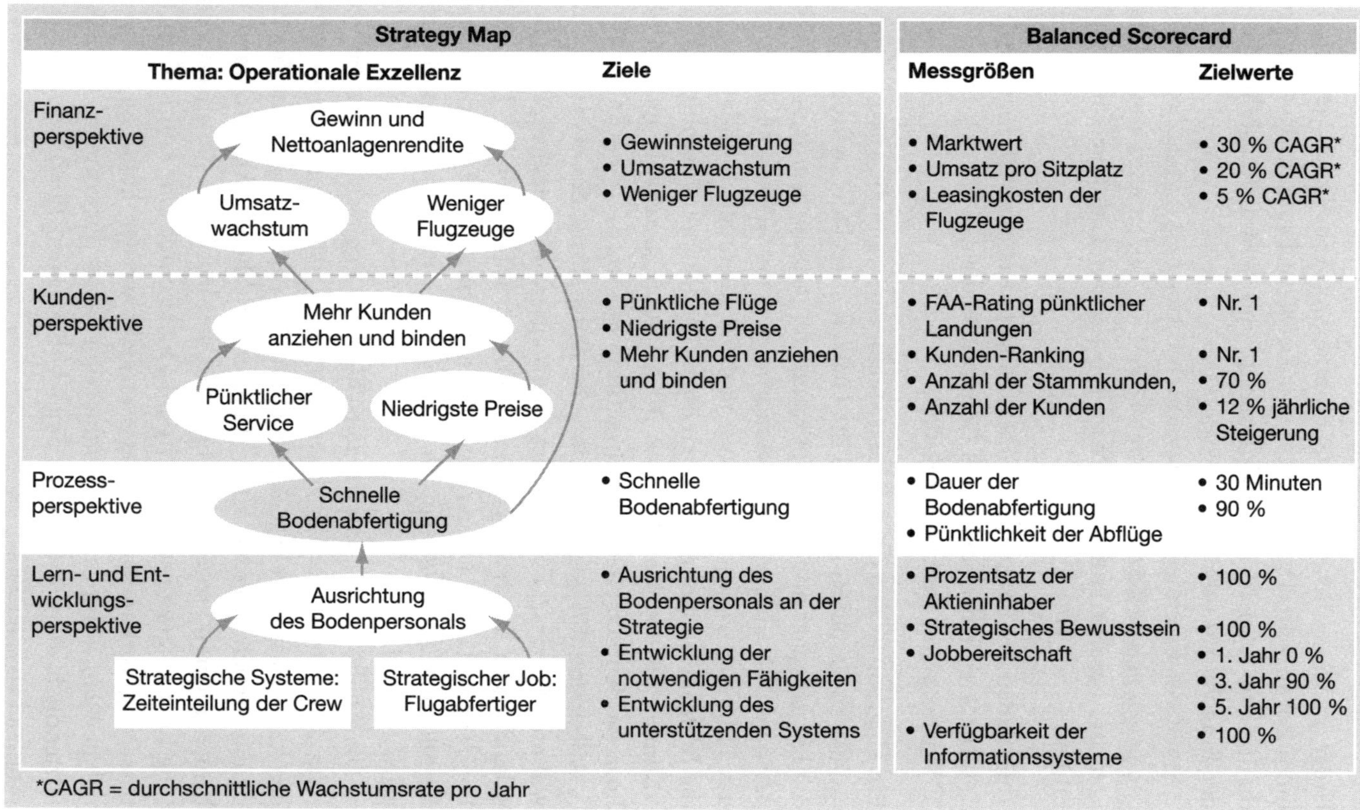

dienen und (2) ebenso pünktlich abzufahren wie Autos, Busse und Züge, hängt im Wesentlichen von der Eliminierung von Verschwendung in allen ihren Formen ab. Die Strategie von LowCost bedingt, dass die Prozesse, die für eine schnelle Bodenabfertigung und pünktliche Abflüge sorgen, in der Branche auf führendem Niveau sind.

LowCost beschließt, die gewünschte Leistung mittels Prozessverbesserungen zu erzielen. Die Abfertigungszeit am Boden wird von dem längsten von drei parallel laufenden Prozessen bestimmt, die die Mitarbeiter ausführen:

1. Entladen des Flugzeugs, sauber machen, Passagiere aufnehmen,
2. Gepäck entladen und neues Gepäck einladen,
3. Wartung und Tanken am Boden.

Ein Flugzeug ist erst dann wieder startbereit, wenn die ankommenden Passagiere ausgestiegen sind und ihr Gepäck ausgeladen wurde, wenn es gereinigt, gewartet und mit Verpflegung ausgestattet wurde, wenn das Flugpersonal, alle abfliegenden Passagiere und ihr Gepäck an Bord sind und das Flugzeug wieder aufgetankt und für flugtauglich erklärt wurde. Um die Bodenabfertigung vom derzeitigen Branchendurchschnitt von über 50 Minuten auf den Zielwert von 30 Minuten zu senken, müssen alle drei Prozesse deutlich effizienter ausgeführt werden.

Abbildung 6-4 zeigt eine einfache Aufspaltung des ersten der oben erwähnten Prozesse: Entladen des Flugzeugs, sauber machen, Passagiere aufnehmen. Der Prozess beginnt, wenn die ankommenden Passagiere das Flugzeug verlassen. Dann reinigt Bodenpersonal den Flieger und bringt die Verpflegung an Bord, danach kommen das Flugpersonal und die Passagiere an Bord.

Die Analyse zeigt, dass ein entschiedenes Engagement für die Verbesserung dieses Prozesses Verzögerungen und Verschwendung so weit beseitigen kann, dass das ehrgeizige Ziel für den ersten Prozess der Bodenabfertigung erreicht werden kann. Eine entsprechende Analyse kann für die beiden anderen Prozesse durchgeführt werden. Wenn die angestrebte Leistung bis zum gewünschten Zeitpunkt nicht durch eine kontinuierliche Verbesserung vorhandener Prozesse erreicht werden kann, zieht das Unternehmen ein komplettes Reengineering seiner Prozesse in Betracht, also letztendlich die Entwicklung eines völlig neuen Prozesses, um das Leistungsziel zu erreichen.

Abbildung 6-4: Kann die Performancelücke durch Prozessverbesserungen geschlossen werden?

Aktivitäten bei der Bodenabfertigung	**Abfertigungszeit zwischen Flügen**		**Prozessverbesserung**
	Ist-Zeit pro Aktivität in Min.	Bestzeit pro Aktivität in Min.	
Warten, bis sich die Flugzeugtür öffnet Passagiere aussteigen lassen	3:16 6:41	0:00 4:38	A. Der Flugbegleiter wartet bei Ankunft am Flugsteig bereit zum Andocken
Warten, dass das Reinigungspersonal an Bord geht Flugzeug reinigen	0:24 10:48	0:18 7:40	B. Genauere Kontrollen des Handgepäcks, weniger Passagiere, die suchend zum Platz zurückkehren
Warten, dass das Kabinenpersonal an Bord geht	4:11	0:00	C. Das Reinigungspersonal ist vorzeitig in Position
Warten, dass der erste Passagier an Bord geht	4:06	0:00	D. Standardisierter Arbeitsablauf, Zeitplan und Methoden, z. B. vorbereitete Ausrüstung
Passagiere aufnehmen	17:32	14:00	E. Optisches Signal des Kabinenpersonals an den Flugbegleiter, dass das Flugzeug zur Aufnahme der Passagiere bereit ist
Auf die Passagierliste warten	1:58	0:13	F. Aktives Management der Gepäckablage durch das Kabinenpersonal
Flugzeugtür schließen	0:57	0:09	G. Der Flugbegleiter bringt die Passagierliste, sobald der letzte Passagier an Bord ist
Landetreppe losmachen	1:39	0:43	H. Der Flugbegleiter steht bereit, um die Tür zu schließen
Gesamte Zeit	**51:34**	**27:41**	

Identifizierung strategischer Prozesse, die verbessert werden müssen

Eine neu geschaffene Strategy Map führt häufig nicht nur zu einer Verbesserung bestehender Prozesse, sondern zeigt auch ganz neue Prozesse auf, die ein Unternehmen exzellent beherrschen muss. Beispielsweise gab ein Bauunternehmen seine Strategie der operativen Exzellenz und Kosteneffizienz auf, um auf Differenzierung und größere Kundennähe zu setzen. Damit diese neue Strategie Erfolg hat, ist die Implementierung eines neuen Prozesses erforderlich: Eine enge Zusammenarbeit mit ausgewählten Kunden, um deren zukünftige Bedürfnisse antizipieren zu können. So etwas hatte das Unternehmen noch nie gemacht. In der Vergangenheit wartete es immer darauf, dass Kunden ein Angebot anforderten. Nun wurde deutlich, dass es wirklich gut im Aufbau von langfristigen, vertrauensvollen Beziehungen zu Zielkunden sein musste, um deren zukünftige Bedürfnisse berücksichtigen zu können.

Auf ähnliche Weise mussten die Mitarbeiter mit Kundenkontakt eines Finanzdienstleisters aufhören, nur als Sachbearbeiter zu reagieren, und aktive Finanzplaner werden. Hätten sie nur ein Modell zur Qualitätsverbesserung als Leitlinie gehabt, dann hätten die Mitarbeiter möglicherweise sehr gute Werte für die schnelle, fehlerfreie Bearbeitung von Kundentransaktionen erzielt. Aber dieser Prozess, der demnächst ohnehin automatisiert wird, war für die neue Strategie des Kundenbeziehungsmanagements unwichtig. Stattdessen mussten die Mitarbeiter eine ganze Reihe neuer Prozesse exzellent beherrschen:

- neue finanzielle Bedürfnisse der Kunden antizipieren und verstehen;
- ein umfassendes und genaues Wissen über neue Finanzprodukte und -dienstleistungen entwickeln;
- die Fähigkeiten in Bezug auf Entwicklung und Verkauf maßgeschneiderter Produkte und Dienstleistungen, die auf den individuellen Kunden zugeschnitten sind, verbessern.

In beiden Unternehmen wurde dank der Balanced Scorecard die kritische Bedeutung neuer Prozesse erkannt, sodass die Unternehmen ihre besten Teams zur Entwicklung dieser Prozesse und Verbesserung von deren Leistung einsetzen konnten.

Projekte zur Qualitäts- und Prozessverbesserung lohnen sich besonders dann, wenn sie anhand von Kriterien ausgewählt werden, die mit den strategischen Zielen eines Unternehmens zusammenhängen. Programme zur Qualitätssicherung, mit denen die Qualität lokaler Prozesse und damit die Effizienz im gesamten Unternehmen verbessert wird, sind in Ordnung. Im Allgemeinen wird ein Unternehmen besser dastehen, wenn eine größere

Anzahl Prozesse besser, schneller und billiger ausgeführt wird. Aber eine Ansammlung besserer, schnellerer und billigerer lokaler Prozesse stellt noch keine Strategie dar. Unternehmen sollten die Verbesserung derjenigen Prozesse in den Mittelpunkt stellen, die am meisten zur erfolgreichen Umsetzung der Unternehmensstrategie beitragen.

Strategische versus unerlässliche operative Prozesse

Abbildung 6-5 zeigt in einer Matrixtabelle den Zusammenhang zwischen Prozessverbesserungen und den strategischen Prioritäten der Balanced Scorecard. Die beiden Spalten unterteilen die bestehenden Prozesse in »hervorragend« oder »verbesserungsbedürftig«, entsprechend den EFQM- oder Baldrige-Kriterien für Prozessexzellenz. Die Zeilen unterscheiden zwischen Prozessen, die laut Balanced Scorecard strategisch – sie tragen zur Strategieumsetzung bei – und solchen, die operativ unerlässlich sind: Für den Unternehmenserfolg sind sie notwendig, sie machen aber keinen strategischen Unterschied.

Abbildung 6-5: Der kombinierte Einsatz von Qualitätsassessment und Balanced Scorecard

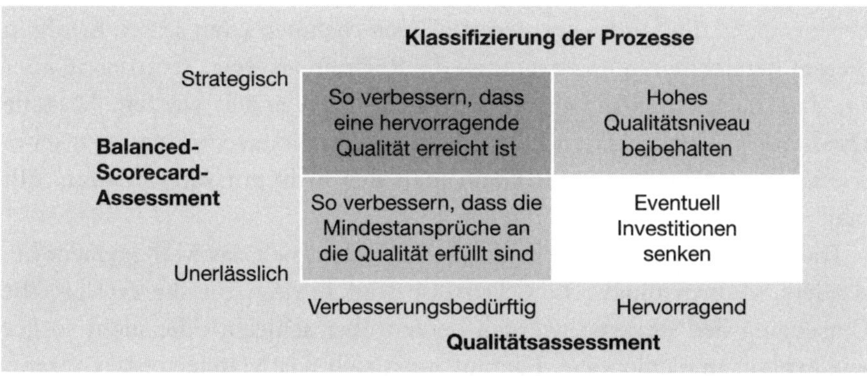

Beispiele für unerlässliche, aber nicht strategische Prozesse sind die Gehaltszahlungen, Bilanzabschlüsse, Reinigung, Wartung sowie Betrieb des Telefonsystems und des Computernetzwerks. Unternehmen müssen all die Prozesse betreiben, aber wenn man dabei Spitzenleistungen erzielt, entsteht dadurch noch kein innovatives Produkt, kein differenzierendes Erlebnis für die Kunden und keine bahnbrechende Produktivitätssteigerung.

Unerlässliche operative Prozesse sind den lebenswichtigen Prozessen im menschlichen Körper vergleichbar, die die Körpertemperatur, den Blutdruck und die Herzfrequenz regulieren. Gerät einer von ihnen außer Kontrolle, müssen sofort Korrekturmaßnahmen ergriffen werden, damit der Körper weiter funktionieren kann. Aber eine Person, deren Körpertemperatur, Blutdruck und Herzfrequenz optimal sind, hat damit noch lange nicht die Grundlagen für eine langfristig erfolgreiche Berufskarriere geschaffen.

Links unten in Abbildung 6-5 sehen wir die unerlässlichen (nicht-strategischen) Prozesse, deren Leistung in einem Unternehmen zurzeit schlecht ist. Ressourcen müssen bereitgestellt werden, um das Niveau der Wettbewerber oder zumindest ein Niveau zu erreichen, auf dem diese Prozesse eine erfolgreiche Strategieumsetzung nicht behindern. Das Kästchen rechts unten in der Abbildung steht für die nicht-strategischen Prozesse, die derzeit hervorragend ausgeführt werden. Die Firma sollte danach trachten, diese Leistung beizubehalten, kann aber in Erwägung ziehen, Ressourcen zur Qualitätsverbesserung von diesen Prozessen abzuziehen, da sie bereits zufriedenstellend funktionieren.

Die Zelle oben rechts steht für die strategischen Prozesse, die zurzeit hervorragend ausgeführt werden. Das Unternehmen kann seinen Erfolg in diesem Bereich feiern und eventuell die Ressourcen etwas reduzieren, aber so, dass nach wie vor Leistungsverbesserungen erzielt werden. Manche Qualitätsexperten erklären hierzu, mit den Qualitätsverbesserungen sei es wie mit dem Fahrradfahren: Wenn man sich nicht vorwärts bewegt, fällt man auf die Nase.

Das Kästchen links oben ist der Bereich, dem sich das Management besonders widmen muss. Diese Prozesse sind kritisch für die erfolgreiche Umsetzung der Strategie, werden derzeit aber schlecht oder nicht so gut wie geplant implementiert. Hierauf muss sich das Management konzentrieren und Ressourcen, wie auch Six Sigma Black Belts, einsetzen. Wenn diese Prozesse nicht spitzenmäßig geleistet werden, wird das Unternehmen seinen Kunden vermutlich kein differenzierendes Nutzenversprechen liefern können und nicht die Produktivitätsverbesserungen erzielen, die zur Erreichung der Finanzziele erforderlich sind.

Die Analyse der Matrixtabelle aus Abbildung 6-5 bestätigt, was ein Qualitätsfachmann uns sagte: »Qualitätsanalysen (Six Sigma) zeigen einem, *wie* man fischen muss. Die Balanced Scorecard lehrt, *wo* man fischen soll.«

Da die strategischen Prozesse in der Prozessperspektive der Balanced Scorecard enthalten sind, werden sie von den Führungskräften in den monatlichen strategischen Lagebesprechungen (die in Kapitel 8 behandelt werden) regelmäßig debattiert und überprüft. Diese Treffen sind ein wichtiger Bestandteil dessen, was Bob Simons als *»interaktives System«* eines Unternehmens bezeichnet: das System, das Manager nutzen, um sich regelmäßig persönlich in die Entscheidungen ihrer Angestellten einzuschalten.[1]

Das Leistungsniveau unerlässlicher operativer Prozesse – die untere Zeile in Abbildung 6-5 – ist ebenfalls wichtig. Das Unternehmen zieht immer Vorteile aus der Prozessverbesserung. Das Reporting und Feedback zu den unerlässlichen Prozessen werden in Simons *Diagnosesystem* berücksichtigt. Die Geschäftsführung setzt klare Leistungszielwerte für die Mitarbeiter und mischt sich dann so lange nicht ein, bis das System sie darauf aufmerksam macht, dass die Leistung eines unerlässlichen Prozesses nicht mehr im Rahmen bestimmter Grenzwerte liegt (ähnlich der Blutdruck- oder Temperaturmessung). Das Diagnosesystem funktioniert also gemäß dem Management nach dem Ausnahmeprinzip.

Einige Unternehmen bieten gute Beispiele für die Anbindung der strategischen Ziele der Prozessperspektive der Balanced Scorecard an Maßnahmen zur Qualitätsverbesserung.

Fallstudie zur Anbindung der Strategie an das Qualitätsmanagement: Information and Communications Mobile

Information and Communications Mobile (ICM), ein Handyhersteller und Netzanbieter, entschied sich für einen ganzheitlichen Ansatz, um seine Qualitätsverbesserungsprogramme an strategische Prioritäten zu koppeln. Der Markt für Mobilkommunikation wuchs beträchtlich und veränderte sich schnell. ICM musste in jedem Quartal ein neues Basismodell einführen, neue Produkte schnell auf den Markt bringen, schnell auf Kundenanforderungen reagieren und durch eine weltweite Präsenz Skaleneffekte erzielen.

ICM organisierte sein Geschäft rund um drei kundenbezogene Kernprozesse: »Von der Idee zum Markt« (Innovation), »Vom Angebot zur Zahlung« (Abwicklung) und »Vom Problem zur Lösung« (Kundenpflege). Außerdem gab es Unterstützungsprozesse: Strategie, Personal und Finanzen. Die Ziele in der Balanced Scorecard spiegelten die drei kritischen strategischen Managementthemen wider: Innovation, Schnelligkeit und Mengenwachstum.

ICM nutzte das so genannte Catch-Ball-Verfahren (siehe Abbildung 6-6), um die Unternehmensziele in den drei BSC-Themen in operative Ziele zu übersetzen, die von den Mitarbeitern mit Kundenkontakt umgesetzt werden konnten. *Catch-Ball* ist eine Komponente des japanischen Hoshin-Kanri-Prozesses; Mitarbeiter führen Diskussionen in zwei Richtungen, mit ihren Vorgesetzten und den ihnen Unterstellten. Im Rahmen dieser Gespräche legen die Mitarbeiter für sich Ziele fest, die diejenigen der übergeordneten Ebene unterstützen; diese Ziele sind zugleich Ergebnisse der Ziele der nächsten unteren Ebene.

Das Führungsteam von ICM setzte den Catch-Ball-Prozess in Gang, indem es die in der Balanced Scorecard festgelegten strategischen Unternehmensziele an alle Geschäftsbereiche kommunizierte. Jeder Geschäftsbereich definierte daraufhin seine eigenen Ziele, um die Unternehmensstrategie am besten zu unterstützen. Als Nächstes verbanden die Geschäftsbereiche ihre Ziele und Vorgaben mit den operativen Zielen der untergeordneten Abteilungen. Die Abteilungsziele wurden dann sukzessiv an die nächsten Ebenen weitergegeben, bis sie in Vorgaben für die lokalen Six-Sigma-Projektteams umgewandelt wurden.

Betrachten wir beispielsweise den Prozess »Vom Angebot zur Zahlung«, der in der Balanced Scorecard als Ziel definiert ist, dem Endkunden einen einfachen, schnellen Kauf zu ermöglichen. Mittels des Catch-Ball-Mechanismus wurde dieses Ziel von der Endkundensparte an eine Handyfabrik heruntergebrochen, die zwei Catch-Ball-Ziele akzeptierte: pünktlichere Lieferungen und Senkung der Auftragsdurchlaufzeit. Diese Ziele wurden ihrerseits an verschiedene Fachabteilungen weitergegeben. Eine davon, die Einkaufsabteilung, definierte das Ziel, ein Six-Sigma-Projektteam aufzubauen, das sich um die Senkung der Wiederbeschaffungszeit kümmern würde. So war das Ziel aus der Balanced Scorecard, den Endkunden einen transparenten, schnellen Bestellprozess zu bieten, direkt mit dem Projekt des Arbeitsteams verbunden, die Wiederbeschaffungszeit für Material zu senken.

Abbildung 6-6: Verwendung der Balanced Scorecard mit einem Catch-Ball-Prozess

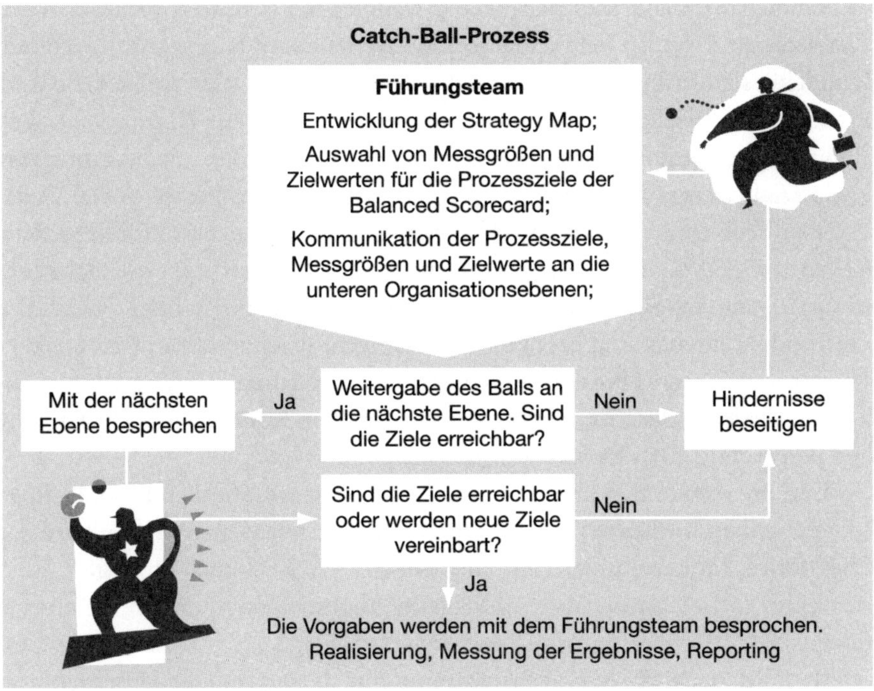

Ein anderes, mit dem Prozess »Vom Problem zur Lösung« verbundenes Ziel der Balanced Scorecard war die Senkung der Fehlleistungskosten. Darunter versteht man die Kosten, die für Bearbeitung und Reparatur von Gerätefehlern anfallen. Das BSC-Projektteam gab dieses übergeordnete strategische Ziel an die Produktion und Produktentwicklung weiter. Ein Projektteam im Bereich Konstruktion und Entwicklung entdeckte, dass schadhafte Akkukontakte für viele Probleme verantwortlich waren. Das Projektteam nahm das Catch-Ball-Ziel an, die Batterieladekontakte der Handys zu verbessern und startete ein Six-Sigma-Projekt, um das Problem zu lösen.

Dieses Herunterbrechen der Ziele bei ICM bewirkte, dass sich alle Abteilungen und Mitarbeiter auf Projekte konzentrierten, die die größte Wirkung auf strategische Kernprozesse hatten. Außerdem wurden so sämtliche Abteilungen und Mitarbeiter an den übergeordneten Unternehmenszielen ausgerichtet. Die Mitarbeiter lernten, wie sie zu den Zielen ihres Geschäftsbereichs und damit auch des Konzerns beitragen konnten.

Nehmen wir als drittes Beispiel ein weiteres mit dem Kernprozess »Vom Problem zur Lösung« verbundenes Ziel der Balanced Scorecard: Rasch auf Kundenbeschwerden eingehen und das Problem lösen. ICM stellte Geld und Personal zur Verfügung, um die Zeit zu senken, die zur Klärung von Beschwerden erforderlich war, und entwickelte Kennzahlen zur Messung des Zielerreichungsgrads. Gerade wenn man es gut macht, kostet es viel Geld, vor Ort Probleme zu lösen. ICM ordnete häufig auftretende Probleme dem Kernprozess »Von der Idee zum Markt« zu. Der Prozessverantwortliche formulierte eine Six-Sigma-Initiative, um die Ursachen für häufige Fehler bei der Produktentwicklung proaktiv zu beseitigen. ICM verstand, dass ein verbessertes, robusteres Produktdesign eine viel wirksamere Lösung sein würde als eine Senkung der Zeit, die zur Bearbeitung von Kundenbeschwerden und zur Beseitigung eines Defekts erforderlich war.

ICM übersetzte das Ziel der Balanced Scorecard, die Fehlleistungskosten zu senken, in Einzelziele für jeden der drei wichtigsten Kernprozesse. Dies führte binnen kurzer Zeit zu mehr als 40 Six-Sigma-Projekten. Binnen eines Jahres waren über 50 Projekte abgeschlossen, die im Schnitt zu jeweils € 150 000 Ersparnissen per Projekt führten.

Als ICM seine Six-Sigma-Programme mit denen anderer Unternehmen verglich, stellte es fest, dass seine Projekte im Durchschnitt mit die höchsten Kostenersparnisse brachten. Das Unternehmen hatte die Balanced Scorecard dazu verwendet, seine Projekte zur Qualitätsverbesserung auf diejenigen Bereiche zu richten, die dem Unternehmen den größten Nutzen brachten.

Fallstudien: Thai Carbon Black, Motorola GEMS, Mobistar (Orange)

Thai Carbon Black (TCB) ist einer der weltweit größten Hersteller von Rußschwarz und zählt sechs der zehn größten Reifenhersteller zu seinen Kunden. Das Unternehmen verfolgte die Strategie, weltweit der Rußschwarzhersteller mit den niedrigsten Kosten zu werden. Es entwickelte eine Balanced Scorecard mit dem wichtigsten Ziel in der Finanzperspektive, die Produktionskosten zu senken. Die Kundenperspektive definierte

Vorgaben zur Verbesserung der Qualität und Auslieferung. Die Prozessperspektive legte den Fokus auf kontinuierliche Prozessverbesserung.

Genau wie ICM verband TCB die Balanced Scorecard mit dem Total Quality Management und Hoshin-Kanri-Methoden. In dem entsprechenden Catch-Ball-Prozess kaskadierten Abteilungsleiter die Messgrößen der Balanced Scorecard in spezifische Kennzahlen für ihre eigene Abteilung; dann wurden diese mit der Catch-Ball-Methode an die nächste Führungsebene innerhalb der Abteilung weitergegeben und schließlich an lokale Mitarbeiter und Projektteams. Auf jeder Ebene fand eine dialogorientierte Kommunikation in beiden Richtungen zwischen den Managern und den ihnen direkt Unterstellten statt, um Messgrößen und Zielwerte abzustimmen. Durch diesen systematischen Prozess wurde eine einheitliche Ausrichtung im gesamten Unternehmen erzielt. Messgrößen für übergeordnete Ziele auf einer Ebene, beispielsweise »Senkung der Produktionskosten« wurden auf der Ebene darunter zu detaillierteren Vorgaben wie »Reduzierung des Schmierölverbrauchs«.

Dank der Ausrichtung der Prozessverbesserungen von Thai Carbon Black an der Strategie wurden die folgenden Umsetzungserfolge erreicht:

Die Umsetzungserfolge von Thai Carbon Black

- Die Brutto-Gewinnspanne (fast 25 Prozent) liegt um 12-15 Prozentpunkte über derjenigen des erfolgreichsten Mitbewerbers.
- 2007 stieg die Eigenkapitalrendite auf 16,7 % an.
- Im gleichen Jahr erzielte TCB aufgrund von Kostensenkungen Einsparungen in Höhe von US-$ 2 Mio.
- Die Anlagenproduktivität lag 2007 bei 97,2 %.
- 2003 stufte Hewitt Associates TCB als besten Arbeitgeber Thailands und als einen der fünf besten Arbeitgeber in ganz Asien ein.
- Von 2000 bis 2006 stieg die Mitarbeiterzufriedenheit um 23 Prozentpunkte auf 92 %.

Mehrere Jahre lang verwendete Motorola Government and Enterprise Mobility Solutions (GEMS), ein Modell zur Leistungssteigerung auf der Basis der Baldrige-Kriterien, um seine kontinuierlichen Verbesserungsmaßnahmen zu steuern, mit dem Ziel die besten Prozesse und Ergebnisse der Branche erreichen. Bei einem internen Assessment wurden jedoch zahlreiche Schwachstellen beim Strategie- und Geschäftsplanungsprozess festgestellt.

Nach einer Benchmarkstudie über Lösungsansätze bei Gewinnern des Baldrige Awards nutzte GEMS die Balanced Scorecard, um einen Rahmen für seine Six-Sigma- und kontinuierlichen Verbesserungsprogramme zu schaffen. Es wurde ein Gremium zur Leistungskontrolle mit 22 Mitgliedern aus den verschiedenen Regionen, Produktbereichen, Funktionen und Unterstützungseinheiten gebildet, von denen einige die Qualitäten eines Six Sigma Master Black Belts hatten. Dieses Team entwickelte eine Strategy Map, eine Balanced Scorecard und ein Reportingsystem (als »Digital Cockpit« bezeichnet) für die Verfolgung der GEMS-Strategie.

Ein Lern- und Entwicklungsziel auf der Balanced Scorecard lautete: »Nach dem Six-Sigma-Prinzip arbeiten«. Dieses Ziel führte zur Beurteilung der Auswirkung aller Six-Sigma-Projekte auf die Unternehmensziele, unter anderem die Kundenzufriedenheit, Qualität, den operativen Gewinn und Cash-Flow sowie das strategische Umsatzwachstum. Motorola GEMS ist ein hervorragendes Beispiel für ein Unternehmen mit gut entwickelten Six-Sigma- und Leistungssteigerungsprogrammen, das vom Einsatz der Balanced Scorecard zur Ausrichtung bestehender Programme an strategischen Prioritäten profitierte. Im Jahr 2003 erhielt Motorola GEMS den Malcolm Baldrige National Quality Award. Die Umsetzungserfolge sind in folgender Übersicht dargestellt:

Die Umsetzungserfolge von Motorola Gems

- Die Nettoanlagenrendite schoss von 16 % im Jahr 2001 auf 137 % im Jahr 2004 in die Höhe.
- Von 2002 bis 2004 stieg der Umsatz jährlich um 11 % und der operative Gewinn (als Prozentsatz vom Umsatz) stieg von 8,7 % auf 16,4 %.
- Der Marktanteil ist doppelt so hoch wie derjenige des nächstbesten Wettbewerbers.
- Die Call-Center der Unternehmensbereiche gehören weltweit zur Spitzenklasse.
- Die Zufriedenheit der Mitarbeiter, ihr strategisches Bewusstsein und ihr Verständnis ihres Beitrags zur Strategieumsetzung haben seit 2001 deutlich zugenommen.

Mobistar (inzwischen Teil des Orange-Konzerns), ein führender Anbieter von Mobilkommunikation in Belgien, entstand 1996 als weltweites Unternehmen für mobile Telekommunikation.[2] Von Anfang an nutzte Mobistar das EFQM-Performance-Modell als Managementsystem. Der Fokus auf

Innovation und Kundenservice führte anfangs sehr schnell zu einem dynamischen Wachstum.

Genau wie Motorola GEMS stellte auch Mobistar bald fest, dass es zwar hervorragende Initiativen zur Prozessverbesserung hatte, dass ihm aber ein System fehlte, um die Mitarbeiter an der Strategie auszurichten. Mobistar führte die Balanced Scorecard ein sowie das Akronym MASC, das für »Mobistar aligned scorecard« aber auch für »measurable, achievable, simple, and concret« (messbar, erreichbar, einfach, konkret) steht.

Mobistar passte die Balanced Scorecard der Unternehmenskultur an. Die Bezeichnung »Prozessperspektive« wurde durch »Treiber« ersetzt, um eine Verbindung zu den Hauptindikatoren – den treibenden Faktoren – der Unternehmensleistung im EFQM-Modell herzustellen. Es wurde eine neue »Partnerperspektive« hinzugefügt, um zu betonen, wie wichtig das Management der Beziehungen zu Lieferanten und externen Partnern ist, sowie eine »Gesellschaftsperspektive«, um bei den Geschäftszielen des Unternehmens die soziale Verantwortung zu berücksichtigen. Außerdem ersetzte Mobistar die »Lern- und Entwicklungsperspektive« durch »Führen durch Zielvereinbarung« (»management by objectives«), um den bereits gut entwickelten Zielvereinbarungsprozess zur Identifizierung von Mitarbeiterzielen an der Unternehmensstrategie auszurichten.

Die Umsetzungserfolge von Mobistar zeigt die folgende Übersicht:

Die Umsetzungserfolge von Mobistar

- Der Aktienkurs von Mobistar hat sich kontinuierlich besser als derjenige der Mitbewerber im Dow Jones Telekomindex entwickelt und erzielte 2002 eine Spitzenposition im Aktienindex.
- Seit November 2002 ist die Mobistar-Aktie im belgischen Leitindex BEL 20.
- Mobistar senkte drastisch die Betriebskosten von 70 % auf nur noch 30 % des Umsatzes im Jahr 2003.
- Die Balanced Scorecard half Mobistar, ein konsequent strategiefokussiertes Unternehmen in einem turbulenten, schnell wachsenden Markt zu werden, in dem Wettbewerber schnell reagieren.
- Mobistar gelang eine deutliche Steigerung der Anzahl an Kundenverträgen, indem es Kunden der Wettbewerber abwarb. Von Oktober 2002 bis März 2004 schloss das Unternehmen 71 500 neue Kundenverträge ab, während die Mitbewerber 86 600 Verträge verloren.

In allen drei Fällen – Thai Carbon Black, Motorola GEMS und Mobistar – hatten die Unternehmen bereits effektive Programme zum Qualitätsmanagement. Statt sie weiter zu nutzen, um kontinuierliche, aber lokale, isolierte und losgelöste Prozessverbesserungen zu erzielen, führte jedes Unternehmen die Balanced Scorecard ein, um die Leistung jener Prozesse zu verbessern, die den größten Einfluss auf die erfolgreiche Umsetzung von strategischen Geschäftsbereichs- und Unternehmenszielen hatten.

Prioritäten für das Prozessmanagement definieren

Unternehmen, bei denen das Qualitätsmanagement nicht Teil der Unternehmenskultur ist, müssen nicht zwingend diese Kultur etablieren, ehe sie das Prozessmanagement an der Strategie ausrichten. In der Balanced Scorecard sind die Prozesse definiert, die für die erfolgreiche Strategieumsetzung am wichtigsten sind. Deshalb können sich Unternehmen, die eine Balanced Scorecard im Einsatz haben, auf das Erreichen der Prozessziele aus der Strategy Map konzentrieren sowie auf Lern- und Entwicklungsziele, die zu Prozessverbesserungen beitragen.

Symnetics, unser südamerikanisches Beratungsunternehmen, hat einen formellen Ansatz entwickelt, um das Prozessmanagement an die strategischen Ziele zu koppeln.[3] Am Anfang steht der Wertbeitrag für Kunden auf dem Prüfstand. Nehmen wir an, ein Unternehmen führt die Balanced Scorecard ein, um eine neue Strategie zur Bereitstellung eines kompletten Dienstleistungsportfolios zur Erfüllung von Kundenwünschen umzusetzen. Bei der bisherigen Strategie ging es darum, niedrige Preise und einen schnellen Service zu bieten. Die neue Strategie macht es notwendig, dass das Unternehmen die Fähigkeit zur schnellen Entwicklung und Einführung neuer Produkte und Dienstleistungen sowie zur Bereitstellung von Wartung, Kundendienst und Schulung erwirbt. Die Firma identifiziert die Kluft zwischen den vorhandenen Prozessfähigkeiten, die zur Umsetzung der alten Strategie entwickelt wurden, und der neuen Prozessperformance, die für das neue Angebot erforderlich ist. Diese strategische Kluft muss durch eine Verbesserung vorhandener Prozesse und die Einführung völlig neuer Prozesse geschlossen werden.

Abbildung 6-7: Die Verbindung des Prozessmanagements mit der Balanced Scorecard

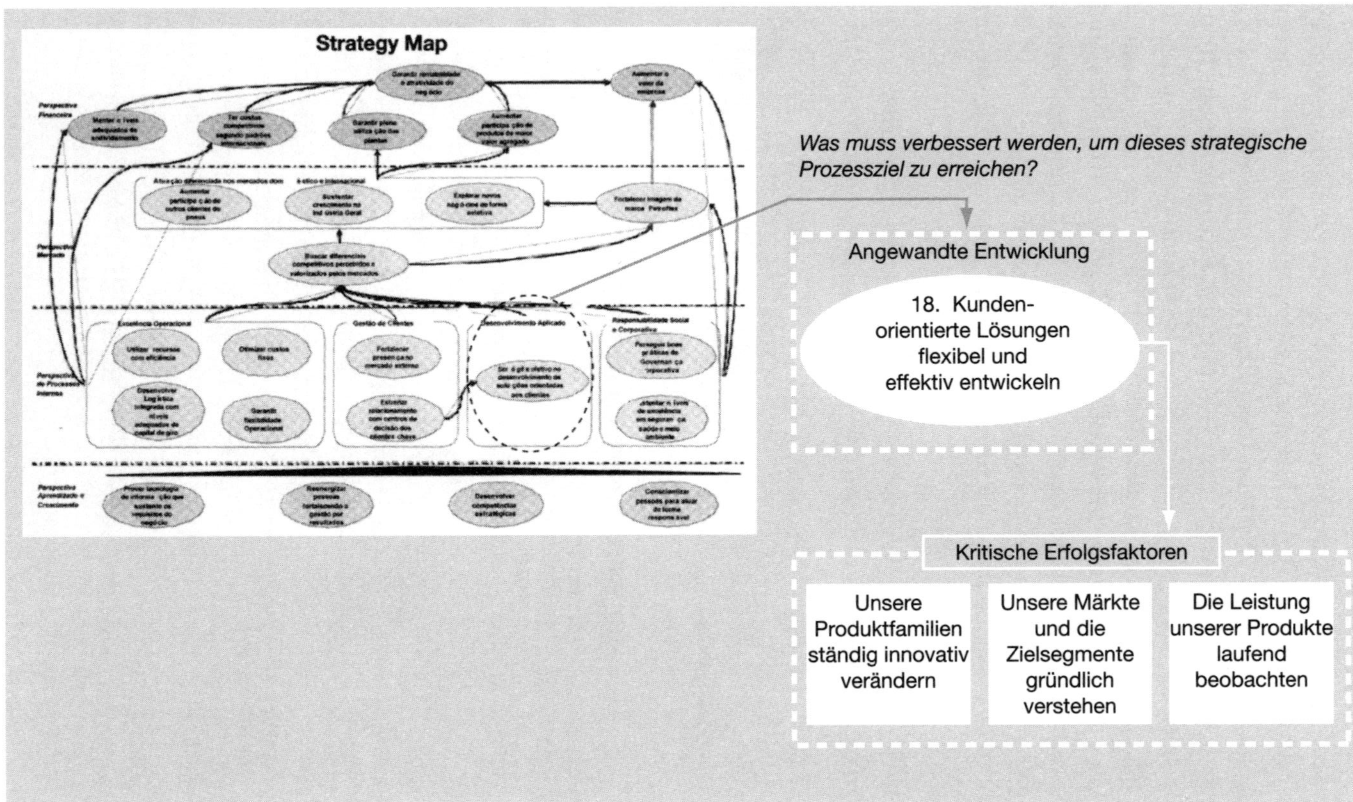

Das Unternehmen führt eine gründliche Analyse des Prozessmanagements durch und identifiziert die wichtigsten Prozessziele (auf der Strategy Map), die das Erreichen der Kunden- und Finanzziele beeinflussen (siehe Abbildung 6-7). Dann identifiziert das Unternehmen die wichtigsten Schlüsselindikatoren zur Messung der Prozessleistung. In unserem Beispiel hat das Unternehmen als Ziel beim Innovationsprozess definiert: »bei der Entwicklung kundenorientierter Lösungen flexibel und effektiv sein«. Dafür sind zwei Messgrößen festgelegt: Ein Effektivitätsindex der Forschung und Entwicklung – definiert als Verhältnis des Gewinns aus neuen Produkten zu den F&E-Kosten dieser Produkte – und der Produkteinführungszeit (time-to-market), eine Kennzahl für die Innovati-

Abbildung 6-8: Die Verbindung des strategischen F&E-Ziels der Balanced Scorecard mit kritischen Erfolgsfaktoren und Messgrößen

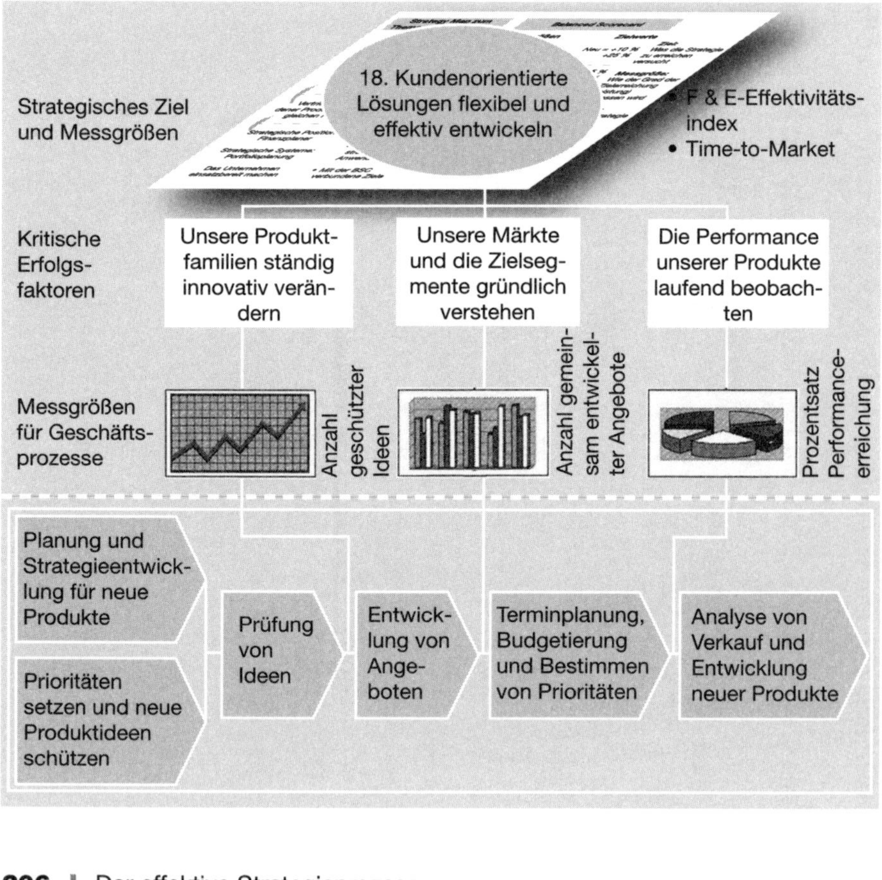

onsgeschwindigkeit (siehe Abbildung 6-8). Die ehrgeizigen Dreijahreszielwerte sehen eine Verbesserung des F&E-Effektivitätsindex um 50 Prozent und eine Senkung der Produkteinführungszeit um 55 Prozent vor.

Bei diesen beiden Kennzahlen handelt es sich um Spätindikatoren, die anzeigen, ob das Unternehmen erfolgreich neue Produkte eingeführt hat, die mehr einbringen als ihre Entwicklung kostete, und ob die Einführung schnell erfolgte. Aber zur Verbesserung des Produkt- und Entwicklungsprozesses brauchen die Mitarbeiter Prozessindikatoren, die motivieren und nachverfolgen, ob laufende Projekte auf Erfolgskurs sind. Die Mitarbeiter können nicht warten, bis die Produkte auf dem Markt sind, um herauszufinden, ob sie Erfolg haben werden. Sie brauchen deshalb zeitgleiche Frühindikatoren.

Im nächsten Schritt identifizierte das Unternehmen die kritischen Erfolgsfaktoren, auf die sich Mitarbeiter bei der Implementierung des Prozesses konzentrieren sollten. Die Firma entschied sich für die folgenden drei Erfolgsfaktoren mit den dazugehörigen Messgrößen:

Kritische Erfolgsfaktoren	**Kennzahlen für die Erfolgsfaktoren**
Unsere Produktlinien stetig innovativ verändern	Anzahl geschützter Ideen
Unsere Märkte und die Zielsegmente gründlich verstehen	Anzahl gemeinsam mit Zielkunden entwickelter Angebote
Die Performance unserer Produkte laufend kontrollieren	Prozentsatz Performanceerreichung neu eingeführter Produkte

Die Kennzahlen können auf einem Prozess-Dashboard dargestellt werden, um die Ausführung der einzelnen Subprozesse zu verbessern, wie in Abbildung 6-8 dargestellt. Kennzahlen in Dashboards sind Prozessindikatoren, die über die Ursache-Wirkungs-Kette zu einer herausragenden Prozessleistung beitragen. Sie können als Grundlage für ein Service Level Agreement zwischen der F&E-Abteilung und einem Geschäftsbereich dienen. Ein solcher Vertrag legt fest, wie die Unterstützungsfunktion (F&E) dazu beitragen soll, dass ein kritisches Prozessziel auf der Strategy Map des Geschäftsbereichs erreicht wird.

Der Einsatz von Dashboards

Unternehmen unterstützen ihre Maßnahmen zur Prozessverbesserung durch den Aufbau und Einsatz von operativen *Dashboards*. Dabei handelt es sich um die Abbildung einer Reihe von Schlüsselindikatoren, die ein Feedback zur Leistung lokaler Prozesse geben. Durch automatisierte Dashboards wird die bildliche Darstellung der zugrunde liegenden Daten erleichtert. So können die Mitarbeiter Daten gründlich und interaktiv analysieren. Obgleich alle Prozesse von systematischer Messung und Berichtlegung profitieren, sind Dashboards am effektivsten, wenn sie die Prozessperspektive der Balanced Scorecard eines Geschäftsbereichs illustrieren (siehe Abbildung 6-9).

Die bereits erwähnten LowCost Airlines wollten Dashboards für diejenigen Mitarbeiter entwickeln, die für das Ein- und Aussteigen der Passagiere, den Gepäcktransport und die Wartung am Boden zuständig sind. So erhielten diese Mitarbeiter ein ständiges Feedback und konnten feststellen, welche ihrer Prozessinnovationen zu der größten und verlässlichsten Senkung der Abfertigungszeit führte, dem Kernprozess des strategischen Themas »operationale Exzellenz«.

Dashboards unterscheiden sich in mehreren Aspekten von Balanced Scorecards.[4] Dashboards sind operative, keine strategischen Instrumente. Daher enthalten sie meist keine Kennzahlen für die Finanz- und Kundenperspektive oder für die Mitarbeiterentwicklung der Abteilung. Dashboards konzentrieren sich auf Prozesskennzahlen, die Mitarbeiter durch ihre tägliche Arbeit beeinflussen können. Die meisten Kennzahlen der Balanced Scorecard messen Ergebnisse, die monatlich oder vierteljährlich aktualisiert werden, Dashboards spiegeln dagegen die tägliche und manchmal stündliche Leistung wider, sodass die Mitarbeiter rasch und rechtzeitig ein Feedback zur aktuellen Leistung bekommen. Dank dieses schnellen Feedbacks können sie aus ihrer Erfahrung lernen.

Außerdem konzentrieren sich Dashboards auf die Leistung von Abteilungen, Fachbereichen und Prozessen, während die Indikatoren der Balanced Scorecard meist bereichs- und abteilungsübergreifend sind. Dashboards informieren über die Problemlösungen und laufenden Verbesserungen von Mitarbeitern, die der gleichen Abteilung, dem gleichen Prozess oder der gleichen Funktion zugeordnet sind. Die Dashboard-Daten helfen nicht nur beim Management und täglichen Verbesserungen,

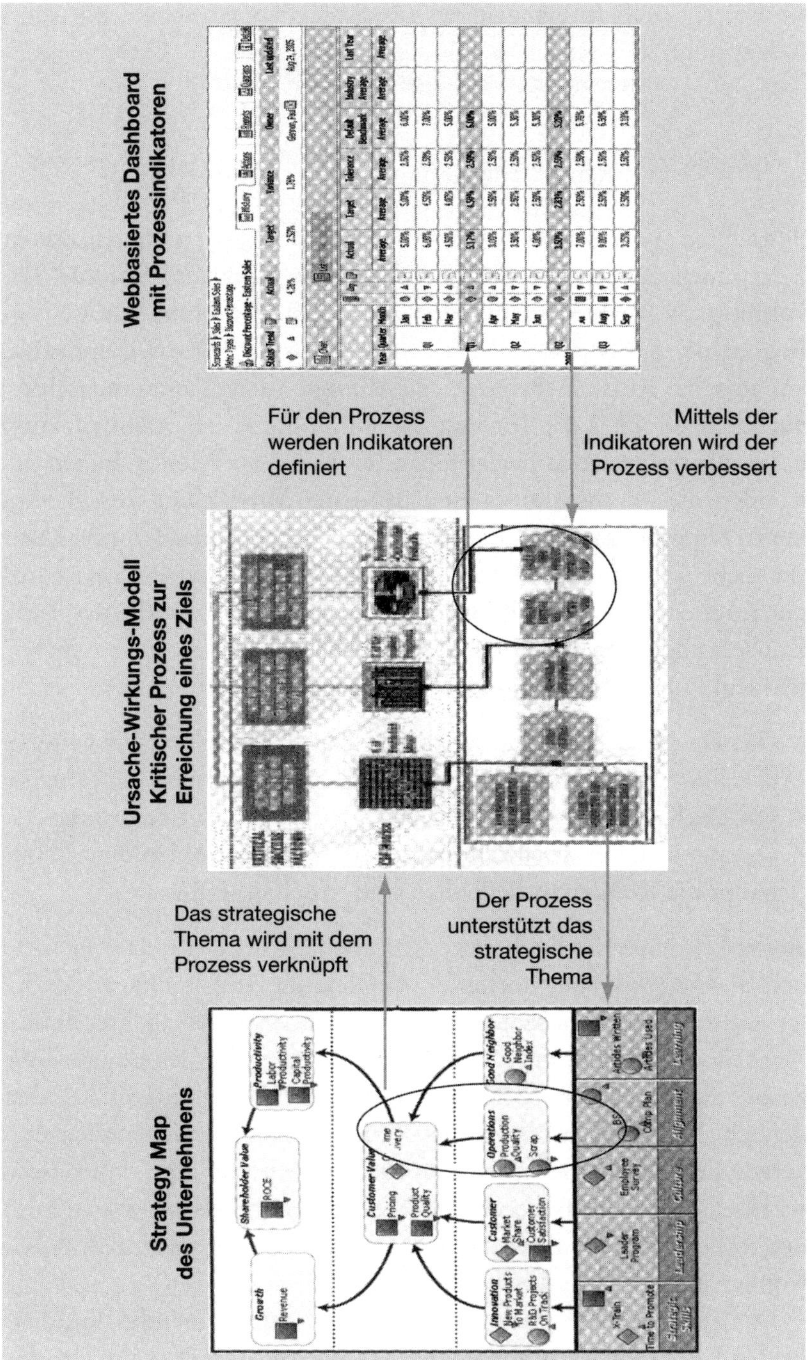

Abbildung 6-9: Die Verbindung strategischer Ziele mit Prozess-Dashboards

sie liefern auch Informationen für Lagebesprechungen, auf die wir im 8. Kapitel näher eingehen.

Fallstudie zu Dashboards: TD Canada Trust

Betrachten wir TD Canada Trust (TDCT), ein Unternehmen, das aus dem Zusammenschluss von Toronto Dominion Bank und Canada Trust hervorging, als Beispiel für die Verwendung statistischer Analysen (multiple Regression) zur Auswahl der besten operativen (Prozess-)Kennzahlen.[5] Die kanadische Aufsichtsbehörde genehmigte den Zusammenschluss erst, nachdem der CEO der Toronto Dominion Bank sich öffentlich verpflichtet hatte, weiterhin einen herausragenden Kundenservice zu bieten und allen Kunden die »komfortable« und bequeme Abwicklung von Bankgeschäften zu ermöglichen. TDCT setzte bereits ein Dashboard mit 26 Kennzahlen ein (siehe Abbildung 6-10), um die Kundenzufriedenheit (drei Kennzahlen), die Kundentreue (zwei Kennzahlen) sowie die vermutlichen Treiber der Zufriedenheit und Treue (21 Kennziffern) zu erfassen. Drei Aspekte machten dem Führungsteam Sorgen:

- Das Dashboard enthielt zu viele Kennzahlen, sodass die Mitarbeiter in den Filialen sich nicht darauf konzentrieren konnten.
- Für die Kennzahlen gab es keine Gewichtung oder Prioritäten.
- Die Bank hatte nie überprüft, ob die 21 Kennzahlen der Treiber überhaupt die Kundenzufriedenheit und -treue beeinflussten.

Außerdem hatte die Bank das grundsätzliche Problem, dass sie nicht wirklich wusste, was »komfortable« Abwicklung von Bankgeschäften bedeuten sollte, obwohl sie sich gerade öffentlich dazu verpflichtet hatte.

Chris Armstrong, der 2005 Marketingchef war, leitete ein Projekt zur gründlichen und systematischen Analyse der Treiber auf die Kundenzufriedenheit. Das Projektteam führte Tiefeninterviews mit Kunden durch, die gerade in einer Filiale bedient worden waren, und ging dabei auf die verschiedenen Dimensionen des Service ein. Anschließend wurde mithilfe einer statistischen Analyse die Auswirkung jedes Servicemerkmals auf die Kundenzufriedenheit geschätzt.

Das Team entwickelte einen Kundenzufriedenheitsindex und behielt die beiden Kennzahlen für Kundentreue – »werde TDCT wahrscheinlich wei-

Abbildung 6-10: Das Dashboard für die Kundenanalyse von TD Canada Trust

Canada Trust	2003 Zielwert: 81,8								
						Kundenzufriedenheitsindex, Quartalsbericht Filiale Nr. 1020 KING & BAY PAVILION REPORTINGZEITRAUM: AUG 03 bis OKT 03			
	Messzeitraum/Ebene								
	Filiale							Regi- on	Land
Basis: Gesamtzahl der Interviews	Jahres- ende 2002	Nov 02 bis Jan 03	Feb 03 bis Apr 03	Mai 03 bis Jul 03	Aug 03 bis Okt 03	Jahr, das mit Okt 03 endet	Net- tover- ände- rung**	Jah- res- ende 03	Jahres- ende 03
	200	**50**	**50**	**50**	**50**	**200**		**26934**	**194514**
Kundenzufriedenheit:	Prozentsatz derjenigen, die auf einer 7er-Skala eine 6 oder 7 geben (7 = herausragend, 1 = schlecht)								
Insgesamt in der Filiale	**75,7**	**69,6**	**79,7**	**69,3**	**89,9**	**77,1**	**+1,4**	**81,5**	**85,6**
An der Kasse*	**76,9**	**72,3**	**77,5**	**70,0**	**92,9**	**78,2**	**+1,3**	**81,9**	**85,9**
Am Schalter +	**70,8**	**58,3**	**88,9**	**66,7**	**77,8**	**72,9**	**+21**	**80,2**	**84,3**
Kundentreue:	Prozentsatz derjenigen, die auf einer 5er-Skala eine 4 oder 5 geben								
Würden TDCT an einen Kollegen/Freund weiterempfehlen	**68,6**	**78,0**	**75,1**	**65,0**	**81,6**	**74,9**	**+6,3**	**76,2**	**79,3**
Wollen weiterhin TDCT-Kunde während der nächsten 12 Monate bleiben	**86,0**	**89,9**	**86,0**	**81,5**	**88,1**	**86,4**	**+0,4**	**88,4**	**90,6**
Verhalten des Kassierers/Bankangestellten:									
Schätzte er Sie als Kunde?	**86,6**	**90,2**	**91,8**	**85,6**	**95,6**	**90,8**	**+4,2**	**91,9**	**93,3**
Wickelte er die Transaktion rasch ab?*	**95,0**	**92,7**	**95,1**	**97,4**	**100,0**	**96,3**	**+1,3**	**96,0**	**97,3**
Konnte er Ihre Anforderungen erfüllen?		**96,0**	**98,1**	**95,7**	**95,7**	**96,4**		**95,8**	**96,7**
War die Wartezeit akzeptabel?	**91,0**	**87,7**	**87,7**	**88,2**	**94,1**	**88,9**	**-2,1**	**84,8**	**89,9**
Hat er sich auf Sie konzentriert?	**93,4**	**91,8**	**87,7**	**98,1**	**97,8**	**93,6**	**+0,4**	**91,6**	**95,1**
Gab er Ihnen das Gefühl, ein Mensch, nicht nur eine Nummer zu sein?*		**92,5**	**94,9**	**94,9**	**100,0**	**95,6**		**92,9**	**95,1**

Lächelte er?	89,1	96,0	92,3	90,0	96,0	93,6	+4,5	91,8	93,6
Ging er korrekt mit dem Konto und der Transaktion um? +		88,9	88,9	88,9	100,0	91,7		95,0	95,8
Wickelte er die Transaktion richtig ab?*		97,4	95,1	95,1	97,4	96,2		96,6	97,6
Machte er einen kompetenten Eindruck?		90,90	89,7	89,9	94,0	90,		91,6	93,5
Zeigte er Interesse an Ihnen als Person?*	88,2	77,8	91,7	88,9	88,9	86,8	-1,4	89,2	92,1
Zeigte er Ihnen sofort, dass er Sie wahrgenommen hatte? +	85,4	88,9	69,4	100,0	100,0	89,6	+4,2	84,2	86,7
Begrüßte er Sie freundlich?	96,6	98,1	100,0	97,9	100,0	99,0	+2,4	96,7	97,8
Ermunterte er Sie, Fragen zu stellen? +	86,1	77,8	72,2	77,8	58,3	71,5	-14,6	73,7	75,7
Erklärte er die Dienstleistungen leicht verständlich? +	84,0	88,9	88,9	88,9	100,0	91,7	+7,7	92,2	93,4
Behandelte er Sie respektvoll?	98,0	97,8	97,8	97,8	100,0	98,4	+0,4	97,8	98,6
Sprach er Sie mit Namen an?	70,9	82,4	63,8	65,6	82,2	68,5	-2,4	71,9	73,2
Bedankte er sich für das Geschäft?	84,9	90,0	87,5	85,9	90,0	88,4	+3,5	87,6	86,8
Beriet er Sie bedarfsgerecht? +	86,1	77,8	61,1	69,4	69,4	69,4	-16,7	77,6	79,6
Behandelte er die Transaktion vertraulich?	93,6	93,7	91,5	93,8	96,0	93,8	+0,2	92,4	94,6
Empfahl er weitere Dienstleistungen? +	72,9	61,1	55,6	77,8	50,0	61,1	-11,8	54,8	53,3

* Basis: Alle, die etwas an der Kasse erledigten;
\+ Basis: Alle, die am Schalter eine Transaktion erledigten: ACHTUNG: Diese Anzahl ist pro Filiale äußerst gering – ungefähr 10 Interviews pro Quartal.
** Netto-Veränderung bedeutet die Differenz zwischen dem Geschäftsjahr, das im Oktober 2003 endete, und den Ergebnissen für das Jahresende 2002.

terempfehlen« und »werde weiterhin TDCT-Kunde bleiben« – bei. Es ersetzte zwei Kennzahlen für Kundenzufriedenheit durch eine für Unzufriedenheit: Der Prozentsatz der Kunden, die ihr Erlebnis in der Filiale auf einer 10-Punkte-Skala mit höchstens 3 Punkten bewerteten.

Die wichtigste Erkenntnis des Teams war, dass 10 der 21 Treiber keinen oder nur einen vernachlässigbaren Effekt auf die Kundenzufriedenheit,

-treue und Rentabilität der Filiale hatten. Daraufhin wurden diese zehn gestrichen, wodurch die Liste aus Abbildung 6-11 entstand.

Bei der Vereinfachung des Dashboards schätzte das Projektteam auch die Auswirkungen von Verbesserungen der Treiber auf die Kundenzufriedenheit. Beispielsweise fand das Team heraus, dass Kunden das Gefühl wichtiger war, dass man sie und ihr Geschäft schätzte, als ein schneller Service:

»Eine einprozentige Verbesserung der Messgröße für komfortable Abwicklung des Bankgeschäfts (Prozentsatz von Kunden, die sich geschätzt fühlten) führte zu einer 1,7-prozentigen Verbesserung der Kundenzufriedenheit, was zu einer Steigerung der Rentabilität der Filiale um 0,4 Prozent führte.

Eine einprozentige Verbesserung der Bedienungsgeschwindigkeit (Prozentsatz von Kunden, die mit der Schnelligkeit der Geschäftsabwicklung zufrieden waren) führte nur zu einer Steigerung der Kundenzufriedenheit um 0,8 Prozent, was eine Steigerung der Rentabilität der Branche um 0,2 Prozent bedeutete.«[6]

Armstrongs Team, das nun wusste, welchen Wert eine verbesserte Performance bei jeder Servicedimension hatte, listete die entsprechenden Servicekennzahlen auf der Scorecard der Filiale in der Reihenfolge ihrer relativen Bedeutung auf. So konnten die Mitarbeiter die wichtigsten Kennzahlen für die Servicequalität schnell erkennen.

Außerdem entdeckte das Team, dass die Zufriedenheit wie eine nichtlineare S-Kurve auf Verbesserungen der meisten Servicedimensionen reagierte. Verbesserungen des Serviceniveaus hatten nur geringe Auswirkungen, bis eine entscheidende Schwelle erreicht war. Danach nahm die Wirkung rasch zu, bis eine weitere Grenze erreicht war, ab der zusätzliche Verbesserungen nur noch eine geringe Steigerung der Zufriedenheit brachten. Diese Erkenntnis half, sich weniger auf Kennzahlen zu konzentrieren, deren Verbesserung nur noch wenig einbrachte, und sich denen zuzuwenden, wo Verbesserungen zu einer deutlichen Erhöhung der Zufriedenheit führen konnten. Die Reaktionskurve diente als Grundlage für einen Feedback-Bericht für jede Filiale, der dem Filialleiter half, sich auf jene Bereiche zu konzentrieren, wo Leistungsverbesserungen am wertvollsten waren.

Die Erfahrung von TDCT ist ein hervorragendes Beispiel für den Aufbau und Einsatz von Dashboards. Viele Unternehmen produzieren automatisch eine ganze Reihe von operativen Kennzahlen und stellen sie zur

Abbildung 6-11: Analyse und Reporting der Kundenzufriedenheit durch TD Canada Trust

Kundenzufriedenheitsindex Kasse		letzte 12 Monate	Leistung Niveau			Aktuell	Vorher	Vorhergehendes Jahr
			(1)	(2)	(3)	Drei Monate	Drei Monate	Drei Monate
1	Kundenzufriedenheitsindex	86,9						
2	Zufrieden (Kästchen 3 unten)	1,9						
3	Werde wahrscheinlich weiter empfehlen	79,8						
4	Werde wahrscheinlich weiter Kunde bleiben	90,7						
5	Gab Ihnen das Gefühl, dass er Sie als Kunde schätzt	91,6	X					
6	Wickelte die Transaktion schnell ab	96,3	X					
7	War in der Lage, Ihre Anforderung zu erfüllen	96,3		X				
8	Die Wartezeit war akzeptabel.	91,6		X				
9	Die Begrüßung war freundlich.	97,2		X				
10	Sie wurden mit Ihrem Namen angesprochen.	77,6		X				
11	Der Mitarbeiter konzentrierte sich voll und ganz auf Sie.	96,3		X				
12	Er bedankte sich für Ihr Geschäft.	86,9	X					
13	Er wickelte Ihre Transaktion korrekt ab.	97,2			X			
14	Er behandelte Sie respektvoll.	98,1			X			
15	Er behandelte die Transaktion vertraulich.	93,5		X				

(1) Muss verbessert werden (2) Es gibt noch Verbesserungsmöglichkeiten (3) Auf diesem Niveau weitermachen

Verfügung, ohne erst zu klären, welche von ihnen den größten Einfluss auf die Gesamtperformance haben. TDCT führte dagegen zuerst eine multiple Regressionsanalyse durch, um herauszufinden, welche Kennzahlen die größten Auswirkungen auf die Leistung der dezentralen Einheiten hatten. Diese Kennzahlen ließen sich dann auf der ersten Seite des elektronischen Dashboards jeder Filiale darstellen; man konnte Trends beobachten und Vergleiche zu anderen Filialen ziehen. Im Allgemeinen helfen einige wenige Kennzahlen auf einem Dashboard, insbesondere wenn sie den internen oder externen Benchmarks gegenübergestellt werden, den Mitarbeitern bei der Prozessverbesserung und geben ihnen Feedback dazu.

Transfer von Best Practices

Unternehmen sollten Prozessverbesserungen nicht als lokale, isolierte Projekte behandeln, sondern eigene Erfahrungen und Best Practices an alle Unternehmenseinheiten weitergeben.

Vista Retail nutzt einen formellen Prozess, um die Leistung aller Filialen zu analysieren und zu vergleichen. Das Unternehmen ermuntert die Läden, beste Lösungsansätze weiterzugeben, beispielsweise zum Beschwerdemanagement und zur Verbesserung des Kundenservice. Bei ihren regelmäßigen Besuchen der Läden halten die Regionaldirektoren Ausschau nach Best Practices und machen dann die anderen Filialen in ihrer Region damit vertraut.

Das Unternehmen führte ein nicht-monetäres Anerkennungsprogramm für die Läden ein, den so genannten Vista Pride Award, um Mitarbeitern und Teams für großartige, wertschöpfende Vorschläge zu belohnen. Jede Filiale vergibt in jedem Quartal einen ersten, zweiten und dritten Platz. Wer den ersten Platz erreicht, wird für einen vierteljährlichen Wettbewerb auf Unternehmensebene vorgeschlagen, dessen Hauptgewinn eine siebentägige Reise für zwei Personen in eine Ferienanlage inklusive Taschengeld in Höhe von US-$ 500 ist. Vistas Büro für Strategiemanagement sammelt die Fallstudien zu den besten Lösungsansätzen und veröffentlicht sie im Intranet des Unternehmens. Außerdem fragt das Unternehmen seine externen Prüfer und Lieferanten nach Best Practices, die diese in anderen Unternehmen und ganz verschiedenen Branchen beobachtet haben.

Ricoh organisiert im Rahmen der Balanced-Scorecard-Kontrolle Besuche von Führungskräften eines Geschäftsbereichs bei anderen, um dort Best Practices zu beobachten und zu analysieren. Eine eigene Abteilung im Unternehmen, Performance Excellence, managt einen jährlichen Prozess, um Best Practices zu identifizieren und weiterzugeben. Jeder Geschäftsbereich in einer Region sendet Informationen über beste Lösungsansätze, die anhand der Baldrige-Kriterien bewertet werden, an diese Abteilung. Diese veranstaltet dann eine »Best Practice Sharing Rally«, bei der CEO und Bereichsleiter unter den Lösungsansätzen in einer Region die drei besten Vorgehensweisen auswählen, die dann anhand der Baldrige-Kriterien von einem erfahrenen, internationalen, internen Beratergremium bewertet werden. Diejenigen, die über 50 Prozent erzielen, werden als »Ricoh Best Practices« bezeichnet und in einer internationalen Datenbank gespeichert, auf die alle Regionen zugreifen können.

Eine ähnliche Veranstaltung findet in Bezug auf Kaizen-Prozessverbesserungen statt, um die besten Qualitätskontroll- und Six-Sigma-Projekte zu präsentieren. Die besten Projekte nehmen dann an einem regionalen Kaizen-Wettbewerb teil. Zu den Bewertungskriterien zählen die Weitergabe von Best Practices an andere Organisationseinheiten sowie die Umsetzung dieser Lösungsansätze außerhalb des Bereichs, der sie entwickelte.

Hillside Family of Agencies ist eine gemeinnützige Dachorganisation mit Sitz in Rochester, New York, die im Rahmen eines integrierten Betreuungsangebots Dienstleistungen für Kinder und Familien bietet. Die Organisation ist auf den Gebieten Kinderfürsorge, Psychiatrie, Jugendstrafrecht, Erziehung, Entwicklungsstörungen und Jugendförderung an verschiedenen Standorten im Staat New York aktiv. Sie bemüht sich, bei der Umsetzung bahnbrechender Forschung in praktische Lösungen führend zu sein, die sich im gesamten Servicebereich anwenden lassen. Das für strategische Planung und Qualitätssicherung zuständige Team stellt zur Weitergabe der Best Practices die Verbindung zwischen den Forschern auf nationaler Ebene und den Leitern von Einzelorganisationen her. Die erfolgreiche Umsetzung von Forschung in praktische Lösungen macht den Einsatz von Best Practices auf verschiedenen Ebenen erforderlich: durch einzelne Ärzte, die Organisation als solche, die Geldgeber, die kommunalen Einrichtungen und die Kunden. Den Forschern bietet Hillside Einblicke eine wertvolle belegbare Bedürfnisse von Kindern und Familien.

Hillside setzt einen Prozess ein, der auf Zusammenarbeit und gemeinsamer Entwicklung beruht, um evidenzbasierte Praktiken in bestehende Servicemodelle zu integrieren. Der endgültige Service basiert auf dem Feedback von Kunden und der Programmbewertung. Auf diese Weise wissen alle Manager, was dem aktuellen Stand entspricht und suchen ständig Wege, um neue Ideen in die Lösungen zu integrieren, die sie Kindern und deren Familien bieten. Hillside erzielte folgende Umsetzungserfolge:

Die Umsetzungserfolge der Hillside Family of Agencies

- Hillside hat elf Quartale in Folge (2004 bis 2007) sein dreijähriges Einnahmenziel übertroffen.
- Von 2002 bis 2007 stieg die Anzahl der betreuten Familien um 37 % von 5 804 auf 7 950.
- Unter den Studenten, die durch das Hillside-Stipendienprogramm gefördert werden, macht ein wesentlich höherer Anteil einen Abschluss als unter den Studenten, die nicht in das Programm einbezogen sind.
- Das Hillside-Stipendienprogramm erzielt eine Kapitalrentabilität in Höhe von US-$ 2 263 646 pro Hundert Teilnehmer (bis zum Alter von 30).
- Die durchschnittliche Dauer vom Erstkontakt bis zur Bereitstellung des Service sank binnen zwei Jahren um 50 Prozent von durchschnittlich 6,2 Wochen auf 2,7 Wochen.
- Die Umsetzung des Programms »Positive Behavioral Interventions and Supports« hat beim betreuten Wohnen und in Tagesstätten dazu geführt, dass Betreuer deutlich seltener eingreifen müssen.

Zusammenfassung

Prozessverbesserungen sind ein wesentlicher Teil der Strategieumsetzung. Die Ziele und Messgrößen der Finanz- und Kundenperspektive der Balanced Scorecard beschreiben die Resultate, die mit einer erfolgreichen Strategie erzielt werden sollen. Die Ziele und Messgrößen der Prozessperspektive beschreiben, wie eine Strategie umgesetzt wird. Durch die hervorragende Beherrschung der in der Balanced Scorecard definierten Prozesse unterscheidet sich eine Strategie von anderen; außerdem werden so die in der Finanzperspektive definierten Produktivitätsverbesserungen erzielt.

Qualitäts- und sonstige Verbesserungsprogramme tragen wesentlich zur Erreichung der Zielwerte für strategische Prozesse bei. Ein Unternehmen sollte jeden strategischen Prozess analysieren, um die wichtigsten Erfolgsfaktoren und Kennziffern zu identifizieren, anhand derer die Mitarbeiter ihre tägliche Arbeit verbessern können. Dashboards bieten Feedback über Messgrößen, die für Prozessverbesserungen entscheidend sind. Ein formelles Programm zum Wissensaustausch – teilweise basierend auf bereichsübergreifenden, quantitativen Vergleichen der Leistung dezentraler Einheiten – macht die schnelle Verbreitung erfolgreicher Prozessinnovationen im ganzen Unternehmen möglich.

Anmerkungen zu diesem Kapitel

1 Simons, R.: *Levers of Control* (Boston: Harvard Business School Press, 1995), S. 91-124.

2 Das Material über Mobistar wurde entnommen aus: »Mobistar«, Balanced Scorecard Report Hall of Fame 2005 (March 2005), S. 27-28.

3 Wir danken Reinaldo Manzini, dass er seine Erfahrungen aus der Arbeit von Symnetics in Brasilien beigesteuert hat.

4 Eckerson, W.W.: *Performance Dashboards: Measuring, Monitoring, and Managing Your Business* (Hoboken, NJ: John Wiley & Sons, 2006) bietet umfassende und gut verständliche Informationen über Dashboards. Wir verwenden eine etwas andere Terminologie als Eckerson, indem wir den Begriff »Dashboards« nur für das verwenden, was er als »operational« oder »tactical dashboards« bezeichnet, und am Begriff *Balanced Scorecard* für das festhalten, was er als »strategic dashboards« bezeichnet.

5 Wir danken Professor Dennis Campbell für die Fallstudie über TD Canada Trust; siehe Campbell, D.: »Choose the Right Measures, Drive the Right Strategy«, Balanced Scorecard Report, May-June 2006, S. 14-16.

6 A.a.O., S. 15.

Kapitel 7

Operative Planung: Umsatzprognosen, Ressourcenkapazitäten und dynamische Budgets

Die Ausgaben eines Unternehmens für strategische Initiativen und Prozessverbesserungen, die wir in den Kapiteln 4 und 6 behandelten, sind für eine erfolgreiche Strategieumsetzung wesentlich. Aber diese Ausgaben machen üblicherweise nur 10 Prozent oder weniger der gesamten Unternehmensausgaben aus. Die übrigen 90 oder mehr Prozent verwendet das Unternehmen, um Produkte und Dienstleistungen zu erstellen und Kunden anzubieten und die notwendigen unterstützenden Aktivitäten auszuführen. In diesem Kapitel präsentieren wir einen integrierten Ansatz, um den strategischen Plan mit den Prognosen über die operativen und Investitionsbudgets zu verbinden. Dieser Prozess (der in der zweiten Zeile von Abbildung 6-2 in Kapitel 6 beschrieben ist) stellt sicher, dass die Ressourcenkapazität und Budgets die strategischen Ziele und Anforderungen reflektieren.

Budgets and Beyond

In den 1920er Jahren führte General Motors operative und Investitionsbudgets ein, die bis heute verwendet werden.[1] Das Mantra von Alfred Sloan, Vorstandsvorsitzender von General Motors, und seines Finanzvorstands, Donaldson Brown, lautete: »Dezentralisiertes Management mit zentraler Kontrolle«. Sie verwendeten Budgets, um die verschiedenen Geschäftsbereiche zu koordinieren und zu kontrollieren. Budgets wurden zum zentralen Managementsystem der meisten Unternehmen mit folgenden Funktionen:

- Prognose zukünftiger Umsätze und Kosten, um die Finanzplanung und Koordinierung durch das Management zu erleichtern;
- Verpflichtung der Manager, die geplanten Ergebnisse zu erzielen;

- Ermächtigung der Manager, für jede Einzelposition des Budgets Ausgaben bis zur Höhe des budgetierten Betrags zu tätigen;
- Beurteilung der Leistung von Managern und Geschäftsbereichen.

In vielen Unternehmen ist der Budgetierungsprozess zu einem kostspieligen, zeitraubenden und inflexiblen Kontrollsystem zur Belohnung und Bestrafung von Führungskräften geworden. Harold Geneen, der ehemalige Chef von ITT, setzte in seiner täglichen Arbeit auf Befehl und Kontrolle. Aufgrund seines zentralisierten und eigenwilligen Managementstils war der Druck auf die Manager, das Budget zu erfüllen, enorm. Al Dunlap folgte Geneens Beispiel und setzte Budgets ein, um Führungskräfte zu zwingen, entweder ambitionierte Umsatzziele oder beträchtliche Einsparungen zu erzielen; was schließlich zu erheblichen Problemen bei der Finanzberichterstattung führte.[2] Ein weiterer berüchtigter Budgetanwender war Bernie Ebbers von WORLDCOM, von dem es hieß: »Man musste zwei Prozent unter den Budgetvorgaben bleiben. Ein anderes Ergebnis wurde nicht geduldet.«[3]

Mehrere nordeuropäische Unternehmen, beispielsweise Svenska Handelsbanken, Borealis, Statoil und Nordea, haben Budgets ganz aufgegeben. Als praktizierende Anhänger der Beyond-Budgeting-Bewegung ersetzten sie das Budget durch eine Reihe neuer Prognose- und Kontrollprozesse.[4] Bjarte Bogsnes, Mitglied der Geschäftsführung von Statoil und ein führender Anwender des Beyond-Budgeting-Ansatzes, erklärt: »Angesichts des heutigen dynamischen, unvorhersehbaren und anspruchsvollen Umfelds brauchen Manager mehr Freiheit und Verantwortung. Prozesse müssen kontinuierlicher und flexibler sein, und Führungskräfte brauchen mehr Entscheidungsfreiheit dahingehend, wie sie Ergebnisse erzielen wollen, statt einfach nur die Budgetvorgaben zu erfüllen.«[5]

Anhänger der Beyond-Budgeting-Bewegung argumentieren, dass Budgets einige fatale Schwächen haben:

- Die Budgeterstellung erfordert zu viel Zeit und Geld.
- Ein Budget verleitet Manager dazu, Einnahmen und Ertrag möglichst gering einzuschätzen, weil sie Reaktionen von Unternehmensführern vom Typ Geneen, Dunlap oder Ebbers fürchten, falls sie ihre Budgetziele nicht erreichen.
- Es verhindert Innovationen.
- In einem sich schnell ändernden weltweiten Wettbewerbsumfeld ist es rasch überholt.

Betrachten wir dazu die Erfahrungen von Borealis, einem Unternehmen, das durch den Zusammenschluss der Petrochemiesparten der norwegischen Firma Statoil und der finnischen Neste entstand.[6] Bjarte Bogsnes kam als Budgetverantwortlicher von Statoil zu Borealis und sah die Schaffung eines neuen Unternehmens als Chance, das Budget durch einen neuen Managementansatz zu ersetzen: »Traditionelle Budgets dienen sowohl der Prognose als auch der Festlegung von Zielvorgaben. Aber Prognosen sollten realistisch, Zielvorgaben dagegen herausfordernd sein. Es sollte nicht die gleiche Zahl dabei herauskommen.«[7]

Thomas Boesen, Controller bei Borealis, unterstützte Bogsnes Bestrebungen. Boesen erinnert sich an die Frustrationen, die mit dem Budget verbunden waren: »Die Leute arbeiteten hart daran, ein ausführliches Dokument zu produzieren, das sie dann in einem dicken Ordner abhefteten, um es leider nie wieder anzusehen. Unsere Produkte und Märkte änderten sich so rasch, dass ein Budget binnen Wochen überholt war.«[8]

Bogsnes und Boesen ersetzten bei Borealis das Budget durch ein integriertes System aus vier zielgerichteten Managementkontrollprozessen. Wie in Abbildung 7-1 dargestellt, bot das neue Managementsystem bei

Abbildung 7-1: Das neue Managementsystem von Borealis bietet mehr Möglichkeiten als ein traditionelles Budget

Borealis die Funktion eines traditionellen Jahresbudgets (der kleine Kasten mitten in der Abbildung), darüber hinaus aber noch eine ganze Reihe weiterer Funktionen. Diese Vielzahl von Einsatzmöglichkeiten kostete weniger, außerdem wurden die Nachteile des Budgets, wie beispielsweise zurückhaltende und zu niedrige Umsatzschätzungen, vermieden.

Wir werden alle vier Prozesse ausführlich behandeln.

Rolling Forecasts

In jedem Quartal produzierte Borealis gleitende Finanzprognosen (rolling forecasts) für die nächsten fünf Quartale, um eine klare, einfache Übersicht über die erwartete finanzielle Entwicklung zu bekommen. Diese Prognosen sollten eine unverzerrte Schätzung der zukünftigen Umsätze und Ausgaben darstellen und keine Auswirkungen auf die Messgrößen für die Managementleistung haben.

Die Führungskräfte jedes Geschäftsbereichs verwendeten möglichst objektive Zahlen für ihre Quartalsprognosen. Die Daten umfassten Preisinformationen aus der Unternehmensplanung, erwartete Absatzvolumen vom Vertrieb, Fixkosten und Abschreibungen von den einzelnen Fabriken, sowie Wechselkurse, Inflationsraten und Kreditdaten von der zentralen Finanzabteilung. Bei den Prognosen handelte es sich nicht um raffinierte Ausarbeitungen, sondern eher um schnell berechnete, eher grobe Kalkulationen, einschließlich aktueller Zahlen für die wesentlichen, rentabilitätsbeeinflussenden Faktoren: Mengen und Preise.

Bogsnes erläuterte, dass die Manager zwar schon vorher Prognosen erstellt hatten, der Zweck aber nun ein anderer war: »Durch die gleitenden Finanzprognosen bekamen wir mehr für weniger Aufwand: Eine höhere Zuverlässigkeit, weil niemand zu mogeln versuchte und die Daten häufiger aktualisiert wurden, außerdem einen geringeren Datenbedarf und Rechenaufwand.«[9]

Balanced Scorecard

Borealis nutzte die Balanced Scorecard, um die strategischen Ziele und Messgrößen an alle Mitarbeiter zu kommunizieren. Das Unternehmen ermunterte die Beschäftigten, sich persönliche Ziele zu setzen, die an die Unternehmensstrategie gekoppelt waren. Statt die Unternehmensleistung mittels Budgets und deren Abweichungen zu kommunizieren, verfolgte Borealis nun die Entwicklung anhand von wichtigen Geschäftskennziffern.

Auf diese Weise wurde die Balanced Scorecard statt des Budgets zum wichtigsten Leistungsmanagementinstrument bei Borealis. Die anhand der Kennziffern erfasste Leistung der Geschäftsbereiche wurde intern mit ähnlichen Einheiten und extern mit Branchen- und Wettbewerberdaten verglichen.

Überwachung der Fixkosten

Solange es noch die Budgetierung gab, kontrollierte Borealis die kapazitätsbezogenen Kosten alle einzeln mittels Budgets und Abweichungen davon. Außerdem verfolgte es die Kosten jeder operativen Abteilung. Das Unternehmen führte dann die Prozesskostenrechnung ein, ein Managementinstrument, das weiter unten in diesem Kapitel beschrieben wird.

Das Prozesskostenmodell verfolgt und summiert die einzelnen Posten der Betriebsausgaben zu Prozesskosten und dann zu Kosten pro Produkt und Kunde. Die Prozesskostenrechnung bietet eine einheitliche Sprache zur Beschreibung von Kosten und zum Vergleich der Prozesskosten unternehmensintern und mit anderen Unternehmen. Die Mitarbeiter in den Werken fanden die Prozesskosten viel besser intuitiv verständlich als die vorherigen Kosten pro Budgetposition. Nun sahen die Mitarbeiter, wo und wie eine Kostenkontrolle die höchste Wirkung hatte.

Investitionsmanagement

Borealis gab die zentralen Kapitalbudgets auf und überließ die Entscheidung und Überwachung den Managern und Mitarbeitern, die dem Markt und den Kunden am nächsten waren. Es machte die Genehmigung von Investitionsprojekten von deren Größe abhängig. Vergleichsweise geringfügige Investitionen (weniger als zehn Millionen dänische Kronen) konnten von dem Geschäftsbereich, der Fabrik oder der Stabsabteilung genehmigt werden, die diese Investition vorschlug.

Borealis verfolgte die Kosten derart geringer Investitionen als Teil des gleitenden Zwölfmonatsdurchschnitts der Prozesskosten. Für Investitionen in mittlerer Höhe (zwischen 10 und 50 Millionen dänische Kronen) gab es eine Hürde, deren Höhe die Geschäftsführung in jeder Periode abhängig von den rollierenden Finanzprognosen für die nächsten fünf Quartale festlegte. Rechnete man mit Cash-Flow-Problemen, wurde die Hürde sehr hoch angesetzt. Die größten Investitionen (über 50 Millionen dänische Kronen) wurden zentral vom Vorstand gebilligt. Bogsnes bemerkte zu diesem verbesserten Genehmigungsprozess: »In der Vergangenheit mussten Investitionsprojekte zweimal durchgerechnet werden: einmal fürs Budget und dann ein zweites Mal vor der endgültigen Genehmigung und dem Projektbeginn. Bis dahin konnten sich aber die Annahmen und Marktbedingungen völlig geändert haben, was eine von Grund auf neue Investitionsrechnung erforderte.«[10]

Die Finanzmanager von Borealis fanden, dass die vier neuen Managementsteuerungsprozesse die Ziele des traditionellen Budgets besser, schneller und billiger erreichten. Linienmanager hatten nun viel Freiheit bei ihrer Entscheidung, wie sie ehrgeizige Zielvorgaben erreichen wollten, die sich weltweit an führenden Wettbewerbern orientierten. Sie mussten nicht mehr im Voraus eine Genehmigung einholen, Geld für Leistungsverbesserungen ausgeben zu dürfen. Sie mussten einfach die Leistung erbringen. Die klare Verantwortlichkeit für Ergebnisse förderte das Verantwortungsgefühl und die Entscheidungsfindung.

Die folgende Tabelle zeigt, wie die neuen Prozesse bei Borealis die Funktionen übernahmen, die bis dahin das Budget erfüllt hatte.

Budgetfunktionen	**Borealis-Prozess**
Finanz- und Steuerplanung auf Konzernebene	Gleitende Finanzprognosen (rolling forecasts)
Zielvorgaben und Performancekontrolle	Balanced Scorecard
Kontrolle der Fixkosten	Prozesskostenrechnung Trendberichte Externe Vergleiche
Genehmigung von Investitionen und Allokation von Ressourcen	Kleine Projekte: vor Ort, Trendberichte Mittlere Projekte: unterschiedliche Hürden Bedeutende strategische Projekte: Entscheidung durch den Vorstand von Fall zu Fall

Dank der Einführung der neuen Prozesse konzentrierten sich die Borealis-Manager nun auf die Verbesserung der Prozesskosten und das Management der Projekt-Gesamtkosten, statt monatlich zahllose Kostenabweichungen zu melden und zu erklären. Die Führungskräfte wurden danach beurteilt, ob sie strategische Ziele erreichten, nicht, ob sie sich an monatliche Ausgabenobergrenzen hielten. Außerdem blieb ihnen die zeitraubende jährliche Budgeterstellung erspart.

Die Koppelung des Ressourcen- und Kapazitätsplans sowie des Betriebsbudgets an den Strategieplan

Borealis ist ein Beispiel für einen neuen, integrierten Planungs- und Ressourcenverteilungsprozess, der einen engen Zusammenhang zwischen Strategie und Unternehmenstätigkeit herstellt. Im Folgenden stellen wir den umfassenden Rahmen zur Integration von strategischer Planung, Ressourcenallokation und Finanzprognosen dar, der einem dynamischen Budgetierungsprozess dient.

Die wichtige Innovation des Ansatzes ist ein Time-Driven-Activity-Based-Costing-Modell (TDABC-Modell), das die Verbindung zwischen der strategischen Planung und dem operativen und Investitionsbudget herstellt. Time-Driven Activity-Based Costing umfasst fünf Phasen:

1. Einsatz einer treiberbasierten Umsatzplanung zur Erstellung der künftigen Verkaufsprognosen
2. Übertragung der Verkaufsprognose für das gesamte Unternehmen in detaillierte Verkaufspläne und operative Pläne
3. Verwendung der Verkaufspläne und operativen Pläne sowie der prognostizierten Prozesseffizienz in einer TDABC-Analyse, um die erforderliche Ressourcenkapazität zu berechnen
4. Ableitung eines dynamischen operativen Budgets (Opex) und Investitionsbudgets (Capex)
5. Berechnung der Profitabilität für Ergebnisobjekte wie Produkte, Kunden, Regionen, Vertriebskanäle

Diese fünf Phasen werden wir in diesem Kapitel behandeln.

1. Phase: Einsatz einer treiberbasierten Umsatzplanung zur Erstellung der künftigen Verkaufsprognosen

In den Kapiteln 2 bis 6 haben wir beschrieben, wie Unternehmen ihre Strategien entwickeln und strategische Initiativen und Prozessverbesserungen auswählen, die kurzfristig ihr Handeln bestimmen. Auf der Basis dieser geplanten Maßnahmen und angesichts der Zielwerte für die Finanz- und Kundenkennzahlen der Balanced Scorecard müssen Unternehmen ihren kurzfristigen Umsatz und dessen Zusammensetzung prognostizieren. Da jährliche Prognosen rasch überholt sind, aktualisieren viele Unternehmen ihre Umsatzprognosen wenigstens vierteljährlich, und der Prognosezeitraum geht über das laufende Geschäftsjahr hinaus (üblicherweise umfasst er fünf oder sechs Quartale), wie in Abbildung 7-2 dargestellt.

Abbildung 7-2: Rolling Forecasts

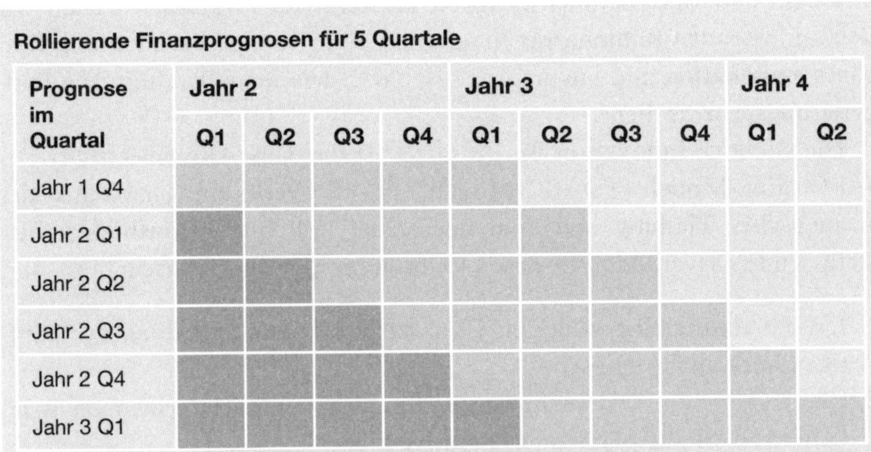

Helle Rechtecke geben den Prognosezeitraum an; dunkle Rechtecke zeigen die Perioden, für die zum Prognosezeitpunkt bereits Ergebnisse vorliegen.

Unternehmen brauchen für unterschiedliche Zwecke aktuelle Prognosen. Zum einen wollen Aktiengesellschaften unangenehme Überraschungen für Investoren und Analysten vermeiden. Die Kurse von Unternehmen, deren Umsätze und Gewinne unter den Erwartungen bleiben, stürzen ab, und häufig kommt es zu einem Wechsel an der Unternehmensspitze. Es gibt zwei Gründe für die negative Reaktion. Einerseits sind die Märkte immer enttäuscht, wenn die Unternehmensperformance nicht den Erwartungen entspricht. Erfahrene Investoren wissen jedoch, dass Unternehmen in einem sich stets ändernden, anspruchsvollen Umfeld operieren. Nicht immer kann den Gewinnerwartungen entsprochen werden, selbst wenn Unternehmen nach eigenem Ermessen schlechte Nachrichten zurückhalten, beispielsweise, indem sie Reserven auflösen oder den Zeitpunkt der Verbuchung von Umsätzen oder Kosten steuern. Zweitens reagiert der Markt negativ auf enttäuschend niedrige Gewinne, weil Investoren nicht erwarten, dass die Geschäftsführung von ihren eigenen Zahlen überrascht sein wird. Ein unerwarteter Umsatz- oder Gewinnrückgang deutet darauf hin, dass es keine geeigneten Informationssysteme und Steuerungsinstrumente gibt, um die negative Entwicklung hinter den Prognosen zu erkennen. Durch unerfreuliche Überraschungen verliert das Führungsteam Vertrauen. Daher sollten Unternehmen ihre Prognosen schon allein deshalb laufend aktualisieren, um keine falschen Erwartungen zu wecken.

Realistische Prognosen sind unerlässlich für die kurzfristige Finanzplanung. Umsatz- und Kostenveränderungen wirken sich auf den Cash-Flow aus. Die Finanzabteilung ist für die Barmittel verantwortlich und muss Bank- und Kreditrahmen nutzen, damit ein Unternehmen nicht zahlungsunfähig wird. Dazu sind verlässliche Prognosen der kurz- und mittelfristigen Geldeingänge und der Aufwendungen erforderlich. Ein Unternehmen kann nicht mit einem Monatsplan auf der Basis eines Budgets arbeiten, das vor sechs oder sogar zehn Monaten erstellt wurde und somit nicht mehr den gegenwärtigen Wirtschafts- und Marktbedingungen entspricht.

Eine *vierteljährliche rollierende Prognose* zwingt außerdem die Manager, sich wenigstens einmal pro Quartal auf die Zukunft zu konzentrieren und das externe Umfeld und die internen Faktoren zu betrachten, um neue Chancen zu entdecken, schnell auf Gefahren zu reagieren und Maßnahmenpläne zu ändern, und damit unzureichende Leistungen zu verbessern. Vierteljährliche rollierende Prognosen ermöglichen es Unternehmen, die neusten Informationen und Erkenntnisse über den Markt mit einzubeziehen.

Manager können auf neue Daten reagieren, indem sie Kann-Ausgaben, die bis zu einem bestimmten Grad ins persönliche Ermessen gestellt sind, zurückstellen – für Forschung und Entwicklung, Schulung, Beförderungen, Investitionen und Markteinführungen –, wenn die bei der Planung und Genehmigung der Initiative erwarteten Umsatzchancen sich nicht oder erst später als erwartet realisieren lassen. Entwickelt sich dagegen die Nachfrage stärker als erwartet, entschließt sich das Unternehmen möglicherweise, die Investitionen zu erhöhen, um die Kapazitäten rascher und dem hohen Absatz entsprechend zu steigern.

Die vierteljährlichen rollierenden Prognosen bedeuten nicht, dass viermal im Jahr ein Budget erstellt wird. Führungskräfte prognostizieren nur wenige übergeordnete Umsatzgrößen und eventuell – in Produktionsunternehmen – die Bruttomargen. In vielen Firmen passen die rollierenden Prognosen auf ein Blatt Papier (oder den Computerbildschirm). Es geht nicht darum, Kosteneinzelposten zu prognostizieren. Wie wir noch zeigen werden, können Manager die Prognosen der Kosten und Aufwendungen direkt aus einer detaillierten Umsatzprognose ableiten.

Allerdings ist die Umsatzprognose gar nicht so einfach zu erstellen, dies ist viel schwieriger als eine Kostenprognose. Man muss einschätzen, was zahllose Wirtschaftsteilnehmer außerhalb des Unternehmens, einschließlich Kunden, Wettbewerber und Beamte, in nächster Zukunft tun werden. Es gibt viele verschiedene Prognoseansätze.[11] Wir haben beobachtet, dass eine ganze Reihe von Unternehmen hervorragende Ergebnisse mit einem Ansatz erzielten, der als *von Einflusstreibern gesteuerte Planung* bezeichnet wird, wobei Manager ein strukturiertes Modell und üblicherweise umfangreiche nicht-finanzielle Daten verwenden, um den Umsatz zu prognostizieren. Das Modell besteht meistens aus zahlreichen Gleichungen, in die makroökonomische Variablen, die derzeitige Position des Unternehmens und der Wettbewerber am Markt, die Aufwendungen für Werbung und Verkaufsförderung sowie Informationen aus Marktdurchdringungsmodellen einfließen.

Um ein Modell der treiberbasierten Umsatzplanung aufzubauen, müssen Unternehmen erst analytische Fähigkeiten entwickeln. Die wichtigsten Umsatztreiber dürften von Branche zu Branche und sogar von Unternehmen zu Unternehmen verschieden sein. Nehmen wir als Beispiel die Umsatzprognosen eines Unternehmens, das Körperpflegeprodukte produziert. Die Firma ist hervorragend über ihren derzeitigen Kundenstamm informiert. Sie kennt die Zielgruppe in den Ländern, in denen ihre Produkte angeboten werden, sowie den Prozentsatz der Menschen, die ihre Produkte regelmäßig verwenden. Außerdem kennt das Unternehmen seinen aktuellen Marktanteil für jedes Land und jede Region sowie die Umsatzanteile von jeder Produktkategorie nach Marke und Einzelartikel (Größe, Duftnote, Zusammensetzung, usw.) innerhalb der Marken. Abbildung 7-3 bietet eine schematische Darstellung des Prognoseprozesses.

Abbildung 7-3: Entwicklung eines treiberbasierenden Prognosemodells bei einem Konsumgüterhersteller

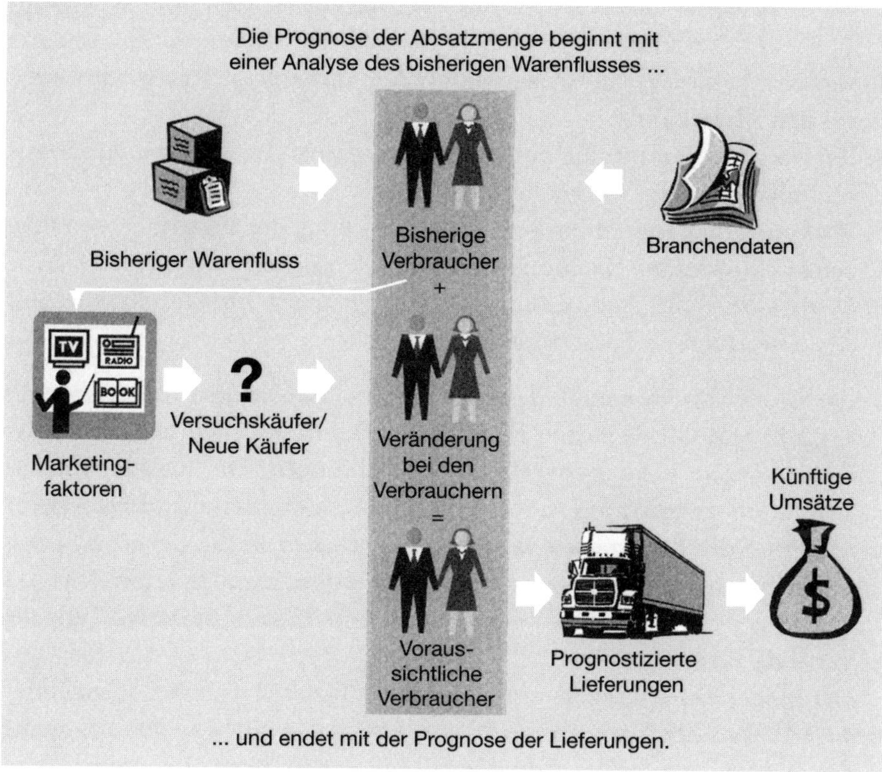

Ein Unternehmen versucht, für die nächste Periode die Auswirkungen der Marketingprogramme zu quantifizieren, beispielsweise die Einführung neuer Produkte, Werbung, Verkaufsförderung, Verteilung von Produktproben, Werbedisplays im Laden und Erweiterung der Produktlinie. Das Unternehmen schätzt die Wirkung jedes dieser Marketingfaktoren auf die Bindung bestehender Kunden, die Möglichkeit, Stammkunden zum Kauf neuer Produkte zu bewegen, und die Akquisition neuer Kunden. Alle diese Beziehungen fließen in die Verkaufsprognose für jede Produktkategorie und gegebenenfalls für jeden Einzelartikel ein. Die

Prognose wird auf der Basis der folgenden sechs wichtigen Treiber erstellt:

1. *Wirkung eines neuen Produkts*: der Prozentsatz der Zielgruppe (bereit, zu probieren), der bereits vor größeren Marketinginvestitionen zum neuen Produkt wechselt;
2. *Werbewirkung*: die Auswirkung der Werbeausgaben auf Wiederholungs- und Neukäufe;
3. *Verkaufsförderung*: die Auswirkung der Verkaufsförderung im Laden auf den Abverkauf;
4. *Wirkung des Preises*: die positive oder negative Auswirkung von Preisveränderungen auf die Nachfrage;
5. *Wirkung von Produktmustern*: die Auswirkung der Verteilung von Proben bei konstanter Nachfrage direkt an die Endverbraucher;
6. *Distribution*: die Auswirkung der Verfügbarkeit im Einzelhandel auf den Abverkauf an Endverbraucher.

In das Modell werden außerdem die in den verschiedenen Absatzkanälen (Distributoren, Großhändler, Einzelhändler) vorhandenen Lagerbestände und die Vorräte beim Endverbraucher einbezogen. Die meisten Konsumenten kaufen erst dann einen neuen Artikel, wenn der alte aufgebraucht ist. Mithilfe der Schätzwerte der voraussichtlichen Verbrauchernachfrage und der bestehenden Lagerbestände in den Absatzkanälen entwickelt das Unternehmen dann seinen Produktions- und Distributionsplan für die kommende Periode.

Der beschriebene Prozess funktioniert gut für die Hersteller schnell drehender Verbrauchsgüter, aber ein Unternehmen in einer anderen Branche – das Industrie- oder langlebige Gebrauchsgüter herstellt – dürfte von einem völlig anderen Umsatzmodell, einer anderen Wertschöpfungskette und anderen kausalen und makroökonomischen Faktoren ausgehen, welche die Kaufentscheidungen bei Kunden beeinflussen.

Die treiberbasierte Umsatzplanung ist alles andere als trivial. Man braucht dafür nicht nur hervorragende Datenbanken und Informationssysteme, sondern auch erfahrene Modellentwickler und Statistiker. In die treiberbasierte Umsatzplanung muss außerdem Wissen über die Industriebranche, Wettbewerber, Kunden, Lieferanten und Technologien einfließen.

Zugegebenermaßen sind wir keine Experten in der Erstellung einer objektiven, faktenbasiereten Umsatzprognose. Aber uns ist bewusst, dass eine verlässliche Umsatzprognose sehr wichtig für einen integrierten Planungs-, Ressourcenallokations- und Budgetierungsprozess ist.

Die Prognose von Kosten und Aufwendungen: Die Rolle von Activity-Based Costing

Der obige Abschnitt befasste sich mit der Umsatz-, aber nicht der Kostenprognose. Obwohl eine ganze Reihe von Unternehmen auch vierteljährliche Prognosen über ihre Produktkosten und sonstigen Aufwendungen machen, empfehlen wir, die Schätzung der Kosten- und Aufwendungen aus den Umsatzprognosen abzuleiten. Sobald eine Umsatz- und Produktionsprognose erstellt wurde, können diese Informationen in eine TDABC-Analyse einfließen. Auf dieser Basis werden dann Schätzungen für die Bereitstellung, und damit auch die Kosten, interner Ressourcen vorgenommen, die erforderlich sind, um die Umsatz- und Produktionsprognosen zu erfüllen.

Abbildung 7-4: Die vorhandenen Ressourcen von Towerton

Anzahl	Ressourcen
225	Börsenmakler
18	Portfoliomanager
20	Finanzplaner
30	Leitende Mitarbeiter
42	Kundendienstmitarbeiter
76	Computerserver

Wir verdeutlichen die logische Entwicklung von der Umsatzprognose zu den Ausgaben für die erforderlichen Ressourcen anhand des Beispiels von Towerton Financial Services (TFS), einem fiktiven Unternehmen, das wir anhand der Kenntnis einiger Finanzdienstleister, mit denen wir arbeiteten, konstruiert haben. TFS ist ein Maklerbüro, das sich in der Vergangenheit auf Aktienhandel und Investmentfonds konzentrierte. Seit kurzem bietet es zwei neue Dienstleistungen an, Vermögensverwaltung und Finanzplanung.

Der größte Teil der Kosten sind Personalkosten. Die wichtigsten Sachwerte sind die Büroräume und die Technologie. Abbildung 7-4 gibt einen Überblick über die derzeitigen Personal- und technischen Ressourcen.

Das Führungsgremium hat für die vier Geschäftssparten die folgenden monatlichen Einnahmen prognostiziert:

Service	**Umsatz in US-$**
Aktienhandel	3 644 000
Handel mit Investmentfonds	2 031 000
Vermögensverwaltung	113 000
Finanzplanung	169 000
Insgesamt	5 957 000

Das Ergebnis der ersten Phase des Planungsprozesses ist also eine Umsatzprognose auf Unternehmensebene für die nächsten Perioden. Diese Prognose wirkt sich auf den Absatz- und Unternehmensplan aus, der im nächsten Schritt entwickelt wird.

2. Phase: Übertragung der Verkaufsprognose in Verkaufspläne und operative Pläne

Towerton Financial Services überträgt seine Umsatzprognose für das Unternehmen in einen detaillierten operativen Plan für die nächste Periode, wie in Abbildung 7-5 dargestellt. Man sieht, wie die Prognose (Zahlen in der obersten Reihe) von TFS erreicht werden soll: Wie viele Transaktionen müssen durchgeführt, wie viele neue Kundenkonten angelegt und wie viele Kunden beraten werden. Um den prognostizierten Umsatz zu erzielen, muss TFS ausreichende Ressourcen zur Verfügung stellen, um die Nachfrage nach den damit verbundenen Dienstleistungen befriedigen zu können.

Ein detaillierter operativer Plan wie in Abbildung 7-5 ist die Basis für die Ressourcenkapazität. Der operative Plan definiert die erwartete Anzahl, die Mischung und die Art der einzelnen Aufträge, Serviceleistungen und Transaktionen. Die Auswirkungen auf das Unternehmen sind ganz unterschiedlich, je nachdem, ob man US-$ 10 Millionen mit 100 Aufträgen in Höhe von US-$ 100 000 oder mit 100 000 Aufträgen über US-$ 100 erreichen will. Im zweiten Fall muss die Firma tausendmal mehr Transaktionen bearbeiten, eine äußerst komplexe und kostspielige Angelegenheit.

Abbildung 7-5: Die Umsatzprognose und operative Planung von Towerton Financial Corporation

	Aktienhandel	**Handel mit Investmentfonds**	**Vermögensverwaltung**	**Finanzplanung**
Monatliche Umsatzprognose (in Tsd US-$)	3644	2031	113*	169
Anzahl Transaktionen	275000	49000	2600	
Anzahl neuer Portfolios	595	255	40	90
Anzahl der Anrufe bei der Kundendienstzentrale	47600	11475	600	480
Anzahl der Kundengespräche	3570	765	200	400

* Bei Annahme eines durchschnittlichen Kontostands von US-$ 125000.

Für die Planung ist die Technologie wichtig. Unternehmen mit gut funktionierenden ERP-Systemen haben historische Daten über den Produkt- und Kundenmix und Transaktionsmuster, die sie für ihre Prognosen nutzen können. Statt in jeder Periode mit einem leeren Blatt (oder einer Tabelle) zu beginnen, kann eine solche Firma auf ihrer bisherigen Erfahrung aufbauen und diese in die Zukunft projizieren.

Um beispielsweise den Verkauf pro Produkt oder Dienstleistung zu prognostizieren, könnte das Unternehmen von der gleichen Auftragsgröße und -häufigkeit wie in der Vergangenheit ausgehen und diese um einen bestimmten Wachstumsfaktor erhöhen. Die Planer könnten diese simple Hochrechnung modifizieren, um geplante Änderungen der Verkaufs- und Auftragsmuster widerzuspiegeln. Wenn das Unternehmen die Mindestauftragsgröße erhöht hat, dann werden die Planer die Kleinstaufträge eliminieren und die Anzahl von größeren Aufträgen erhöhen, insbesondere solchen, die nahe an der Mindestbestellmenge liegen. Wenn, wie im Fall von Towerton, das Unternehmen die strategische Initiative verfolgt, mehr Investmentfonds zu verkaufen, dann werden die Planer diese neue Priorität bei der Umsatzprognose berücksichtigen.

Es handelt sich hierbei um keinen exakten Prozess. Um die Unwägbarkeiten bei der Prognose eines Auftrags-, Produktions- und Lieferprozesses zu berücksichtigen, sollten Manager sich für eine Szenarioplanung entscheiden und optimistische, wahrscheinliche und pessimistische Prognosen entwickeln. Ein großer Teil der für die Planung verwendeten Daten liegt bereits in elektronischer Form vor, sodass sich verschiedene Szenarien leicht und ohne nennenswerte Kosten durchrechnen lassen. Das Ergebnis dieser zweiten Phase ist eine hinreichend detaillierte Verkaufs- und operative Prognose (es können auch mehrere Prognosen sein), anhand derer sich der Ressourcenbedarf feststellen lässt.

3. Phase: Prognose der Ressourcenkapazitäten mithilfe der Verkaufspläne und operativen Daten in einem TDABC-Modell

Diese Phase ist eine wichtige Innovation in Bezug auf die Anbindung des operativen Plans an den strategischen Plan. Erforderlich ist, dass ein Unternehmen ein Time-Driven Activity-Based Costing (permanentes Prozesskostenmanagement) einsetzt. TDABC ist ein neuer Kostenrechnungsansatz, der schneller, einfacher und flexibler ist als die traditionelle Prozesskostenrechnung (ABC).[12] Mit TDABC werden die Kosten den Produkten, Dienstleistungen und Kunden anhand zweier grundlegender Parameter zugeordnet:

1. die Kosten der Bereitstellung der Ressourcenkapazität in jeder operativen Abteilung und für jeden Prozess, berechnet als die Kosten der an die Abteilung gelieferten Ressourcen dividiert durch die praktische Kapazität (typischerweise ausgedrückt als die Zeit, die in jeder Periode für produktive Arbeit zur Verfügung steht);
2. die von jeder Abteilung oder jedem Prozess zur Handhabung des Produkts oder Durchführung der Transaktion erforderliche Kapazität (Zeitverbrauch).

Im Allgemeinen nutzen viele Unternehmen bereits die TDABC-Analyse, um die Profitabilität ihrer Produkte, Dienstleistungen und Kunden zu messen. Im Anhang dieses Kapitels wird der Aufbau eines TDABC-Modells anhand des Towerton Financial Services als Beispiel vorgestellt. In der hier betrachteten dritten Phase ziehen die Manager einen weiteren Nutzen aus dem TDABC-Modell: Sie sind damit in der Lage, die erforderliche Ressourcenkapazität rasch zu prognostizieren und ein Budget dafür einzuplanen.

Ist ein TDABC-Modell vorhanden, werden die Planungsverantwortlichen es so modifizieren, dass es die Prozessverbesserungen berücksichtigt, die für den Prognosezeitraum vorgesehen sind. Dadurch werden die in Kapitel 6 beschriebenen Aktivitäten zur Qualitäts- und Prozessverbesserung mit dem im vorliegenden Kapitel beschriebenen Planungs- und Budgetierungsprozess verbunden. TFS könnte beispielsweise annehmen, dass durch Schulung und einen schnelleren Zugriff auf Kundendatenbanken die erforderliche Zeit, um auf den telefonischen Auftrag eines Kunden zu reagieren, von fünf auf vier Minuten gesenkt werden kann. Vielleicht lässt sich die Zeit zur Erstellung eines ersten Finanzplans von zehn auf neun Stunden verkürzen. Derartige erwartete Verbesserungen reduzieren die zur Auftragsbearbeitung erforderlichen Ressourcen.

Nachdem durch die Berücksichtigung von Prozessverbesserungen der Bedarf an Ressourcen modifiziert wurde, nutzen die Planer die detaillierten Verkaufspläne und operativen Pläne für den Prognosezeitraum (siehe Beispiel in Abbildung 7-5) als Input für TDABC. Das TDABC-Modell wird hier also anders als üblich verwendet. Normalerweise arbeiten Prozesskostenrechnungsmodelle mit historischen Daten. Sie berechnen Kosten und Profitabilität für vergangene Perioden. Aber nun ist es möglich, diese Modelle noch effektiver zur Prognose und Steuerung zukünftiger Entwicklungen zu nutzen.

Indem sie die prognostizierten Verkaufs- und operativen Daten für das TDABC-Modell nutzen, verwandeln die Planer die Prozesskostenrechnung von einer Momentaufnahme in ein Managementinstrument, mit dem sich die *zukünftigen* Kosten und Profitabilität steuern lassen. Oft werden Buchhalter belächelt, weil sie Informationen durch den Blick in den Rückspiegel zusammentragen. Indem sie Prognosen als Input für TDABC-Modelle nutzen, schauen die Kostenrechner nach vorn und helfen Managern, das Unternehmen in eine rentablere Zukunft zu steuern.

Abbildung 7-6 zeigt, wie Towerton Financial mithilfe einer TDABC-Analyse den Verkaufsplan und operativen Plan zur Prognose der erforderlichen Kapazität (Zeitverbrauch) an Personal- und IT-Ressourcen nutzt.[13] Der Bedarf an Rechnerkapazität ergibt sich durch die Handelsaktivitäten der Kunden, Anfragen, Erstellung von Kontoauszügen und Datenanalysen. In Abbildung 7-7 wird der Prozess fortgesetzt, indem der gesamte Kapazitätsbedarf jeder einzelnen Ressourcenkategorie (z. B. Börsenmakler) durch die von einer Ressourceneinheit (ein Börsenmakler) pro Monat bereitgestellte Kapazität dividiert wird (z. B. 130 Stunden im Monat für einen Börsenmakler). So kann das TDABC-Modell die Anzahl der Ressourceneinheiten (Börsenmakler) prognostizieren, die erforderlich ist, um den operativen Plan in der betreffenden Periode umzusetzen. Die Mengen in der Spalte »Erforderliche Ressourceneinheiten« zeigen den laut operativem Plan erforderlichen Bedarf. Das sind sozusagen die »Aufwendungen« des Unternehmens, um seinen Verkaufsplan zu erreichen.

Abbildung 7-6: Die Schätzung der benötigten Ressourcen zur Realisierung des operativen Plans (Towerton Financial)

Zeitverbrauch (in Stunden)

Ressourcenkategorie	Aktienhandel	Handel mit Investmentfonds	Vermögensverwaltung	Finanzplanung	Gesamtstundenzahl
Börsenmakler	24 702	4 593			29 295
Portfoliomanager					793
Finanzplaner				1 500	1 500
Leitende Mitarbeiter	2 391	451	187	90	3 119
Kundendienstmitarbeiter	4 086	1 007	82	107	5 282
MIPS-Bedarf in Spitzenzeiten	420 000	56 200	28 800	11 500	516 500
MIPS-Bedarf außerhalb Spitzenzeiten	89 500	198 000	26 000	12 200	325 700

* Gesamtzeit der Makler für den Aktienhandel = 5 Min. x (Anzahl Transaktionen für bestehende Konten) + 60 x (Anzahl neue Konten) + 20 x (Anzahl Kundengespräche) = (5 x 275 000 + 60 x 595 + 20 x 3570)/ 60 = 24.702 Stunden

Abbildung 7-7: Berechnung der erforderlichen Anzahl an Ressourceneinheiten zur Realisierung des operativen Plans (Towerton Financial)

Ressourcenkategorie	Gesamtstundenzahl	Verfügbare Stunden im Monat pro Ressourceneinheit	Erforderliche Ressourceneinheiten	Bereitgestellte Ressourceneinheiten	Kapazitätsauslastung
Börsenmakler	29 295	130	225,3	230	98 %
Portfoliomanager	793	130	6,1	7	87 %
Finanzplaner	1 500	130	11,5	12	96 %
Leitende Mitarbeiter	3 119	130	24,0	25	96 %
Kundendienstmitarbeiter	5 282	140	37,7	40	94 %
MIPS-Bedarf in Spitzenzeiten	516 500	8 800	58,7	60	98 %

Die Kalkulationen in den Abbildungen 7-6 und 7-7 gehen von einer Punktprognose für den operativen Plan aus. Vermutlich werden die Planungsverantwortlichen verschiedene Szenarien prognostizieren, um ein Gefühl für die Bandbreite des Ressourcenbedarfs zu bekommen, der sich je nach Entwicklung ergeben kann. Wahrscheinlich werden sie mindestens eine optimistische, eine realistische und eine pessimistische Prognose erstellen. Nachdem das Unternehmen den Ressourcenbedarf unter verschiedenen Annahmen analysiert hat, kann es die Bereitstellung von Ressourcen für die nächste Periode genehmigen. Da die Kosten jeder Ressourceneinheit pro Periode bekannt sind, führt die Entscheidung über die Bereitstellung der Ressourcen automatisch zu genehmigten oder budgetierten Ausgaben für jede Ressourcenkategorie, wie im nächsten Schritt vorgeführt wird.

Im Allgemeinen sollten Unternehmen etwas mehr Ressourcen bereitstellen, als bei der TDABC-Analyse prognostiziert. Der Bedarf wird nicht während des ganzen Zeitraums gleich bleiben, nicht jeder Bedarf lässt sich mit der gleichen Menge Ressourcen befriedigen. Um Verzögerungen und Warteschlangen zu vermeiden, ist ein gewisser Ressourcenpuffer möglicherweise wünschenswert. Die Spalte »Bereitgestellte Ressourceneinheiten« in Abbildung 7-7 zeigt für jede Ressource, welche Menge TFS für die nächste Periode genehmigt hat. Anhand der Spalte »Kapazitätsauslastung« kann man erkennen, wie nahe an der Kapazitätsgrenze TFS in dieser Periode vermutlich arbeiten wird.

Der dargestellte Prozess prognostiziert der Ressourcenbedarf für die nächste Periode. Typischerweise geben Unternehmen, die vierteljährlich ihre Prognosen aktualisieren, einen Ausblick auf die nächsten fünf oder sechs Quartale. Das Planungsteam kann die Planung der Ressourcenkapazität für jedes Quartal wiederholen: Erst werden die Prognosen auf Unternehmensebene für jedes Quartal in detaillierte Verkaufspläne und operativen Pläne aufgeschlüsselt, dann werden bei der TDABC-Analyse erwartete Effizienzverbesserungen im jeweiligen Quartal berücksichtigt und dannach wird der Bedarf an Ressourcen für das jeweilige Quartal kalkuliert.

So sieht das Unternehmen im Voraus, wann in Zukunft Ressourcen knapp werden könnten. Es kann kurzfristig Maßnahmen ergreifen, um neue Mitarbeiter einzustellen und zu schulen, damit sie für den zukünftigen Bedarf zur Verfügung stehen. Außerdem kann das Unternehmen investieren, um für die erforderliche physische Kapazität zu sorgen – Büroraum, Server, Produktions- und Distributionsanlagen –, die zur Realisierung des prognostizierten Umsatzes notwendig sind.

Nehmen wir einmal an, die TDABC-Prognose zeige, dass der zukünftige Bedarf an Ressourcen deutlich niedriger liegt als die derzeit bereitgestellten Ressourcen. Der sinkende Bedarf könnte sich durch Produktivitäts- und Prozessverbesserungen oder Änderungen der operativen Vorgaben (höhere Mindestauftragsgröße oder Kontoguthaben) ergeben, aber auch aufgrund eines erwarteten Umsatzrückgangs. Wenn das Unternehmen davon ausgeht, dass sein Bedarf an Ressourcen in Zukunft sinken wird, kann es einen Abbau von Kapazitäten planen, damit es nicht durch Überkapazitäten belastet wird.

Durch diesen Prozess werden fast alle Kosten »langfristig variabel«. Die wenigsten Kosten bauen sich von allein ab. Mitarbeiter kommen täglich zur Arbeit und erwarten ein Gehalt, die Büromiete wird monatlich bezahlt und ungenutzte Maschinen und Geräte spazieren nicht aus der Tür. Kosten sinken nur, wenn Manager konkrete Maßnahmen zur Reduzierung von Ressourcen ergreifen, indem sie Personal abbauen, überflüssige Geräte verkaufen und Büroraum aufgeben, die alle nicht mehr für den laufenden und zukünftigen Betrieb gebraucht werden. Wenn sie anhand der Informationen aus der TDABC-Prognose reagieren, können Manager frühzeitig die verfügbaren Ressourcen an den zukünftigen Bedarf anpassen.

Betrachten wir als weiteres Beispiel für den Einsatz des TDABC zur Prognose der Ressourcenkapazität die neu gegründete Private Client Group (PCG) der Versicherungsgesellschaft Global Insurance (ein fiktiver Name).[14] PCG deckte den Versicherungsbedarf von vermögenden Kunden und konzentrierte sich auf Risikomanagementprodukte und -dienste, beispielsweise Haftpflichtausfallversicherungen, die Versicherung von Luxuskarossen, Booten, Schmuck, Kunst, Sammelstücken, Entführung und Lösegeldzahlungen. Das Angebot wurde gut aufgenommen, und die Anzahl an Neuverträgen stieg im Jahresdurchschnitt um 50 Prozent.

Die Einstellung von Versicherungsspezialisten, Kundenbetreuern, Schadensregulierern und Risikomanagern stellte eine große Herausforderung dar. PCG entwickelte ein TDABC-Modell, das den Mitarbeiterbedarf nach Fachkompetenzen, Produkten und Regionen darstellte. Dann wurde das Modell mit Prognosen der Angebotsmenge und des Produkt-Mix für jede Region gefüttert, um den Mitarbeiterbedarf zu schätzen, der zum Erreichen des angepeilten Wachstums erforderlich war. Um die anspruchsvollen Kunden zu bedienen, mussten die Beschäftigten besonders gut qualifiziert und geschult sein; dank des TDABC-Modells hatten die PCG-Führungskräfte genug Zeit, passende Mitarbeiter zu rekrutieren und weiterzubilden, um den zukünftigen Bedarf zu decken.

Manch einer mag sich Sorgen machen, dass die Koppelung der Genehmigung zusätzlicher Ressourcen an die Umsatzprognosen ähnlich wie der traditionelle Budgetierungsprozess einen Anreiz für Manager darstellen könnte, verzerrte Prognosen abzugeben. Wir denken nicht, dass dies ein größeres Problem darstellt. Wenn Manager zukünftige Umsatzzahlen niedrig einschätzen, um sich selbst vor negativen Ergebnissen zu schützen, kommen sie sofort unter Druck, ihre Ressourcen zu reduzieren. Wenn dann die Nachfrage höher ausfällt als prognostiziert, stehen möglicherweise nicht genügend Ressourcen zur Verfügung, um die zusätzliche Nachfrage zu befriedigen. Wenn Manager dagegen zu optimistische Prognosen erstellen, um dadurch Aufwendungen für zusätzliche Ressourcen zu rechtfertigen (oder um die vorhandenen auch angesichts eines erwarteten Umsatzrückgangs zu halten), müssen sie in den kommenden Perioden den

Preis für die Überkapazitäten zahlen und werden bei niedrigerem Umsatz auch nur niedrigere Gewinne einfahren. Es besteht also durchaus ein Anreiz für Führungskräfte, realistische Umsatzprognosen zu generieren, damit sie brauchbare Entscheidungen über die erforderlichen Ressourcen treffen können.

Zusammenfassend kann man sagen, dass ein Unternehmen in Phase 3 den projizierten Verkaufsplan und operativen Plan für die nächste Periode nutzt, um den Bedarf an Mitarbeiterzeit und materiellen Ressourcen, wie beispielsweise an Büroraum, Fabriken und Anlagen, einzuschätzen. Die Ressourcenbedarfsanalyse entsteht, indem in einem traditionellen TDABC-Modell bekannte und erwartete Prozessverbesserungen berücksichtigt werden, sodass die Prognose des Ressourcenbedarfs die aktuellen Erwartungen hinsichtlich des zukünftigen Umsatzes, der operativen und der Prozesseffizienz berücksichtigt. Unternehmensplaner nutzen dann die Daten aus ihren detaillierten Verkaufsplänen und operativen Plänen bei TDABC, um den Bedarf an Ressourcen zu prognostizieren.

4. Phase: Prognosen des operativen Budgets (Opex) und des Investitionsbudgets (Capex)

Wenn sich die Führungskräfte über die erforderlichen Ressourcen für zukünftige Perioden verständigt haben, lässt sich der damit verbundene Finanzbedarf einfach und schnell berechnen. Wir bezeichnen die geschätzten Aufwendungen in einer zukünftigen Periode als Budget dieser Periode, wobei mit dem Wort *Budget* nur die *Schätzung von zukünftigen Aufwendungen* gemeint ist, nicht eine festgelegte *Zielvorgabe für die Leistung*.

Am Ende der 3. Phase hat das Unternehmen für jede Kategorie die Menge geschätzt, die es in Zukunft bereitstellen will. Dank der TDABC-Analyse (im Anhang anhand des Beispiels von Towerton-Financial beschrieben) ist bereits bekannt, was es kosten wird, jede Einheit von Ressourcen bereitzustellen (siehe Abbildung 7-8). Bei Towerton Financial kostete jeder Börsenmakler monatlich rund US-$ 6 800, jeder Kundendienstmitarbeiter US-$ 4 000 und jeder Computer-Server US-$ 3 200 (die ausführlichen Berechnungen finden sich im Anhang zu diesem Kapitel).

Vor der Berechnung der Kosten sollten die Planer voraussichtliche Preisänderungen berücksichtigen. Wenn Gehaltserhöhungen anstehen, dann müssen die monatlichen Kosten pro Mitarbeiter aktualisiert werden. Wenn die Büroraummieten steigen oder die Betriebskosten für die Server sinken, sollten die neuen Werte bei der Erstellung der Prognose berücksichtigt werden. Auf diese Weise werden die Prognosen der Kosten und Ausgaben die Erwartungen für die Zukunft reflektieren und nicht nur die tatsächlichen historischen Kosten.

Abbildung 7-8: Die Prognose der monatlichen Kosten für Ressourcen von Towerton Financial

	Bereitgestellte Einheiten	Monatliche Kosten pro Einheit in US-$	Monatliche Gesamtkosten (in Tsd US-$)
Börsenmakler	230	6800	1561
Portfoliomanager	7	9000	63
Finanzplaner	12	8400	106
Leitende Mitarbeiter	25	12200	323
Kundendienstmitarbeiter	40	4000	168
Server	60	3200	190

Wenn die aktuellsten oder erwarteten zukünftigen Kosten für jede Ressourceneinheit sämtlicher Ressourcen in das TDABC-Modell eingegeben sind, wird dieser Wert mit der entsprechenden Menge an Ressourcen im Prognosezeitraum multipliziert. So erhält man die prognostizierten (budgetierten) Gesamtkosten für jede Ressourcenkategorie, wie die rechte Spalte in Abbildung 7-8 zeigt.

Die Kosten sind die Einzelpositionen des Budgets. Sie wurden nicht in einem langwierigen Verhandlungsprozess ermittelt, sondern sind das Ergebnis einer einfachen Rechnung: der Multiplikation der genehmigten Mengen von jeder Ressource mit den jeweiligen Kosten pro Einheit. Derartige Rechenvorgänge erledigen Computer sehr rasch, preiswert und präzise. Das Ergebnis ist ein aus dem Verkaufsplan und operativen Plan abgeleitetes Budget.

Der hier beschriebene Prozess verläuft analog zur Materialbedarfsplanung (MRP), die Produktionsunternehmen in den 1980er Jahren einführten. MRP-Systeme verwendeten ausführliche Produktionsprognosen für jedes Produkt und leiteten daraus die Gesamtnachfrage nach Materialien und Teilen für den Produktionszeitraum ab. Mitarbeiter im Einkauf und in der Logistik bekamen dadurch eine solide Basis für die Bestellung und Planung der Materiallieferungen, um den Produktionsplan einhalten zu können.

Die in den Phasen 1 bis 4 beschriebene Planung der Ressourcenkapazitätsplanung erweitert das MRP-Modell, um den Bedarf an allen Ressourcen zu prognostizieren. Nun dienen die ausführlichen Verkaufspläne und operativen Pläne zur Berechnung des Gesamtbedarfs aller Ressourcen: Mitarbeiter, Anlagen, Gebäude und Distribution.

Die Personalkosten sowie die Kosten für den Betrieb von Anlagen und der Instandhaltung von Gebäuden bezeichnet man üblicherweise als Betriebskosten (Opex). Die Ausgaben für neue Maschinen, technische Ausrüstung und zusätzlichen Raum zur Unterstützung des zukünftigen Geschäftsbetriebs bezeichnet man als Investitionskosten (Capex). Finanzbuchhalter entscheiden, was zu den Betriebskosten zählt und die Gewinn-und-Verlust-Rechnung tangiert und was eine Investition darstellt, in die Bilanz eingeht und eine Zeit lang über die Gewinn-und-Verlust-Rechnung abgeschrieben wird.

Die Prognose von Kann-Ausgaben

Vor Abschluss des Budgetierungsprozesses müssen noch die Kann-Ausgaben, die bis zu einem bestimmten Grad ins persönliche Ermessen gestellt sind, prognostiziert werden, beispielsweise für Forschung und Entwicklung, Werbung, Verkaufsförderung, Schulung und natürlich strategische Initiativen. Es besteht kein enger Kausalzusammenhang zwischen diesen prognostizierten Kann-Ausgaben und dem Umsatz, daher sind sie parallel zu den vierteljährlich aktualisierten Umsatzprognosen zu bestimmen. Die Entscheidung über ihre Höhe erfordert das Urteilsvermögen erfahrener Führungskräfte, sie kann nicht einem analytischen Modell überlassen werden.

Um die Kostenprognosen abzuschließen, brauchen die Planer vom Führungsteam Schätzwerte für die genehmigten Kann-Ausgaben. Finanzbuchhalter ordnen einen großen Teil dieser Aufwendungen den Allgemein- und Verwaltungskosten zu, aber wie wir dargelegt haben, sollten die Aufwendungen für strategische Initiativen in der Ergebnisrechnung einen eigenen Posten haben (Stratex).

Der Genehmigungsprozess für Projekte und Initiativen sollte wenigstens vierteljährlich im Licht aktueller Informationen und Prognosen der Wirtschafts- und Wettbewerbsentwicklung überprüft werden. Bei Statoil handelt es sich beispielsweise bei vielen neuen Projekten um die Erschließung neuer Öl- und Gasreserven. In der Vergangenheit erhielten die Manager jährlich ein Budget für derartige Bohrungen, über das sie nicht hinausgehen durften. Mit Abschaffung des Budgets führte Statoil einen flexibleren und dynamischeren Genehmigungsprozess ein. Nun werden für neue Erschließungsprojekte auf der Basis von Dreijahresdurchschnitten quantitative Mengenvorgaben festgelegt. Die Exploration Manager können der Geschäftsführung jederzeit attraktive Projekte vorschlagen. Prognosen werden in einer abteilungsübergreifenden Besprechung anhand von finanziellen und nicht-finanziellen Parametern bewertet, beispielsweise strategische Relevanz, Risiko, Finanzoptionen. Zu diesem Zeitpunkt werden auch die Kosten genehmigter Projekte geschätzt.

Dank des vierteljährlichen Prognoseprozesses wird die Geschäftsführung von Statoil früher als zuvor und meistens lange vor der eigentlichen Genehmigung auf neue Projekte aufmerksam. Nach den Erkundungsbohrungen hat das Unternehmen wesentlich bessere Informationen über das Potenzial eines Feldes als zuvor. Die für weitere Bohrungen und die Erschließung genehmigten Mittel werden niedrig veranschlagt, wenn das Feld dem ersten Anschein nach nicht vielversprechend ist. Der Betrag kann jedoch beträchtlich sein und rasch erhöht werden, wenn die Testbohrung auf ein großes Gasvorkommen hindeutet. Wenn aufgrund der vierteljährlichen Prognose damit zu rechnen ist, dass die zukünftigen finanziellen Kapazitäten des Unternehmens niedriger ausfallen werden als ursprünglich erwartet, können bereits genehmigte Projekte zurückgestellt und die Mengenziele gesenkt werden. Aber nirgendwo in dem ganzen Prozess kommt es zu Budgetkürzungen.

5. Phase: Berechnung der Profitabilität pro Produkt, Kunde, Vertriebskanal und Region

Zusätzlich zu den erwarteten Gesamtkosten für den Prognosezeitraum liefert das TDABC-Modell ohne großen Zusatzaufwand eine detaillierte Gewinn-und-Verlust-Rechnung für jedes Produkt, jeden Kunden und jede Region. Der Gesamtbedarf an Ressourcen und den entsprechenden Finanzmitteln wurde durch die Summierung des Ressourcenbedarfs nach Ressourcen für jedes Produkt, jeden Kunden, jeden Vertriebskanal, jede Region und jeden Auftrag – jede Transaktion – ermittelt. Mithilfe des detaillierten Verkaufsplans und operativen Plans (Abbildung 7-5) ordnet das Modell automatisch Menge und Kosten jeder Ressourcenkategorie den entsprechenden einzelnen Aufträgen, Produkten oder Kunden zu.

In der Datenbank von Towerton Financial Services gibt es für den Prognosezeitraum bereits detaillierte Projektionen für den Bedarf an Ressourcenkapazität pro Produkt und Kunde. So können die im vorangegangenen Schritt ermittelten gesamten Ressourcenkosten auf die einzelnen Produkte und Kunden aufgeteilt werden. Dieser Prozess bietet eine gute Basis für die Zuordnung der Ressourcenkosten zu dem Bedarf pro Produkt und Kunde, sodass das Unternehmen eine genaue Gewinn-und-Verlust-Rechnung für jedes Produkt, jeden Kunden oder jede andere gewünschte Kategorie erstellen kann. Abbildung 7-9 zeigt die Proforma-Gewinn-und-Verlust-Rechnung für den Prognosezeitraum und jede Produktkategorie. Falls Towerton eine rollierende Finanzprognose für fünf Quartale verwendet, kann das Unternehmen entsprechend den hier vorgestellten fünf Phasen für die nächsten fünf Quartale eine Gewinn-und-Verlust-Rechnung prognostizieren.

Abbildung 7-9: Towerton Financials Prognose der Gewinne und Verluste pro Produkt für die nächste Periode (in US-$)

	Aktien-handel	Handel mit Investmentfonds	Vermögens-verwaltung	Finanz-planung	Gesamt genutzt	Ungenutzte Kapazität	Gesamt bereitgestellt
Durchschnittspreis pro Transaktion	13,25	41,45					
Vertrieb	3644	2031	113	169	5956		5956
Börsenmakler	1290	240			1529	32	1561
Portfoliomanager			55		55	8	63
Finanzplaner				102	102	4	106
Leitende Mitarbeiter	238	45	19	9	310	13	323
Kundendienstmitarbeiter	122	30	2	3	158	10	168
Ausgaben für Server	128	39	11	5	184	6	190
Gesamtkosten	**1778**	**354**	**87**	**119**	**2338**	**73**	**2411**
Marge	1866	1677	26	50	3618	(73)	3545
Marge in %	51 %	83 %	23 %	30 %	61 %	-1 %	60 %
Vertriebs-, Gemein- und Verwaltungskosten							1300
Operatives Ergebnis/ Betriebsergebnis							2245
Operative Marge							38 %

Zusammenfassung

Unternehmen übertragen ihre strategischen Pläne in fünf Schritten in detaillierte operative Pläne. Der Prozess beginnt mit der vierteljährlichen Umsatzprognose für mehrere Perioden. Manager können dies entweder nach eigenem Ermessen anhand von historischen Daten, unter Berücksichtigung voraussichtlicher zukünftiger Änderungen, oder, noch besser, mithilfe eines analytischen, treiberbasierten Modells tun.

In der nächsten Phase setzen die Planungsverantwortlichen die Umsatzzahlen auf Unternehmensebene in detaillierte Verkaufspläne und operative Pläne um, welche die Menge und den Mix der produzierten und verkauften Produkte und Dienstleistungen sowie die Anzahl und den Mix der Kundenaufträge angeben.

In der dritten Phase werden die detaillierten Verkaufspläne und operativen Pläne mithilfe eines TDABC-Modells zur Prognose des Ressourcenbedarfs genutzt. Zu den Ressourcen zählen die Mitarbeiter sowie Sachanlagen für die Produktion, IT, Lagerhaltung und Distribution. Anhand des ermittelten Bedarfs an Ressourcenkapazitäten berechnen die Manager die Quantität der Ressourcen für die folgenden Perioden.

In der vierten Phase werden auf der Basis der genehmigten Ressourcen das operative und Investitionsbudget (Opex und Capex) für die nächsten Perioden ermittelt, sowie, in einem fünften Schritt, die Gewinn-und-Verlust-Rechnung für das Unternehmen insgesamt und jedes Produkt, jede Dienstleistung, jeden Kunden, Vertriebskanal und jede Region.

Diese Phasen stellen den Mechanismus dar, mit dem die übergeordneten Zielvorgaben des Unternehmens für das Umsatzwachstum in detaillierte Pläne zur Genehmigung der erforderlichen Ressourcenkapazität und, im letzten Schritt, in die Berechnung der Profitabilität nach Produkten, Kunden und Regionen übertragen werden.

Anhang zu Kapitel 7

Die Entwicklung eines Time-Driven-Activity-Based-Costing (TDABC)-Modells

Time-Driven Activity-Based Costing ist eine neue Variante des Activity-Based Costing (Prozesskostenrechnung), mit der man ohne viel Aufwand flexible und leistungsfähige Kostenmodelle erstellen kann. Als Beispiel entwickeln wir ein TDABC-Modell für das fiktive Unternehmen Towerton Financial Services (TFS), das bereits in diesem Kapitel beschrieben wurde. Die letzten Geschäftsergebnisse waren enttäuschend (siehe Abbildung 7A-1), daher bildet TFS ein Projektteam zur Entwicklung eines TDABC-Modells, um die Kosten- und Gewinntreiber von Towerton zu identifizieren. Das Modell wird die hohen Personal- und IT-Kosten auf die verschiedenen Produkte aufteilen. Die vorhandenen Ressourcen bei TFS sind in Abbildung 7-4 im Hauptteil dieses Kapitels dargestellt. Die wichtigsten Ressourcen sind Personal, IT-Ressourcen und Büroräume. Wenn TFS diese Ressourcen besser steuern will, muss es wissen, wie sie für die verschiedenen Kunden und Produkte genutzt werden. Genau diese Informationen liefert die Prozesskostenrechnung.

Unternehmensinformation

TFS bietet vier Serviceleistungen: Aktienhandel, Investmentfonds, Vermögensverwaltung und Finanzplanung. Drei Gruppen von Finanzexperten – Börsenmakler, Portfoliomanager und Finanzplaner – haben direkten Kontakt mit Kunden.

Börsenmakler sind für den Aktienhandel und die Investmentfonds zuständig, sie beraten Kunden und geben Empfehlungen. Letztendlich treffen die TFS-Kunden ihre eigenen Kauf-/Verkaufsentscheidungen. TFS berechnet eine Pauschale pro Aktientransaktion, deren Höhe vom Gesamtportfolio des Kunden bei TFS abhängig ist. Beim Handel mit Anteilen an Investmentfonds berechnet TFS 1,5 Prozent des Wertes der Anteile beim Kauf und nichts für den Verkauf.

Abbildung 7A-1: Towerton Financial Services: Monatliche Gewinn-und-Verlust-Rechnung (in Tsd US-$)

Vertrieb	4035
Börsenmakler	1561
Portfoliomanager	161
Finanzplaner	177
Leitende Mitarbeiter	388
Kundendienstmitarbeiter	176
Server	241
Gesamtkosten	2704
Marge	1331
Marge in %	33 %
Vertriebs-, Gemein- und Verwaltungskosten	1300
Operatives Ergebnis/Betriebsergebnis	31
Operative Marge	1 %

Portfoliomanager verwalten aktiv die Anlagen der Kunden und kaufen und verkaufen Aktien nach Auftrag der Kunden. Diese Mitarbeiter setzen sich zunächst mit Neukunden zusammen, um eine Vorstellung von ihren Anlagezielen, ihren Interessen und ihrer Risikotoleranz zu bekommen. Danach kommt es zu vierteljährlichen Besprechungen, um die Entwicklung des Portfolios und die Strategie zu überprüfen. Für diesen Service berechnet TFS eine jährliche Gebühr in Höhe von 1,5 Prozent der verwalteten Anlagen, unabhängig vom Kontostand.

Finanzplaner erstellen Finanzpläne für ihre Kunden und helfen ihnen bei der Entscheidung, wie viel sie sparen wollen, erstellen ein Budget und sorgen für eine ausreichende Versicherung. Diese Mitarbeiter sind sozusagen die Allgemeinmediziner, die für die finanzielle Gesundheit ihrer Kunden zuständig sind. Für den ersten Finanzplan stellt TFS US-$ 1200 in Rechnung und verlangt für den anschließenden Service US-$ 125 pro Stunde. Üblicherweise treffen sich die Finanzplaner vierteljährlich mit ihren Kunden.

Die erwähnten drei Gruppen werden von anderen Mitarbeitern unterstützt. *Leitende Mitarbeiter* managen Makler, Portfoliomanager und Finanzplaner. *Kundendienstmitarbeiter* kümmern sich um telefonische Anfragen und Aufträge der Kunden.

Bei der IT-Infrastruktur von TFS lassen sich zwei Kategorien unterscheiden. *Server* sind für die Bearbeitung der Transaktionen zuständig, die Kontenverwaltung und verschiedene Verwaltungsaufgaben. Ihre Kapazität wird in Millionen Instruktionen je Sekunde (MIPS) gemessen. Außerdem steht jedem Mitarbeiter ein geleaster *Computer am Arbeitsplatz* zur Verfügung.

TFS mietet *Räume*, hauptsächlich als Büroraum für die Mitarbeiter, aber auch als Konferenzzimmer für Besprechungen mit Kunden.

Zu den *sonstigen Unternehmensausgaben* zählen die Ausgaben für Verwaltung, die Finanz- und Personalabteilung, Wirtschaftsprüfer, Steuern, Gebühren und Abgaben sowie Compliance.

Das Time-Driven-Activity-Based-Costing-Modell

TFS entwickelt in mehreren Phasen ein eigenes TDABC-Modell. Zunächst wird kalkuliert, was es kostet, jede Art von Personalressource zur Verfügung zu stellen. Abbildung 7A-2 zeigt die grundlegende Vorgehensweise am Beispiel Makler: Wenn man das Gehalt eines Mitarbeiters und alle für seine Arbeit erforderlichen indirekten Ressourcen addiert, kommt man auf US-$ 81 500 pro Jahr, oder US-$ 6 800 pro Monat. In unserem vereinfachten Beispiel zählen zu den indirekten Ressourcen die Kosten für den Büroraum des Mitarbeiters, seinen PC, die dazugehörige Software und die erforderliche IT-Unterstützung.

Nun dividiert TFS die monatlichen Gesamtkosten für die Bereitstellung eines Mitarbeiters durch dessen monatliche Kapazität. Wir nehmen einmal an, dass ein Makler 240 Tage im Jahr (365 Tage – 104 Wochenendtage – 21 Urlaubstage) oder 20 Tage pro Monat arbeitet.[15] Makler verbringen täglich 7,5 Stunden im Büro, aber sie arbeiten nicht die ganze Zeit mit und für Kunden. Etwas Zeit (Annahme: eine Stunde pro Tag) wird für Pausen, Schulung und Weiterbildung verwendet. Zieht man diese Zeit ab, bleiben einem Makler 130 produktive Stunden pro Monat (6,5 pro Tag an 20 Tagen).

Abbildung 7A-2: 1. Phase im TDABC-Modell: Kosten der bereitgestellten Ressourcen pro Zeiteinheit

$$\textbf{Kapazitätskostensatz} = \frac{\textbf{Kosten der bereitgestellten Ressource}}{\textbf{Kapazität der bereitgestellten Ressource}}$$

Makler:	Jahresgehalt plus Lohnnebenkosten	US-$ 65 000
	Bürofläche: 80 m² zu US-$ 125 m²/Jahr	US-$ 10 000
	IT-Unterstützung	US-$ 6 500
	Jährliche Kosten	US-$ 81 500
	Monatliche Kosten	**US-$ 6 800**

Ein Makler arbeitet 20 Tage im Monat, 7,5 Stunden pro Tag. Nach Abzug von Pausen und Schulung bleiben 6,5 produktive Stunden pro Tag.

$$\textbf{Kostensatz} = \frac{\text{US-\$ 6 800/Monat}}{20 \times 6{,}5 = 130 \text{ Std./Monat}}$$ US-$ 52 pro Stunde (US-$ 0,87/Min)

Im Allgemeinen enthalten die Gesamtkosten pro Mitarbeiter auch andere Kosten für dessen Unterstützung, beispielsweise die anteiligen Kosten für dessen Vorgesetzten sowie der Personal- und Finanzabteilung.

Wenn man weiß, was ein Makler monatlich kostet (US-$ 6 800) und dessen Kapazität kennt (130 Stunden pro Monat) lässt sich der Kapazitätskostensatz leicht als US-$ 52 pro produktiver Arbeitsstunde errechnen. Abbildung 7A-3 zeigt die entsprechende Berechnung für jede Art von TFS-Mitarbeiter.

Die Kalkulation der Kapazitätskostensätze (Abbildungen 7A-2 und 7A-3) lässt sich in jedem Unternehmen einfach durchführen. Im Zähler stehen die monatlichen Kosten für jeden Mitarbeiter (Gehalt, Büroraum, IT-Unterstützung, indirekte Kosten), die anfallen, damit er für produktive Arbeit zur Verfügung steht. Für den Nenner schätzen Analysten die Stunden (oder Minuten), die der Mitarbeiter pro Monat für produktive Arbeit zur Verfügung steht.

Abbildung 7A-3: Mengen an Ressourcen und Kapazitätskostensätze bei Towerton Financial Services (in US-$)

	Jahresgehalt	Monatsgehalt	Monatliche Mietkosten	Monatliche IT-Kosten	Monatliche Gesamtkosten	Produktive Arbeitsstunden pro Monat	Kapazitätskostensatz (US-$/Std.)
Börsenmakler	65 000	5 417	832	539	6 800	130	52
Portfoliomanager	91 000	7 583	832	539	9 000	130	69
Finanzplaner	84 500	7 042	1 248	539	8 800	130	68
Leitende Mitarbeiter	130 000	10 833	1 560	539	12 900	130	99
Kundendienstmitarbeiter	41 600	3 467	520	206	4 200	140	30

Eine gewisse Komplikation ergibt sich durch Spitzenzeiten oder saisonal schwankenden Bedarf, für die das Unternehmen Kapazitäten bereithält, die aber zeitweise nicht voll ausgelastet sind. Das Kostenmodell lässt sich jedoch ausweiten, um auch dies zu berücksichtigen. Wir demonstrieren das, indem wir den Kapazitätskostensatz für die Server von TFS entwickeln, die während der achtstündigen Arbeitszeit, besonders in den Börsenstunden, intensiv genutzt, während der übrigen 16 Stunden des Tages aber kaum beansprucht werden. Wir nehmen an, die Nutzung der Serverkapazität entspräche der in Abbildung 7A-4 dargestellten, mit einer hohen Auslastung von neun Uhr morgens bis fünf Uhr nachmittags und nur geringem Einsatz in der übrigen Zeit. Um den Bedarf in Spitzenzeiten zu decken, hat TFS 76 Server gekauft, obwohl nur 19 von diesen in Schwachlastzeiten gebraucht werden.

Jeder Server kostet US-$ 38 000 pro Jahr (US-$ 3 168 pro Monat) für Hardware, Software und Wartung und kann pro Stunde 50 MIPS verarbeiten. Server gehen nicht in Urlaub und sind daher 22 Tage pro Monat, 24 Stunden pro Tag und so insgesamt 528 Stunden pro Monat verfügbar.

Abbildung 7A-4: Unterschiedlicher Bedarf an Serverkapazität bei Towerton Financial Services je nach Tageszeit

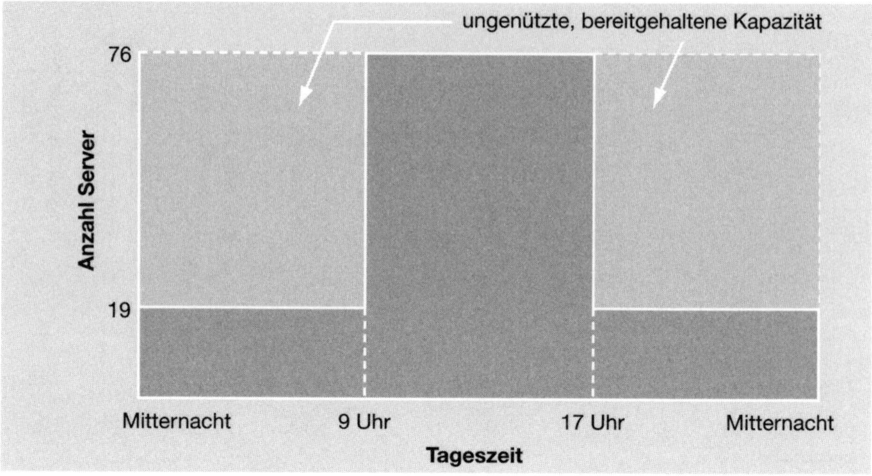

Aufgrund des unterschiedlichen Bedarfs müssen zwei Kostensätze kalkuliert werden. Die einfache Berechnung erfolgt für die Nebenzeiten, wenn 19 Server eingesetzt werden. Der Betrieb von jedem von ihnen kostet US-$ 6 pro Stunde (US-$ 3 168 pro Monat dividiert durch 528 Stunden pro Monat), oder US-$ 0,12 pro MIPS (US-$ 6 pro Stunde dividiert durch 50 MIPS).

Für die Stoßzeit stehen im Zähler 76 Server x US-$ 6 pro Stunde x 8 Stunden (Kosten zur Bereitstellung der Kapazität). Außerdem fließen in die Kosten für die Spitzenkapazität auch die Kosten der 57 außerhalb der Bürozeiten ungenutzten Server (76-19) zu US-$ 6 pro Stunde ein. Die Kapazität für die Spitzenzeiten ist also wesentlich teurer, weil ein Teil der dafür erforderlichen Ressourcen im Tagesverlauf nur zu einem Drittel ausgelastet ist. Die vollständige Rechnung sieht daher folgendermaßen aus:

Kostensatz Stoßzeiten

$$\frac{[76 \text{ x } 8 \text{ Stunden} + (76-19) \text{ x } 16 \text{ Stunden}] \text{ x US-\$ } 6}{76 \text{ Server x } 8 \text{ Stunden x } 50 \text{ MIPS/Stunde}} = \text{US-\$ } 0{,}30/\text{MIPS}$$

Wir haben bei dieser Berechnung nur die Kapazitätsauslastung zu zwei verschiedenen Zeiten berücksichtigt, aber das Modell kann auch für kompliziertere Auslastungsmuster und saisonale Schwankungen verwendet werden.[16]

Nachdem TFS Kapazitätskostensätze für alle Ressourcen berechnet hat, wird der zweite Parameter für das TDABC-Kostenmodell kalkuliert: Die Menge an Ressourcenkapazität, die für jede Transaktion oder Interaktion mit den Kunden gebraucht wird. Abbildung 7A-5 gibt ein paar Beispielberechnungen für unterschiedliche Mitarbeitergruppen. Entsprechend kann man auch die erforderliche Serverkapazität (MIPS) für jede Art von Transaktion berechnen.

Abbildung 7A-5: 2. Phase im TDABC-Modell: Verwendung von Zeitgleichungen zur Schätzung des Ressourcenbedarfs pro Transaktion und Service

Maklerzeit =	60 Minuten/Eröffnung eines neuen Kundenkontos + 5 Minuten/Handelstransaktion (Aktien oder Investmentfonds) + 20 Minuten/Treffen mit Stammkunden
Portfolio-managerzeit =	240 Minuten/ Eröffnung eines neuen Kundenkontos + 60 Minuten/Treffen mit Stammkunden + 4 Minuten/Handelstransaktion
Finanzplaner-zeit =	600 Minuten/ Eröffnung eines neuen Kundenkontos + 90 Minuten/Arbeit pro Monat pro Stammkunde
Kundendienst-mitarbeiterzeit =	12 Minuten/Anlegen eines neuen Aktien- oder Investment-fonds-Kontos + 18 Minuten/Anlegen eines neuen Portfolio- oder Finanzplanungskontos + 5 Minuten/telefonischer Kaufauftrag + 7 Minuten/telefonische Besprechung/Gespräch zum Portfoliomanagement + 10 Minuten/telefonische Besprechung/Gespräch zur Finanzplanung

Dann betrachtet das Unternehmen die Anzahl der jeweiligen Transaktionen der letzten Periode (beispielsweise des letzten Monats). Abbildung 7A-6 bietet ein Beispiel für eine solche Übersicht. Im Modell wird die Anzahl der jeweiligen Transaktionen mit der Zahl der Stunden multipliziert, die von jeder Ressource pro Transaktion erforderlich sind (siehe Abbildung 7A-7). So erhält man den Bedarf (Stunden) an jeder Art von Ressource für jeden Service. Die letzte Kalkulation ist dann die Multiplikation der von jeder Ressource pro Service verwendeten Stunden mit dem jeweiligen Kapazitätskostensatz pro Stunde. Damit erhält man pro Serviceart die Kosten jeder Ressource in der letzten Periode.

Abbildung 7A-6: Monatliche Anzahl der Transaktionen (Daten aus dem ERP-Sytem)

	Aktienhandel	Handel mit Investmentfonds	Vermögensverwaltung	Finanz planung
Anzahl der Transaktionen	305288	26325	5400	6500
Anzahl neu eröffneter Konten	595	255	175	130
Gesamtzahl Konten	29750	12750	1200	900
Anzahl telefonische Gespräche (Kundendienst)	47600	11475	1320	540
Anzahl persönliche Meetings/Treffen mit Kunden	3570	765	480	589

Das Endresultat (siehe Abbildung 7A-8) ist eine komplette Gewinn-und-Verlust-Rechnung pro Service. Die rechte Spalte in Abbildung 7A-8 entspricht dem Ergebnis der in Abbildung 7A-1 dargestellten Gewinn-und-Verlust-Rechnung. Die Spalten davor verdeutlichen, dass die Ressourcen für die einzelnen Produkte sehr unterschiedlich genutzt werden. Insbesondere die beiden Kernprodukte, Aktienhandel und Investmentfonds, nutzen Personal- und IT-Kapazitäten sehr effizient; hier werden hohe Gewinnmargen erzielt. Die neu eingeführten Serviceleistungen – Portfoliomanagement und Finanzplanung – sind sehr personalintensiv und erreichen gerade die Gewinnschwelle oder machen sogar Verluste.

Wenn Führungskräfte einen Blick auf die Zahlen für jedes Produkt werfen, geht ihnen sofort ein Licht auf. Die neuen Produktbereiche: Portfoliomanagement und Finanzplanung, mit denen TFS sein Geschäft ausweiten wollte, sind gerade an der Gewinnschwelle oder machen Verluste. Sie sind sehr ressourcenintensiv, aber die Kosten werden durch die Honorare und die Gewinne aus Transaktionen nicht gedeckt.

Abbildung 7A-7: Berechnung des monatlichen Ressourcenbedarfs in Stunden pro Service

	Aktienhandel	Handel mit Investmentfonds	Vermögensverwaltung	Finanzplanung	Insgesamt	Verfügbare produktive Zeit	Kapazitätsauslastung
Börsenmakler	27226	2704			29929	29900	100 %
Portfolio-manager			2080		2080	2340	89 %
Finanzplaner				2154	2154	2600	83 %
Leitende Mitarbeiter	2643	262	418	130	3453	3900	89 %
Kundendienst-mitarbeiter	4086	1007	207	129	5428	5880	92 %
MIPS – Spitzenzeit	465913	30200	96783	11823	604718	668800	
MIPS – Nebenzeit	99358	105986	72212	11860	289415	334400	

Gesamte Maklerzeit für den Börsenhandel =
5 Minuten/Handelstransaktion +
60 Minuten/Eröffnung eines neuen Kundenkontos +
20 Minuten/Treffen mit Stammkunden =
(5 x 305288 + 60 x 595 + 20 x 3570)/60 = 27226 Stunden

Das Modell zeigt, dass das traditionelle TFS-Geschäft – Aktienhandel und Investmentfonds – im Vergleich zu den neuen Angeboten durchaus rentabel ist.

Nachdem ihnen die großen Unterschiede in der Profitabilität bewusst geworden waren, ergriffen die TFS-Manager verschiedene Maßnahmen, einschließlich einer Preiserhöhung für den Aktienhandel, einer stärkeren Konzentration auf Investmentfonds, der Festlegung eines Mindestkontostands für das Portfoliomanagement und einer neuen Preisstrategie für die Finanzplanung. Die Verkaufs- und operative Prognose (Abbildung 7-5) sowie die Finanzprognose (Abbildung 7-9) im Hauptkapitel zeigen die Geschäftslage nach Durchführung der erwähnten Maßnahmen.

Towerton Financial Services ist nicht das einzige Unternehmen, das derartige Erfahrungen machte. Viele Firmen führen neue Produkte und Dienstleistungen ein oder nutzen zusätzliche Vertriebskanäle, ohne sich die Wirtschaftlichkeit des neuen Angebots klarzumachen. Auf den ersten Blick wirken die Vorteile einer solchen Strategie verführerisch. Neue Umsatzquellen werden erschlossen, die Diversifizierung führt zu Wachstum außerhalb des Kerngeschäfts, und die Zusatzkosten sind häufig in den Gemeinkosten verborgen. Aber die Rechnung für das Wachstum wird dann präsentiert, wenn das Unternehmen neue Mitarbeiter einstellen und Anlagen, Software und Technologie kaufen muss, um das neue Angebot bereitstellen zu können. Mithilfe des TDABC-Modells können Manager feststellen, ob der zusätzliche Wert, den sie mit dem neuen Angebot generieren, auch über den zusätzlichen Kosten liegt. Häufig ist dies nicht der Fall; dann müssen die Unternehmen ihre Strategie überdenken.

Wenn sich Führungskräfte auf ihre monatliche strategische Lagebesprechung (siehe Kapitel 8) und Besprechungen zum Testen und Anpassen der Strategie (siehe Kapitel 9) vorbereiten, brauchen sie Analysen der Kausalbeziehungen zwischen den Messgrößen der Strategy Map, um zu erkennen, ob die hypothetischen Zusammenhänge in der Realität tatsächlich bestehen. Besonders wichtig und leicht zu dokumentieren ist die Wirtschaftlichkeit der angebotenen Produkte, Dienstleistungen und der Kunden.

Das in diesem Anhang beschriebene TDABC-Modell zeigt üblicherweise, welche Produkte und Kundenbeziehungen keinen Gewinn bringen, welche Prozesse ineffizient sind und wo Überkapazitäten bestehen. Führungskräfte müssen bewusst zielgerichtete Maßnahmen ergreifen, um Prozesse zu verbessern, Überkapazitäten zu senken und aus unrentablen Produkten und Kunden gewinnbringende zu machen. Ein TDABC-Modell der laufenden Geschäftstätigkeit bietet wichtiges Material für Managemententscheidungen über strategische (und operative) Möglichkeiten. Außerdem kann ein solches Modell im Zusammenhang mit der Umsatzprognose und operativen Daten zur Schätzung des zukünftigen Bedarfs an und den Kosten für Ressourcen genutzt werden, die zur Befriedigung der Nachfrage erforderlich sind.

Abbildung 7A-8: Profitabilität der Towerton-Serviceleistungen berechnet in einem TDABC-Modell (Angaben in Tsd US-$)

					Kosten der genutzten Ressourcen	Kosten ungenutzter Kapazität	Kosten der bereitgestellten Ressourcen
Vertrieb	2687	1091	90	167	4035		4035
Börsenmakler	1421	141			1563	(2)	1561
Portfoliomanager			143		143	18	161
Finanzplaner			0	146	146	30	177
Leitende Mitarbeiter	263	26	42	13	344	44	388
Kundendienstmitarbeiter	122	30	6	4	163	14	176
Server	152	22	38	5	216	25	241
Gesamtkosten	**1958**	**219**	**229**	**168**	**2575**	**129**	**2704**
Marge	728	872	(139)	(1)	1461	(129)	1331
Marge in %	27 %	80 %	-154 %	0 %	36 %	-3 %	33 %
Vertriebs-, Gemein- und Verwaltungskosten							1300
Betriebsergebnis							31
Operative Marge							1 %

Anmerkungen zu diesem Kapitel

1 Johnson, H.T.; Kaplan, R.S.: *Relevance Lost: The Rise and Fall of Management Accounting* (Boston: Harvard Business School Press, 1987), S. 100-112.

2 Dunlap, A.; Andleman, B.: *Mean Business: How I Save Bad Companies and Make Good Companies Great* (New York: Random House, 1996); Byrne, J.A.: *Chainsaw: The Notorious Career of Al Dunlap in the Era of Profit-At-Any-Price* (New York: Collins, 2003).

3 Anonymer WORLDCOM-Manager, zitiert auf der Website von Beyond Budgeting Roundtable: http://www.bbrt.org/beybud.htm (Stand 17. Februar 2008).

4 Hope, J.; Fraser, R.: »Who Needs Budgets?«, *Harvard Business Review* (February 2003), S. 108-115. Hope, J.; Fraser, R.: *Beyond Budgeting: Wie sich Manager aus der jährlichen Budgetierungsfalle befreien können* (Stuttgart: Schäffer-Poeschel, 2003).

5 Bogsnes, B.: »Blowing up the Budget: Statoil's Journey Beyond Budgeting«, Palladium Planning and Budgeting Conference, Amsterdam (Oktober 2006).

6 Jorgenson, B.; Kaplan, R.S.: »Borealis«, Fallstudie 102-048 (Boston: Harvard Business School, 2001).

7 A.a.O., S. 4.

8 A.a.O.

9 A.a.O., S. 6.

10 A.a.O., S. 7.

11 Makridakis, S.G.; Wheelwright, S.C.; Hyndman, R.J.: *Forecasting: Methods and Applications* (New York: John Wiley, 1998).

12 Grundlegende Informationen über TDABC-Modelle finden sich in: Kaplan, R.S.; Anderson, S.R.: *Time-Driven Activity-Based Costing* (Boston: Harvard Business School Press, 2007).

13 Mit dem gleichen Modell lässt sich auch der Bedarf an Büro- und Konferenzräumen prognostizieren.

14 Siehe Kaplan, R.S.; Anderson, S.R.: *Time-Driven Activity-Based Costing*, S. 219-229.

15 Arbeitgeber, die mehr Urlaub gewähren, bekommen pro Monat möglicherweise nur 18 oder 19 Tage produktive Arbeit pro Mitarbeiter. Arbeitgeber in Entwicklungsländern mit längeren Arbeitswochen und weniger Urlaub können dagegen zwischen 22 und 24 Tagen erzielen.

16 Siehe Beispiel in Kaplan, R.S.; Anderson, S.R.: *Time-Driven Activity-Based Costing*, S. 185-189.

Kapitel 8

Operative und strategische Lagebesprechungen

Sobald die strategischen und operativen Pläne vorliegen, beginnt ein Unternehmen mit der Umsetzung der Strategie: Produkte und Dienstleistungen werden bereitgestellt und an Kunden geliefert, Initiativen umgesetzt

Abbildung 8-1: Das Managementsystem: Kontrolle und Lernen

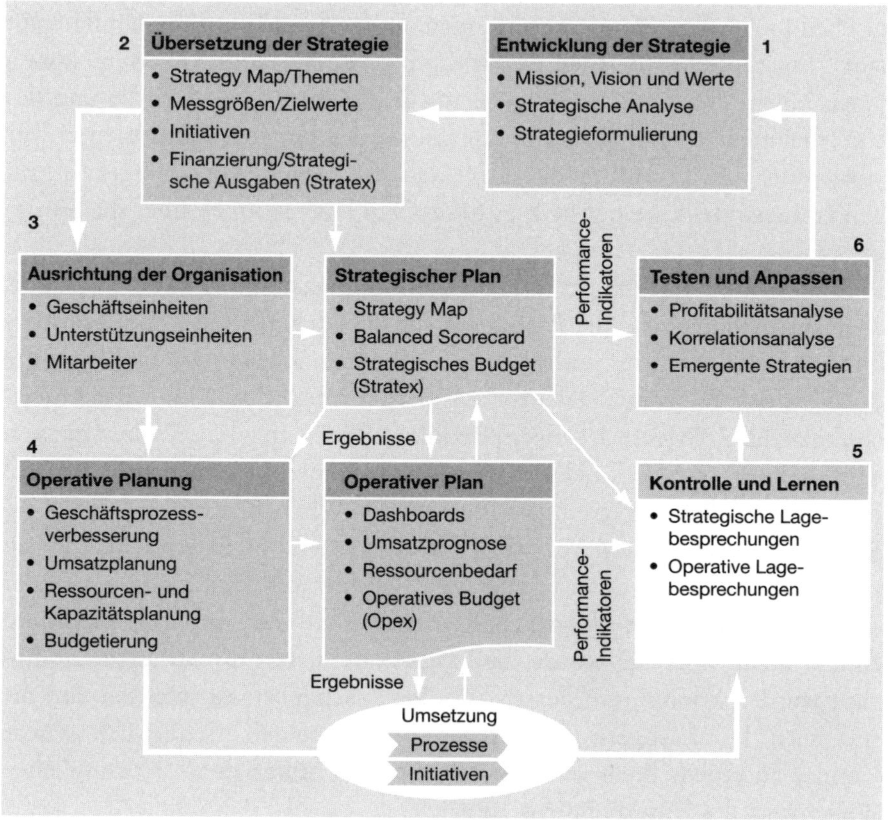

und Prozesse verbessert. Das Unternehmen ist auf dem Weg, seine ehrgeizigen Ziele binnen der nächsten drei bis fünf Jahre zu erreichen.

Aber so wie das Kontrollzentrum die Flugbahn eines Raumschiffs nach dessen Start weiter verfolgt, muss auch ein Unternehmen seine Leistung stetig überwachen und anpassen, um seine strategischen Ziele zu erreichen. Manager führen ein Unternehmen mithilfe strukturierter Besprechungen, die sich mit operativen Problemen und Verbesserungsprogrammen befassen; Ziel ist die ständige Überprüfung der Strategie und, sofern erforderlich, deren Anpassung oder Änderung. Diese Besprechungen, die sich auf der rechten Seite in Abbildung 8-1 finden (die Phasen 5 und 6), sind die Feedback- und Kontrollphasen im Managementsystem. Um es in der TQM-Sprache auszudrücken: Die verschiedenen Besprechungen sind die Kontroll- und Handlungselemente (im Plan-Do-Check-Act-System) des Strategieumsetzungsprozesses.

Obgleich es logisch und naheliegend erscheint, operative von strategischen Lagebesprechungen zu trennen, findet diese Trennung häufig nicht statt. Ein typisches Beispiel ist die Conner Corporation (fiktiver Name). Nach einem erfolgreichen Börsengang traf sich die Geschäftsleitung des Unternehmens monatlich zu eintägigen Besprechungen. Laut Agenda war vorgesehen, am Vormittag operative und am Nachmittag strategische Fragen zu behandeln. Leider kam es nie zu den Diskussionen über die Strategie.

Eine typische Lagebesprechung begann mit einem Blick auf die monatlichen Finanzdaten und die Prognosen für die nächsten Quartale. Meistens lagen der Umsatz unter und die Kosten über den Zielwerten. Daher wurde der Rest des Tages mit Debatten darüber verbracht, wie man die Abweichungen durch Preisänderungen, Reduktion der Kapazität, Entlassung von Mitarbeitern und Verkaufsförderungsmaßnahmen beseitigen könnte. Ein Mitglied des Führungsgremiums bemerkte: »Wir haben keine Zeit für die Strategie. Wenn wir die Vorgaben für ein Quartal nicht erreichen, gehen wir möglicherweise unter. Langfristig ist für uns kurzfristig.« Conner quälte sich voran, die monatlichen Vorgaben wurden einmal erreicht und einmal nicht, aber nie wurde die Frage gestellt, wie die Strategie modifiziert werden könnte, um bessere Wachstumschancen zu schaffen und die ständigen kurzfristigen Finanzkrisen zu vermeiden. Schließlich wurde Conner zu einem Preis verkauft, der deutlich unter dem ursprünglichen Börsenwert des Unternehmens lag.

Abbildung 8-2: Managementbesprechungen: Kontrolle, Lernen, Testen und Anpassen

Kontrolle und Lernen	Ziel	Barrieren	Aktivitäten
1. Operative Lagebesprechungen *Haben wir das operative Geschäft unter Kontrolle?*	Die kurzfristigen finanziellen Ergebnisse und das operative Geschäft kontrollieren und steuern	• Leistungsindikatoren werden überwacht, die nicht von zentraler Bedeutung für die Strategie sind	• Treibermodelle • Varianzanalysen • Analyse von Leistungsindikatoren und Dashboards • Problemlösung im Team • Maßnahmeplan
2. Strategische Lagebesprechungen *Setzen wir unsere Strategie erfolgreich um?*	Die Umsetzung der strategischen Initiativen und der Balanced Scorecard kontrollieren und steuern	• Ungenügend Zeit in Besprechungen, für die Diskussion über die Strategie • Strategische, geschäftsbereichsübergreifende Initiativen werden nicht überwacht und gesteuert	• Themenbasierte Kontrolle der Strategieumsetzung • Kontrolle des Initiativenportfolios • Thementeams • Management der Agenda
3. Besprechungen zum Testen und Anpassen der Strategie *Ist unsere Strategie richtig?*	Regelmäßig analysieren, ob die hypothetischen Ergebnisse erzielt werden	• Fehlende Daten, um die der Strategie zugrunde liegende Hypothese zu überprüfen • Ungenügende Analysefähigkeiten zur Überprüfung der Strategie • Die Mitarbeiter werden nicht angehalten, neue strategische Optionen vorzuschlagen	• Analytische Studien • Profitabilitätsanalysen auf Produkt- und Kundenebene (Activity-Based Costing) • Ursache-Wirkungs-Analysen • Analyse emergenter Strategien

Um Probleme wie die der Conner Corporation zu vermeiden, müssen Unternehmen für jede ihrer Besprechungen eine klare Agenda und eigene Teilnehmerliste haben (siehe Abbildung 8-2). *Operative Lagebesprechungen* konzentrieren sich auf die kurzfristige Leistug von Geschäftsbereichen und Funktionen sowie die finanziellen Ergebnisse und befassen sich mit aktuellen Problemen, die gelöst werden müssen. In *strategischen Lagebespre-*

chungen werden mithilfe der Leistungsindikatoren und Initiativen aus der Balanced Scorecard Fortschritte, Risiken und Hindernisse bei der erfolgreichen Strategieumsetzung untersucht. In Sitzungen zum Anpassen und Testen der Strategie wird diskutiert, ob die Strategie funktioniert und ob ihre grundlegenden Annahmen angesichts der jüngsten Daten noch gültig sind. Teilnehmer an diesen Besprechungen beurteilen auch die Veränderungen im Wettbewerbsumfeld sowie im regulatorischen Umfeld und denken über neue Ideen und Chancen nach, die das Unternehmen nutzen könnte.

Die drei Sitzungstypen finden verschieden häufig statt, haben unterschiedliche Teilnehmer und natürlich andere Inhalte. Aufgrund von Geschäftsreisen und der Schwierigkeit, Zeit im vollen Terminkalender von Führungskräften zu finden, können zwei verschiedene Treffen am gleichen Tag oder an aufeinanderfolgenden Tagen stattfinden. Die Geschäftsleitung von SprintNextel trifft sich beispielsweise monatlich zu jeweils halbtägigen Sitzungen; am Morgen dreht sich alles um das operative Geschäft, am Nachmittag um die Strategie. Wir sind der Überzeugung, dass diese Besprechungen getrennt sein müssen – mit einer unterschiedlichen Agenda, vielleicht anderen Diskussionsleitern und einem klaren Zeitplan – um sich auf ganz bestimmte Themen zu konzentrieren. Sonst fällt die Debatte über die Strategie leicht der Diskussion über kurzfristige Probleme und taktische Maßnahmen zum Opfer.

Cheryl McDowell, Finanzvorstand von Oracle Lateinamerika bemerkte zur Bedeutung einer Trennung von operativen und strategischen Lagebesprechungen: »Unsere Unternehmenskultur ist eindeutig vertriebsgesteuert. Diskussionen über die kurzfristige Absatzentwicklung verkürzten immer die Zeit für strategische Lagebesprechungen.«[1] Oracle Lateinamerika löste das Problem, indem diejenigen Mitglieder des Führungsgremiums, die am stärksten in den Vertrieb involviert waren, sich monatlich zu einer Analyse der Finanz- und Verkaufszahlen trafen. Einmal im Quartal kam das ganze Gremium für einen oder eineinhalb Tage zusammen, um sich ausschließlich mit der Strategie zu befassen.

Die strategischen Lagebesprechungen des Privatunternehmens SAS konzentrierten sich auf strategische Möglichkeiten, Marktanteile zu gewinnen. Die zweitägigen Managementbesprechungen in den Regionen Europa, Nahost und Afrika beziehungsweise Ostasien-Pazifik fanden dreimal jährlich statt, damit das Führungsgremium und die Geschäftsführer der einzelnen Länder, für das ganze Unternehmen eine gemeinsame Ausrichtung erzielten. Daraus entwickelten sich jedoch strategische Lagebesprechungen. »Erst ersetzten wir unser jährliches Budget durch eine rollierende Prognose. Dann gaben wir den Geschäftsplanungsprozess auf und konzentrierten uns auf strategische Maßnahmen, die an unsere Balanced Scorecard und Dashboards geknüpft waren.«, bemerkte Europachef Mikael Hagström. »Operative Lagebesprechungen wurden auf monatliche, einstündige Telefonkonferenzen beschränkt, in denen wir Fortschritte und Maßnahmen erörterten, um zu sehen, wie gut wir unsere Strategie umsetzten. Die Managementbesprechungen nutzen wir jetzt zur Überprüfung der Strategie, zu Diskussionen darüber, was funktioniert und was nicht, und um die Strategieumsetzung zu verbessern. Wichtig ist dabei die Festlegung eines Ziels, wo wir in einigen Jahren sein wollen, und die jeweilige Feinabstimmung, damit wir unseren Kurs halten.« Während des Treffens wird auch in kleinen Gruppen zu vorher festgelegten Themen gearbeitet. Am Ende des zweiten Tages präsentieren die Gruppen ihre Ergebnisse und machen Vorschläge zu Maßnahmen. Die SAS-Führungskräfte sind der Auffassung, dass diese Struktur es möglich macht, die Strategie rasch anzupassen, um auf die sich ändernden Bedürfnisse der Kunden in allen Regionen reagieren zu können.

Auf den folgenden Seiten werden wir uns ausführlich mit operativen und strategischen Lagebesprechungen befassen. Sitzungen zum Testen und Anpassen der Strategie werden detailliert in Kapitel 9 behandelt.

Besprechung der operativen Lage

Wie bereits erwähnt, befassen sich operative Lagebesprechungen der Geschäftslage mit kurzfristigen Entwicklungen und reagieren auf Probleme, die erst kürzlich aufgetreten sind und sofort beachtet werden müssen. Vertriebsleute reden (häufig in einer Telefonkonferenz oder per Webcasts) über die Absatzentwicklung, die letzten Abschlüsse sowie Chancen und Probleme bei Kunden. Marketingleute besprechen die jüngsten Werbe- und Verkaufsförderungskampagnen und deren Resultate. Betriebsleiter befassen sich mit Produktionsproblemen, Wartung, Reparaturen, Terminsicherung, Lieferanten-, Distributions- und Lieferproblemen. Einkaufsmanager reden über Vorlaufzeiten, Qualität, Leistung von Lieferanten und Vertragsthemen. Finanzfachleute beschäftigen sich mit dem kurzfristigen Cash-Flow, dem Eintreiben von Forderungen, verspäteten Zahlungen an Lieferanten, Konzernfinanzierung und den Beziehungen zu Banken.

Viele Managementteams treffen sich monatlich, um die finanzielle Lage des Unternehmens zu besprechen. Die Häufigkeit dieser Sitzungen hängt davon ab, wie oft im Unternehmen finanzielle Daten generiert werden. Aber viele Fach- und sonstige Abteilungen haben erkannt, dass es nicht genügt, sich nur einmal im Monat mit dem operativen Geschäft zu befassen. (Wir begegnen nur selten Führungsgremien, die sich seltener als einmal im Monat zur operativen Lagebesprechung treffen.) Solche Firmen halten wöchentlich, zweimal wöchentlich oder sogar täglich Lagebesprechungen ab – sie betrachten den Umsatz, Buchungen und Lieferungen –, um kurzfristig auftretende Probleme zu lösen: Beschwerden von wichtigen Kunden, Lieferverzögerungen, Produktfehler, Produktionsstörungen, der Ausfall eines wichtigen Mitarbeiters oder neue Absatzchancen. Das New York Police Department (NYPD) führte zweimal wöchentlich Lagebesprechungen durch, um die Entwicklung der Straftaten in den 76 Polizeirevieren der Stadt offenzulegen, zu besprechen und rasch darauf zu reagieren.

Wie häufig derartige Besprechungen stattfinden, hängt auch davon ab, wie schnell die betrieblichen Informationssysteme neue Daten erfassen. Wenn in einem Unternehmen neue Daten stündlich und täglich vorliegen, dann beschleunigt eine tägliche Diskussion Lernprozesse und die schnellere Problemlösung, wie wir später am Beispiel eines Chemieunternehmens zeigen werden. Aber Produktentwickler beurteilen ihren Fortschritt anhand von Zwischenzielen besser monatlich. Die Häufigkeit von operativen Lagebesprechungen sollte also vom Geschäftszyklus abhängig gemacht werden sowie davon, wie rasch das Management auf die bereitgestellten Daten und die zahllosen taktischen Fragen, die sich ständig ergeben, reagieren will.

Die Teilnehmer der operativen Lagebesprechung kommen in der Regel aus derselben Abteilung, gehören zu einer Funktion oder sind demselben Prozess zugeordnet. Sie können ihr gesamtes Wissen, ihre geballte Erfahrung und ihre Arbeitskultur einbringen, um Probleme zu analysieren und zu lösen. Themen, für die bereichs- und funktionsübergreifende Lösungen notwendig sind, werden üblicherweise in seltener stattfindenden strategischen Lagebesprechungen behandelt, auf die wir später in diesem Kapitel eingehen.

Operative Lagebesprechungen sollten kurz, fokussiert und handlungsorientiert sein. Ein Unternehmen veranstaltet derartige Besprechungen in einem Raum ohne Stühle mit vielen Wandtafeln und Flipcharts. Die Themen der Agenda werden im Voraus bekannt gegeben. Die Besprechung dauert nur so lange, wie man zur Diskussion jedes Themas, der Entwicklung eines Aktionsplans und der Ernennung eines Verantwortlichen für dessen Durchführung braucht. Da alle stehen müssen, ist klar, dass es nicht um ein gemütliches Beisammensein und passives Zuhören geht. Alle beteiligen sich aktiv an den Gesprächen über die mögliche Lösung für die dringendsten Tagesprobleme.

In vielen Unternehmen wird in Lagebesprechungen zu viel Zeit damit verbracht, Unterlagen zu verteilen und Daten zu präsentieren. Dies ist ein Erbe aus der Zeit, als es nur Zentralrechner gab und die Finanz- und EDV-Abteilung das Monopol für die Datensammlung, Konsolidierung und Berichtslegung der operativen Daten hatte. Im Webzeitalter mit dezentraler Computernutzung sollten Manager ihre knappe Zeit nicht daran verschwenden, gemeinsam Zahlen zu lesen oder sich Daten präsentieren zu lassen. Best-Practice-Unternehmen verteilen Berichte im Voraus oder machen die notwendigen Daten über das Web verfügbar.

Online-Dashboards, die über die tägliche Geschäftsentwicklung und Prozessverbesserungen informieren, bieten hervorragende Unterlagen als Input für Lagebesprechungen (siehe Kapitel 6 zum Thema »operative Dashboards«). Zu den wichtigen Daten zählen die Umsatztreiber, wie in Kapitel 7 dargestellt. Marketing- und Vertriebsleiter können diese Daten verwenden, um zu analysieren, mit welcher Wahrscheinlichkeit die Verkaufsziele erreicht werden, und Maßnahmen vorschlagen, um die Treiber zu beeinflussen. Wenn sich die Teilnehmer von Lagebesprechungen die Unterlagen im Voraus ansehen, kann die Sitzung zur Analyse, Problemlösung und Entscheidungsfindung genutzt werden.

Um den größten Nutzen aus operativen Lagebesprechungen zu ziehen, sollten alle Teammitglieder anwesend sein. Als Jack Maple stellvertretender Polizeipräsident von New York war, organisierte er zweimal wöchentlich Treffen aller Revierleiter um acht Uhr morgens. Er musste schnell feststellen, dass viele nicht teilnehmen konnten, weil sie bereits andere Verpflichtungen hatten, beispielsweise ein Frühstück mit Gemeindevertretern, oder einfach nicht rechtzeitig durch den New Yorker Stoßverkehr zum Polizeirevier kommen konnten. Daher verlegte Maple den Beginn der Besprechungen auf sieben Uhr in der Früh und erklärte sich bereit, noch früher zu beginnen, sollte auch dieser Termin zu Schwierigkeiten führen. Die Treffen um sieben Uhr waren bald akzeptierte Praxis. Die Erfahrungen von Maple bei der New Yorker Polizei sind ein interessantes Beispiel für die Leistungsfähigkeit häufiger, gut strukturierter und anhand von Daten vorbereiteter Lagebesprechungen.

Fallstudie: NYPD CompStat-Besprechungen

Im November 1993 wurde Rudolph Giuliani zum Bürgermeister von New York City gewählt. Giuliani, ein ehemaliger Rechtsanwalt, hatte den Ruf, hart gegen Korruption und das organisierte Verbrechen vorzugehen. Er verpflichtete sich in seinem Wahlkampf, die Anzahl der Straftaten in New York zu senken, und gewann so die Wahl. Giuliani ernannte William Bratton, den Polizeipräsidenten von Boston, zum Leiter des NYPD.[2] In seinem Vorstellungsgespräch versprach Bratton, binnen drei Jahren die Gewaltverbrechen in der Stadt um 40 Prozent zu senken, mehr als das Dreifache (12 Prozent) der vorhergehenden drei Jahre. Bratton stellte dann Jack Maple, einen Kollegen aus Boston, als seinen Stellvertreter ein und machte ihn für die Strategie zur Verbrechensbekämpfung verantwortlich.

Bratton, Maple und andere hochrangige Polizeibeamte führten mehrere neue Überwachungsmaßnahmen ein, die sich auf Verstöße gegen die öffentliche Ordnung konzentrierten, beispielsweise Alkoholtrinken in der Öffentlichkeit, Graffitimalen und Belästigen von Autofahrern, die im Stau standen. Es wurden energischere Kontrollen eingeführt, die Autorität der Revierleiter wurde bestärkt und die Unterstützung und Moral der Polizei verbessert. Aber es gab keine Daten über die Wirksamkeit der Maßnahmen zur Verbrechensbekämpfung. Der neue Chef der New Yorker Polizei musste feststellen, dass es so gut wie keine aktuellen Daten über begangene oder verfolgte Straftaten gab. NYPD sammelte die Daten für die Kriminalstatistik nur vierteljährlich, gemäß den Vorgaben des FBI.

Da Maple der Auffassung war, ohne Messgrößen könne er keinen Prozess verbessern, initiierte er das Sammeln von Daten über Straftaten aus allen 76 Revieren gemäß den wichtigsten Kategorien des FBI: Tötungsdelikte, Vergewaltigung, Raub, Einbruchdiebstahl, verbrecherischer Angriff, Großdiebstahl (von Gegenständen mit hohem Wert) und Autodiebstahl. Anfangs wurde dies von Hand gemacht; die Daten mussten dann auf einen großen Stadtplan übertragen werden. Diese Arbeit war mühsam und behinderte die pünktliche Berichtlegung und Analyse.

Im Lauf des Jahres 1994 entwickelte die Behörde ein automatisiertes System, um Stadtpläne mit Übersichten über die Straftaten vom Computer generieren zu lassen. Das System wurde CompStat genannt, kurz für »computerized comparison crime statistics«. CompStat wurde zum Dashboard für die zweimal wöchentliche stattfindenden Lagebesprechungen.

Mithilfe eines Online-Systems für Strafanzeigen erfasste jedes Revier genau Ort und Zeit jeder Straftat sowie die vor Ort ergriffenen Maßnahmen. Wöchentlich wurden diese Informationen an eine zentral verwaltete Datenbank geschickt. Daten konnten dann für die jeweils vergangene Woche, die letzten sieben Tage, den letzten Monat, die letzten zwölf Monate und im Jahresvergleich gezeigt werden. Außerdem erstellte CompStat eine Rangreihe aller Reviere für jede Straftat und die jeweiligen Verhaftungen.

Die beispiellosen CompStat-Daten waren an sich schon wertvoll, wurden aber durch die operativen Lagebesprechungen noch nützlicher. In den von Maple geleiteten, zweimal wöchentlich stattfindenden Besprechungen wurden die Häufigkeit von Straftaten und die taktischen Maßnahmen diskutiert, die bei der Verbrechensbekämpfung funktionierten oder auch nicht. Maple informierte den jeweiligen Revierleiter immer 36 Stunden im Voraus, dass die Erfahrungen aus seinem Revier in der nächsten Sitzung besprochen werden sollten.

Wenn der Betreffende ans Rednerpult trat, wurden die CompStat-Daten für sein Revier auf einem großen Bildschirm gezeigt. Maple und andere führende Polizeibeamte saßen in der ersten Reihe und stellten Fragen. Es ging nicht um Tadel oder Schuldzuweisungen, wenn die Zahl der Straftaten angestiegen war. Maple fragte dagegen: »Was unternehmen wir gegen die Schießereien in Wohnsiedlungen? Wie sieht es mit verdeckten Ermittlungen aus? Warum sind Autodiebstähle in der ganzen Stadt um 20 Prozent zurückgegangen, haben aber in Ihrem Revier um 10 Prozent zugenommen? Warum nehmen Körperverletzungen, die während der letzten sechs Monate rückläufig waren, auf einmal wieder zu? Was unternehmen Sie gegen Verstöße gegen die öffentliche Ordnung?«

Maple wollte verstehen, wie die Revierleiter auf die Kriminalstatistik reagierten: Welche Gegenmaßnahmen wurden ergriffen, was funktionierte und was nicht, welches Resultat erwartete ein Revierleiter, nachdem er bestimmte Maßnahmen ergriffen hatte? Ziel war es, innovative und erfolgreiche Taktiken aufzudecken – Informationen, die dann alle anderen Revierleiter erhielten. Niemand wurde bestraft, wenn er etwas versuchte, was dann nicht funktionierte; aber Revierleiter bekamen Schwierigkeiten, wenn sie Probleme übersahen, die angegangen werden mussten, und wenn sie erprobte, erfolgreiche Gegenmaßnahmen nicht einsetzten.

Revierleiter begannen, Vertreter anderer Abteilungen zu den Besprechungen mitzubringen, beispielsweise Kriminalbeamte. Mithilfe der verpflichtenden Teilnahme an den Besprechungen, revierübergreifenden Spezialeinheiten und intensiver Zusammenarbeit wurden Barrieren zwischen Abteilungen ausgeräumt und abteilungsübergreifende Lösungen gefördert.

Das System zeigte sehr schnell, welche Revierleiter Anzahl und Ursachen von Straftaten in ihrer Nachbarschaft nicht verfolgten, nicht begriffen, welche Faktoren die Kriminalstatistik beeinflussten, und keine wirksamen, innovativen Gegenmaßnahmen ergriffen. Andererseits wurde auch deutlich, welche Beamte die Entwicklung genau verfolgten und wirksame Ansätze entwickelten, um Straftaten zu verhindern. Binnen eines Jahres verloren zwei Drittel der Revierleiter ihre Stelle und wurden durch Beamte ersetzt, die ihre Führungsqualitäten unter Beweis gestellt hatten.

Im Jahr 1994 gingen die im CompStat-System gemeldeten schweren Straftaten um 12 Prozent zurück; im übrigen Land ergab sich nur ein Rückgang um 1,1 Prozent. Während der ersten Hälfte 1995 waren 61 Prozent des landesweiten Rückgangs an schweren Straftaten allein auf die Entwicklung in der Stadt New York zurückzuführen. Während der beiden Amtsperioden von Giuliani setzte sich dieser Trend fort; die Anzahl der Morde und sonstigen schweren Straftaten lag um 65 Prozent unter dem Niveau bei seinem Amtsantritt. 2001 nahmen die Tötungsdelikte in vielen US-amerikanischen Städten zu, unter anderem in Boston, St. Louis, Atlanta, Los Angeles und Chicago. In New York sank die Anzahl dagegen weiter und lag sogar unter der von San Diego.

Manche Leute waren besorgt, dass der Rückgang an Straftaten mit Amtsvergehen der Polizei und hoher Polizeigewalt einherging. So wurden Kennzahlen für das Fehlverhalten der Polizei in das CompStat-System eingegeben, damit dagegen genau wie gegen Straftaten vorgegangen werden konnte. Im Jahr vor Giulianis Amtsantritt wurden 81 Personen von der New Yorker Polizei angeschossen, 25 von ihnen starben. 2001 wurden 26 Personen von der Polizei angeschossen, von denen 10 tödlich verwundet wurden. In New York lag die Häufigkeit tödlicher Polizeischüsse bei einem Drittel derjenigen von Philadelphia, bei 18 Prozent von Detroit und 15 Prozent von Los Angeles.[3]

Der erfolgreiche Einsatz operativer Dashboards (CompStat) und häufiger Lagebesprechungen durch die Polizei veranlasste Bürgermeister Giuliani, das Konzept auch auf über 20 städtische Behörden auszuweiten, darunter die Strafvollzugsbehörde und die Human Resources Agency (die Arbeit für Sozialhilfeempfänger sucht).[4]

Maple überlegte, welche Aspekte die CompStat-gestützten Lagebesprechungen so erfolgreich machten.[5] Zunächst waren die aktuellen, korrekten Daten zu erwähnen. Revierleiter mussten wissen, was in ihrem Verantwortungsbereich geschah. Außerdem musste die Polizei rasch und entschieden handeln, wenn sich bei den Straftaten ein gewisses Muster erkennen ließ. Die zweimal wöchentlich stattfindenden Besprechungen machten es möglich, rasch auf ein neues Problem zu reagieren, weil die Maßnahmen an Taktiken ausgerichtet werden konnten, die in ähnlichen Situationen bereits erfolgreich waren. Außerdem mussten die Führungskräfte die Wirkungen der Maßnahmen verfolgen und sie beurteilen. Vor der Einführung der Besprechungen auf der Basis von CompStat waren die Kriminalstatistiken eine Methode, mit der man am Ende des Jahres Bilanz zog; sie wurden nicht genutzt, um mithilfe der Erkenntnisse Ergebnisse zu steuern.

Die Erfahrungen der New Yorker Polizei mit den CompStat-Besprechungen können auch von Privatunternehmen genutzt werden. Erstens sollten Lagebesprechungen auf zuverlässigen operativen Daten basieren. Das NYPD schuf ein internes Prüfgremium, das sicherstellte, dass die an das CompStat-System gemeldeten Daten nicht manipuliert wurden. Zweitens dürfen Manager nicht für Probleme getadelt werden; diese Praxis hat schon so manchen, der gnadenlos abgekanzelt wurde, weil er ein gesetztes Ziel nicht erreicht hatte, zu dem Kommentar bewegt: »Lieber tot als in den roten Zahlen.« Führungskräfte sollten nur dann Schwierigkeiten bekommen, wenn sie Probleme nicht wahrnehmen und nicht versuchen, Lösungen zu entwickeln. Ein Offizier erinnerte sich an ein Schild auf dem Schreibtisch eines Generals: »Schlimmer als schlechte Nachrichten sind schlechte Nachrichten, die *zu spät* kommen.«

Drittens sollte sich eine Lagebesprechung auf kurzfristige Geschäftsprobleme konzentrieren und zu Maßnahmen führen, die sofort zur Problemlösung ergriffen werden können. Es sollte eindeutig jemandem die Verantwortung übertragen werden, die Entwicklung zu beobachten und die Auswirkungen der Maßnahmen zu dokumentieren. Diese Regeln scheinen ein gutes Rezept für die Durchführung aller operativen Lagebesprechungen zu sein.

Fallstudie: Abteilung 3B im Chemiewerk

Ein Beispiel für innovative Lagebesprechungen aus der Privatwirtschaft bietet Abteilung 3B, eine Hydrokrackanlage bei Texas Eastman, einem großen Chemiekonzern.[6] Die Firma war auf TQM-Maßnahmen eingeschworen, die auf drei Säulen beruhten: Teamarbeit, Leistungsmanagement und statistischer Qualitätskontrolle. Bei der Umsetzung des Leistungsmanagements waren Bereiche identifiziert worden, die für Verbesserungen wesentlich waren. Für jeden dieser Bereiche wurden Messgrößen entwickelt, um feststellen zu können, wie gut die Arbeiter ihre Aufgaben erledigten. Der Fokus auf Leistungsindikatoren und die statistische Qualitätskontrolle hatte zu beträchtlichen Investitionen in die Informationstechnik geführt. Alle zwei bis vier Stunden zeigten die Dashboards der Abteilungsleiter Tausende, mitunter sogar Zehntausende von operativen Daten, sowie solche zum Durchlauf und der Qualität.

In diesem Umfeld hatte der Leiter einer chemotechnischen Abteilung selbstständig eine tägliche Einnahmen-/Ausgabenrechnung für die Maschinenarbeiter in seiner Abteilung 3B entwickelt. Die übliche Reaktion auf derartiges Verhalten ist Skepsis. Schließlich wurden US-Manager schon heftig für ihre kurzfristige Sichtweise kritisiert, wenn sie Quartalszahlen analysieren. Wie konnte eine tägliche Ergebnisrechnung Mitarbeiter motivieren, sich für langfristige Prozessverbesserungen einzusetzen? Außerdem erhielten Maschinenarbeiter bereits riesige Mengen an Computerdaten über die Prozesse, die sie kontrollierten. Welchen Nutzen sollte es bringen, wenn zusätzlich dazu auch noch der Tagesertrag ausgewiesen wurde?

Der Aufbau der täglichen Einnahmen-/Ausgabenrechnung war bestrickend einfach (siehe Abbildung 8-3). Das vorhandene System erfasste durchgehend die eingesetzte Menge von Faktoren (Kohlenwasserstoff, En-

Abbildung 8-3: Tägliche Ergebnisrechnung der Abteilung 3B

Umsatz			**US-$/Tag**	
Dampf	+ 600#	87 938 Pfund/Std.	8 416	
	+ 160#	11 972 Pfund/Std.	1 068	
	- Pyro	24 516 Pfund/Std.	2 368	
	- 30#	11 624 Pfund/Std.	1 037	
	Netto	63 770	6 079	
Ethylen:	hochwertig	776 042 Pfund/Tag	123 167	
	minderwertig	0 Pfund/Tag	0	0 %
	Abfall	0 Pfund/Tag	0	Abwei-
	Gesamt	776 042	123 167	chung
Propylen:	hochwertig	358 280 Pfund/Tag	68 073	
	minderwertig	32 429 Pfund/Tag	3 081	8,3 %
	Abfall	0 Pfund/Tag		Abwei-
	Gesamt	390 708	71 154	chung
Wasserstoff, Kapazität		7 Produktionsstraßen	57 708	
Methangas, Kapazität		9 Produktionsstraßen	5 058	
Schwergas		momentan fix	1 732	
Gesamtumsatz			**265 898**	
Kosten				
Ausgangs-	Ethan	227 865 Pfund	6 471	
material:	Propan	1 595 066 Pfund	108 305	
	Gesamt	1 822 930 Pfund	114 776	
Wartung und Reparatur		(1 987 Durchschnitt)	4 168	
Hilfsstoffe				
	Elektrizität	1 234 Ampère	8 359	
	Kühlwasser	4,8 Produktionsstraßen	4 109	
	Erdgas	3,1 Produktionsstraßen	3 442	
	Sonstige		607	
	Gesamt		16 517	
Sonstige Kosten			45 714	
Kosten der verkauften Produkte (COGS)			181 175	
Darlehensrückzahlung			0	
Kreditkosten			54 946	
Gesamtkosten			236 122	
Bruttogewinn			29 776	
Abzüglich Steuern, 35%			10 422	
Nettogewinn			**19 354/Tag**	
			(entspricht 541 923 Gewinn/Periode)	

Quelle: »Texas Eastman Case«, Fallstudie 190-039 (Boston: Harvard Business School), S. 22.

ergie, Kühlwasser, Maschinenkapazität) und die produzierte Menge (von Ethylen, Propylen und verschiedenen Nebenprodukten). Außerdem wurde die Produktionsqualität bestimmt, definiert als das Maß an Unreinheiten in den Zwischenprodukten.

Für die Berechnungen schätzte der Abteilungsleiter die Kosten jedes Produktionsfaktors und den ungefähren Wert jedes Produkts. Die wichtigsten Produkte konnten auf externen Märkten verkauft werden, daher war die Schätzung ihrer Preise einfach. Der Manager berücksichtigte sogar den Kapitalaufwand, indem er die täglichen Kreditkosten schätzte (berechnet auf der Basis des geschätzten Wiederbeschaffungswertes der eingesetzten Anlagen, des Kapitalaufwands der Abteilung und der betriebsgewöhnlichen Nutzungsdauer der Anlagen), die an das Unternehmen für die Nutzung der Anlagen zu zahlen waren. Abschreibungen wären für die Arbeiter vermutlich ein unverständliches Konzept gewesen, aber sie alle kannten sich mit der Rückzahlung von Krediten für Autos, Lieferwagen oder Häuser aus.

Der Abteilungsleiter verhängte Strafen für schlechte Produktqualität. Die Mitarbeiter konnten den vollen Umsatz für ein Produkt kalkulieren, wenn dessen Qualität innerhalb der statistischen Kontrollgrenzen lag ($\pm 3\sigma$). Für Produkte, die außerhalb dieser Kontrollgrenzen lagen, aber immer noch den Spezifikationen entsprachen (also verwendbar waren), wurden als Strafe 50 Prozent vom üblichen Preis abgezogen, für solche, die gar nicht verwertbar waren, gab es 100 Prozent Abzug. Für die letztgenannten Produkte wurde in der Ergebnisrechnung also kein Umsatz verzeichnet.

Zur Motivation der Mitarbeiter gab der Abteilungsleiter »Aktienzertifikate« aus, mit denen die Mitarbeiter zu virtuellen Eigentümern der Abteilung 3B wurden. Als Eigentümer hatten sie ein Recht auf eine Ertragsrechnung, die ihnen zeigte, wie erfolgreich ihre Firma täglich war. Bei Einführung dieses Programms versprach der Manager seinen Leuten eine neue Betriebsküche, wenn sie 90 Tage lang ein ehrgeiziges Gewinnziel erreichten.

Die tägliche Ergebnisrechnung erwies sich als voller Erfolg. Jeden Morgen veranstalteten die Mitarbeiter eine Lagebesprechung, um die Ergebnisse des vorhergehenden Tages zu untersuchen. Sie identifizierten Ursachen für die Fertigungshöchstgrenze oder mindere Qualität und optimierten die Arbeitsabläufe, um das Problem zu beheben. Das Team erzielte bald Rekorde im Hinblick auf Durchlauf und Qualität und verdiente sich die Küche binnen der ersten 90 Tage nach Einführung des neuen Berichtssystems.

Genau wie bei der New Yorker Polizeibehörde basierten auch die häufigen operativen Lagebesprechungen in Abteilung 3B von Texas Eastman auf Daten über den laufenden Betrieb. Sie konzentrierten sich auf Probleme, für die die Abteilung verantwortlich war, und führten direkt zu Maßnahmen zur Behebung von Fehlern und Prozessverbesserungen. Dank der Besprechungen verstanden die Mitarbeiter die Ursachen von Fehlern, konnten die Faktoren identifizieren, die die Produktion beschränkten, gemeinsam Probleme lösen und Maßnahmen entwickeln, um die Probleme zu beheben und die Leistung zu steigern.

Genau das sollte mit hervorragenden operativen Lagebesprechungen erreicht werden. Sie sollten kurz sein, häufig stattfinden, sich an den aktuellen Daten orientieren und auf die Leistung einer Abteilung oder eines Prozesses konzentrieren. Sie müssen die Möglichkeit zum Feedback, zur Problemlösung und zum Lernen bieten. In diesen Sitzungen wird die Strategie nicht infrage gestellt. Das ist Thema der nächsten Art von Besprechung.

Strategische Lagebesprechungen

Zu strategischen Lagebesprechungen trifft sich das Leitungsgremium eines Geschäftsbereichs, um die Fortschritte bei der Umsetzung von dessen Strategie zu prüfen und zu diskutieren. Operative Themen sollten nur dann auf der Agenda stehen, wenn sie eine besondere Relevanz oder Dringlichkeit haben.

Die Teilnehmer an einer Strategiebesprechung stellen die Gültigkeit der Strategie üblicherweise nicht infrage. Die Diskussion konzentriert sich darauf, ob die Umsetzung wie geplant vorankommt, Risiken und Probleme werden identifiziert, man versucht, Gründe dafür zu finden, beschließt Korrekturmaßnahmen und weist Teilnehmern die Verantwortung für die angestrebten Ergebnisse zu.

Die Teilnahme an den strategischen Lagebesprechungen sollte verpflichtend sein, und sie sollten pünktlich beginnen und enden. Bill Catucci, Ende der 1990er Jahre Chef von AT&T Canada, legte die Termine für seine strategischen Lagebesprechungen ein Jahr im Voraus fest und verpflichtete sich und die acht Leiter der Geschäftsbereiche zur Teilnahme.

Häufigkeit von strategischen Lagebesprechungen

Meistens finden strategische Lagebesprechungen monatlich statt, aber es ist nicht zwangsweise die optimale Häufigkeit. Oracle Lateinamerika hält sie vierteljährlich ab, SAS/Europa zweimal und SprintNextel einmal im Monat. Wenn die Mitglieder des Führungsteams nahe beieinander arbeiten, lassen sich leicht monatliche Besprechungen veranstalten. Aber da es bei der Strategie um langfristiges Engagement geht, reichen vierteljährliche Treffen vermutlich aus, um die Fortschritte zu prüfen.

Bei typischen Strategiefragen – beispielsweise dem Erwerb neuer Kompetenzen der Mitarbeiter, der Neudefinition einer Marke, der Entwicklung neuer Produkte und Kundenbeziehungen sowie dem Reengineering wichtiger Prozesse – dauert es länger als einen Monat, bis sich messbare Ergebnisse zeigen. Vierteljahrestreffen sparen Reisezeit, wenn die Führungskräfte an verschiedenen Orten arbeiten, aber man braucht vermutlich einen ganzen Tag, um süber alle strategischen Ziele und Themen auf der Strategy Map zu diskutieren.

Bei vierteljährlichen Besprechungen besteht allerdings die Sorge, dass während der 89 Tage zwischen den Treffen die Strategie in den Hintergrund rückt. Da die heutige Managementkultur bereits stark von kurzfristigem Denken beeinflusst wird, sollten sich Unternehmen vielleicht bemühen, ihre Führungskräfte zum regelmäßigen Nachdenken über die Strategie anzuhalten. Monatliche Strategiesitzungen könnten eine langfristige Denkweise fördern.

Teilnehmer an strategischen Lagebesprechungen

Natürlich sollte das gesamte Führungsteam einer Organisation an den strategischen Lagebesprechungen teilnehmen, das heißt alle für die Unternehmensleitung Verantwortlichen. Diese Gruppe vertritt alle Interessen innerhalb der Firma und hat die Befugnis, wichtige Entscheidungen zu treffen.

Betrachten wir die in Abbildung 8-4 dargestellte Erfahrung von Canadian Blood Services (CBS). Dazu bemerkt die Strategiebeauftragte Sophie de Villers: »Wir haben verschiedene Ansätze ausprobiert und experimentieren immer noch.«[7] Zunächst traf sich das zehnköpfige Führungsgremium monatlich, um die Daten der neu eingeführten Balanced Scorecard zu diskutieren. Die Teamarbeit und Diskussionen waren sehr gut, aber die Teilnehmer erkannten, dass ihnen zur Lösung vieler Probleme das nötige Fachwissen fehlte.

Abbildung 8-4: Entwicklung des Strategierats bei Canadian Blood Services (CBS)

In der nächsten Phase stießen 20 Mitarbeiter aus allen Bereichen der Organisation zu dem Führungsgremium. Man erwartete, dass dank dieser Ausweitung der Teilnehmerliste die Wissenslücken geschlossen werden könnten. Doch das Gegenteil passierte. »Niemand traute sich, viel zu sagen«, bemerkt de Villers. Die Mitglieder des Führungsteams scheuten sich, ihr mangelndes Wissen einzugestehen, und die neuen Mitglieder, denen das politische Klima und die Seilschaften nicht vertraut waren, fürchteten sich, ihre Meinung oder Vorschläge zu äußern. Die dritte und bisher erfolgreichste Zusammensetzung der Runde besteht aus dem Führungsteam und Mitgliedern aus den drei strategischen Thementeams.

Porcher Industries, ein europäischer Hersteller, der sich auf High-Tech-Material für Produkte wie Airbags und Sportausrüstungen spezialisiert, entwickelte sein Führungsgremium gezielt so, dass es den strategischen

Überblick hatte. Zu den Mitgliedern zählten der Vorstandsvorsitzende, die fünf Leiter der einzelnen Geschäftsbereiche, vier Leiter der Unterstützungseinheiten und fünf Verantwortliche für strategische Themen.

BMW Group Financial Services hat ein neunköpfiges Führungsgremium, das für die Umsetzung der Gesamtstrategie verantwortlich ist. Dieses Team lädt abhängig von der Agenda Fachleute zu seinen vierteljährlichen strategischen Lagebesprechungen ein.

Aufgrund unserer Erfahrung können wir den Ansatz von Porcher und BMW Group Financial Services nur befürworten. Das Führungsgremium sollte den Kern der Teilnehmer an strategischen Lagebesprechungen bilden; andere Leute können hinzukommen, wenn sie entweder eine umfassende strategische Sicht oder fundiertes Wissen auf einem Fachgebiet haben. Die Übertragung der Verantwortung für einzelne strategische Themen an neue Mitglieder des Gremiums ist eine hervorragende Methode, die Legitimität von deren Teilnahme zu unterstreichen. Durch das Management ihrer strategischen Themen bringen die neuen Mitglieder ihr profundes Wissen und eine bereichsübergreifende Perspektive ein, die traditionelle Strukturen hervorragend ergänzen. Wir bezeichnen ein derartiges Gremium als *Strategierat*.

Die Agenda für strategische Lagebesprechungen

Für strategische Lagebesprechungen gilt das Gleiche wie für operative Lagebesprechungen: Der Strategierat sollte keine Zeit daran verschwenden, Präsentationen zuzuhören. Stattdessen sollte er Themen diskutieren, Probleme lösen und Aktionspläne vorschlagen. Abbildung 8-5 zeigt, wie sich der Sitzungsinhalt ändern kann, wenn man den Balanced-Scorecard-Bericht vorab zugänglich macht. Die Balanced Scorecard hilft, Berichte übersichtlicher zu gestalten. Man sieht jetzt klar, wo die Strategieumsetzung Schwierigkeiten macht, und Manager können die Daten schon vor der Besprechung gründlich analysieren, um mögliche Gründe für eine schwache Leistung aufzudecken. Wenn sie zu der Besprechung kommen, sind ihnen die Daten bereits vertraut, sie können Gründe für die erkannten Probleme erklären, Risiken für die erfolgreiche Strategieumsetzung identifizieren und mögliche Korrekturmaßnahmen zur Problemlösung entwickeln.

Abbildung 8-5: Die neuen strategischen Lagebesprechungen

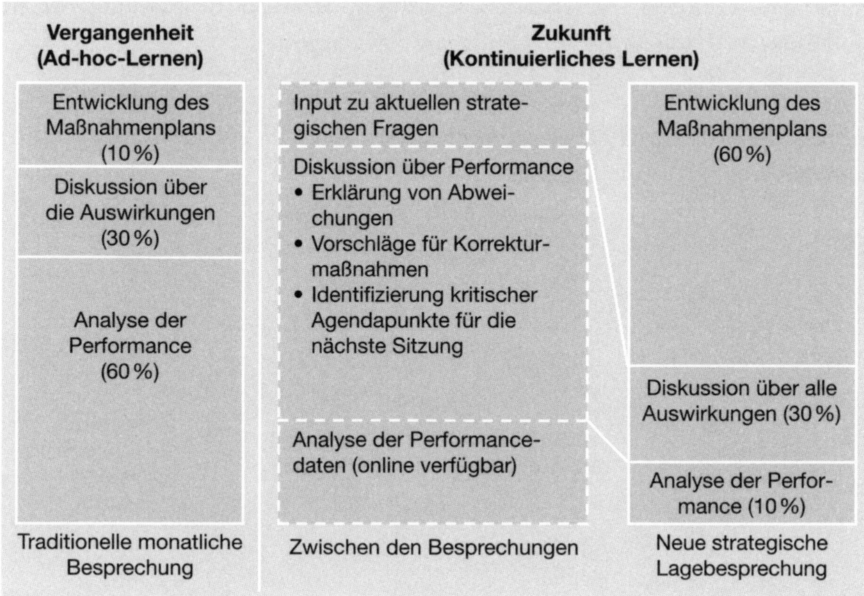

Als unser Modell der Balanced Scorecard noch jung war, haben wir umfassende Diskussionen über alle BSC-Kennzahlen in jeder strategischen Lagebesprechung empfohlen. Es zeigte sich schnell, dass die üblicherweise für derartige Managementsitzungen eingeplante Zeit – zwei bis vier Stunden – nicht ausreichte, um alle Ziele, Messgrößen und Initiativen auf der Strategy Map und Scorecard eines Geschäftsbereichs zu diskutieren. Als Best Practice empfehlen wir heute, dass die Agenda einen kurzen Überblick über die ganze Scorecard enthält. So kann das Führungsgremium alle strategischen Fragen erkennen, mit denen es sich sofort befassen muss, dann kurz die monatlichen Finanzergebnisse diskutieren und den größten Teil der Zeit damit verbringen, sich detailliert mit einer der drei anderen Perspektiven der Balanced Scorecard oder einem einzelnen strategischen Thema zu befassen.

Uns wurde die Bedeutung der eingehenden Analyse eines Themas richtig bewusst, als wir über die Erfahrung von Bill Catucci als Chef von AT&T Canada nachdachten (siehe Abbildung 8-6). Catucci, der von außen rekrutiert wurde, traf sich zunächst monatlich separat mit jedem einzelnen Mitglied des Führungsgremiums: den Leitern der Geschäftsbereiche

(Geschäftskunden, Privatkunden und lokale Dienste) und den Leitern von Funktionsbereichen (Netzbetrieb, Finanzen, Strategische Planung, Recht und Personal), wie unten in Abbildung 8-6 dargestellt.

Abbildung 8-6: Das Führungsgremium von AT&T Canada managt bereichsübergreifende Themen

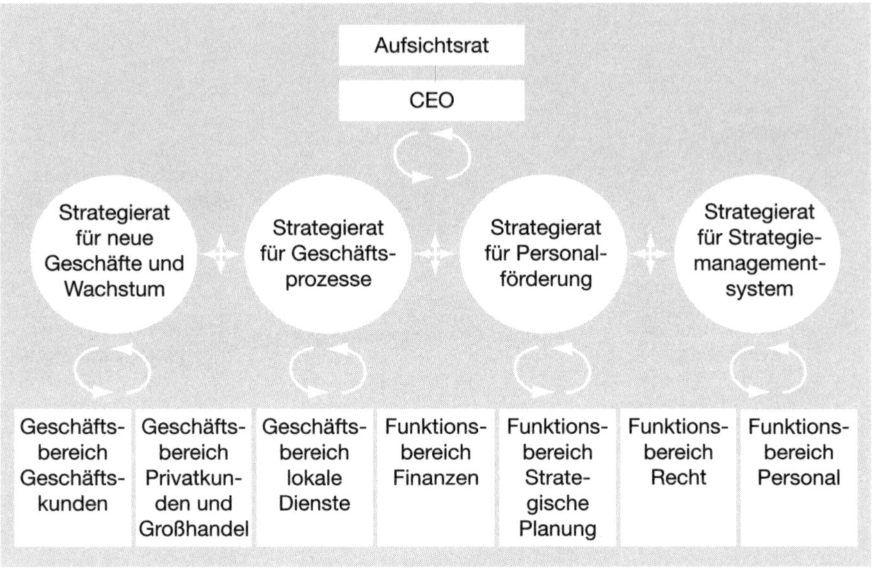

Catucci fand den Versuch bald frustrierend, eine neue Geschäftsstrategie mithilfe von Einzelgesprächen mit Mitgliedern des Führungsgremiums umzusetzen. Die einzelnen Führungskräfte konzentrierten sich auf den Bedarf und die Leistung ihres eigenen Bereichs und kümmerten sich wenig um andere. Catucci wollte die wichtigsten Strategieprobleme mit dem gesamten Führungsteam diskutieren. Er war überzeugt, dass ein Geschäftsbereich oder eine Fachabteilung alleine schwierige Probleme nicht bewältigen konnte. Daher schaffte er das Führungsgremium ab und ersetzte es durch vier Strategieräte, einen für jedes neue strategische Thema:

- Neue Geschäfte und Wachstum,
- Geschäftsprozesse und Produktivität,
- Personalförderung,
- Strategiemanagement.

Zusätzlich zu den Leitern der Geschäftsbereiche und Funktionsbereiche wurden auch Personen mit relevantem Fachwissen zum jeweiligen strategischen Thema Mitglieder der neuen Strategieräte. Auf der Agenda der Räte standen bereichsübergreifende strategische Themen. In jeder Managementbesprechung stand ein anderes strategisches Thema im Vordergrund: Wachstum (die Kundenperspektive), Geschäftsprozesse (die Prozessperspektive), Personal (Lern- und Entwicklungsperspektive) sowie die Gesamtstrategie. Catucci betonte, dass die bereichsübergreifenden strategischen Lagebesprechungen dem Erfahrungsaustausch und nicht irgendwelchen Schuldzuweisungen dienen sollten:

»Es ist ungemein wichtig, wie man die Besprechung leitet und auf die vorgelegten Zahlen reagiert. In der Vergangenheit war eine Person, die schlechte Zahlen präsentierte, allein und isoliert. Jetzt möchte ich, dass die Leute Probleme zugeben und alle anderen darauf reagieren: »Wie können wir helfen?« Für nichts, was in diesem Unternehmen geschieht, ist ein einzelner Geschäftsbereichsleiter verantwortlich. Wenn ein Indikator im roten Bereich liegt (ungünstig), stellen wir fest, wer diesen Indikator beeinflussen kann, und bitten, mit einem Aktionsplan zur nächsten Besprechung zu kommen. Für das Unternehmen ist dies ein völlig neues Managementmodell. Informationen werden weitergegeben, und wir arbeiten als Team zusammen, um die operative Tätigkeit zu verbessern und Probleme zu lösen.

Die Besprechungen wurden so interessant, dass Leute mich darum baten, teilnehmen zu dürfen. Bald gab es nur noch Stehplätze, und ich hätte Teilnahmekarten verkaufen können.«[8]

Catuccis neuer Ansatz für die Besprechungen führte zu beträchtlichen Leistungsverbesserungen, und dies in einem Markt, in dem die Preise für Ferngespräche um über 90 Prozent sanken.

Die Stadt Charlotte (North Carolina) entwickelte einen ähnlichen Ansatz. Zur Stadtverwaltung gehörte eine Reihe hoch spezialisierter Bereiche (Polizei, Feuerwehr, Transport, Müllbeseitigung, Versorgungsbetriebe) und Unterstützungseinheiten (Planung, Finanzen, Personal). Auf der operativen Ebene hatten die Bereiche wenig gemeinsam und offenbar kaum Bedarf an Interaktion. City Manager Pam Syfert formulierte ihre Vision für die Stadt (»eine Stadt, in der man hervorragend leben, arbeiten und seine Freizeit verbringen kann«) und eine neue strategische Agenda.[9] Sie befürwortete einen neuen organisatorischen Ansatz zur Umsetzung dieser Strategie. Im Rahmen eines Systems, das dem von AT&T Canada sehr ähnlich war, bildete sie entsprechend zu den fünf strategischen Themen auf der Strategy Map der Stadt fünf Managementausschüsse. Die Mitglieder jedes Ausschusses vertraten unterschiedliche Bereiche und Abteilungen; so wurden die organisationsübergreifende Teamarbeit gefördert und Maßnahmen ergriffen, die mit den strategischen Themen zusammenhingen.

Die innovativen strategischen Lagebesprechungen von AT&T Canada und der Stadt Charlotte werden auch von vielen anderen Organisationen übernommen, wenn sie ihre strategischen Lagebesprechungen an ihren strategischen Themen ausrichten. HSBC Rail ist ein hervorragendes Beispiel für die optimale Ausrichtung der Strategiebesprechungen an den strategischen Themen.

Fallstudie: HSBC Rail

HSBC Rail, ein Geschäftsbereich des britischen Bankkonzerns HSBC, kauft, verleast und wartet die Schienenfahrzeuge für britische und ausländische Bahnbetreiber. Im Jahr 2007 verleaste HSBC Rail Maschinen und Anlagen an die 26 Personentransport- sowie fünf Bahnfrachtunternehmen in Großbritannien. Abbildung 8-7 zeigt die Strategy Map von HSBC Rail, die anhand von vier strategischen Themen strukturiert ist: Kapitaleffizienz, Kundenbeziehungsmanagement, operationale Exzellenz sowie Lernen und Entwicklung. Auf den ersten Blick scheint es sich hier um andere Namen für die vier Perspektiven der Balanced Scorecard zu handeln, aber Abbildung 8-7 zeigt, dass zu den Themen Kundenbeziehungsmanagement und operationale Exzellenz Ziele der Finanz-, Kunden- und Prozessperspektive gehören, während das Thema Wirtschaftlichkeit des Kapitals mit Zielen der Finanz- und Prozessperspektive verbunden ist.

Der Strategierat von HSBC Rail trifft sich monatlich zweieinhalb Stunden lang. Dem Rat gehören der CEO (Peter), der Finanzvorstand (Dave), der Leiter Kundenbeziehungsmanagement (Robert), der Leiter für operationale Exzellenz (William), der Leiter für Lernen und Entwicklung (Nick) sowie der Strategiechef (Paul) an, der aus dem Finanzbereich kommt.

Der Strategiechef koordiniert vor jeder Sitzung die Datensammlung und die Berichtlegung über die Ziele, Messgrößen und Initiativen für jedes strategische Thema. Die Daten fließen in einen Monatsbericht ein, in dem es zu jedem strategischen Thema einen Abschnitt gibt. Darin findet sich die Strategy Map für das Thema, dessen Ziele, Zielwerte und Initiativen: Die einzelnen Komponenten sind mit verschiedenen Farben gekennzeichnet.

Grün: Das Ziel wurde erreicht. Das heißt nicht, dass man sich nur auf der Zielgeraden befindet. Der Themenverantwortliche muss gute Gründe dafür angeben können, wenn er meint, ein Ziel sei im grünen Bereich.

Gelb: Alles ist in Ordnung und unter Kontrolle. Dabei kann es sich um ein Ziel handeln, zu dem man auf dem richtigen Weg, das aber noch nicht erreicht ist. Es kann sich aber auch um ein Ziel handeln, bei dessen Erreichung es Schwierigkeiten gibt, aber noch nicht so gravierende, dass das Topmanagement sofort eingreifen muss.

Rot: Das Unternehmen hat ernsthafte Schwierigkeiten, dieses Ziel zu erreichen, *und* das Führungsgremium muss sich darum kümmern, weil wesentliche Themen mit diesem Ziel verbunden sind. Der Strategierat sollte sich während der Strategiebesprechung die Zeit nehmen, das Problem zu verstehen und Lösungen zu entwickeln.

Grau: Dieses Ziel wurde nicht analysiert.

In dem Abschnitt zu jedem Thema finden sich auch Kommentare und Analysen des Themenverantwortlichen zu den Leistungslücken zusammen mit Vorschlägen zu deren Behebung.

In der monatlichen Besprechung gibt es einen allgemeinen Überblick über das operative Geschäft, eine kurze Diskussion über den Status jedes strategischen Themas und eine ausführliche Diskussion eines strategischen Themas. (Bei einem Monatstreffen werden zwei strategische Themen ausführlich behandelt, sodass jedes dieser Themen pro Quartal mindestens einmal erörtert wird.)

Abbildung 8-8 zeigt die Agenda für die Besprechung, auf der das strategische Thema Kapitaleffizienz behandelt wurde. Der Strategiechef begann die Sitzung mit einer kurzen Erläuterung zum Maßnahmenprotokoll der letzten Sitzung, wobei er berichtete, welche Maßnahmen bereits abgeschlossen und welche noch am Laufen waren. Dann bot der Vorstandsvorsitzende einen kurzen Überblick über die farbig markierte Strategy Map und erklärte, wie er die aktuelle Geschäftslage einschätzte.

Nach der Erörterung der Strategy Map fragte der CEO die anderen Sitzungsteilnehmer: »Sehen Sie die Geschäftslage auch so?« Die Führungs-

Abbildung 8-7: Strategy Map von HSBC Rail

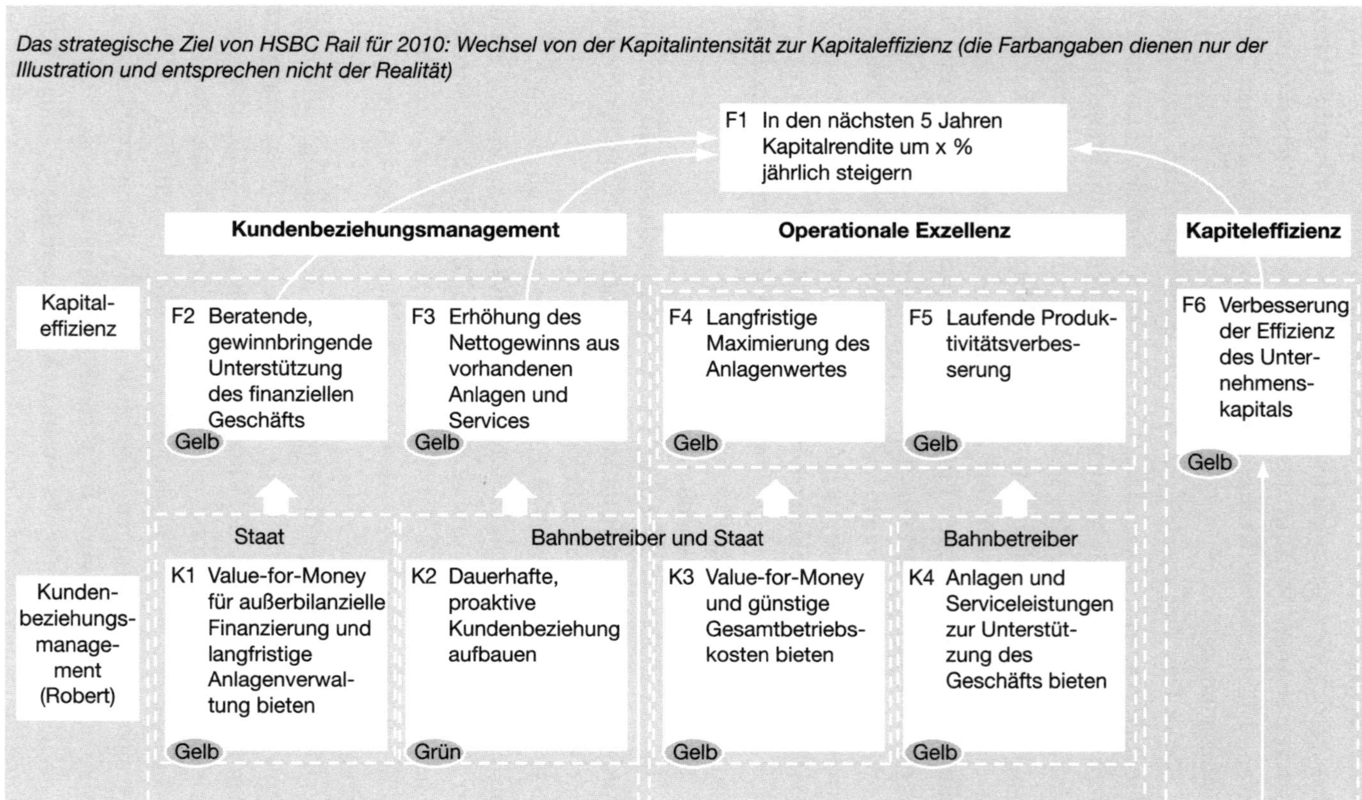

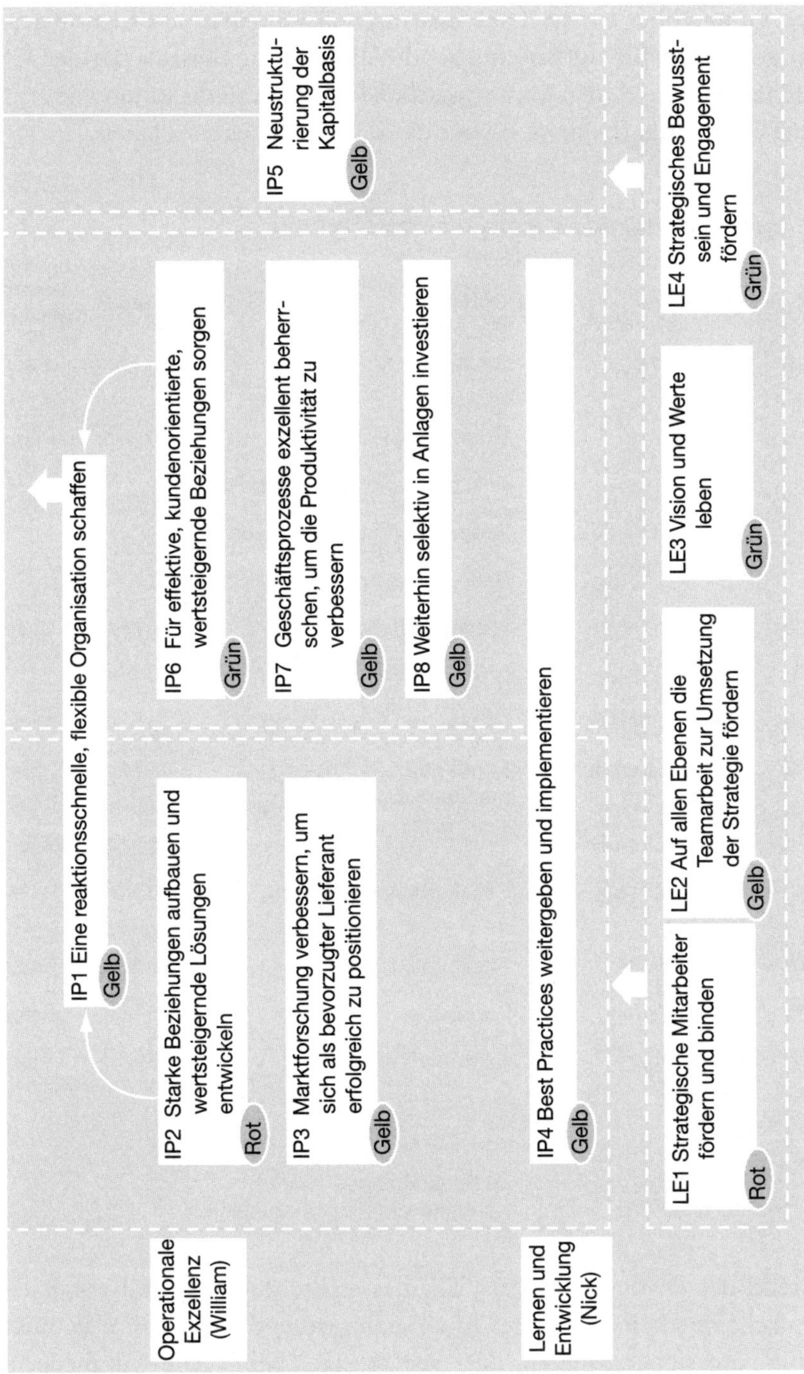
Operationale Exzellenz (William)
IP1 Eine reaktionsschnelle, flexible Organisation schaffen
Gelb
IP2 Starke Beziehungen aufbauen und wertsteigernde Lösungen entwickeln
Rot
IP3 Marktforschung verbessern, um sich als bevorzugter Lieferant erfolgreich zu positionieren
Gelb
IP6 Für effektive, kundenorientierte, wertsteigernde Beziehungen sorgen
Grün
IP7 Geschäftsprozesse exzellent beherrschen, um die Produktivität zu verbessern
Gelb
IP8 Weiterhin selektiv in Anlagen investieren
Gelb
IP5 Neustrukturierung der Kapitalbasis
Gelb
Lernen und Entwicklung (Nick)
IP4 Best Practices weitergeben und implementieren
Gelb
LE1 Strategische Mitarbeiter fördern und binden
Rot
LE2 Auf allen Ebenen die Teamarbeit zur Umsetzung der Strategie fördern
Gelb
LE3 Vision und Werte leben
Grün
LE4 Strategisches Bewusstsein und Engagement fördern
Grün

kräfte kommentierten die Lage aus ihrer Perspektive und identifizierten wichtige Fragen für die anschließende Diskussion. Danach bat der CEO den Finanzvorstand, den Verantwortlichen für das zu diskutierende strategische Thema, die Diskussion über die Kapitaleffizienz zu leiten.

Abbildung 8-8: Agenda der Strategiebesprechung

Zeit	Punkt	Details	Dauer	Verantwortlich
10:10	Maßnahmenprotokoll	Statusbericht	5 Min.	Paul
10:15	Überblick	Überblick Strategy Map Fokus auf wichtigste Aspekte Besprechung der Initiativen Besprechung der Messgrößen	10 Min.	Peter
10:25	Themenanalyse	Kapitaleffizienz	60 Min.	Dave
11:20	Pause		10 Min.	
11:30	Themenüberblick	Lernen und Entwicklung	5 Min.	Nick
11:35	Themenüberblick	Kundenbeziehungsmanagement	5 Min.	Robert
11:40	Themenüberblick	Operationale Exzellenz	5 Min.	William
11:45	Brandaktuelles Thema	Ressourcenbeschaffung	30 Min.	Peter
12:15	Manöverkritik	Zusammenfassung	10 Min.	Peter
12:25	Manöverkritik	Feedback	5 Min.	Peter
12:30	Maßnahmenprotokoll	Neue Maßnahmen	5 Min.	Paul
12:35	Ende			
	Nächste Besprechung	Zu behandelndes Thema: Kundenbeziehungsmanagement		

Während der Diskussion dieses Themas stellte der Vorstandsvorsitzende die entscheidende Frage: »Dies ist ein ganz wesentliches Ziel; was müssen wir tun, um sicherzustellen, dass wir es erreichen?« Die Mitglieder des

Strategierates machten Vorschläge, um einen Maßnahmenplan zu entwickeln; die Maßnahmen wurden vom Strategiechef notiert, um ihre Umsetzung und die Entwicklung zu verfolgen.

Der CEO trieb die Diskussion voran, wobei er ausreichend Zeit erlaubte, um Initiativen der mit dem Thema verbundenen strategischen Ziele zu präsentieren. Der Rat beschloss, für eine der strategischen Initiativen mehr Ressourcen bereitzustellen und ihr eine höhere Priorität zu geben, woraufhin der CEO fragte: »Kann das negative Auswirkungen auf irgendeine andere wichtige Initiative haben?«

Für manche Aspekte präsentierte der Themenverantwortliche operative Messgrößen, die auf Fortschritte hindeuteten, sich aber noch nicht positiv auf die strategischen Messgrößen der Balanced Scorecard auswirkten. Die Teilnehmer besprachen, warum lokale Verbesserungsmaßnahmen sich noch nicht auf der Scorecard widerspiegelten; sie regten an, entweder die Messgrößen des lokalen Dashboards oder die entsprechende Messgröße auf der Scorecard zu überprüfen und auf eine stärkere Verlinkung hinzuwirken. Am Ende der einstündigen Sitzung, unmittelbar vor der Pause, erwähnte der CEO ein paar Punkte, die er in der nächsten Besprechung über die Finanzlage abhandeln wollte.

Nach der Pause gaben die drei anderen Themenverantwortlichen jeweils einen fünfminütigen Überblick über den Status ihres Themas, erläuterten, warum manche der Ziele im roten Bereich lagen und was hier unternommen wurde, und gingen kurz auf die Ziele im gelben Bereich ein. Die drei strategischen Themen wurden in einer Viertelstunde erledigt.

Dann befasste sich der Strategierat ausführlich mit einem kleineren Posten auf der Tagesordnung: dem brandaktuellen Thema – einem besonders wichtigen Punkt, der frühzeitig erkannt wurde und den der Rat im Detail erörtern wollte. In der hier betrachteten Besprechung ging es um signifikante Veränderungen am Markt. Der CEO schrieb einige wesentliche Punkte, mit denen sich das Unternehmen befassen musste, auf die Wandtafel. Die Teilnehmer debattierten lebhaft darüber, um zu entscheiden, was zu tun sei und woher die Finanz- und Personalressourcen kommen sollten, um die Restrukturierung vorzunehmen. Das aktuelle Thema gab dem Führungsgremium die Gelegenheit, auf wichtige neue Regulierungen und Änderungen im Wettbewerb rechtzeitig zu reagieren.

Die Sitzung schloss mit der kurzen Behandlung weniger zusätzlicher Punkte. Der Rat besprach, welche Ergebnisse, Maßnahmenpläne und neuen Initiativen, über die in der Besprechung ein Entschluss gefasst worden war, den Mitarbeitern wie kommuniziert werden sollten. Durch diesen Punkt auf der Agenda wurde sichergestellt, dass Resultate und Aktualisierungen der Strategie den Beschäftigten laufend bekannt gemacht wurden.

Anschließend bat der CEO um Kommentare der Teilnehmer über ihren Eindruck von der Besprechung. Was funktionierte gut? Was hatte ihnen nicht gefallen? Wie könnte die Besprechung verbessert werden? So erhielt der CEO nicht nur Feedback, sondern machte deutlich, dass die Leitung dieser neuartigen strategischen Lagebesprechung auch für ihn einen Lernprozess darstellte. Die Teilnehmer stimmten darin überein, dass sich Aufbau und Durchführung der monatlichen Besprechung während der vergangenen 12 Monate deutlich entwickelt hatten. In der Vergangenheit hatte der CEO die Diskussion dominiert, während alle anderen zuhörten und zustimmten. Jetzt bekam jeder von ihnen genauso viel Sprechzeit wie der CEO oder sogar mehr. Die Führungskräfte bemerkten dazu: »Eine hervorragende Besprechung, um darüber nachzudenken, wo wir stehen und was noch alles getan werden muss.« »Sehr handlungsorientiert, diszipliniert und zukunftsträchtig.« »Wir gehen nicht einfach nur geschäftliche Details durch. Wir haben die Chance, das externe Umfeld zu beobachten und auf neue Herausforderungen zu reagieren.« Zum Abschluss der Sitzung fasste der Strategiechef zusammen, welche Maßnahmen neu geplant waren, und die Besprechung endete pünktlich.

Beobachtungen zur Strategiebesprechung von HSBC Rail

Obgleich sich das Thema natürlich von dem der New Yorker Polizei unterschied, waren Durchführung und Zielsetzung der Strategiebesprechung bei HSBC Rail derjenigen des NYPD sehr ähnlich. In beiden Fällen leiteten erfahrene Führungskräfte die Sitzung. Bei HSBC Rail fragte der Vorstandsvorsitzende Peter Aldridge genau nach, wieso bestimmte Ergebnisse erreicht wurden, wie man mit neuen Problemen und Fragen umgehen könnte, wer die Verantwortung für die Umsetzung der empfohlenen Maßnahmen übernehmen würde und wie bald mit Resultaten zu rechnen sei.

Wenn die Teilnehmer in die Sitzung gingen, kannten sie die Daten bereits und waren vorbereitet, deren Bedeutung zu diskutieren und Maßnahmenpläne vorzuschlagen. Die Führungskräfte vertrauten einander, hörten respektvoll zu und arbeiteten konstruktiv und gemeinsam an den Vorschlägen, die gemacht wurden. Aldridge fragte und hakte nach, sorgte für den Fokus auf das Wesentliche, ermunterte zur Diskussion und stellte sicher, dass der Zeitplan eingehalten wurde, sodass alle Punkte auf der Agenda in der geplanten Zeit behandelt wurden. Der Strategiechef notierte alle geplanten Maßnahmen, sodass er sich nach der Sitzung mit dem jeweils Verantwortlichen in Verbindung setzen und sicherstellen konnte, dass die Maßnahmen auch durchgeführt wurden.

Jedes strategische Thema wird pro Quartal einmal ausführlich behandelt, was das neue Konzept der Strategieumsetzung mittels monatlicher Besprechungen unterstützt. Die strategische Lagebesprechung von HSBC Rail ist fokussiert, produktiv, handlungsorientiert und bietet Chancen zum Lernen und zur Problemlösung.

HSBC Rail erzielte die im folgenden Kasten dargestellten Umsetzungserfolge:

Die Umsetzungserfolge von HSBC Rail

- Die Zahl des risikobehafteten Anlagevermögens nahm 2007-2008 deutlich ab. Dies führte zu einem deutlichen Anstieg der Eigenkapitalrendite in diesem von der Bewertung der Vermögensgegenstände so abhängigen Unternehmen.
- Der Kapitalwert des gesicherten zukünftigen Cash-Flows stieg aufgrund der Umsetzung strategischer Initiativen. Dank derartiger Maßnahmen stiegen der kurzfristige Umsatz und die Eigenkapitalrendite, während der Bedarf an zusätzlichem Investitionskapital für 2008 und später sank.
- Der Einsatz der Balanced Scorecard wurde von den ISO 9001:2000-Prüfern als ein Grund für die Neuzertifizierung im Jahr 2006 genannt.

Fallstudie: strategische Lagebesprechungen bei Ricoh

Ricoh gibt ein weiteres hervorragendes Beispiel für gut strukturierte strategische Lagebesprechungen, die monatlich und vierteljährlich auf Konzern- und Geschäftsbereichsebene gehalten werden (siehe Abbildung 8-9). Sie werden zur Prüfung, Auslotung und Hinterfragung der Strategie und zum Treffen von Entscheidungen genutzt. Sie sind funktionsübergreifend und konzentrieren sich auf die Kontrolle der Leistung, die Analyse von Abweichungen und die Analyse von Ursachen. Das Strategie- und Planungsbüro bereitet die Sitzungen vor und moderiert sie.

Abbildung 8-9: Strategische Lagebesprechungen bei Ricoh

Besprechung		Häufigkeit	Zweck
Führungsforum		Zweimal jährlich	Strategieumsetzung
Treffen mit dem Präsidenten		Alle 3 Monate	Diskussion über wichtige Geschäftsthemen
Geschäftsbereichs-besprechung		Monatlich	Status der strategischen Messgrößen, Risiken/Chancen versus Plan, Festlegung des Maßnahmenplans
Funktionsübergreifende Teambesprechungen	Thema 1	Monatlich	Status der strategischen Messgrößen, Risiken/Chancen versus Plan, Festlegung des Maßnahmenplans
	Thema 2	Monatlich	Status der strategischen Messgrößen, Risiken/Chancen versus Plan, Festlegung des Maßnahmenplans
	Thema 3	Monatlich	Status der strategischen Messgrößen, Risiken/Chancen versus Plan, Festlegung des Maßnahmenplans
Marketingbesprechung		Monatlich	Status der strategischen Messgrößen, Festlegung des Maßnahmenplans
		Bei Investitionen	Kapitalrentabilität und Entscheidungsfindung
Strategiebesprechung		Alle 3 Monate	Status der strategischen Messgrößen, Risiken/Chancen versus Plan, Festlegung des Maßnahmenplans
Produkteinführungs-besprechung (für strategische Produkte)		Bei Bedarf	Positionierung, Spezifikationen, Wettbewerbsfähigkeit, Auswirkungen auf die G&V, Festlegung des Maßnahmenplans
Außerdem gibt es regelmäßige Besprechungen der Funktionsbereiche, beispielsweise Personal, IT, Supply Chain Management und Finanzen.			

Jeden Monat treffen sich der Vorstandsvorsitzende und der Leiter des Strategie- und Planungsbüros kurz mit dem Leiter jedes Geschäftsbereichs, um die Fortschritte zu besprechen, die im Hinblick auf die wichtigsten Leistungsindikatoren erzielt wurden. In der Vergangenheit konzentrierten sich diese Treffen nur auf nicht erreichte Finanzkennzahlen, aber inzwischen werden auch Frühindikatoren und nicht-finanzielle Ergebnisindikatoren untersucht. Ricoh erwartet von den Leitern der Geschäftsbereiche, dass sie einen Plan-Do-Check-Act-Ansatz verwenden, um die Ursachen einer unbefriedigenden Entwicklung zu erforschen und die ergriffenen oder geplanten Gegenmaßnahmen zu begründen. Der neue Prozess ist seit über einem Jahr im Einsatz, und die Leiter der Geschäftsbereiche beginnen, den gleichen Ansatz zu benutzen, wenn sie die Fortschritte überprüfen, die ihre direkten Untergebenen gemacht haben. Zusätzlich zu diesen kurzen Geschäftsbereichstreffen nehmen der Vorstandsvorsitzende und der Leiter des Strategie- und Planungsbüros monatlich auch an eintägigen Geschäftsbereichsbesprechungen teil, um die wichtigsten Performanceindikatoren mit deren Managementteam ausführlich zu erörtern.

Vierteljährlich veranstaltet der Vorstandsvorsitzende eine informelle Sitzung, an dem der Marketingchef und die Leiter aller Geschäftsbereiche teilnehmen, um über die kurz- und langfristige Strategie zu diskutieren. Die Teilnehmer betrachten die aktuelle und vergangene Strategieumsetzung, diskutieren über die Ursache-Wirkungs-Beziehungen zwischen den Zielen auf der Strategy Map und einigen sich auf erforderliche Korrekturmaßnahmen, um das Erreichen der strategischen Ziele sicherzustellen. Ebenfalls vierteljährlich treffen sich der CEO und der Leiter des Strategie- und Planungsbüros mit den Leitern der Geschäftsbereiche für eine umfassende Analyse der Leistungsindikatoren.

Darüber hinaus treffen sich der CEO und der Leiter des Strategie- und Planungsbüros vierteljährlich mit den Verantwortlichen für strategische Initiativen. Im Rahmen des dreijährigen Planungszyklus ernennt Ricoh alle drei Jahre vier funktionsübergreifende strategische Thementeams. Sie entwickeln zunächst für ihr jeweiliges Thema umfassende Aktionspläne. Dann treffen sie sich alle zwei Monate, um Fortschritte zu besprechen und die Maßnahmenpläne zu aktualisieren.

Jeder Geschäftsbereich veranstaltet halbjährlich ein Treffen aller Mitarbeiter, um die Geschäftslage zu besprechen. Mithilfe der Balanced Scorecard des Geschäftsbereichs erläutert dessen Leiter die Ergebnisse. Diese Veranstaltungen sind interaktiv und motivieren die Mitarbeiter, die Strategie auch zu ihrer eigenen Aufgabe zu machen.

Ehe Ricoh die Balanced Scorecard implementierte, befassten sich Managementbesprechungen nur mit den Fortschritten bei der Erreichung der Finanzziele. Es wurde wenig darüber diskutiert, ob die Ziele erreicht, übertroffen oder verfehlt wurden. Inzwischen befassen sich diese Besprechungen mit einer eher ganzheitlichen Analyse der Strategie. Zunächst wirkte das Konzept der Ursachenforschung bei mangelnder Zielerreichung fremd, aber nun wird dies regelmäßig gemacht. Wenn man die Gründe für unterschiedliche Ergebnisse genau untersucht, entdeckt man ganz verschiedene Ursachen und Lösungen und stellt Fragen zur Strategieumsetzung.

In einer Sitzung wurde beispielsweise die im Vergleich zu den Zielen der Balanced Scorecard zu geringe Rekrutierung von neuen Händlern diskutiert. Der Versuch, die Ursachen zu ergründen, führte zu einer lebhaften Debatte und zeigte, dass mehr Daten erforderlich waren. Nach weiteren Analysen und Diskussionen wurden Maßnahmen ergriffen, die in den nächsten Sitzungen im Hinblick auf erforderliche Kurskorrekturen regelmäßig besprochen wurden. Bis Jahresende wurden mehr Händler rekrutiert als ursprünglich geplant.

In der Vergangenheit überprüfte die Führungsspitze von Ricoh nur einmal im Jahr oder einmal alle drei Jahre die Strategie. An der Besprechung nahmen nur zwei oder drei Leute teil, die ein Dokument produzierten, das dann niemals wieder zur Hand genommen wurde. Jetzt setzen sich der Vorstand, die Leiter der Geschäftsbereiche und Mitarbeiter aus diesen Bereichen häufig zusammen, um finanzielle und nicht-finanzielle Kennzahlen zu besprechen, die sich auf die Strategie auswirken.

Zusammenfassung

Operative und strategische Lagebesprechungen helfen Organisationen, ihre Strategie effektiv zu verfolgen, um herausragende Leistungen zu erreichen. Die Lagebesprechungen dienen unterschiedlichen Zielen, finden unterschiedlich häufig statt, haben typischerweise andere Teilnehmer und andere Tagesordnungen. Operative Lagebesprechungen finden in der Regel in einer Abteilung, für eine Funktion oder einen Prozess statt, und die Teilnehmer sind Experten und haben Erfahrung mit den Themen, die besprochen werden. Solche Sitzungen sind häufig – entsprechend dem Zeitrahmen, in dem der Bereich oder der Prozess seine Arbeit erledigt – und basieren auf den Daten von operativen Dashboards, die Auskunft über die Leistung in der jüngsten Vergangenheit geben. Ziel solcher Besprechungen ist es, Probleme zu lösen, die sich kurzfristig ergeben haben, und aus den vorliegenden Daten zu lernen.

Strategische Lagebesprechungen finden monatlich oder vierteljährlich statt. Sie dienen der Analyse der Strategieumsetzung und steuern deren zukünftige Umsetzung. Diese Treffen sind funktionsübergreifend; zu den Teilnehmern zählen Mitglieder des Vorstands, Verantwortliche für strategische Themen sowie Manager, die besonderes Fach- oder Geschäftswissen haben, das für die Diskussion relevant ist. Es wird ein Überblick über die Strategieumsetzung gegeben, außerdem werden ein oder zwei strategische Themen oder eine Perspektive der Strategy Map gründlich analysiert.

Obgleich sie unterschiedlich häufig stattfinden, verschiedene Teilnehmer und Inhalte haben, gibt es wichtige Gemeinsamkeiten zwischen operativen und strategischen Lagebesprechungen. Die Sitzungen beginnen und enden pünktlich. Die Teilnahme ist Pflicht, damit die Mitglieder einander vertrauen lernen und begreifen, dass jeder bedeutendes Wissen und Erfahrung beizutragen hat. Die Besprechungen werden von den aktuellen Daten bestimmt, die die Teilnehmer sich schon im Voraus angesehen haben. Die Besprechung selbst dient dazu, Probleme zu lösen, zu lernen und Maßnahmen zu formulieren. Eine offene Diskussion aller Teilnehmer wird gefördert, unabhängig von deren Position. Der Diskussionsleiter betont, dass entschieden werden soll, »was richtig ist« und nicht »wer Recht hat«.

Teilnehmer an operativen und strategischen Lagebesprechungen teilen die gleichen Annahmen hinsichtlich der Strategie, die alle umzusetzen versuchen. In regelmäßigen Abständen müssen der Vorstand und die Manager jedoch analysieren, ob die vereinbarte Strategie angesichts neuen Wissens, neuer Informationen, Chancen und Veränderungen im Wettbewerbs-, technologischen und wirtschaftlichen Umfeld sowie neuer Auflagen noch sinnvoll ist. Eine derartige Überprüfung ist Thema von Besprechungen zum Testen und Anpassen, mit denen wir uns in Kapitel 9 befassen.

Anmerkungen zu diesem Kapitel

1 Bemerkungen während des »Office of Strategy Management Workshop«, The Balanced Scorecard Collaborative, November 2006.
2 Das Material für diesen Abschnitt wurde entnommen aus: Heskett, J.: »NYPD New«, Fallstudie 396-293 (Boston: Harvard Business School, June 22, 1999) und Buntin, J.: »Assertive Policing, Plummeting Crime: The NYPD Takes on Crime in New York City«, Fall C16-99-1530.0 (Boston: Harvard University Kennedy School of Government, 1999).
3 Daten aus: Giuliani R.: *Leadership* (New York: Hyperion, 2002), S. 79-80.
4 A.a.O., S. 82-91.
5 Heskett, J., »NYPD New«.
6 Kaplan, R.: »Texas Eastman Company«, Fallstudie 9-190-039 (Boston: Harvard Business School Press, 1989).
7 »Conducting Strategy Reviews«, Office of Strategy Management Working Group Workshop, Balanced Scorecard Collaborative, 28. März 2006.
8 Catucci, W.: »Making Strategy Execution a Core Competence«, Balanced Scorecard Collaborative Conference (Bal Harbour, Fl, Dezember 2003).
9 Kaplan, R.: »City of Charlotte (A)«, Fallstudie 9-199-036 (Boston: Harvard Business School Press, 1998).

Kapitel 9

Besprechungen zum Testen und Anpassen der Strategie

Nicht alle langfristigen Strategien sind profitabel.

Eine Strategy Map und eine Balanced Scorecard verdeutlichen die verlinkten Hypothesen, auf denen die Strategie einer Organisation basiert. Aber eine gute Strategy Map und Scorecard sind keine Garantie für den Erfolg der Strategie. Auch wenn ein Unternehmen eine Strategie gut umsetzt, kann es nicht sicher sein, dass die der Strategie zugrunde liegenden Annahmen und Hypothesen richtig sind.

Wie in Kapitel 2 erörtert, formuliert das Führungsteam die Strategie nach bester Kenntnis des externen Umfelds, der Wettbewerber, der Marktsegmente, Kundenpräferenzen sowie der Ursache-Wirkungs-Beziehungen, die zum Erfolg der Strategie beitragen. Aber die Formulierung einer Strategie ist eine Kunst, keine Wissenschaft. Ein Hauptvorteil der Strategieumsetzung mithilfe einer Balanced Scorecard ist die Tatsache, dass ein Unternehmen Daten der Scorecard verwenden kann, um regelmäßig zu überprüfen, ob die strategischen Hypothesen richtig sind.

Eine solche Analyse unterscheidet sich von den operativen und strategischen Lagebesprechungen, die in Kapitel 8 behandelt wurden. *Strategietests und -anpassungen* dienen dem Führungsgremium dazu, die Gültigkeit der Strategie – nicht nur ihrer Umsetzung – zu beurteilen und die Strategie im Lauf der Zeit zu modifizieren und anzupassen. Dies ist die sechste Phase in dem von uns beschriebenen Managementsystem (siehe Abbildung 9-1).

Die Wirkungskette der verlinkten Hypothesen in einer gut formulierten Strategy Map und Balanced Scorecard beginnt typischerweise mit der Lern- und Entwicklungsperspektive. Das Unternehmen geht davon aus, dass das Erreichen der strategischen Ziele für die Förderung des Human-, Informations- und Organisationskapitals zu Verbesserungen kritischer strategischer

Prozesse führen wird.[1] Als Nächstes wird angenommen, dass eine hervorragende Implementierung dieser strategischen Prozesse (1) zu dem gewünschten Wertbeitrag für ausgewählte Kunden führt und (2) Produktivitätsverbesserungen mit sich bringt, ein strategisches Finanzziel. Des Weiteren basiert die Strategie auf der Annahme, dass die Einhaltung des Leistungsversprechens äußerst zufriedene und treue Kunden sichert, die mit dem Unternehmen mehr Geschäfte machen werden und die Margen steigen lassen. Schließlich nimmt man auch an, dass eine höhrere Kundenzufriedenheit und -loyalität zu Umsatz- und Gewinnsteigerung führen. So stellt eine gut formulierte Strategy Map mit der dazugehörenden Balanced Scorecard eine ganze Reihe von miteinander verbundenen Annahmen darüber dar, wie die Strategie langfreistig und nachhaltig den Unternehmenswert erhöhen wird.

Abbildung 9-1: Das Managementsystem: Testen und Anpassen

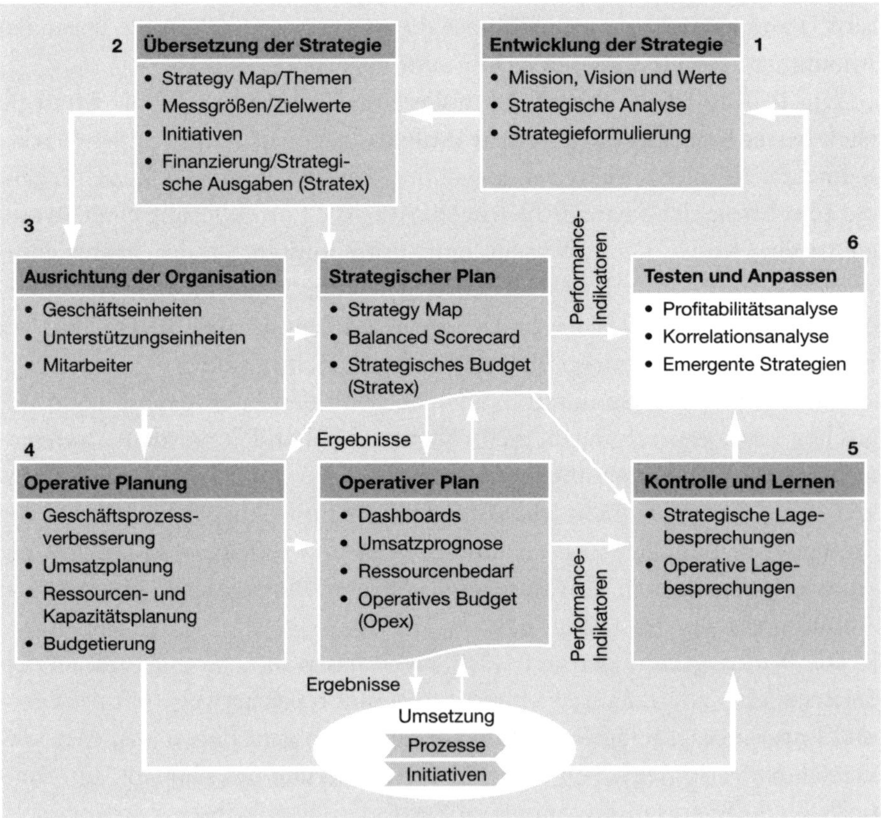

Die Strategy Map und Balanced Scorecard bieten Informationen für eine ganze Reihe von Aspekten der Strategieumsetzung: Auswahl und Priorisierung von Initiativen, Ressourcenallokation, Kommunikation, strategisches Alignment, individuelle Zielvereinbarungen, strategisches Reporting, Übernahme von Verantwortung sowie Geschäftslage- und strategische Lagebesprechungen. Aber nehmen wir einmal an, die Annahmen, die zur Entwicklung der Strategy Map und Scorecard verwendet wurden, wären falsch oder überholt. In dem Fall arbeitet das Unternehmen mit einer schlechten Strategie, insbesondere dann, wenn seit der letzten Überarbeitung der Strategie signifikante Veränderungen im makroökonomischen, Wettbewerbs-, oder technologischen Umfeld beziehungsweise im regulatorischen Umfeld stattgefunden haben. Die wirksame Umsetzung einer Strategie, die auf falschen Annahmen basiert, bringt ein Unternehmen rasch in Schwierigkeiten.

Daher sollte jede Firma wenigstens jährlich – und vielleicht sogar vierteljährlich (abhängig von der Geschwindigkeit der Veränderungen im technischen, Wettbewerbs- und Kundenumfeld) – eine Besprechung abhalten, um die Gültigkeit der Strategie zu bewerten und zu überlegen, welche Auswirkungen die jüngsten Veränderungen im externen Umfeld haben. Eine solche Besprechung muss derjenigen zur Entwicklung einer neuen Strategie entsprechen (siehe Kapitel 2). Wenn eine Strategie formuliert ist und mithilfe der in den Kapiteln 3 bis 8 beschriebenen Ansätze umgesetzt wird, muss das Unternehmen in regelmäßigen Abständen zum Anfang des Strategiekreislaufs zurückkehren und neue Informationen zum externen Umfeld und dem Erfolg der Strategie sichten. Eine derartige Besprechung schließt den geschlossenen Strategiekreislauf von Planung, Umsetzung und Kontrolle und bietet dem Führungsteam eine Gelegenheit, die strategische Leistung angesichts neuer Erkenntnisse seit der letzten Prüfung und Aktualisierung der Strategie zu beurteilen.

Das Ergebnis einer solchen Sitzung zum Thema Strategietest und -anpassung kann eine Bestätigung der vorhandenen Strategie sein. In dem Fall aktualisiert das Führungsgremium Zielwerte, setzt neue Prioritäten für strategische Initiativen und gibt den einzelnen Geschäftsbereichen und Abteilungen neue Vorgaben bekannt. Die Teilnehmer an der Besprechung können auch marginale Änderungen an der Strategie vornehmen, indem sie ein paar strategische Ziele ändern, einige Messgrößen durch andere ersetzen und die Zielwerte und Initiativen anpassen. Gelegentlich kann ein Unternehmen gravierende Fehler in seiner Strategie aufdecken oder feststellen, dass sie nicht mehr aktuell ist, weil sich das Umfeld geändert hat. In einem solchen Fall beginnt der Strategieentwicklungsprozess von vorn, um zu einer neuen Strategie zu führen, die grundlegende Veränderungen bringt. Strategietests und -anpassungen bringen ein Führungsgremium wenigstens einmal jährlich zusammen, um zu entscheiden, welche der oben erwähnten drei Möglichkeiten es in Bezug auf seine Strategie verfolgen will.

Strategietests und -anpassungen profitieren von Modellen, die ein quantitatives Feedback zu den der Strategie zugrunde liegenden Annahmen bieten. Derartige Modelle liefern empirische Schätzungen der Korrelation zwischen den strategischen Treibern (den Messgrößen der Prozess- sowie der Lern- und Entwicklungsperspektive) und den entsprechenden strategischen Ergebnissen der Kunden- und Finanzperspektive. Die empirischen Schätzungen helfen den Führungskräften, Prioritäten zu setzen und Initiativen zu beschließen, bei denen die begründete Hoffnung besteht, dass sie sich positiv auf strategische Einflussfaktoren auswirken werden.

Gelegentlich entdecken Manager mithilfe der Analytik, dass ihre Strategie nicht zum gewünschten Ergebnis führt. Mithilfe wirtschaftlicher und statistischer Modelle kann man unterscheiden, ob unbefriedigende Ergebnisse auf eine schlechte Umsetzung der richtigen oder guten Umsetzung einer falschen Strategie zurückzuführen sind. In diesem Kapitel befassen wir uns damit, wie die statistische Analyse von Unternehmensdaten Strategiefehler aufdecken kann, noch ehe den Managern das Problem bewusst wird. In einem Fallbeispiel deuten die statistischen Daten auf mangelnde Kompetenzen der Mitarbeiter hin, die sich negativ auf die Strategieumsetzung auswirkten, was den Führungskräften entgangen war.

Beim Testen und Anpassen der vorhandenen Strategie müssen auch Veränderungen der externen Bedingungen berücksichtigt werden. Das Führungsgremium muss entscheiden, ob sie eine Änderung oder gar Aufgabe der Strategie bedingen. Außerdem sollten die jüngsten Maßnahmen der Wettbewerber und deren potenzielle Auswirkungen auf zukünftige Szenarien sowie die Wettbewerbsdynamik berücksichtigt werden.

Letztendlich bieten Strategietests und -anpassungen dem Führungsteam auch eine ideale Gelegenheit, strategische Ideen und Initiativen zu prüfen, die innerhalb des Unternehmens entstanden sind. Häufig kommen solche

Ideen von Mitarbeitern, die Kunden und Prozessen am nächsten sind. Manager sollten gezielt um Vorschläge zu neuen strategischen Optionen bitten und sie beurteilen; so können alle davon profitieren, dass sich die Mitarbeiter der Strategie bewusst und dass sie motiviert sind, zu ihrer erfolgreichen Umsetzung beizutragen.

Unternehmensdaten zur Überprüfung der Strategie

In Kapitel 2 befassten wir uns mit der Frage, wie Unternehmen bei der Entwicklung der Strategie externe Daten und Informationen analysieren. Die Strategieplanungsabteilung führt eine Untersuchung der politischen, wirtschaftlichen, sozialen, technischen, rechtlichen und Umweltbedingungen durch. Alle diese Daten müssen aktualisiert werden, um Veränderungen seit der letzten Anpassung der Strategie zu berücksichtigen, beispielsweise der Zinssätze, Wechselkurse, Inflationsrate, Faktorpreise (einschließlich der Energiepreise), Vorschriften und Verordnungen sowie Wachstumsraten einzelner Länder und Regionen. Die Planungsabteilung aktualisiert die Informationen über Branchentrends, Marktanteile, Wettbewerbsverhalten, technische Veränderungen, Wachstum einzelner Marktsegmente und Änderungen der Verbraucherpräferenzen.

Derartige externe Daten sind für die Besprechung über Strategietests und -anpassungen notwendig. Aber das Führungsgremium braucht auch detaillierte Informationen über die aktuelle Unternehmensleistung. Eine Beurteilung der Strategie anhand der zusammengefassten Daten aus der Bilanz, der Gewinn-und-Verlust-Rechnung und den Angaben über den Cash-Flow ist nicht möglich. Derartige Finanzdaten zeigen die Gesamt- oder durchschnittliche Leistung, aber nicht, wie sich einzelne Marktsegmente oder Produktfamilien entwickeln, oder gar was mit einzelnen Artikeln, Kunden und Anlagen passiert. Detaillierte Gewinn- und Verlustdaten bieten einem Unternehmen einen viel besseren Einblick in seine Stärken und Schwächen. Außerdem verdeutlichen solche Daten den Zusammenhang zwischen den Haupterfolgsindikatoren – den Kennziffern zur Leistung der Mitarbeiter, Informationen, Prozesse sowie des Leistungsversprechens an die Kunden – und den Spätindikatoren der kundenbezogenen und der finanziellen Leistung.

Unternehmen können die Überprüfung ihrer Strategie vertiefen, indem sie auch die vorliegenden Daten für einzelne Produkte und Kunden sowie die statistische Korrelation zwischen den strategischen Treibern und den tatsächlichen Ergebnissen berücksichtigen. Eine derart gründliche Analyse zeigt Lücken und Fehler in der Strategie auf, die Manager in der Zukunft korrigieren können.

Wir haben zwei Analyseinstrumente identifiziert, die nützliches Input zur Überprüfung der Strategie liefern. Der Ansatz des Activity-Based Costing und die Profitabilitätsanalysen bieten einen Überblick über die Geschäftslage des Unternehmens und zeigen auf, wo es Gewinne und Verluste macht. Mithilfe statistischer Modelle kann man die Stärke der Verlinkung strategischer Variablen an die Balanced Scorecard des Unternehmens überprüfen. Die nächsten beiden Absätze befassen sich mit den beiden Instrumenten.

Time-Driven Activity-Based Costing für die Produkt- und Kundenprofitabilität

In Kapitel 7 stellten wir TDABC (permanentes Prozesskostenmanagement) als einfaches, aber wirkungsvolles Analyseinstrument zur Planung der Ressourcen und Kapazitäten vor, die zur Umsetzung der Strategie erforderlich sind. Mittels eines TDABC-Modells kann man die Profitabilität von jedem Produkt und Kunden des Unternehmens berechnen. Beispielsweise stellte Towerton Financial Services (siehe Kapitel 7) fest, dass ein neu eingeführtes Serviceangebot – die Vermögensverwaltung – nur knapp die Gewinnschwelle überschritt, während mit einem anderen neuen Produkt – Finanzplanung und -beratung – Verluste gemacht wurden. Das hatten die Strategieplaner so nicht beabsichtigt.

Eine große Bank in New York bietet erfolgreich Konten für Sicht- und Termineinlagen an. Eine umfassende Initiative zur Kundenbindung wurde unternommen, um alle jene Kunden zu umwerben, deren Guthaben über US-$ 25 000 lag. Die konsolidierte Aufstellung der Profitabilität in Abbildung 9-2 deutete darauf hin, dass alle Haushalte mit einem Guthaben über US-Dollar 25 000 profitabel waren.

Die Bank führte eine detaillierte Activity-Based-Costing-Analyse durch, um für jedes Kundenkonto im oberen Segment Kosten und Profitabilität

Abbildung 9-2: Profil von Bankkunden mit Guthaben über US-$ 25 000

Guthabenhöhe (in Tsd US-$)	Anzahl Haushalte	Gewinn vor Steuern	Gesamtsumme Guthaben
25-50	116835	$ 2419918	$ 4157734498
50-75	57470	$ 2023068	$ 3509623133
75-100	34588	$ 1874109	$ 2999458338
100-200	34680	$ 1379299	$ 4522312875
200-300	5467	$ 1221739	$ 1300445137
300-400	1613	$ 579844	$ 550756999
400-500	642	$ 3047482	$ 284588268
500-1000	758	$ 552239	$ 489149727
1000-1500	126	$ 171737	$ 150248037
1500-2000	40	$ 80980	$ 69196207
>2000	47	$ 475642	$ 235241062
Gesamt	**252266**	**$ 15826057**	**$ 18268754281**

zu erfassen (siehe Abbildung 9-3). Nun stellte sich heraus, dass 35 Prozent der Kunden, die fester gebunden werden sollten, gar keinen Gewinn erzeugten und sich die Verluste insgesamt auf US-$ 2 Millionen summierten. Nicht rentable Kunden fanden sich in allen Segmenten bis zu einer Million Dollar.

Zunächst wollten die Manager es gar nicht glauben, dass Personen mit einem hohen Guthaben nicht rentabel sein sollten. Weitere Analysen ergaben, dass die nicht gewinnbringenden Kunden viele ihrer Transaktionen über Filialen erledigten, dem für die Banken teuersten Kanal, und den größten Teil ihrer Mittel auf Konten hielten, die der Bank nur geringe Margen brachten. Glücklicherweise fiel der Bank dieser Strategiefehler auf, ehe eine große Initiative zur Bindung nicht profitabler Kunden gestartet wurde.[2]

Auf ähnliche Weise entstanden einem Arzneimittelvertrieb hohe Kosten, weil er auf Sonderwünsche der Kunden nach häufigen Zustellungen von kleinen Aufträgen und Übernacht-Lieferungen einging. Die Kunden

Abbildung 9-3: 35 Prozent der Kunden mit einem Guthaben über US-$ 25 000 waren nicht rentabel

Haushalte mit einem Guthabensaldo über US-$ 25 000 mit Verlusten vor Steuern			
Guthabenhöhe (in Tsd US-$)	**Anzahl Haushalte**	**Verluste vor Steuern**	**Gesamtsumme Guthaben**
25-50	47555	($ 1163707)	$ 1697728391
50-75	22742	($ 553457)	$ 1378703079
75-100	9813	($ 272351)	$ 844449799
100-200	6808	($ 269338)	$ 860603493
200-300	484	($ 37549)	$ 112654354
300-400	70	($ 11155)	$ 23438342
400-500	30	($ 7436)	$ 12987906
500-1000	17	($ 10050)	$ 9979015
1000-1500	1	($ 69)	$ 1000000
1500-2000	0	($ 0)	$ 0
>2000	0	($ 0)	$ 0
Gesamt	**87520**	**($ 2325112)**	**$ 4941544379**

schätzten die Lieferung direkt an den Bestimmungsort sehr, weil sie sich so nicht selbst um die Lagerung und den Weiterversand kümmern mussten. Kundenzufriedenheit und -treue waren hoch, aber das Vertriebsunternehmen fand mithilfe der Prozesskostenrechnung heraus, dass es durch seinen zuvorkommenden Service gerade mit Großkunden viel Geld verlor.

Kemps, eine führende Molkerei im Mittleren Westen der USA, entdeckte mithilfe eines TDABC-Modells die negativen Auswirkungen ihrer Strategie.[3] Die Firma hatte eine langfristige Beziehung zu Kunden im Einzel- und Großhandel entwickelt, indem sie, wie vom Kunden definiert, die richtigen Produkte in der richtigen Menge zur richtigen Zeit lieferte. Diese Strategie hatte die Produktion, Verpackung, Lagerung und Distribution erheblich komplexer gemacht. Das TDABC-Modell wies die Kosten für Produktion, Lagerung, Lieferung und Rechnungstellung jedes Auftrags pro Kunde genau aus. Das Modell zeigte die Kostentreiber auf, die bei vielen Prozessen zu Kostenerhöhungen führten, sowie die nicht profitablen Kunden. Diese Analyse überzeugte Jim Green, den Geschäftsführer von Kemps, dass das Unternehmen nicht mehr alle Wünsche erfüllen sollte.

Derartige Erfahrungen sind nicht ungewöhnlich. Wir haben die Prozesskostenrechnung in vielen Unternehmen in verschiedenen Branchen angewandt und die Erfahrung gemacht, dass die 80/20-Regel nicht für die Profitabilität von Produkten und Kunden gilt.[4] Es mag stimmen, dass 20 Prozent der Produkte und 20 Prozent der Kunden für 80 Prozent des Umsatzes verantwortlich sind, aber der Gewinn, der sich als Restbetrag ergibt, nachdem man eine große Summe (Kosten) von einer anderen großen Summe (Umsätze) abgezogen hat, folgt nicht der gleichen Regel. Die rentabelsten 20 Prozent der Produkte und Kunden haben häufig ein Gewinnpotenzial zwischen 150 und 300 Prozent (siehe Abbildung 9-4). Beispielsweise zeigte eine große Analyse von Banken mit Privatkunden, dass 20 Prozent von deren Kunden ein Gewinnpotenzial von 140 bis 170 Prozent ausmachten, während sich 80 Prozent der Verluste auf weitere 20 Prozent der Kunden zurückführen ließen.

Abbildung 9-4: Kumulierte Gewinne und Kunden: Die 20:180-Regel

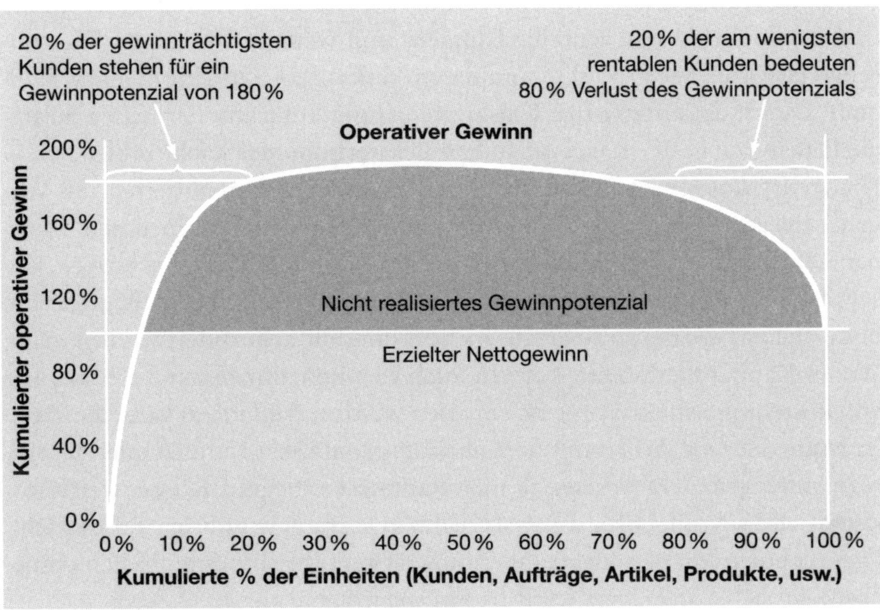

Wann immer ein Unternehmen seine Strategie überprüft, sollte es zunächst die Rentabilität der vorhandenen Strategie verstehen. Wie der Harvard-Philosoph George Santayana bemerkte: »Wenn man sich nicht an die Vergangenheit erinnern kann, ist man verurteilt, sie zu wiederholen.« Ein Unternehmen, das vergisst oder sich niemals bewusst wird, dass es derzeit unrentable Produkte und Kunden hat, wird mit großer Wahrscheinlichkeit auch in der Zukunft mit unrentablen Produkten und Kunden Verluste machen. Eine klare Vorstellung davon, wo ein Unternehmen Geld verdient oder Verluste macht, sollte ein wichtiger Beitrag zur Kontrolle der Strategieumsetzung sein.

Die Ursprünge der Prozesskostenrechnung (Activity-Based Costing) lassen sich auf Unternehmensberater in den 1970er Jahren zurückführen. Den Beratern war klar, dass die Kostenrechnung ihrer Kunden enorme Unterschiede in der Rentabilität von Produkten und Kunden verdeckte. Mittels Befragungen der Mitarbeiter in der Produktion, im Lager, in der Distribution, im Marketing und im Vertrieb ließen sich die Kosten annähernd, aber recht genau einzelnen Produkten und Kunden zuordnen. Dann stellten die Berater die jeweiligen Kosten den jeweiligen Umsätzen gegenüber, um festzustellen, was profitabel war und was nicht. Aufgrund dieser Information ließen sich nun Empfehlungen abgeben, für die man nicht einmal einen MBA brauchte: Tut mehr von dem (Produktion rentabler Produkte und deren Verkauf an rentable Kunden) und weniger von jenem (Herstellung verlustreicher Produkte und deren Verkauf an verlustbringende Kunden). Durch die kurzfristige Umsatzsteigerung aufgrund der neuen Strategie ließen sich in der Regel die hohen Beraterhonorare leicht zahlen.

Activity-Based-Costing-Modelle (ABC-Modelle) formalisierten die Vorgehensweise der Strategieberater und ermöglichten es Unternehmen, routinemäßig genaue Übersichten über die Profitabilität ihres operativen Geschäfts und des Verkaufs zu erstellen. Man braucht keine Berater, um festzustellen, wie die Strategie für mehr Profitabilität geändert werden muss. Wie in Kapitel 6 erläutert, können auch so Maßnahmen zur Verbesserung von kostenintensiven Prozessen ergriffen werden. Außerdem kann die Preisstrategie oder die Arbeit mit derzeit nicht profitablen Kunden oder Marktsegmenten geändert werden, ja man kann ganze Segmente oder Vertriebskanäle einfach aufgeben, wenn sie nicht so leicht gewinnbringend werden.[5] Unternehmen können kleine, aber äußerst rentable Produktnischen entdecken, die sich durch gezielten Ressourceneinsatz ausweiten lassen.

Die Abbildung 9-5 fasst die verschiedenen Maßnahmen zusammen, welche die Molkerei Kemps zur Steigerung der Rentabilität ergriff. Geschäftsführer Jim Green bemerkte zum Erfolg der neuen Strategie: »Durch die Prozesskostenrechnung ließ sich die Komplexität reduzieren, insbesondere jene, für die Kunden nicht zu zahlen bereit waren. Heutzutage machen wir erst eine ABC-Analyse, ehe wir einen neuen Vertrag mit einem Kunden unterzeichnen.«[6]

Der weiter oben erwähnte Arzneimittelvertrieb ist ein gutes Beispiel für die Wirkung einer völlig neuen Preisstrategie. Die traditionelle Preisfestsetzung, die auf einem durchschnittlichen Kalkulationsaufschlag auf die Einkaufspreise basierte, wurde durch eine serviceabhängige Kalkulation ersetzt, bei der Kunden für besondere Serviceleistungen zahlen mussten, wie Eillieferungen, besondere Verpackungen und Direktlieferungen. Kunden, die Standardware in Standardmengen per Standardlieferung bekamen, erhielten einen Rabatt; diejenigen, die einen zusätzlichen Service wünschten, bekamen ihn, aber zu einem Preis, der die höheren Kosten widerspiegelte (plus einem potenziellen Preisaufschlag). Die meisten Kunden entschieden sich für die Standardversion mit klaren Preisen. Gewinne und Marktanteil der Vertriebsgesellschaft stiegen. Die Strategie wurde so weiterentwickelt,

Abbildung 9-5: Maßnahmen von Kemps zur Rentabilitätsverbesserung

Prozessverbesserungen	Produkt- und Preisentscheidungen	Neudefinition der Kundenbeziehungen
Die Sammlung von wöchentlichen Kundenbestellungen führte zu weniger Produktionsläufen pro Produkt: Einsparung von 2 Stunden pro Produkt und Monat, weniger Materialverlust am Anfang und Ende jedes Laufs	Bildung eines Führungsteams zur Rationalisierung von Artikeln, das sich monatlich traf: Für unrentable Produkte wurden neue Preise festgelegt oder sie wurden ganz gestrichen, die Produktionsmengen der übrigen Produkte wurden erhöht	Konsolidierung der Etikettierung für drei Ladenketten; weniger Lieferungen, dafür von größeren Mengen: Preissenkungen führten zur Kundenbindung ohne Wettbewerbsdruck
Mehr Standardisierung; z. B. Etiketten, daher einfacheres Umrüsten: Weniger Überstunden und Streichen einer Schicht pro Woche	Konsolidierung der Produktion und Schließung eines Werks	Für Großkunden direkter Warenfluss vom Wareneingang bis -ausgang (SuperValu): Höhere Wertschöpfung mit strategischen Lieferketten-Partnern

dass die Firma Teil der Wertschöpfungskette ihrer Kunden wurde, indem sie für diese die Beschaffung und Distribution übernahm.
Wirklich entscheidend für die Überprüfung einer Strategie ist also, ob sie dem Unternehmen mehr Geld einbringt. Aber statt zu versuchen, dies anhand einer Gewinn-und-Verlust-Rechnung für das ganze Unternehmen festzustellen, sollte diese Ergebnisrechnung für einzelne Produkte, Kunden, Marktsegmente, Vertriebskanäle und Regionen durchgeführt werden. Rechnergestützte TDABC-Modelle liefern mit geringem Aufwand genaue Gewinn-und-Verlust-Rechnungen und erleichtern damit die Überprüfung der Strategie. Anhand der Daten lässt sich die Strategie präzise modifizieren. Diejenigen Aspekte werden geändert, wo eine Profitabilitätssteigerung am notwendigsten und am einfachsten zu erzielen ist.

Statistische Überprüfung von kausalen Zusammenhängen

Die Feststellung, ob der Wertbeitrag an die Kunden und die Kostenstruktur zu profitablen Kundenbeziehungen führen, ist ein hervorragender Test einer Strategie. Ergänzend zur Prozesskostenrechnung kann eine statistische Analyse der Zusammenhänge zwischen den Verbesserungen der Balanced-Scorecard-Indikatoren durchgeführt werden. Die Strategy Map basiert auf der Annahme, dass Verbesserungen der Messgrößen der Lern- und Entwicklungsperspektive zu Verbesserungen der Kennziffern der Prozessperspektive führen, die wiederum die Kunden- und Finanzkennziffern positiv beeinflussen. Eine Reihe von Unternehmen überprüfen diese hypothetischen Zusammenhänge in ihren Scorecards.

Fallstudie: Die Mitarbeiter-Kunden-Gewinn-Wirkungskette von Sears

Mitte der 1990er Jahre führte Sears eine neue mitarbeiter- und kundenorientierte Strategie ein. Sie basierte auf der Service-Gewinn-Wirkungskette, einem kausalen Modell, das die Harvard Business School etwa zur gleichen Zeit wie die Balanced Scorecard vorstellte.[7] Die Theorie der Service-Gewinn-Kette besagt, dass eine hohe Mitarbeiterzufriedenheit und starkes Engagement zu einer hohen Kundenzufriedenheit führen, die wiederum den Gewinn steigen lässt. Bei der Umsetzung seines Mitarbeiter-Kunden-Gewinn-Modells investierte Sears beträchtlich in die Entwicklung relevanter Indikatoren und sammelte Daten über die Mitarbeiter- und Kundenzufriedenheit. Dank dieser Investitionen konnte ein internes Team den Zusammenhang zwischen der Einstellung der Mitarbeiter zu ihrer Arbeit und zum Unternehmen, der Kundenzufriedenheit und Veränderungen des Gewinns statistisch analysieren. Die Umsetzung dieses neuen Ansatzes bei Sears ist in einem Artikel in der *Harvard Business Review* beschrieben.[8]

Arthur Martinez, der 1992 als Leiter des Merchandising-Bereichs zu Sears kam und 1995 Vorstandsvorsitzender wurde, leitete die Entwicklung dieser völlig neuen Strategie, durch die Sears zu einem Unternehmen werden sollte, »in dem man gern arbeitet, gern einkauft und in das man gern investiert«.[9] Diese Vorstellung war zwar inspirierend, aber nicht präzise genug, um davon konkrete Maßnahmen in den Läden zu entwickeln. Verschiedene Arbeitsgremien machten sich daran, die Vision in handfeste, handlungsorientierte Ziele umzusetzen. So ergaben sich die in Abbildung 9-6 dargestellten Ziele und Messgrößen.

Abbildung 9-6: Das ursprüngliche Modell von Sears: Ziele und Messgrößen

	Ein attraktiver Arbeitsplatz	Ein attraktiver Ort zum Einkaufen	Eine für Investoren attraktive Firma
Ziele	• Ein Ort für Wachstum und Förderung des Einzelnen • Unterstützung von Ideen und Innovationen • Engagierte und verantwortliche Teams und Mitarbeiter	• Preiswerte, ansprechende Ware • Hervorragender Kundendienst der besten Mitarbeiter • Erlebniseinkauf • Kundentreue	• Umsatzwachstum • Überdurchschnittliches Wachstum des Betriebsergebnisses • Effiziente Vermögensverwaltung • Steigerung der Produktivität
Messgrößen	• Persönliches Wachstum und Entwicklung • Verantwortliche Teams	• Befriedigung der Kundenbedürfnisse • Kundenzufriedenheit • Kundenbindung	• Umsatzwachstum • Umsatz pro Quadratmeter • Warenumschlag • Operative Marge • Anlagenrendite

Das Projektteam führte umfassende statistische Tests der kausalen Beziehungen zwischen den Messgrößen für Mitarbeiter, Kunden und Finanzergebnisse durch. Das Team setzte sich das Ziel, ein Modell zu schaffen, das aufzeigte, wie eine Verbesserung der Einstellung der Mitarbeiter zu einer Gewinnsteigerung führte. Durch das Verständnis der Wirkungsbeziehung zwischen beispielsweise einer marginalen Erhöhung des Produktwissens der Mitarbeiter, der daraus resultierenden höheren Kundenloyalität und daraus folgenden höheren Einnahmen und Margen konnte Sears Fragen der folgenden Art beantworten: »Wie viel sollten wir zur Erhöhung der Warenkenntnisse der Mitarbeiter investieren?« Das Projektteam sammelte zwei Quartale lang Daten aus 800 Läden und führte damit eine Analyse zur Bestimmung jener Messgrößen für Mitarbeiter durch, bei denen die höchste Korrelation mit Kunden- und Finanzergebnissen vorlag.

Abbildung 9-7: Sears identifizierte 10 Fragen zu seiner Beurteilung als attraktiver Arbeitsplatz

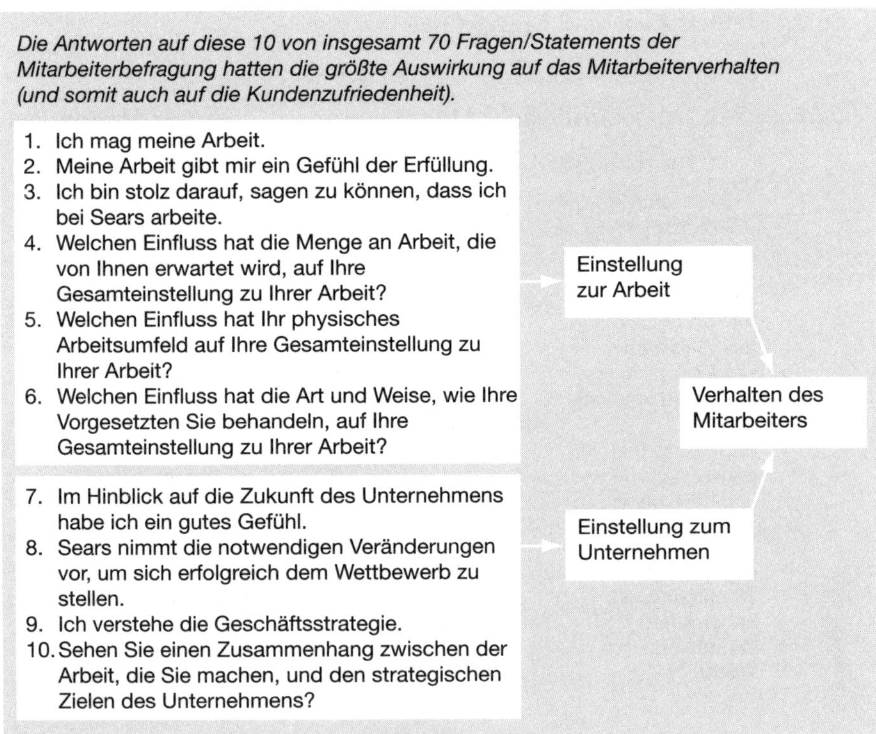

Das Team stellte fest, dass zwei Dimensionen der Mitarbeiterzufriedenheit – Einstellung zur Arbeit und zum Unternehmen – die größte Auswirkung auf die Mitarbeiterloyalität und deren Verhalten den Kunden gegenüber hatten (siehe Abbildung 9-7). 10 der 70 Fragen der Mitarbeitererhebung nahmen auf diese beiden Dimensionen Bezug. Das Team empfahl, zukünftig auf jene Fragen zu verzichten, die sich mit der persönlichen Entwicklung, der Weiterbildung und der Teamarbeit befassten (ursprünglich wurde hier ein Zusammenhang vermutet), weil zwischen den Antworten auf diese Fragen und der Kundenzufriedenheit und -loyalität keine Korrelation bestand. Dementsprechend wurde der Fragebogen überarbeitet. So erhielten die Leiter der einzelnen Geschäfte eine Vorstellung davon, welche Maßnahmen sie täglich beeinflussen konnten, um die Einstellung der Mitarbeiter zu ihrer Arbeit, den Kunden, die sie bedienten, und ihrem Arbeitgeber zu verbessern.

Abbildung 9-8: Das revidierte Modell der Mitarbeiter-Kunden-Gewinnkette von Sears

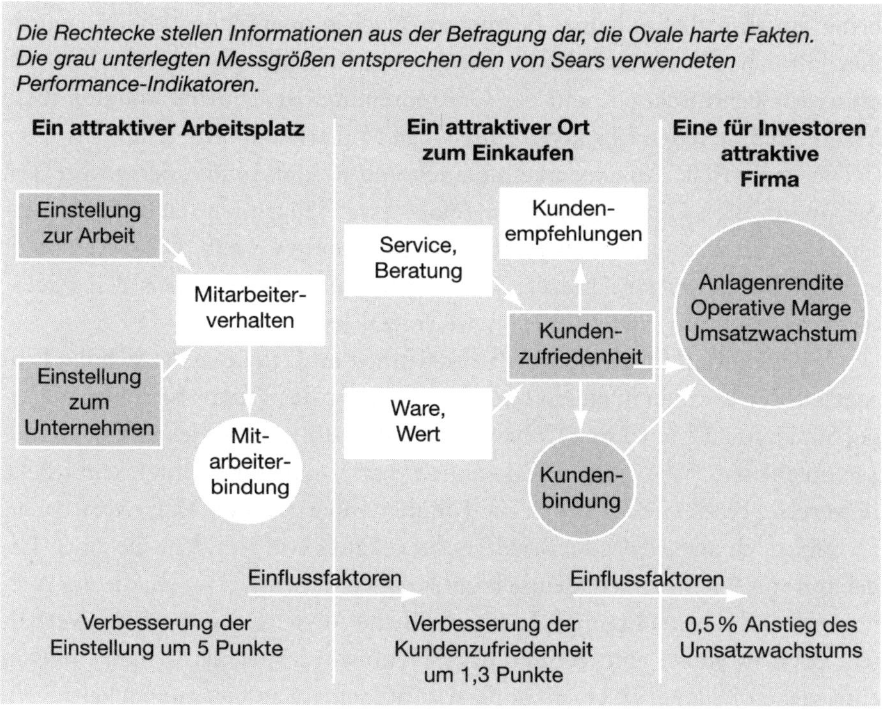

18 Monate lang spielte das Team das Modell immer wieder durch, verfeinerte einzelne Messgrößen und stellte mithilfe von multiplen Regressionsanalysen und der Überprüfung von Kausalzusammenhängen neue Schätzungen über die Zusammenhänge an. So kam das in Abbildung 9-8 dargestellte Modell zustande.

Einer der geschätzten Kausalzusammenhänge in diesem Modell deutete darauf hin, dass eine Verbesserung der Einstellung der Mitarbeiter um fünf Punkte die Kundenzufriedenheit um 1,3 Punkte erhöhen würde, was wiederum zu einer 0,5-prozentigen (50 Basispunkte) Umsatzsteigerung führen würde. Wenn beispielsweise ein Sears-Laden seinen Gesamtwert für die Einstellung der Mitarbeiter um fünf Punkte verbessern konnte, und wenn dieser Laden in einer Region lag, die ein 6-prozentiges Umsatzwachstum verzeichnete, konnte man davon ausgehen, dass dieser Laden seinen Umsatz um 6,5 Prozent steigern würde, also um fast 10 Prozent mehr als der Durchschnitt der Region.

Zum Zeitpunkt der Analysen erzielte Sears einen Jahresumsatz von rund US-$ 50 Milliarden und in den einzelnen Läden ein Umsatzwachstum von etwa 4 bis 5 Prozent. Wenn Sears dank des stärkeren Engagements der Mitarbeiter ein zusätzliches halbes Prozent an Wachstum erreichen konnte, würde dies jährlichen Mehreinnahmen von US-$ 250 Millionen entsprechen. Bei normalen Bruttomargen und der Gewinnrendite der Branche könnten diese Mehreinnahmen den Marktwert um einige Milliarden Dollar erhöhen.

Die statistische Analyse machte auch deutlich, dass sich der größte Teil des finanziellen Gewinns nach ungefähr zwei Quartalen nach der gemessenen Verbesserung der Einstellung der Mitarbeiter ergab. Das Instrument ermöglichte daher eine bessere Umsatzprognose auf der Basis der gemessenen Veränderung der Mitarbeiter-Kennzahlen.

Als bestes Maß für die Kundenzufriedenheit und -treue stellte sich der Prozentsatz der Kunden in einem Laden heraus, der das Einkaufserlebnis auf einer Skala von 1 bis 10 mit 10 bewertete (Bewertung: »Auf jeden Fall weiterzuempfehlen«). Vor dieser Erkenntnis hatte man die durchschnittliche Bewertung eines Ladens durch die Kunden anhand dieser Skala verwendet. Es zeigte sich aber, dass die Wiederholungskäufe von Kunden, die einen Laden nur mit 9 bewerteten, deutlich unter denen derjenigen lagen, die die Bestnote gaben.[10] Dieses Ergebnis hatte erhebliche Auswirkungen auf das Verhalten, denn es stellte eine beträchtliche Herausforderung dar, einen ohnehin zufriedenen Kunden zu einem äußerst zufriedenen Kunden zu machen.

Zusätzlich zum Zusammenhang zwischen der Einstellung der Mitarbeiter und der Kundentreue zeigte das statistische Modell auch die Bedeutung der Qualität und Verfügbarkeit von Produkten, von deren Platzierung im Laden und der damit verbundenen Verkaufsförderung auf. Sears verfügte nun über ein quantitatives Modell, das einen Zusammenhang zwischen drei Marketingaspekten – Mitarbeiter, Produkt und Platzierung im Laden – mit der Kundenzufriedenheit und -loyalität herstellte.

Das Team fand außerdem heraus, dass die Reaktionen auf Verbesserungen der Mitarbeiter-Einstellung und eine Steigerung der Kundentreue je nach Produktkategorie verschieden waren. Beispielsweise führte die Erhöhung des Anteils der Kunden, die das Einkaufserlebnis mit 10 bewerteten, um einen Prozentpunkt zu einer Steigerung des Umsatzes mit Damenunterwäsche um 7,4 Prozent, aber um 14,2 Prozent bei Herren- und Kinderunterwäsche.[11] Generell hatte jede Sears-Sparte (z. B. Bekleidung, Haushaltsgeräte, Autozubehör, Eisenwaren) eine andere Gewichtung und in gewisser Weise auch ein anderes Prognosemodell aufgrund der Kausalkette zwischen Mitarbeitern, Kunden und Gewinn. In den Eisenwarenhandlungen von Sears erwarteten Kunden Mitarbeiter mit Fachkenntnissen, die die technischen Anforderungen der Arbeit verstanden, für die der Kunde etwas kaufte. In den Kaufhäusern schätzten es die Kunden, wenn Verkäufer auf sie eingingen, freundlich und rasch reagierten; technisches Wissen wurde nicht verlangt.

Das Wissen um die produktspezifischen Zusammenhänge floss als Information in Maßnahmen ein, um die Kommunikation, Mitarbeiterschulung, Verkaufsförderung und Prämien genau für jede Sparte anzupassen. Dieses Wissen basierte auf dem nachweislichen Zusammenhang zwischen der Einstellung der Mitarbeiter und der Kundentreue sowie der Korrelation zwischen diesen beiden Variablen und den Kennziffern für Umsatzwachstum, Betriebsergebnis und die Kapitalrendite.

Die bei Sears durchgeführte statistische Überprüfung (genau wie jene von TD Canada Trust, die in Kapitel 6 beschrieben wurde) bestätigte die Unternehmensstrategie. Die Zusammenhänge zwischen der Einstellung der Mitarbeiter, der Kundenzufriedenheit und den finanziellen Ergebnissen entsprachen den angenommenen Hypothesen. Die statistische Analyse bot dazu quantitative Daten zur Bestimmung der Korrelation zwischen den strategischen Variablen sowie Schätzwerte für die zeitlichen Abstände zwischen einer Verbesserung der Frühindikatoren und der Reaktion der Spätindikatoren.

Wir befassen uns nun mit der statistischen Analyse der Frage, ob ein Unternehmen die richtige Strategie verfolgt. Mithilfe dieser Analyse kann man feststellen, ob sich die angenommenen Hypothesen als falsch erweisen, was ein Signal ist, die Strategie oder deren Umsetzung zu ändern.

Strategietests und -anpassungen

Strategien, insbesondere neu entwickelte, stellen Hypothesen über die Wertschöpfung auf. Auf der Basis von Daten aus der Balanced Scorecard kann man mithilfe statistischer Analysen prüfen, ob eine Variable, von der man vermutet, dass eine hohe Korrelation zwischen ihr und einem Kunden- oder Finanzergebnis besteht, nicht tatsächlich gar keine oder sogar eine negative Korrelation zu dem Ergebnis hat. Eine solche Erkenntnis signalisiert dem Führungsteam, dass vermutete strategische Zusammenhänge möglicherweise gar nicht bestehen. Ist dies der Fall, müssen mehr Daten zur Prüfung und zum besseren Verständnis gesammelt werden, warum die angenommenen Wirkungsbeziehungen nicht vorhanden sind. Eventuell müssen Aspekte der Strategie aufgegeben und durch einen anderen Wertbeitrag ersetzt werden, bei dem es einen tatsächlichen engen Zusammenhang zwischen Treibern und den gewünschten Ergebnissen gibt.

Beispielsweise entdeckte eine Bank nach dem Zusammenschluss mit einem ihrer Wettbewerber, dass eines ihrer ursprünglichen Ziele auf der Balanced Scorecard – so viele Kundenkonten wie möglich zu behalten – dazu führte, dass die Bank viele unrentable Kunden hatte. Bei einem weiteren Zusammenschluss änderte das Führungsteam das Ziel dahingehend ab, dass nur große, rentable Konten behalten und kleine, nicht gewinnbringende gelöscht werden sollten. Der Chef der Verwaltung meinte zu den Vorteilen der modifizierten Strategie: »Auf diese Weise haben wir einige Milliarden gespart und jährlich zwischen US-$ 20 und 30 Millionen mehr Gewinn gemacht.« Mithilfe statistischer Analysen können Unternehmen feststellen, ob ihre Strategie zum gewünschten Ergebnis führt, wie wir anhand der nächsten Fallstudie darstellen.

Fallstudie: Store 24

Store 24, eine der größten Convenience-Store-Ketten in New England, begann im Mai 1998, unter dem Titel »Ban Boredom« (Verbannt die Langeweile) eine Strategie für mehr Kundennähe umzusetzen.[12] Vorstandsvorsitzender Bob Gordon vertrat die Auffassung, dass ein unterhaltsames Umfeld im Laden mit häufig wechselnden Themen und Aktionen das Einkaufserlebnis in dieser Kette von dem der Wettbewerber unterscheiden könnte. Gordon hoffte, die Kundentreue der Zielgruppe, jungen, städtischen Erwachsenen im Alter zwischen 14 und 29 Jahren, zu erhöhen. Ein Ladenleiter hatte bemerkt, dass Marktforschungsstudien zu dem Ergebnis kamen, dass diese Gruppe »sich schnell langweilt und Stimulation sucht. Wir wollten, dass diese Leute in unseren Läden immer etwas Neues und anderes vorfinden sollten.«[13]

Store 24 bewarb seine Ban-Boredom-Strategie aktiv auf Werbetafeln, Bussen und Einkaufswagen. In den Läden gab es nun einen Schaukasten am Anfang des Mittelgangs mit Werbematerial und beworbenen Artikeln zum aktuellen Thema, beispielsweise lebensgroße Poster von Filmstars und preisgünstige Videos.

Store 24 entwickelte eine Strategy Map und eine Balanced Scorecard (siehe Abbildung 9-9), die bei der Kommunikation und Umsetzung der neuen Strategie helfen sollten. Es blieb den Leitern der einzelnen Läden überlassen, wie sie das machten. Manche Verkäufer zogen Kostüme an, die zum jeweiligen Aktionsthema passten, das beispielsweise im Zusammenhang mit einem Feiertag stand. Andere ignorierten die Strategie völlig und nutzten die Displayständer des Mittelgangs für die üblichen Artikel, beispielsweise Chips, statt der beworbenen Ware mit höherer Marge.

Nach zwei Jahren wusste man bei Store 24, dass die Strategie nicht funktionierte. Gordon bemerkt dazu: »Die Läden, die unverändert blieben, liefen gut. Aber auf den Feedbackbögen, die Kunden in den Läden für Kommentare nutzten, erhielten wir ein negatives Feedback zu unserer Ban-Boredom-Strategie. ... Auch unsere Telefonumfragen zeigten, dass sich die Kunden einfach nicht mit dem vergnüglichen, unterhaltsamen Umfeld identifizierten, das wir in unseren Läden zu schaffen versuchten. Letztendlich zeigten Gruppendiskussionen mit unseren Kunden sehr deutlich, dass sie unsere traditionelle Stärke – eine gute Auswahl an Produkten, schnellen Service und ein sauberes Umfeld – schätzten. Die Ban-Boredom-Erfahrung, die wir ihnen zu vermitteln versuchten, mochten sie nicht.«[14]

Abbildung 9-9: Strategy Map und Scorecard für die Ban-Boredom-Strategie von Store 24

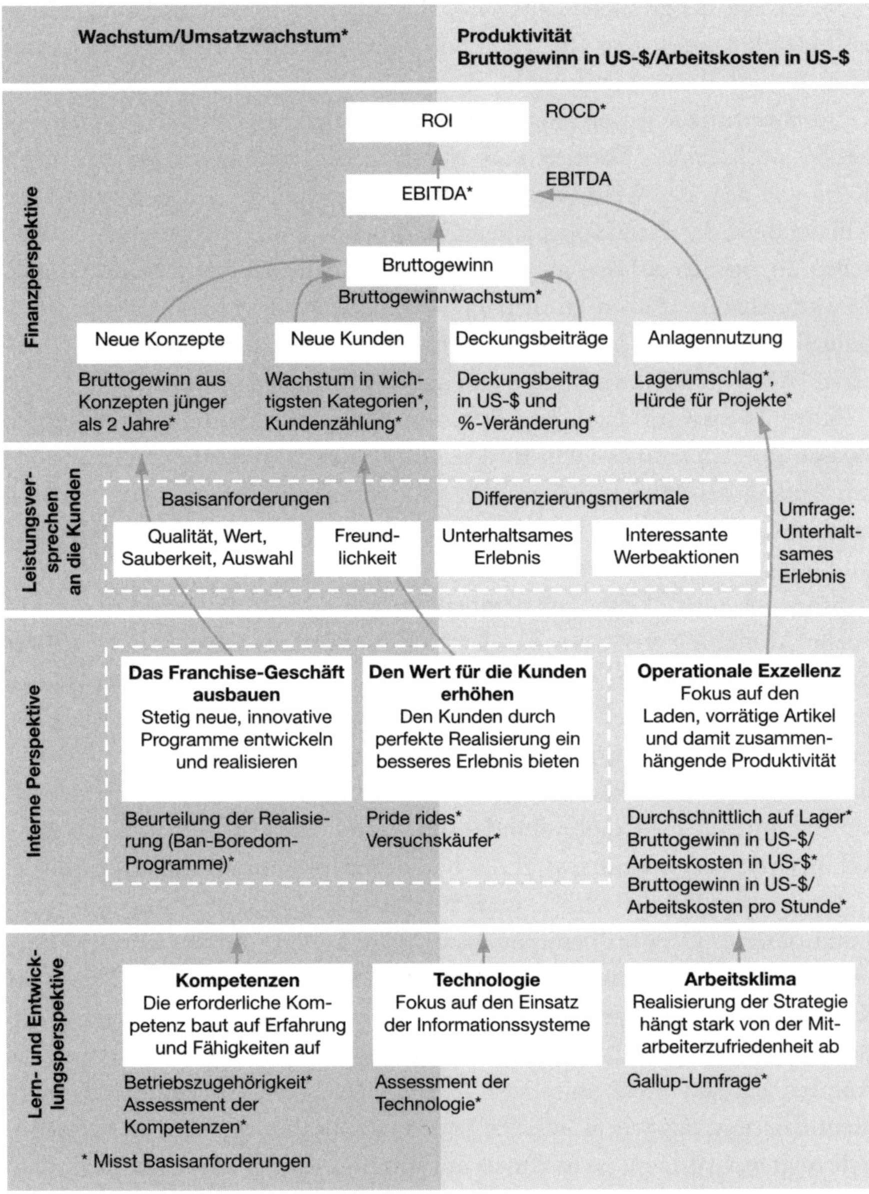

Abbildung 9-10: Die aktualisierte Strategie von Store 24: »Weil Sie einfach nicht warten können«

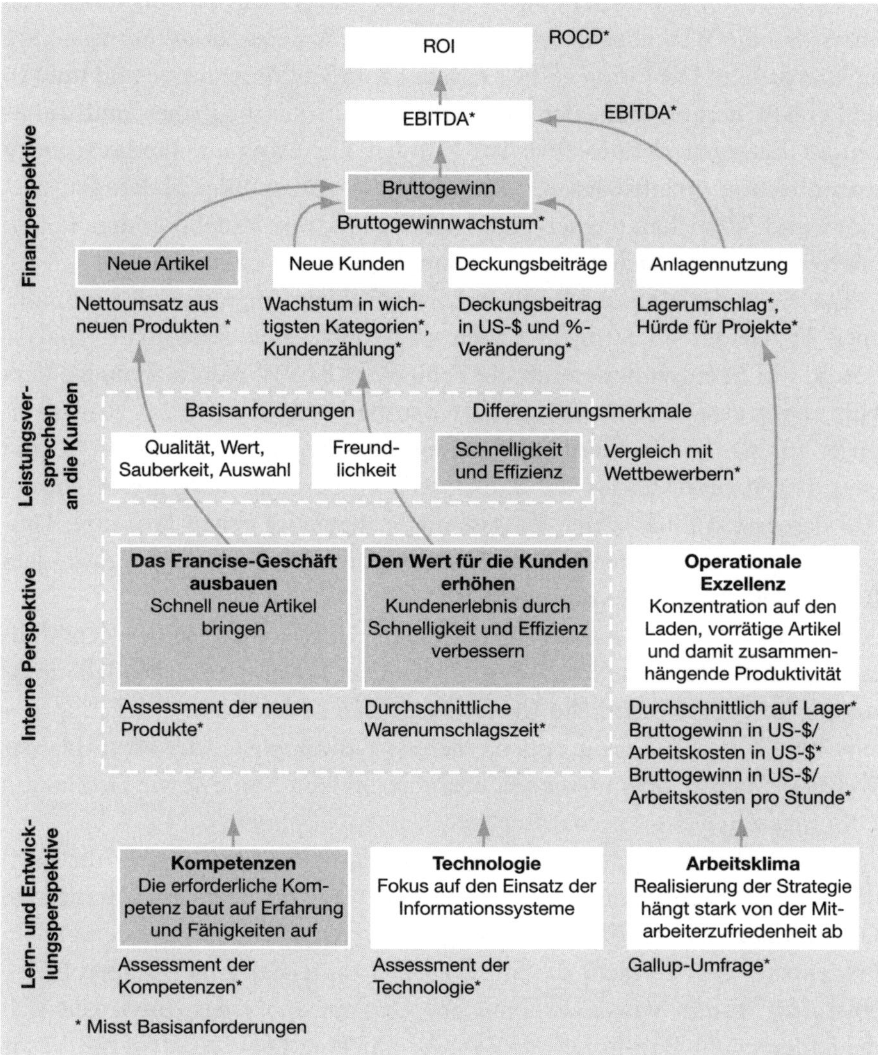

Diese Rückmeldungen von einzelnen Kunden und die Erkenntnisse aus den Gruppendiskussionen bewegten Store 24 dazu, die Ban-Boredom-Strategie nach zwei Jahren im April 2000 wieder aufzugeben und sie durch eine aktualisierte Version der alten Strategie zu ersetzen, die sich auf schnellen und effizienten Service konzentrierte. Abbildung 9-10 zeigt die

Strategy Map und Scorecard für diese aktualisierte Strategie unter dem Motto: »Weil Sie einfach nicht warten können.«

Store 24 verfügte intern nicht über die analytischen Fähigkeiten von Sears, um die Wirkungsbeziehungen in seiner Ban-Boredom-Strategy-Map zu überprüfen. Die Firma verließ sich auf Kundenkommentare und fand so schließlich heraus, dass der Wertbeitrag »Ein vergnügliches und aufregendes Einkaufserlebnis« bei den Kunden nicht ankam. Einige Kunden waren richtig unzufrieden darüber, dass die sich ständig ändernden Displays und Werbekampagnen sie ablenkten und die laufend anders kostümierten Verkäufer sich nicht genug um die Kunden kümmerten.

Ein Team der Harvard Business School erhielt Zugang zu den monatlichen Daten der 85 Store-24-Läden und führte eine statistische Analyse durch, um herauszufinden, ob die Fehler der Ban-Boredom-Strategie dem Führungsgremium schon früher hätten auffallen können.[15] Das Team sammelte für 65 Läden Vierteljahresdaten zwischen dem 1. Mai 1998 und dem 30. April 2000, als die Ban-Boredeom-Strategie aufgegeben wurde. Auf den ersten Blick schien es, dass die Strategie im ersten Jahr ihrer Umsetzung gut funktionierte. Das Wachstum in den Läden entsprach dem Branchendurchschnitt von 6 Prozent.

Ehe mit einer umfassenderen Analyse die Unterschiede in der Rentabilität der Läden festgestellt wurden, nahm das Forscherteam Modellanpassungen vor, um wesentliche Unterschiede der Läden zu berücksichtigen – einschließlich der Zielgruppen, deren Einkommen, der Anzahl der Wettbewerber in einem Umkreis von einer halben Meile sowie Größe und Öffnungszeiten der Geschäfte selbst.

Store 24 hatte von einem Marktforschungsinstitut Daten über die Kundenzufriedenheit bekommen, die auf Interviews in den Läden basierten. Die Rohdaten dienten der Ermittlung von Kennzahlen, unter anderem dem Prozentsatz der Kunden, die Store 24 als »unterhaltsamen Einkaufsort« einstuften. Intern wurde zweimal pro Quartal analysiert, inwieweit sich die Läden an die Ban-Boredom-Vorgaben hielten. Diese Analyse führte zur Auswertung der Einführung des Balanced-Scorecard-Projektes, wie in Abbildung 9-9 dargestellt.

Das Forschungsteam deckte einen leicht negativen Zusammenhang zwischen dem vierteljährlichen operativen Gewinn und den Ban-Boredom-Ergebnissen auf (siehe Abbildung 9-11). Scheinbar hatte eine intensivere Umsetzung des Ban-Boredom-Programms keine oder eine leicht negative

Wirkung auf das Ergebnis eines Ladens. Die Unterschiede in den Gewinnen pro Laden wurden durch Variablen erklärt, die nichts mit der Strategie zu tun hatten, wie den Fähigkeiten des Geschäftsleiters, der Bevölkerung vor Ort und der Wettbewerbsdichte.

Die statistische Analyse zeigte auch, dass die Umsetzung der Ban-Boredom-Strategie im einzelnen Laden höhere Lagerbestände bedeutete, ein Zeichen dafür, dass die Differenzierungsstrategie sich negativ auf das Bestandsmanagement auswirkte. Diese Ergebnisse zeigten sich schon anhand von Daten, die ein Jahr vor Aufgabe der neuen Strategie gesammelt wurden. Allein mithilfe dieser (und ein paar anderer) einfachen Korrelationen hätte die Geschäftsführung von Store 24 am Ende des ersten Jahres der Strategieumsetzung feststellen können, dass Ban Boredom nicht wie geplant funktionierte.-

Abbildung 9-11: Der negative Zusammenhang zwischen der Umsetzung der Ban-Boredom-Strategie und den Gewinnen

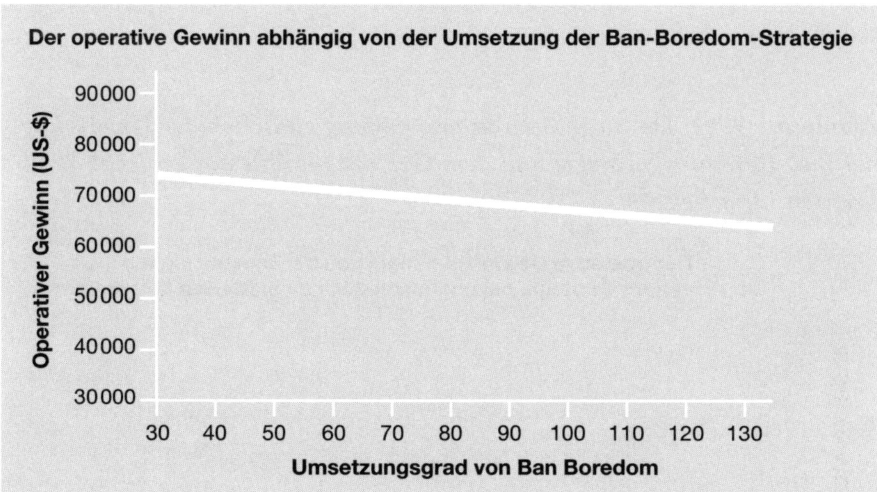

Die Studie stellte jedoch auch fest, dass die Kundenzufriedenheit (wie sie von dem unabhängigen Marktforschungsinstitut gemessen wurde) von der Qualität der Umsetzung der Ban-Boredom-Strategie positiv beeinflusst wurde. Den Kunden fielen durchaus Unterschiede in der Umsetzung auf, aber eine gemessene höhere Kundenzufriedenheit schlug sich scheinbar nicht in höheren Gewinnen nieder, was darauf hindeutete, dass die Strategie selbst Mängel hatte.

Eine detailliertere Analyse zeigte, dass der in Abbildung 9-11 dargestellte Zusammenhang eine komplexere Beziehung zwischen den Variablen der Balanced Scorecard verdeckte. Das Forscherteam fügte eine Interaktionsvariable ein, die sowohl den Grad beziehungsweise Erfolg der Strategieumsetzung als auch die Kompetenzen der Mitarbeiter in jedem Laden beinhaltete (»Assessment der Kompetenzen« in Abbildung 9-9). Unter Verwendung dieser Interaktionsvariablen kam die Regressionsanalyse zu den in Abbildung 9-12 dargestellten Ergebnissen. Läden mit äußerst fähigen Mitarbeitern, die die Ban-Boredom-Strategie wirkungsvoll umsetzten, erzielten einen beträchtlich höheren Gewinn als Läden mit ähnlich fähigem Personal, aber einer weniger guten Umsetzung. Umgekehrt waren Läden, in denen die Strategie präzise umgesetzt wurde, die aber nur durchschnittlich qualifizierte Mitarbeiter hatten, weniger rentabel als solche mit entsprechenden Mitarbeitern, die sich darauf beschränkten, einen effizienten Betrieb aufrechtzuerhalten, ohne die Ban-Boredom-Strategie umzusetzen.

Abbildung 9-12: Der negative Zusammenhang zwischen der Umsetzung der Ban-Boredom-Strategie und dem Gewinn beruhte auf schlecht qualifizierten Mitarbeitern

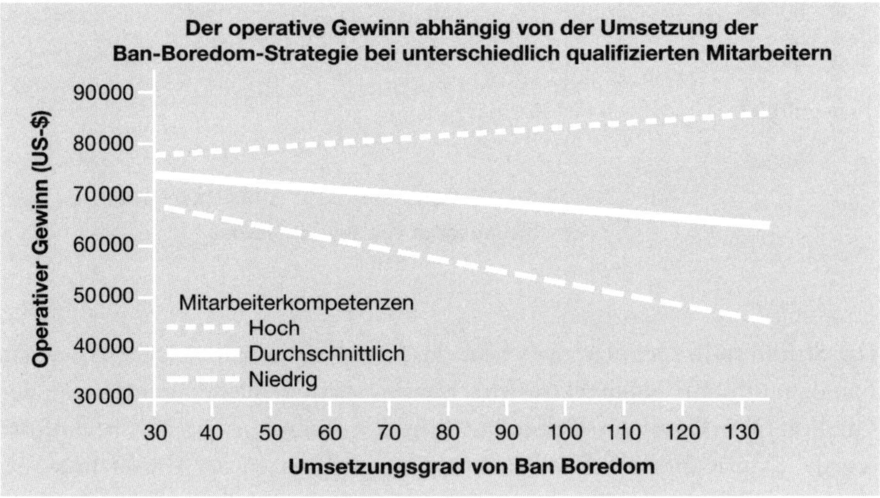

Das zeigte, dass der Erfolg der Strategie wesentlich von den Fähigkeiten der Mitarbeiter im einzelnen Laden abhing. Unerfahrenes Personal, das sich an die Ban-Boredom-Anweisungen hielt, kümmerte sich nicht gut genug um die Kunden, arbeitete teilweise ineffizient und führte zu sinkenden Gewinnen. Erfahrene Mitarbeiter hielten dagegen einen effizienten Betrieb aufrecht und erzielten eine hohe Kundenzufriedenheit, während sie gleichzeitig durch die Umsetzung der Ban-Boredom-Strategie ein anderes, differenzierendes Einkaufserlebnis boten.

Wäre die statistische Analyse rechtzeitig durchgeführt worden, um die Geschäftsführung von Store 24 ein Jahr nach Einführung von Ban Boredom über die Entwicklung zu unterrichten, hätte dies zu einer interessanten Diskussion geführt. Die Manager hätten verstanden, dass die Strategie nur erfolgreich sein konnte, wenn sie im Laden von fähigen Mitarbeitern umgesetzt wurde. Vielleicht wären die Führungskräfte zu dem Schluss gekommen, dass es bei der starken Personalfluktuation im Einzelhandel (üblicherweise über 200 Prozent pro Jahr) nicht möglich war, in jedem Laden gut qualifizierte Mitarbeiter zu halten. Dann wäre vielleicht schon ein Jahr früher die Entscheidung gefallen, die Ban-Boredom-Strategie aufzugeben.

Nachdem es den Zusammenhang zwischen der Qualifikation der Mitarbeiter und der erfolgreichen Strategieumsetzung verstand, hätte das Unternehmen auch eine Initiative zur höheren Mitarbeiterbindung und Schulung auf das Niveau des Personals in den erfolgreichsten Läden starten können. Außerdem hätte man mehr Zeit (und Geld) in die Einarbeitung und Schulung neu eingestellter Mitarbeiter investieren können, damit sie schon während der ersten Monate ihrer Tätigkeit in der Lage gewesen wären, die Ban-Boredom-Strategie effektiv umzusetzen. In dem Fall hätte das Unternehmen seine Differenzierungsstrategie beibehalten und generell die Vorteile damit erzielt, die ohne die Maßnahmen nur die besten Läden (mit qualifiziertem Personal und guter Strategieumsetzung) realisierten.

Die Erfahrung von Store 24 zeigt, wie vorteilhaft es ist, die Daten eines gut funktionierenden Balanced-Scorecard-Systems zur Kontrolle der Strategieumsetzung zu nutzen. Anhand der Daten lässt sich feststellen, ob die Strategie effektiv umgesetzt wird. Im Fall von Store 24 hätte man diese Effektivität anhand der Messgrößen für die Einhaltung der Ban-Boredom-Vorgaben und der Korrelation zwischen den Ban-Boredom-Werten und der Zufriedenheit der Kunden mit dem »unterhaltenden und aufregenden

Einkaufserlebnis« im Laden gemessen. Mit den Daten lässt sich aber auch prüfen, ob die Strategie selbst erfolgreich ist. Bei Store 24 stieg der durchschnittliche Gewinn pro Laden nicht mit dem Grad der erfolgreichen Umsetzung von Ban Boredom. Die detaillierte Analyse zeigte die bis dahin verborgene Tatsache, dass die Strategie nur in Läden mit qualifiziertem Personal erfolgreich umgesetzt werden konnte. Fähige Mitarbeiter waren in der Lage, den Anforderungen der neuen Strategie zu genügen und gleichzeitig für einen effizienten Ladenbetrieb zu sorgen, mit rascher Kassenabfertigung, guter Verkaufsförderung und effizientem Bestandsmanagement.

Voraussetzungen für statistische Analysen

Die Fallstudien für Sears und Store 24 geben eine Vorstellung von den Daten, die für statistische Schätzungen und Tests vorhanden sein müssen. Beide Unternehmen hatten in einem bestimmten Zeitraum zahlreiche Daten und Beobachtungen gesammelt, Sears für jeden Monat aus 800 Läden und Store 24 für jedes Quartal aus 65 bis 75 Geschäften. Eine sinnvolle, segmentsübergreifende statistische Analyse kann durchgeführt werden, wenn zahlreiche, homogene Einheiten (Standorte oder Kunden) in jedem Monat oder einem anderen Berichtszeitraum eine vollständig mit Daten gefüllte Balanced Scorecard liefern. Falls es pro Einheit und Monat nur sehr begrenzte Berichtsdaten gibt, vergehen mindestens zwei Jahre, ehe genug Material für eine einfache statistische Analyse vorliegt.

Die beiden betrachteten Firmen hatten etablierte Prozesse, um für jeden Standort Daten über die Kundenzufriedenheit und -treue, die Prozesse sowie die Einstellung und Fähigkeit der Mitarbeiter zu sammeln. Brauchbare Daten sind für statistische Tests unerlässlich. Wenn Unternehmen die Balanced Scorecard oder eine ähnliche Mitarbeiter-Kunden-Gewinn-Wirkungskette als Managementsystem nutzen, ist die Datensammlung ein wesentliches Element davon. Diese Daten kann man dann zur Kontrolle sowie zum Testen und Lernen nutzen. Mithilfe von Warenwirtschaftssystem- und Business-Intelligence-Software werden Daten über Transaktionen gesammelt und in praktischem Format für einen leichten Zugriff gespeichert. Häufig enthält diese Software auch Module für statistische Analysen und zur Berichtslegung.

Letztendlich muss auch die Fähigkeit vorhanden sein, die statistische Analyse richtig und glaubwürdig durchzuführen. Statistiken lassen sich leicht falsch interpretieren oder gar missbrauchen. Unternehmen, die Kennzahlen der Balanced Scorecard zur Überprüfung der Hypothesen nutzen wollen, die der Strategie zugrunde liegen, sollten ein internes Team oder externe Berater haben, die mit der Anwendung und Analyse von statistischen Modellen Erfahrung haben.

Die Einbeziehung externer Informationen und der Wettbewerbsdaten

Bisher haben wir uns in diesem Kapitel auf die Nutzung interner Daten – aus der Prozesskostenrechnung, Profitabilitätsanalyse und der Balanced Scorecard – zum Testen und Anpassen der Strategie konzentriert. Unternehmen müssen für die Diskussion über die Strategie jedoch auch externe Daten nutzen.

LG Philips LCD (LPL), ein südkoreanisches Joint-Venture-Unternehmen von LG und Philips, entwickelt und produziert hochwertige LCD-Bildschirme für Fernsehgeräte, IT-Geräte und Spezialmonitore. Vierteljährlich findet bei LPL anhand der Balanced Scorecard eine Überprüfung der strategischen Hypothesen statt. Das Führungsteam und die Planungsleiter der verschiedenen Bereiche nehmen teil und befassen sich mit den folgenden Schlüsselfragen:

1. Ist unsere Strategie richtig?
2. Ist unsere Strategie derjenigen unserer Wettbewerber überlegen?
3. Wird die Strategie von allen akzeptiert?
4. Strengen wir uns genug an, diese Strategie umzusetzen?
5. Welche Risiken sind mit der Strategieumsetzung verbunden, und wie werden wir damit umgehen?
6. Berücksichtigen wir bei der Umsetzung der Strategie verschiedene Szenarien?

Vor der Besprechung wählt die Planungsgruppe eine konkrete Situation für die Diskussion aus. Dabei kann es sich um die Eroberung eines neuen Marktes, den Umgang mit Wettbewerbern in einem bestehenden Markt oder die Einführung einer neuen Strategie mit einem vorhandenen oder potenziellen Kunden handeln, beispielsweise um bevorzugter Lieferant für eine neue Produktgeneration zu werden. Informationen über die Strategien und das Potenzial der Wettbewerber, die Hauptkunden in der Region sowie externe, makroökonomische und marktbezogene Daten werden bereitgestellt.

Dann findet ein dreitägiges »Kriegsspiel« statt. Verschiedene Teams befassen sich intensiv mit der LPL-Strategie und den vermuteten Maßnahmen und Reaktionen von Wettbewerbern und Kunden. Aus den zahllosen Möglichkeiten wählt LPL zwei oder drei wahrscheinliche Szenarien; dann werden für jedes davon der voraussichtliche Marktanteil, der Umsatz und der Cash-Flow prognostiziert. Schließlich entscheidet sich das Führungsteam angesichts der Marktdynamik und der wahrscheinlichen, im »Kriegsspiel« simulierten Ergebnisse für ein Szenario.

Wenn eine Strategieanpassung erforderlich erscheint, wird sie vorgenommen, und der Maßnahmenplan wird entsprechend modifiziert. Anschließend wird die neue strategische Stoßrichtung in der nächsten monatlichen Strategiebesprechung erörtert, ehe sie unternehmensweit bekannt gegeben wird. Außerdem dienen die entwickelten strategischen Szenarien für das folgende Quartal als Richtlinien.

Das »Kriegsspiel« mobilisiert das gesamte Führungsteam, anhand aktueller externer und interner Informationen Strategien zu formulieren. Die Erfahrung von internen Experten aus den Bereichen Marketing, Statistik, Volkswirtschaft und Simulation wird genutzt. Am Ende erzielt das Führungsteam einen Konsens über die gewählte Kursrichtung, nachdem es alle Informationen und die wahrscheinlichen Reaktionen von Wettbewerbern und Kunden berücksichtigt hat. Die Umsetzungserfolge von LPL sind in der folgenden Übersicht dargestellt.

Die Umsetzungserfolge von LG Philips LCD

- Von 2001 bis 2007 wuchs der Umsatz von LPL von US-$ 1,8 Mrd. auf US-$ 15,5 Mrd., eine achtfache Steigerung.
- Während der letzten fünf Jahre hat das Unternehmen im Branchenranking den ersten oder zweiten Platz belegt.
- LPL ist fortlaufend das erste Unternehmen der Branche, das für jede neue LCD-Generation mit der Massenproduktion beginnt. Zurzeit baut es ein Werk für die achte Generation, das Anfang 2009 mit der Serienproduktion beginnen wird.
- Das Unternehmen erhält laufend von Forschungsinstituten der Branche Preise für die Kundenzufriedenheit.

Emergente Strategien

Einige Strategieexperten aus der Wissenschaft, beispielsweise Henry Mintzberg und Gary Hamel, betonen, dass eine Entwicklung von oben nach unten nicht unbedingt die Ideallösung ist.[16] Sie argumentieren, dass einige der besten Ideen für neue Strategien von Mitarbeitern im Unternehmen stammen. Ihrer Meinung nach besteht die Aufgabe des Führungsteams darin, immer für neue Ideen empfänglich zu sein, die Beschäftigte, die nahe an den Technologien, den Prozessen oder den Kunden arbeiten, entwickeln, auch wenn diese Mitarbeiter nicht Teil des offiziellen Strategieplanungs- und -kontrollprozesses sind. Schließlich führten Vorschläge solcher Mitarbeiter zu Intels Umstellung von Speicherchips auf Mikroprozessoren, zu Hondas Entscheidung, den Schwerpunkt von Motorrädern auf Autos zu verlagern und zur Vermarktung der Post-it Notes durch die 3M Corporation.

Das Strategiemanagementsystem mit der Balanced Scorecard unterstützt emergente Strategien, indem es dafür sorgt, dass alle Mitarbeiter ein einheitliches Verständnis der strategischen Ziele des Unternehmens haben. Wenn Beschäftigte die Strategie verstehen und motiviert sind, bei deren erfolgreicher Umsetzung zu helfen, dann können sie auch leicht erkennen, ob es Probleme bei der Umsetzung oder den zugrunde liegenden Hypothesen gibt. Vielleicht fällt ihnen sogar auf, wo ein neuer strategischer Ansatz zu einer besseren Leistung führen könnte.

In einem früheren Buch legten wir dar, wie ein Mitarbeiter von Mobil US Marketing and Refining die Idee hatte, einen SpeedPass anzubieten, um den Kauf von Benzin, Motoröl und Artikeln aus dem Tankstellenladen schneller und freundlicher zu gestalten.[17] Dank des hervorragenden Kommunikationsprogramms für die neue Balanced Scorecard des Unternehmens erfuhr der Mitarbeiter, dass Kunden ein schneller, freundlicher Service geboten werden sollte. Obgleich der SpeedPass keine wirkliche Veränderung der Mobil-Strategie darstellte, trug er doch entscheidend dazu bei, den Wertbeitrag für Kunden von Mobil von denen der Mitbewerber mit ähnlichen Strategien deutlich zu unterscheiden. Das Führungsteam erkannte die strategische Bedeutung des SpeedPass und änderte die Balanced Scorecard mitten im Jahr, um zwei neue Messgrößen hinzuzufügen: die Anzahl der Verbraucher, die bis Jahresende einen SpeedPass erwarben, sowie den Prozentsatz der Mobiltankstellen, die an jeder Zapfsäule die SpeedPass-Technik einbauten. Die rasche Umsetzung der modifizierten Strategie trug wesentlich zu dem beträchtlichen Wachstum des Marktanteils, der Umsätze und der Margen bei.

Auf einer regelmäßigen Vierteljahressitzung des Strategierates von Canadian Blood Services (CBS) diskutierten Manager und Mitarbeiter über das Verhalten von Blutspendern. Man versuchte zu verstehen, warum Leute an bestimmten Standorten immer wieder Blut spendeten, ein Faktor, der zu den wesentlichen Kennzahlen der Balanced Scorecard zählte. Ein Teilnehmer formulierte die Hypothese, das freundliche, persönliche Verhalten des CBS-Personals den Spendern gegenüber könnte diese zum Wiederkommen bewegen. Daraufhin wurde eine Arbeitsgruppe gebildet, um Daten von verschiedenen Blutspendezentren zu analysieren. Die statistische Analyse stützte die Hypothese, und die Arbeitsgruppe konnte eine Reihe von Verhaltensweisen der Mitarbeiter identifizieren, die Spender zum Wiederkommen bewegten. Genau wie Mobil nach der Einführung des SpeedPass aktualisierte das CBS-Führungsteam seine Scorecard, um die neuen Verhaltensweisen zu berücksichtigen. Danach wurde die modifizierte Scorecard im ganzen Unternehmen kommuniziert, damit die Erfahrungen eines erfolgreichen Standorts zum Standard bei CBS werden konnten.

Verbindung von operativem und strategischem Management

Strategy Maps und Balanced Scorecards helfen bei der Verbindung von operativem und strategischem Management. Mithilfe dieser Instrumente können die Führungskräfte die Strategie abbilden und quantitativ kommunizieren. Sie helfen dabei, die Strategie auf Geschäftsbereiche und auf Unterstützungseinheiten herunterzubrechen und geeignete Initiativen zur Umsetzung der Strategie zu identifizieren. Außerdem können Führungskräfte einen Link zwischen den strategischen Prioritäten und Prozessverbesserungen sowie Entscheidungen über die Ressourcenkapazität sowie das operative Budget und den Investitionsplan herstellen.

Viel weniger beachtet wird jedoch die Rückkoppelung des operativen Geschäfts an die Strategie. Abbildung 9-13 fasst die drei Arten von Managementbesprechungen zusammen, die in den Kapiteln 8 und 9 vorge-

Abbildung 9-13: Drei Arten von Managementbesprechungen

	Operative Lagebesprechung	**Strategische Lagebesprechung**	**Besprechung zum Testen und Anpassen der Strategie**
Informationsbedarf	Operative Dashboards mit Performanceindikatoren; wöchentliche und monatliche Finanzberichte	Strategy-Map- und Balanced-Scorecard-Reports; Ergebnisse und Performanceanalysen	Strategy Map, Balanced Scorecard, Prozesskostenrechnung, Profitabilitätsanalysen, Analyse der strategischen Hypothesen, Markt- und Wettbewerbsanalysen, emergente Strategien
Häufigkeit	Täglich, zweimal pro Woche, wöchentlich, monatlich, abhängig vom Geschäftszyklus	Monatlich	Jährlich (vielleicht vierteljährlich bei sich schnell ändernden Industrien oder Märkten)
Teilnehmer	Leiter der Abteilungen oder Geschäftsbereiche; Vorstand bzw. Geschäftsleitung bei Besprechung der Finanzergebnisse	Vorstand bzw. Geschäftsleitung, Verantwortliche für strategische Themen, Leiter des Strategiebüros	Vorstand bzw. Geschäftsleitung, Verantwortliche für strategische Themen, interne Planungsexperten und Analysten, Leiter der Geschäftsbereiche
Fokus	Identifizierung und Lösung von operativen Problemen (Umsatzrückgang, verspätete Lieferungen, Ausfallzeiten von Anlagen, Probleme mit Lieferanten)	Analyse und Kontrolle der Strategieumsetzung, Fortschritt bei den strategischen Initiativen	Testen und Anpassen der Strategie auf Basis von kausalen Analysen, der Rentabilität von Produktfamilien und Absatzkanälen, des externen Umfelds, emergenter Strategien sowie neuer technologischer Entwicklungen
Zielsetzung	Kurzfristig aufgetretene Probleme lösen und die Performance laufend verbessern	Strategieumsetzung überwachen und optimieren, Korrekturmaßnahmen ergreifen	Stretegie marginal anpassen oder grundsätzlich ändern, strategische und operative Pläne erarbeiten, Zielvorgaben festlegen, FInanzierung für strategische Initiativen genehmigen

stellt wurden und ein Feedback vom operativen Geschäft zur Strategie liefern. Operative Lagebesprechungen nutzen Daten von operativen

Dashboards, um das operative Geschäft zu kontrollieren, optimieren und sich kurzfristig ergebende Probleme zu lösen. Strategische Lagebesprechungen befassen sich mit der Umsetzung und Anpassung von Strategie und Initiativen im Lauf des Jahres, unter Berücksichtigung der sich ändernden Umstände. So können laufend zwischendurch Kurskorrekturen bei der Strategieumsetzung vorgenommen werden. Die in diesem Kapitel beschriebenen Besprechungen zum Testen und Anpassen der Strategie basieren auf analytischen Untersuchungen mithilfe von Prozesskostenrechnung (Activity-Based Costing) und statistischen Analysen. Bei diesen Besprechungen finden die Führungskräfte heraus, ob und wie die Strategie funktioniert. Mithilfe der Prozesskostenrechnung (ABC) kann man Fehler in der Strategie offenlegen, beispielsweise ineffiziente Prozesse, nicht profitable Produkte oder Kunden sowie ungenutzte Kapazitäten. Aufgrund dieser Kenntnisse können Führungskräfte gezielt Prozessverbesserungen vornehmen, Preisstrategien neu anpassen, Beziehungen zu Kunden ändern oder sich, wenn nichts anderes hilft, von Produkten oder Marktsegmenten verabschieden.

Die statistische Schätzung des Umfangs und der zeitlichen Auswirkung der kausalen Beziehungen in einer Strategy Map bietet Führungskräften verlässliche Informationen, um die Strategieumsetzung zu steuern. Außerdem werden Vorschläge beurteilt, die Mitarbeiter unterbreiteten, deren Wissen auf direktem Kundenkontakt basiert oder die in wichtige Prozesse eingebunden sind oder die wichtige Ideen für Innovationen haben.

Zusammenfassung

Testen und Anpassen der Strategie erfolgt üblicherweise auf der jährlichen Sitzung zur Strategieentwicklung, die im 2. Kapitel beschrieben wurde. Gleichzeitig wird die PESTEL-Analyse des politischen, wirtschaftlichen, sozialen, technologischen, rechtlichen und umweltbezogenen Umfelds, der Branchenentwicklung und der Wettbewerber betrachtet. Gelegentlich wird eine solche Besprechung auch aufgrund von fundamentalen Änderungen des externen Umfelds oder eines dramatischen Performance-Einbruchs erforderlich, den man im laufenden Jahr beobachtet. Sie kann auch durch Analyse der Indikatoren der Balanced Scorecard ausgelöst werden – wie im Beispiel der in diesem Kapitel erwähnten Bank und von Store 24 – die Fehler in der Strategie aufzeigen. In einem solchen Fall ändert ein Unternehmen seine Strategie anhand der Erkenntnisse aus der Analyse von Unternehmens-, Markt- oder Wettbewerbsdaten.

Unternehmen können Schwierigkeiten damit haben, die komplexen Prozesse zu koordinieren, welche die Strategie mit dem operativen Geschäft und umgekehrt dieses wieder mit der Strategie verbinden. Wir haben festgestellt, dass keine einzelne Person oder Abteilung einen ausreichenden Überblick hat, um die diversen Prozesse zu koordinieren und zu integrieren, für die wir uns in diesem Buch stark machen. In Kapitel 10 beschreiben wir die Aufgaben eines neuen Strategiebüros, einer Erweiterung der Abteilung für Strategieplanung. Durch dieses Büro werden die Aufgaben der Abteilung erweitert, um die Strategieplanung und -umsetzung zu verbessern.

Anmerkungen zu diesem Kapitel

1 Kaplan, R.S.; Norton, D.P. »Measuring the Strategic Readiness of Intangible Assets«, *Harvard Business Review* (February 2004), S. 52-63.

2 Erfahrungsbericht in LoFrumento, T.: »Using Customer Profitability Analytics to Execute a Client-Centric Strategy«, *Balanced Scorecard Report* (March April 2007), S. 3-5.

3 Kaplan, R.S.: »Kemps LLC: Introducing Time-Driven Activity-Based Costing«, Fallstudie 106-001 (Boston: Harvard Business School, 2005).

4 Die 80/20-Regel wird nach dem italienischen Wirtschaftswissenschaftler Vilfredo Pareto häufig auch als Pareto-Prinzip bezeichnet. Er beobachtete vor rund 200 Jahren, dass 20 Prozent der Italiener über 80 Prozent des Volkseinkommens verfügten. Ein ähnliches Verhältnis ließ sich seither bei vielen empirischen Daten beobachten.

5 Kaplan, R.S.; Narayanan, V.G.: »Measuring and Managing Customer Profitability«, *Journal of Cost Management* (September-October 2001), S. 5-15.

6 Kaplan, R.S.: »Kemps LLC«, S. 8-9.

7 Heskett, J.; Jones, T.O.; Loveman, G.W.; Sasser, W.E.; Schlesinger, L.A.: »Putting the Service Profit Chain to Work«, *Harvard Business Review* (March-April 1994), S. 164-174; Heskett, J.; Sasser, W.E.; Schlesinger, L.A.: *The Service Profit Chain: How Leading Companies Link Profit and Growth to Loyalty, Satisfaction and Value* (New York: The Free Press, 1997).

8 Rucci, A.J.; Kirn, S.P.; Quinn, R.T.: »The Employee-Customer-Profit Chain at Sears«, *Harvard Business Review* (January-February 1998), S. 83-97.

9 A.a.O.

10 Zu einem ähnlichen Ergebnis kommt auch Reichheld, F. in seiner Arbeit »The One Number You Need to Grow«, *Harvard Business Review* (December 2003), sowie Reichheld, F.; Seidensticker, F.J.: *Die ultimative Frage: Mit dem Net Promoter Score zu loyalen Kunden und profitablem Wachstum* (München: Hanser Fachbuchverlag, 2006).

11 Über die Ergebnisse berichtet Kirn, S.: »Statistically Validating the Cause-and-Effect Linkages in the Scorecard«, Balanced Scorecard Collaborative Executive Conference, Boston, 11.-12. Dezember 2001.

12 Die Erfahrungen, die Store 24 machte, kann man nachlesen in Campbell, D.: »Putting Strategic Hypotheses to the Test with Cause-and-Effect Analysis«, Balanced Scorecard Report (September-October 2002), S. 15-16; Kulp, S.; Narayanan, V.G.; Campbell, D.: »Store 24«, Fallstudie 103-058 (Boston: Harvard Business School, 2003); Campbell, D.; Datar, S.; Kulp, S.; Narayanan, V.G.: »Testing Strategy with Multiple Performance Measures: Evidence from a Balanced Scorecard at Store 24«, Arbeitspapier 08-081, Harvard Business School, Boston, Februar 2008.

13 Kulp, S.; Narayanan, V.G.; Campbell, D.: »Store 24«.

14 A.a.O., S. 1.

15 Campbell, D.; Datar, S.; Kulp, S.; Narayanan, V.G.: »Testing Strategy with Multiple Performance Measures«.

16 Mintzberg, H.; Waters, J.: »Of Strategies, Deliberate and Emergent«, *Strategic Management Journal* (1985), S. 257-272; Mintzberg, H.: »Crafting Strategy«, *Harvard Business Review* (July-August 1987), S. 66-74; Hamel, G.: »Strategy as Revolution«, *Harvard Business Review* (July-August 1996), S. 69-82.

17 Kaplan, R.S.; Norton, D.P.: *Die strategiefokussierte Organisation* (Stuttgart: Schäffer-Poeschel, 2001).

Kapitel 10

Das Strategiebüro

In diesem Buch haben wir ein umfassendes, integriertes System zur Verbindung von operativem und strategischem Management vorgestellt. Das System besteht aus zahlreichen Planungs-, Kontroll- und Feedbackprozessen (dem Kernstück der Abbildung 10-1). Alles beginnt in Phase 1 damit, dass das Führungsteam die Mission, Vision und Werte der Organisation bestätigt und dann eine Strategie entwickelt, mit der sich die Wertlücke (value gap) schließen lässt.

Nachdem die Strategie formuliert und beschlossen wurde, beginnt das Führungsteam in Phase 2 mit der Strategieübersetzung, indem es die Strategie in eine Strategy Map überträgt, die auf verschiedenen strategischen Themen basiert. Für jedes Ziel der Strategy Map bestimmt das Team Messgrößen und Zielwerte. Danach entscheiden sich Themenverantwortliche und Thementeams für ein Portfolio von Initiativen und kümmern sich um die strategischen Ausgaben, also die Finanzmittel zur Implementierung der Initiativen.

In Phase 3 erfolgt die einheitliche Ausrichtung der Geschäftsbereiche, indem die Strategy Maps und Balanced Scorecards auf die unteren Ebenen heruntergebrochen werden, wo sie helfen, die lokalen Ziele zu erreichen, gleichzeitig aber auch für die Verbindung mit der Strategie des Konzerns und der anderen Geschäftsbereiche sorgen. Auf diese Weise wird die Strategie auch allen Mitarbeitern kommuniziert, und die Personalprozesse werden daran orientiert, sodass die Ziele der einzelnen Beschäftigten, die Prämienprogramme und die Weiterbildungspläne sich an den strategischen Zielen orientieren.

Die Koppelung der operativen Tätigkeit an die Strategie erfolgt in Phase 4, in der die Manager die operative Planung durchführen und betonen, wo die Effizienz und Reaktionen am dringendsten verbessert werden müssen, um die Strategie erfolgreich umzusetzen. Außerdem werden die Budgets und Ressourcen freigegeben, die erforderlich sind, um die Umsatz- und Produktionsprognosen zu erfüllen, die im Strategieplan enthalten sind.

Abbildung 10-1: Ein typisches Managementsystem besteht aus vielen, nicht integrierten Einzelsystemen

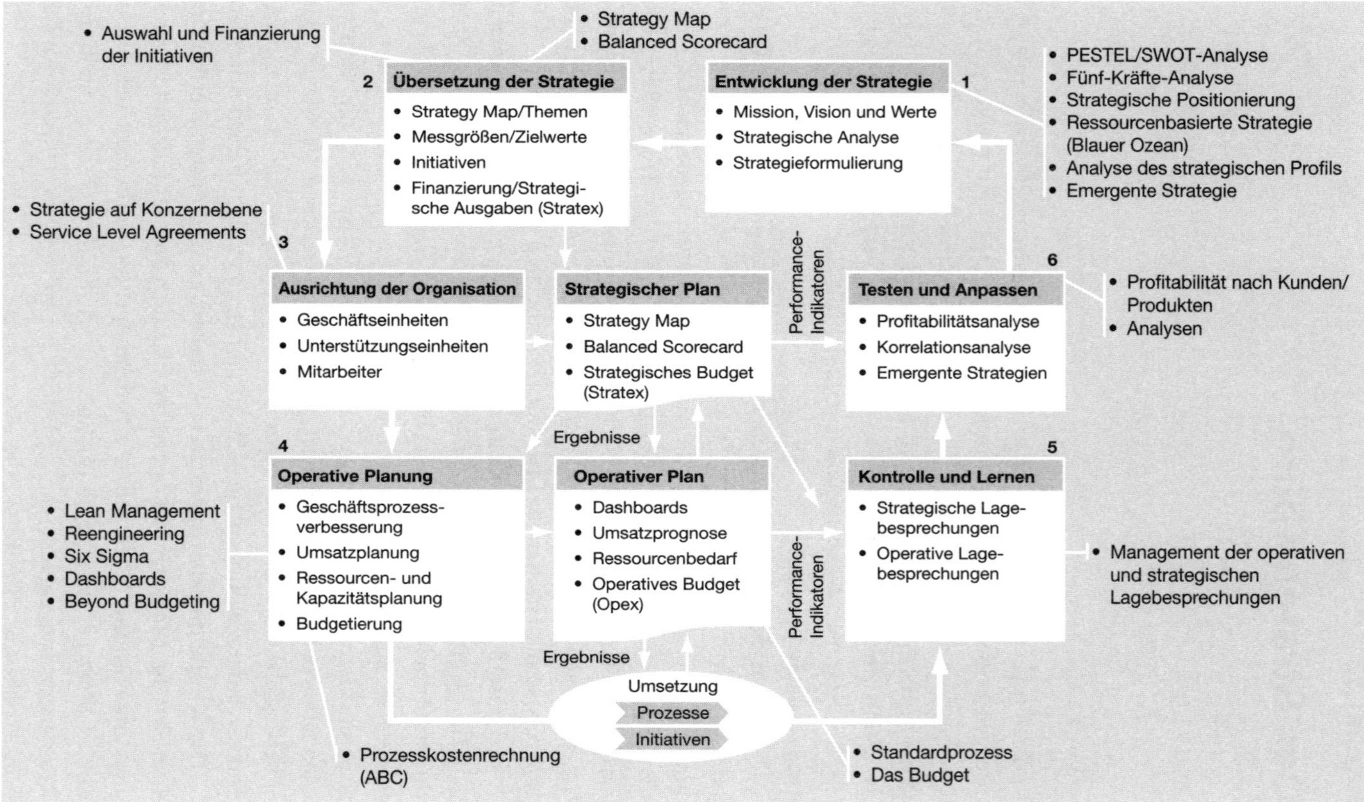

Dann werden operative Dashboards und die Balanced Scorecard als neues Berichtssystem eingeführt, das Informationen für verschiedene Managementsitzungen liefert: die operativen und strategischen Lagebesprechungen der Phase 5 sowie die Besprechungen zum Testen und Anpassen der Strategie in Phase 6, durch die neue Erkenntnisse und Informationen in die Strategieentwicklung der Phase 1 zurückfließen.

Nur zu leicht sind diese verschiedenen Managementprozesse isoliert und bestehen unabhängig voneinander. Viele Unternehmen nutzen bereits eine Reihe der in diesem Buch behandelten Werkzeuge und Konzepte, die am Rand in Abbildung 10-1 aufgeführt sind. Aber häufig sind diese Werkzeuge nicht integriert.

Einige der Unternehmen, die in die Balanced Scorecard Hall of Fame aufgenommen wurden, schufen ein neues Büro oder eine neue Funktion, um die Strategiemanagementprozesse besser zu integrieren. Leiter dieses neuen Büros haben ganz unterschiedliche Titel, Vice President of Organization Transformation, Vice President of Performance Management oder Vice President of Business Excellence. Wir beschlossen, die betreffende Funktion als Strategiebüro zu bezeichnen.

Warum ein Strategiebüro notwendig ist

Das Büro für Strategiemanagement koordiniert bereichs- und funktionsübergreifend die Aktivitäten, um das Tagesgeschäft an der Strategie auszurichten. Man kann das Büro als eine Art Uhrmacher sehen, der für eine Synchronisierung der verschiedenen Planungs-, Umsetzungs- und Kontrollprozesse sorgt, obwohl sie alle einen unterschiedlichen Rhythmus haben: Eine Kontrolle der operativen Tätigkeit findet täglich beziehungsweise wöchentlich statt; monatlich kommt es zu strategischen Lagebesprechungen mit der Analyse der Strategy Map, Scorecards und strategischen Initiativen; vierteljährlich oder jährlich werden das externe Umfeld überprüft, analytische Studien durchgeführt und daran anschließend die Strategie überprüft und angepasst.

Andererseits kann man das Strategiebüro auch als Dirigenten sehen: Es hat die Musik nicht komponiert und spielt selbst kein Instrument, aber es sorgt für das Zusammenspiel aller Beteiligten – des Führungsteams, der Geschäftsbereiche, der Regionen, der Unterstützungseinheiten (Finanzen,

Personal, Informationstechnologie), der Thementeams, der Abteilungen und letztendlich der Mitarbeiter –, sodass die Unternehmensstrategie einheitlich umgesetzt wird, wobei alle Beteiligten ihre eigene Rolle spielen.

Die Notwendigkeit, eine neue interne Funktion für Strategiemanagement zu schaffen, wird von einigen infrage gestellt. Sie vertreten die Auffassung, der Vorstandsvorsitzende und die Leiter der einzelnen Bereiche sollten für die wirksame Umsetzung der Strategie verantwortlich sein. Dem stimmen wir zu. Wir fordern nicht, dass das Strategiebüro die Strategie entwickelt oder für ihre Umsetzung verantwortlich ist. Das Strategiebüro ist eher eine Art Generalstabschef.

Ein General ist für die Entwicklung der siegreichen Strategie verantwortlich. Aber er hat in der Regel immer einen Stabschef, der im Rang meistens einige Stufen unter ihm steht und dafür sorgt, dass der General seine Zeit bestmöglich nutzt. Der Stabschef entwickelt keine Strategie oder Taktiken, ist zu deren Umsetzung nicht berechtigt und trägt dafür auch keine Verantwortung. Der Stabschef terminiert die Besprechungen des Generals, sorgt dafür, dass die richtigen Leute daran teilnehmen, führt selbst Protokoll und sorgt anschließend dafür, dass Maßnahmen auch durchgeführt werden. Der Stabschef stellt sicher, dass die Strategie und Taktiken des Generals wirkungsvoll umgesetzt werden.

Fallstudie über die Definition der Aufgaben eines Strategiebüros: Canadian Blood Services

Wir empfehlen, dass eine kleine Gruppe von Fachleuten damit betraut wird, die verschiedenen Strategiemanagementprozesse für das Führungsteam zu koordinieren. In der folgenden Fallstudie beschreibt Graham Sher, CEO der Canadian Blood Services, warum er bereits zu Beginn des Balanced-Scorecard-Projekts ein Strategiebüro einrichtete.

»Als CEO sehe ich mich einigen Herausforderungen gegenüber, wenn ich meine ehrgeizige strategische Agenda umsetzen will. Erstens muss ich meine Zeit sinnvoll einteilen, um auf externe Forderungen und Interessengruppen einzugehen und gleichzeitig interne Veränderungen zu bewirken. Wie jeder Vorstand berichte ich an den Aufsichtsrat, aber als Leiter einer staatlich finanzierten Organisation (die Mittel kommen von den Regierungen der Provinzen und Territorien) muss ich auch den verschiedenen »Anteilseignern« genügend Aufmerksamkeit widmen: den verschiedenen Gesundheitsministern und ihren jeweiligen Behörden. Außerdem darf ich in einer Organisation, die derart im Blickpunkt der Öffentlichkeit steht wie CBS und sich deren Vertrauen bewahren muss, niemals die unterschiedlichen Interessengruppen und ihre Bedürfnisse aus den Augen verlieren.

Viele Leute glauben, der Vorstandsvorsitzende könne einfach und direkt Einfluss auf sein Unternehmen ausüben. Dem ist nicht so. Der Versuch, zu kontrollieren und Anweisungen zu geben, führt schlimmstenfalls dazu, dass man die Autorität der verschiedenen Führungskräfte untergräbt. Um die größte Wirkung zu erzielen, muss ich indirekt und auf eine Art und Weise Einfluss nehmen, dass für die Führungskräfte ein Rahmen entsteht, innerhalb dessen sie ihren Teil der Organisation leiten und managen können. Ich muss die allgemeine Richtung vorgeben, die strategische Agenda definieren, sie kommunizieren und sicherstellen, dass sie umgesetzt wird, aber mich nicht selbst aktiv mit der Umsetzung befassen.

Eine weitere Herausforderung, der ich mich, wie wohl die meisten Vorstandsvorsitzenden, stellen muss, besteht darin, dass schlechte Nachrichten in der Regel gefiltert werden, ehe ich davon erfahre. Häufig sehe ich gar nicht die aktuellen, korrekten Informationen über die Leistung von CBS, vor allem dann nicht, wenn wir uns laufend und schnell verändern. In zahlreichen früheren Managementbesprechungen diskutierten wir die Qualität der Informationen, statt diese zu analysieren und zu interpretieren – nicht besonders hilfreich für die Umsetzung der Strategie und sehr zeitraubend.

Ich gelangte zu der Auffassung, dass ein Managementsystem auf der Basis der Balanced Scorecard und unterstützt durch ein Strategiebüro mir helfen könnte, die Probleme [wenig Zeit, unzureichende Managementverantwortung und –initiativen, gefilterte Informationen] zu überwinden. Die Balanced Scorecard unterstützt Führungskräfte, statt in ihren Bereich einzugreifen und ihre Autorität zu unterminieren. Sie gibt mir Informationen über das Leistungsmanagement, die denjenigen auf allen Führungsebenen entsprechen und auf ihre Richtigkeit geprüft wurden, ehe ich sie sehe. Management ist zum großen Teil eine Suche nach Wahrheit. Die Balanced Scorecard bietet mir einen einfachen und direkten Zugriff auf aktuelle, ungefilterte Informationen über die Umsetzung unserer neuen Strategie.

Da ich schnelle Veränderungen wollte, etablierte ich gleich zu Beginn unseres Balanced-Scorecard-Projektes ein Strategiebüro. Es half mir und dem Führungsteam, die erfolgreiche Umsetzung der Agenda für den Wandel im ganzen Unternehmen sicherzustellen. Ich wollte, dass dieses Büro mir direkt unterstellt sei – so konnte ich seine Bedeutung für meine strategische Agenda betonen. Aber wenn dieses Strategiebüro nur mir gegenüber verantwortlich wäre ohne klar definierte Verbindungen zu anderen Bereichen, wäre es nicht wirklich effektiv. Ich wollte, dass sich die Veränderungen von CBS von innen heraus entwickelten und nicht von oben verordnet wurden. Daher schuf ich eine indirekte Berichtsverantwortlichkeit des Strategiebüros dem Finanzvorstand und dem Leiter des operativen Geschäfts gegenüber, die letztendlich bei der Umsetzung der Veränderungsagenda helfen.

Das Strategiebüro nahm seine Arbeit mit drei vollbeschäftigten Mitarbeitern auf. Leiter ist ein Vice President und Mitglied des Führungsteams, um zu verdeutlichen, wie wichtig uns diese Funktion ist. Sie steuert und erleichtert die Integration der Strategie in alle unsere Kernprozesse. Zwei Personen sind dem Vice President unterstellt und für den Tagesbetrieb in dem Strategiebüro verantwortlich; sie managen die zahlreichen Arbeitsabläufe und funktionsübergreifenden Teams, leiten Besprechungen, steuern andere in der Anwendung der Balanced Scorecard und in strategieorientierten Best Practices und analysieren Probleme, Leistungen und Kennzahlen. Zwei Mitarbeiter sollten die passende Anzahl zur Unterstützung des Leiters des Strategiebüros und letztendlich des ganzen Führungsteams bei der Umsetzung unserer ehrgeizigen Agenda für den Wandel binnen der nächsten paar Jahre sein.

Ich glaube, dass das Balanced-Scorecard-Programm für CBS zur Umsetzung unserer Strategie notwendig ist, aber die Balanced Scorecard alleine genügt nicht, wir brauchen auch das Strategiebüro. Es ist ein wesentliches Glied im Prozess der Strategieumsetzung. Es bedeutet nicht nur eine Änderung unserer Organisationsstruktur. Ich betrachte es als ein Gebilde, das uns hilft, unsere Denkweise, unsere Geschäftsplanung, unsere Geschäftsführung und das Leistungsmanagement zu ändern.«[1]

In der folgenden Übersicht finden sich einige Aspekte der Umsetzungserfolge, die Canadian Blood Services bereits durch die Umsetzung seiner Strategie erzielt hat.

Die Umsetzungserfolge von Canadian Blood Services

- Die Zufriedenheit der Blutspender mit ihrem letzten Besuch stieg von 86 Prozent im August 2005 auf 93 Prozent im Dezember 2006.
- Der Prozentsatz der Spender, die äußerst zufrieden waren – »10« auf einer Skala von 1 bis 10 – stieg im gleichen Zeitraum von 26 Prozent auf 42 Prozent.
- Die Gesamtzufriedenheit der Krankenhäuser mit den CBS-Produkten und -Dienstleistungen stieg von 94 Prozent im April 2005 auf 98 Prozent im Mai 2007. Der Prozentsatz der äußerst zufriedenen Kliniken stieg im selben Zeitraum von 17 Prozent auf 29 Prozent.
- Der Prozentsatz der durch den Herstellungsprozess bewahrten roten Blutkörperchen verbesserte sich von 2005 auf 2007 um mehr als 20 Prozent, wodurch über Can-$ 3 Millionen gespart wurden.
- Der landesweite Auftragserfüllungsgrad stieg von 2002 auf 2006 von 80 auf 98 Prozent.

Auf den nächsten Seiten werden wir die verschiedenen Aufgaben des Strategiebüros beschreiben, die zur effektiven Strategieumsetzung beitragen.

Strategiebüro: Architekt, Prozessverantwortlicher und Integrator

Das Strategiebüro hat zahlreiche Aufgaben und eine hohe Verantwortung, wie in Abbildung 10-2 dargestellt.[2] Als *Architekt* verwendet das Büro den in diesem Buch vorgestellten Ansatz, um fehlende Managementprozesse zu entwickeln und in das bestehende Managementsystem zu integrieren. Das Strategiebüro stellt sicher, dass alle Planungs-, Umsetzungs- und Feedbackprozesse funktionieren und in den Strategiekreislauf eingebunden sind.

Abbildung 10-2: Das Strategiebüro: Aufgaben und Verantwortung

Aufgabe	Strategiemanagementprozess	
Architekt	1. Definition des Handlungsrahmens für das Strategiemanagement	(grau)
	2. Entwicklung des Strategiemanagementprozesses	(grau)
Prozessverantwortlicher	1. Entwicklung der Strategie	(grau)
	2. Übersetzung der Strategie	(grau)
	3. Ausrichtung der Organisation an der Strategie	(grau)
	4. Kontrolle und Anpassung der Strategie	(grau)
Integrator	1. Anbindung an operative Planung/ Budgetierung	Finanzvorstand
	2. Anbindung an wichtige Geschäftsprozesse	Betriebsleiter
	3. Anbindung an Personal, IT und andere Unterstützungseinheiten	Personalleiter, IT-Leiter
	4. Kommunikation der Strategie	Unternehmenskommunikation
	5. Management strategischer Initiativen	Leiter Programm-Management
	6. Weitergabe von Best Practices	Leiter Wissensmanagement

Schlüssel:
(grau) Hierfür sollte das Büro für Strategiemanagement zuständig sein.
x Das Büro bindet die Strategie an einen Prozess an, für den jemand anderes zuständig ist.

Das Strategiebüro fungiert auch als *Prozessverantwortlicher* für eine Reihe strategischer und operativer Managementprozesse zur Entwicklung und Planung der Strategie, außerdem für die Organisation der strategischen Lagebesprechung des Führungsteams. Viele dieser Prozesse dürften in den meisten Unternehmen neu sein. Da es sich um bereichs- und funktionsübergreifende Prozesse handelt, ist es sinnvoll, das Strategiebüro dafür verantwortlich zu machen. So wird eine Managementlücke geschlossen, ohne in die bestehenden Verantwortlichkeiten einzugreifen.

Außerdem agiert das Strategiebüro als *Integrator* für zahlreiche bestehende Aktivitäten – eine herausfordernde Aufgabe, da die einzelnen Bereiche und Abteilungen bereits für viele Prozesse verantwortlich sind, beispielsweise Budgeterstellung, Kommunikation, Personalplanung, Leistungsbewertung, IT-Planung, Initiativenmanagement und Wissenstransfer. Das Büro für Strategiemanagement muss mit den jeweiligen Prozessverantwortlichen zusammenarbeiten, damit sie sich an der Strategie orientieren.

In den nächsten Abschnitten gehen wir auf die verschiedenen Aktivitäten ein.

Das Strategiebüro als Architekt

Viele Prozesse, die für die Umsetzung der Strategie entscheidend sind, wie die Budgeterstellung, die Leistungsbewertung der Mitarbeiter und die strategische Planung, werden in verschiedenen Bereichen des Unternehmens, zu verschiedenen Zeiten, durch unterschiedliche Werkzeuge und Konzepte, in eigenen Sprachen und gemäß bestimmten Konventionen umgesetzt. Eine isolierte Umsetzung dieser Prozesse ist eine gewaltige Barriere bei der effektiven Strategieumsetzung. Außerdem fehlen einige wichtige Prozesse für die Strategieumsetzung möglicherweise ganz.

Das Strategiebüro entwickelt die Werkzeuge und die Prozesse für ein einheitliches, integriertes und geschlossenes System der strategischen Planung und der operativen Umsetzung. Zu seinen Aufgaben zählen die Einführung der noch fehlenden sowie die Organisation aller Managementprozesse. Das ist die weiter oben erwähnte »Uhrmacherfunktion«: Die Entwicklung fehlender Komponenten und deren Einbettung in das Managementsystem an der richtigen Stelle, um ein synchrones, reibungsloses Funktionieren zu garantieren.

Das Strategiebüro definiert die Abfolge der Prozesse zur Umsetzung der Strategie und stellt die Verbindung zwischen ihnen her, wie in Abbildung 10-3 dargestellt. Üblicherweise setzt der Strategiezyklus zu Beginn des zweiten Quartals ein, wenn das Planungsteam mit den Analysen und der Vorbereitung für die jährliche Besprechung zur Aktualisierung der Strategie beginnt, in der das Führungsteam die Strategie, die Strategy Map und die Scorecard anpasst. Nach dieser Sitzung beginnt das Strategiebüro mit der gemeinsamen Ausrichtung der Strategien aller Geschäftsbereiche und Unterstützungseinheiten aneinander und an der übergeordneten Unternehmensstrategie. Außerdem stellt es sicher, dass Prioritäten für das Prozessmanagement gesetzt werden, um die angestrebten Verbesserungen der Prozesskennzahlen der Balanced Scorecard zu erzielen.

Im dritten Quartal stellt das Strategiebüro sicher, dass die Ressourcenplanung und der Budgetierungsprozess in Geschäftspläne sowie operative und Investmentbudgets für die Geschäftsbereiche und Unterstützungseinheiten münden, die zur Umsetzung der Strategie und zu den erwarteten Prozessverbesserungen führen. Im vierten Quartal arbeitet das Strategiebüro mit der Personalabteilung zusammen, um den Mitarbeitern zu helfen, ihre persönlichen Ziele für das nächste Jahr festzulegen, damit die Schulungsprogramme an der Strategie ausgerichtet und das Prämiensystem angepasst werden kann.

Während das Strategiebüro den Ablauf dieser jährlichen Prozesse steuert, behält es auch mehrere fortlaufende Kontroll- und Lernprozesse im Auge: Die Kommunikation der Strategie, die Kontrolle des operativen Geschäfts und der Strategieumsetzung, das Management der strategischen Initiativen sowie den internen Wissensstand der Best Practices. Das Strategiebüro kontrolliert alle diese Komponenten, führt, falls eine fehlt, diese neu ein und sorgt für die erforderliche Integration.

Anders als beim Entwurf eines Gebäudes durch einen Architekten kann man nicht erwarten, dass bereits alle in Abbildung 10-3 dargestellten Strukturen vorhanden sind, ehe das Unternehmen mit der Umsetzung des neuen Managementsystems beginnt. Typischerweise entwickeln sich die Prozesse und der neue Managementkalender im Lauf von zwei bis drei Jahren. Zunächst ist das Strategiebüro Projektleiter für die Balanced Scorecard und primär dafür verantwortlich, dem Führungsteam bei der Entwicklung der ersten Strategy Map und Balanced Scorecard zu helfen und es dann beim Roll-out und der Kommunikation an alle Unternehmensebenen zu unterstützen.

Abbildung 10-3: Strategiemanagement: ein integrierter geschlossener Zyklus

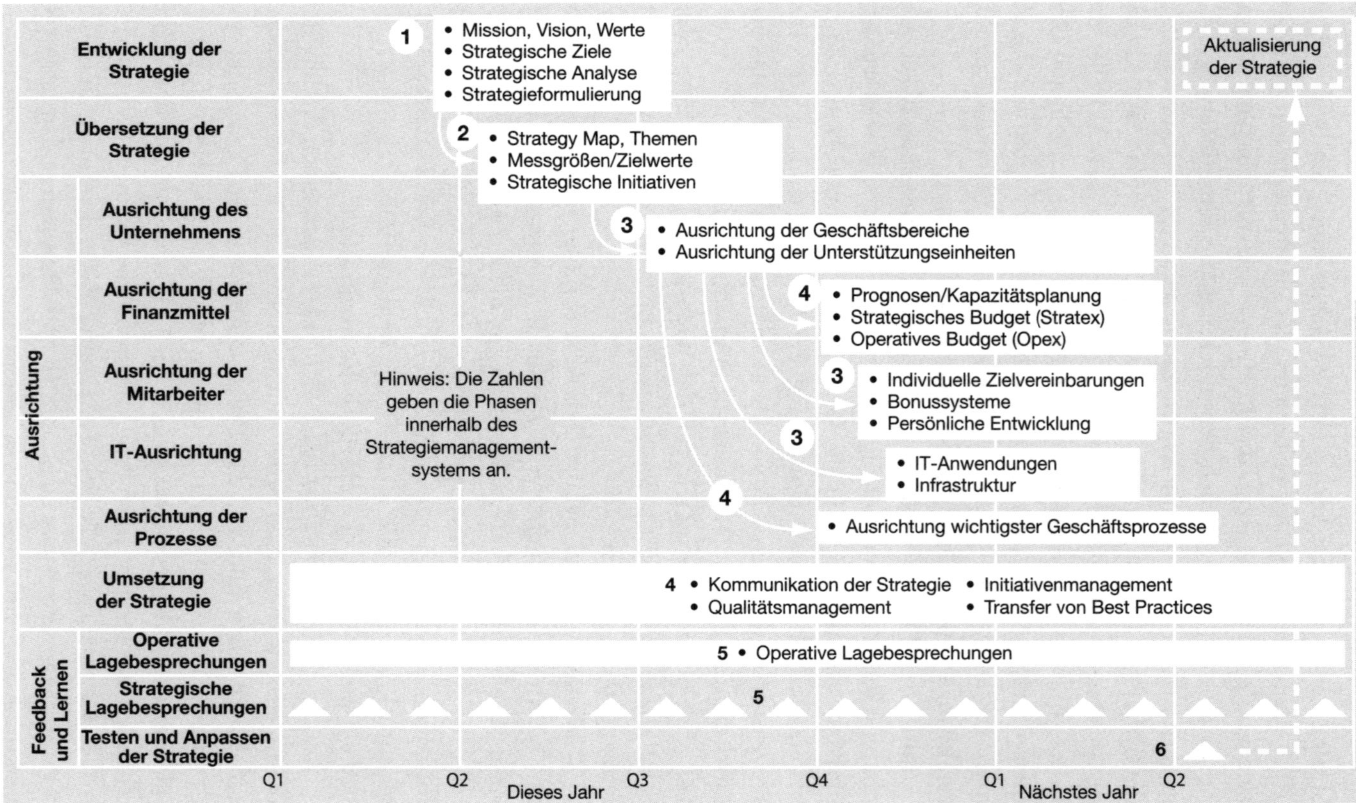

Wenn sich die Manager mit den Strategy Maps und Balanced Scorecards vertraut gemacht haben und sie sicher zur Beschreibung und Umsetzung der Strategie einsetzen können, hilft das Strategiebüro dem Unternehmen beim Wechsel auf das umfassende, in Abbildung 10-3 dargestellte Strategiemanagementsystem. So kann das Strategiebüro darauf achten, dass alle Komponenten des Management-Regelkreises auf beste Weise zusammenpassen.

Das Strategiebüro als Prozessverantwortlicher

Das Strategiebüro sollte permanent die primäre Verantwortung für die folgenden Prozesse zur Umsetzung der Strategie haben:

Entwicklung der Strategie Üblicherweise fallen die Prozesse zur Strategieentwicklung – Durchführung von PESTEL-, SWOT-, Markt- und Wettbewerbsanalysen sowie die Planung und Vorbereitung der jährlichen Strategieaktualisierung – in den Verantwortungsbereich der bereits existierenden strategischen Planungsabteilung. Aber die Entwicklung der Strategie sollte kein einmaliges Ereignis sein. Schließlich liefern Leistungskennzahlen, wie diejenigen aus der Balanced Scorecard, laufend Hinweise auf die Richtigkeit der Annahmen, die der Strategie zugrunde liegen. In seinen monatlichen strategischen Lagebesprechungen diskutiert das Führungsteam diese Annahmen und sorgt bei Bedarf für eine Feinabstimmung der Strategie, der strategischen Messgrößen oder der strategischen Initiativen.

Wir haben festgestellt, dass sich die meisten Planungsabteilungen recht schnell dem Zyklus der in Kapitel 8 beschriebenen monatlichen strategischen Lagebesprechungen anpassen. Die zusätzlichen Prozesse stellen eine natürliche Ausweitung der bisherigen Arbeit dar und ergänzen sie. Statt eine künstliche Barriere zwischen der Strategieentwicklung und -umsetzung zu errichten, empfehlen wir, dass für die Entwicklungs- und Umsetzungsprozesse die gleiche Einheit im Unternehmen zuständig sein sollte: das Strategiebüro. Wir raten zu einer Ausweitung der strategischen Planungsabteilung in ein umfassenderes Strategiebüro mit der Verantwortung, sowohl die Strategieentwicklung als auch deren Umsetzung zu unterstützen.

Übersetzung der Strategie Aufgrund seiner Verantwortung für den Balanced-Scorecard-Prozess stellt das Strategiebüro sicher, dass alle Änderungen, die in der jährlichen Besprechung zur Strategieplanung beschlossen werden, auch in die Strategy Map und Balanced Scorecard des Unternehmens übertragen werden. Sind die Ziele und Messgrößen für das kommende Jahr festgelegt, unterstützt das Strategiebüro das Führungsteam bei der Wahl geeigneter Zielwerte für die Messgrößen und der Bestimmung von strategischen Initiativen, die zu deren Erreichen erforderlich sind.

Außerdem standardisiert das Büro die Terminologie und Definition der Messgrößen im ganzen Unternehmen, wählt ein Reportingsystem für die Balanced Scorecard, managt dieses und wacht über die Richtigkeit der Scorecard-Daten. Es ist nicht notwendig, dass das Büro selbst die Daten für die Scorecard sammelt, aber es sollte die Prozesse zur Sammlung, Veröffentlichung und Verifizierung der Daten kontrollieren. Schließlich ist das Strategiebüro auch die zentrale Anlaufstelle in Bezug auf die Scorecard, berät die Geschäftsbereiche hinsichtlich der Entwicklung ihrer eigenen Balanced Scorecards und führt Schulungen und Weiterbildung in Bezug auf die Strategy Maps und Scorecards durch.

Einheitliche Ausrichtung des Unternehmens Das Büro überwacht die in Kapitel 5 beschriebenen Prozesse zum Herunterbrechen der Strategie und Balanced Scorecard an die einzelnen Bereiche und Abteilungen des Unternehmens. Es stellt sicher, dass die verschiedenen Strategien und Balanced Scorecards untereinander als auch mit der Unternehmensstrategie verbunden sind. So hilft das Büro dem Unternehmen, Synergieeffekte zu realisieren.

Kontrolle und Lernen In Kapitel 8 haben wir strategische Lagebesprechungen beschrieben. Die Organisation solcher Sitzungen ist eine der wesentlichen Aufgaben des Strategiebüros. Es informiert den Vorstandsvorsitzenden im Voraus über die strategischen Probleme, die in der aktuellen Version der Balanced Scorecard gefunden wurden, sodass sich die Sitzung selbst auf die Strategieprüfung und den Erfahrungsaustausch konzentrieren kann, statt sich mit der kurzfristigen finanziellen Entwicklung und dem Krisenmanagement zu befassen.

Das Strategiebüro arbeitet mit den Verantwortlichen für strategische Themen zusammen, um deren Meinung zum Erreichen strategischer Ziele und zum Portfolio strategischer Initiativen zu erfahren. Das Büro stellt dann die Briefing-Unterlagen zur Vorabinformation des Führungsteams zusammen (als Ausdruck, elektronisch oder beides).

Zu Beginn der Besprechung gibt das Büro einen kurzen Überblick über die Fortschritte, die mit jedem der in früheren Sitzungen empfohlenen Maßnahmenpläne gemacht wurden. Es protokolliert alle neu beschlossenen Maßnahmenpläne und verfolgt sie zusammen mit den zuständigen Managern oder Abteilungen, um sicherzustellen, dass die Maßnahmen tatsächlich ergriffen werden. Das ist die Funktion des »Generalstabschefs«, die wir weiter oben beschrieben haben.

Anpassung der Strategie In Kapitel 9 haben wir beschrieben, wie das Führungsteam die Strategie überprüft und anpasst. Für diese Sitzung braucht man zusätzlich zu den üblichen externen und Wettbewerbsanalysen weitere Informationen. Zur internen Wettbewerbsanalyse sollten auch analytische Untersuchungen der strategischen Performance zählen. Dafür kann man Activity-Based Costing zur Feststellung der Rentabilität von Produktfamilien, Kunden, Vertriebskanälen und Regionen einsetzen sowie statistische Analysen, mit denen sich die Ursache-Wirkungs-Beziehungen in einer Strategy Map erfassen lassen.

Die Erstellung detaillierter Gewinn-und-Verlust-Rechnungen für Produkte, Kunden und Vertriebskanäle ist Aufgabe der Finanzabteilung. Aber die anspruchsvollen Analysen strategischer Zusammenhänge und statistische Schätzungen erfordern möglicherweise Zusatzwissen. Das Strategiebüro ist der natürliche Ort für Spezialwissen zur Analyse von Daten aus den verschiedenen Balanced Scorecards. Bei der jährlichen Strategieprüfung kann das Strategiebüro die Ergebnisse umfassender Gewinn-und-Verlust-Rechnungen sowie die Analyse der strategischen Leistung präsentieren.

Das Strategiebüro als Integrator

Eine ganze Reihe vorhandener Managementprozesse muss an der Strategie ausgerichtet werden. In den meisten Unternehmen findet die Strategieplanung getrennt von der Budgeterstellung und operativen Planung statt. Das Strategiebüro stellt sicher, dass die kurzfristige Planung und Budgeterstellung – typische Aufgaben der Finanzabteilung – sich an den strategischen Prioritäten orientieren. Soll die Strategie wirksam umgesetzt werden, müssen sich alle Mitarbeiter daran beteiligen. Das Büro sorgt dafür, dass die

Strategie den Beschäftigten kommuniziert und von ihnen verinnerlicht wird.

Da die Strategie beschreibt, wie mit geistigem Vermögen Werte geschaffen werden, muss das Büro die Anbindung der Strategie an die Planung von Personalarbeit und -entwicklung sowie den Ausbau der Informationstechnologie koordinieren. Es muss sicherstellen, dass strategische Initiativen erfolgreich gemanagt werden und dafür sorgen, dass der Wissensmanagementprozess sich auf den Transfer von Best Practices konzentriert, die strategischen Prozessen zugute kommen.

Anbindung der Strategie an die Planung der erforderlichen Finanzmittel und die Budgeterstellung Die Finanzabteilung überwacht die Erstellung des Budgets und die Zuteilung von Mitteln an die verschiedenen Bereiche. Zusätzlich zu den Budgets für die Geschäftsbereiche und Unterstützungseinheiten muss der Finanzplan auch die genehmigten strategischen Investitionen für bereichsübergreifende strategische Initiativen enthalten.

Außerdem müssen die kurzfristigen Zielwerte für die finanzielle Entwicklung der Geschäftsbereiche – einschließlich der Prognosen zu Umsätzen, Kosten, Kapazitäten und Rentabilität – mit dem angestrebten Umsatzwachstum und Rentabilitätsziel des Unternehmens vereinbar sein und die Wertlücke schließen, die zu Beginn der Strategieentwicklung festgestellt wurde. Das Büro wacht auch darüber, dass die Geschäftsbereiche ausreichende, aber nicht zu hohe Mittel vorsehen, um die Ressourcen und Kapazitäten bereitzustellen, die der Strategieplan vorsieht. Das Büro sorgt also in Zusammenarbeit mit der Finanzabteilung dafür, dass die Gewinn-, Ressourcen- und Kapazitätspläne sowie die Leistungszielwerte der Geschäftsbereiche sich an den strategischen Zielen orientieren.

Einheitliche Ausrichtung der Pläne und Ressourcen wichtiger Unterstützungseinheiten Das Büro kümmert sich nicht nur darum, dass die Finanzmittel an die Strategieplanung angebunden werden, sondern sorgt auch dafür, dass die Pläne der Unterstützungseinheiten im Einklang mit der Umsetzung der Strategie stehen. Von besonderer Bedeutung sind dabei die Personal- und IT-Abteilung, aber auch die anderen Funktionsbereiche – Forschung und Entwicklung, Immobilienverwaltung, Einkauf, Logistik, Umwelt, Marketing, Vertrieb – tragen zur erfolgreichen Strategieumsetzung bei, was sich in ihren Plänen widerspiegeln muss. Für diese Funktionsbereiche spielt das Strategiebüro eine beratende und integrierende Rolle und hilft ihnen, ihre Strategien und Pläne an denen der Geschäftsbereiche und des gesamten Unternehmens auszurichten.

Nehmen wir als Beispiel die Personalabteilung, die hauptsächlich für die Motivation, Schulung und Leistung der Mitarbeiter verantwortlich ist. Sie kümmert sich üblicherweise auch um die jährlichen Leistungsbeurteilungen, Zielvereinbarungen, Schulung, Weiterbildung sowie das Management von Prämien- und Bonusprogrammen. Das Strategiebüro stellt sicher, dass die Personalabteilung diese Aufgaben im Einklang mit den strategischen Zielen der Geschäftsbereiche und des Unternehmens erledigt.

Kommunikation der Strategie Wie in Kapitel 5 dargelegt, ist eine effektive Kommunikation der Strategie, der Zielwerte und Initiativen an die Mitarbeiter unerlässlich, wenn diese etwas zur Strategieumsetzung beitragen sollen. Das Unternehmen Canon, das die Balanced Scorecard einsetzt, beschreibt den internen Kommunikationsprozess als »Demokratisierung der Strategie«, und das Strategiebüro hilft den Geschäftsbereichen und Unterstützungseinheiten, die Balanced Scorecard zu verstehen. Wird der internen Kommunikationsabteilung die Aufgabe übertragen, für die Verbreitung der Strategie zu sorgen, fungiert das Strategiebüro als Redakteur und stellt sicher, dass die Strategie korrekt kommuniziert wird. Gibt es keine zentrale Kommunikationsabteilung oder hat sie nur wenig mit der Strategie zu tun, dann liegt es im Verantwortungsbereich des Strategiebüros, den Mitarbeitern die Strategie und die Scorecard zu kommunizieren.

Das Büro hilft auch bei der Formulierung der strategischen Mitteilungen des Vorstandsvorsitzenden, denn nichts ist effektiver, als eine direkte Strategiebotschaft des Firmenchefs an die Mitarbeiter. Im Rahmen seiner Kommunikationsverantwortung sorgt das Büro zusammen mit der Personalabteilung dafür, dass die Schulungsprogramme für Mitarbeiter auch eine Einweisung in die Scorecard und Informationen darüber enthalten, wie die Mitarbeiter zur Umsetzung der Strategie beitragen können.

Management strategischer Initiativen In Kapitel 4 gehen wir ausführlich auf Auswahl und Management strategischer Initiativen ein. Wenn ein Unternehmen hierfür Themenverantwortliche und Thementeams hat, überwacht das Strategiebüro den Prozess, holt Informationen über Status und Erfolg der Initiativen ein und leitet diese Informationen vor einer Strategiebesprechung an das Führungsteam weiter.

In Unternehmen ohne Themenverantwortliche und -teams ist das Strategiebüro für den Prozess der Auswahl strategischer Initiativen verantwortlich. Es überträgt die Zuständigkeit für diejenigen Initiativen, die natürlicherweise ihren Platz in einem Geschäftsbereich oder in einer Unterstützungseinheit haben, den entsprechenden Personen. Das Strategiebüro managt bereichs- und funktionsübergreifende Initiativen selbst und sorgt dafür, dass sie die erforderliche Ausstattung mit Personal und anderen Ressourcen erhalten.

Die Koppelung wichtiger Geschäftsprozesse an die Strategie Zur Umsetzung der Strategie braucht man Geschäftsprozesse. In der Strategy Map sind jene Prozesse identifiziert, die für die Strategie die größte Bedeutung haben und die man analysieren, neu gestalten und managen muss. Das Büro arbeitet mit Thementeams, Managern mit Linienverantwortung und der Qualitätskontrolle zusammen, um sicherzustellen, dass die erforderlichen Ressourcen und die notwendige Unterstützung vorhanden sind, um die Leistung strategischer Prozesse zu verbessern.

Transfer von Best Practice Das Strategiebüro muss sicherstellen, dass sich das Wissensmanagement darauf konzentriert, diejenigen Best Practices im Unternehmen zu verbreiten, die für die Strategieumsetzung am nützlichsten sind. Wenn Manager sich an den falschen Benchmarks orientieren, kann das volle Potenzial der Unternehmensstrategie nicht ausgeschöpft werden. In manchen Unternehmen gibt es einen Leiter Wissensmanagement, der für die Weitergabe von Wissen und Erkenntnissen sorgt; in solchen Fällen muss das Strategiebüro mit seiner Abteilung zusammenarbeiten. Fehlt jedoch eine derartige Funktion, dann hat das Büro die Verantwortung für die Verbreitung von Ideen und Best Practices im Unternehmen.

Positionierung und Personalressourcen des Strategiebüros

Die Umsetzung der Strategie bedingt normalerweise Veränderungen, die nur der Vorstandsvorsitzende genehmigen kann; ein Strategiebüro wird dann die größte Wirkung erzielen, wenn es direkt Zugang zum Vorstandsvorsitzenden hat. Barbara Possin, die für die strategische Ausrichtung zuständige Direktorin des St. Mary's Duluth Clinic Health System, berichtet, dass sie Widerstände gegen ihre Initiativen nur deshalb überwinden konnte, weil die Manager wussten, dass sie dem Leiter des operativen Geschäfts und dem Vorstandsvorsitzenden direkt unterstellt war. Ist das Büro für strategische Planung irgendwo in der Finanz- oder Planungsabteilung versteckt, kann es Schwierigkeiten damit haben, die Aufmerksamkeit und den Respekt von Führungskräften für strategische Prioritäten zu gewinnen.

Die einfachste Lösung besteht darin, das Strategiebüro, entsprechend einem Generalstabschef, dem Vorstandsvorsitzenden zu unterstellen. Wenn das Strategiebüro sich aus einem wichtigen Funktionsbereich heraus entwickelt hat, dann ist es üblicherweise dem entsprechenden Leiter unterstellt – beispielsweise dem Finanzvorstand oder dem Leiter Strategische Planung –, hat aber wenigstens gelegentlich einen direkten Zugang zum Vorstandsvorsitzenden.

Bei der mexikanischen Versicherungsgesellschaft Grupo National Provincial (GNP) ist das Strategiebüro direkt dem Vorstandsvorsitzenden und dem Finanzvorstand unterstellt. Das Strategiebüro entwickelt die Agenda für wöchentliche Besprechungen des Vorstandsvorsitzenden mit dem Finanzvorstand sowie für eine weitere Sitzung, an der auch der gesamte Vorstand des Unternehmens teilnmmt. Bei GNP hat das Büro außerdem eine Matrixbeziehung zu 20 Balanced-Scorecard-Managern in den zwei Geschäftsbereichen und neun Unterstützungseinheiten sowie zu den Verantwortlichen für die wichtigsten strategischen Initiativen. Dank dieser Kontakte ist das Strategiebüro in der Lage, die strategische Planung der Geschäftsbereiche und Unterstützungseinheiten zu koordinieren.

Bisher haben wir zwei verschiedene Modelle für den Aufbau eines Strategiebüros beobachtet. In manchen Unternehmen, beispielsweise Mobil, Cigna Property and Casualty, Crown Castle und Canon ist das Büro eine zentrale Konzernabteilung. Bei neueren Implementierungen stellt sich das Büro eher als Netzwerk dar; ein oder zwei Mitarbeiter sind in der Zentrale tätig, darüber hinaus gibt es aber noch für jeden Geschäftsbereich und jede Unterstützungseinheit einen Strategiebeauftragten. Es gibt also eine vernetzte Organisation statt einer zentralen Abteilung. Die Strategiebeauftragten entwickeln sich dank der Vernetzung zu Umsetzungsexperten für das ganze Unternehmen und helfen bei der Anpassung der strategischen Themen des Konzerns an die Bedürfnisse der Geschäftsbereiche und Fachabteilungen vor Ort.

Auch als zentrale Abteilung muss ein Strategiebüro nicht groß sein; wir raten Unternehmen durchaus nicht, mehr Bürokratie zu schaffen. Konzerne mit einem Umsatz zwischen US-$ 500 Millionen und US-$ 5 Milliarden und zwischen 1 000 und 10 000 Mitarbeitern beschäftigen in einem solchen Büro weniger als 10 Personen, zu denen auch diejenigen Mitarbeiter zählen, die auf Konzernebene die strategische Planung machen.

Die Personalausstattung des Büros für Strategiemanagement

Man muss nicht zusätzlich Fachkräfte einstellen, um ein Strategiebüro einzurichten. Üblicherweise zählen Manager aus dem Planungs- und Finanzbereich, die bereits Balanced-Scorecard-Projekte geleitet haben, zur Anfangsbesetzung eines solchen Büros. Dazu können Mitarbeiter aus anderen Abteilungen stoßen, beispielsweise Qualitätsmanagement, Personal und Informationstechnologie.

Wichtiger als der Abteilungshintergrund sind die Kompetenzen, die diese Mitarbeiter mitbringen. Sie sollten ein gutes Verständnis für das Geschäft haben, konzeptionell und strategisch denken können, gut kommunizieren, mit Projektleitung Erfahrung haben, Eigeninitiative mitbringen, Prioritäten setzen können, gut im Team arbeiten und sich den Respekt der Führungskräfte verdienen.

Das Allerwichtigste ist die Fähigkeit, die zur Umsetzung der Strategie erforderlichen Veränderungen bewirken zu können. Für viele Unternehmen bedeutet die Ablösung des Budgets als Mittelpunkt des Managementsystems durch Strategy Maps und Balanced Scorecards den Übergang vom primär finanziellen Fokus auf die Ausrichtung an Kunden, Prozessen und Mitarbeitern. Mitarbeiter, denen die alte Struktur vertraut ist und die damit gut zurecht kommen, sträuben sich möglicherweise gegen eine neue, die zur erfolgreichen Strategieumsetzung notwendig ist. Wenn das Strategiebüro den Vorstandsvorsitzenden und das Führungsteam erfolgreich vertreten will, müssen dessen Mitarbeiter den Widerstand gegen Veränderungen erkennen – die im Englischen »silent killer« genannten Faktoren.[3] Sie müssen die Fähigkeit, den nötigen Respekt und Einfluss haben, um den Widerstand zu überwinden.

Unternehmen berichten, dass sich das Strategiebüro als hervorragende Talentschmiede für junge Manager erweist, die dort bis zu zwei Jahre lang arbeiten. Außerdem erfährt man von diesen Unternehmen, dass die Einrichtung des Büros zu keiner Personalaufstockung führte, da sich dadurch Rationalisierungen in anderen Bereichen ergaben, beispielsweise bei der Datensammlung und Berichtslegung. Der Wertbeitrag des Büros für Strategiemanagement lautet jedoch, dass es aufgrund der erfolgreichen Strategieumsetzung einen Nutzen stiftet. Es ist nicht dafür da, den Personalbedarf in anderen Abteilungen zu senken.

Fallstudie zum Strategiebüro: Serono

Serono ist das größte Biotechnologie-Unternehmen in Europa und das drittgrößte auf der Welt.[4] Es ist weltweit führend auf dem Gebiet der Reproduktionsgesundheit und hat außerdem eine starke Position auf den Gebieten Neurologie, Stoffwechselerkrankungen, Wachstumsstörungen sowie in der Behandlung von Multipler Sklerose und Schuppenflechte. Das Unternehmen mit Sitz in Genf beschäftigt über 5 000 Mitarbeiter in 45 Ländern. Im Januar 2007 wurde es von Merck übernommen und firmiert seither als Merck Serono, eine Sparte der Merck KgaA. Das Strategiebüro bei Serono spielte eine wichtige Rolle für die erfolgreiche Strategieumsetzung, die zur Übernahme durch Merck führte.

Hauptaufgaben des Strategiebüros bei Serono Im Jahr 1991 führte der langjährige CEO Fabio Bertarelli ein kleines, ihm direkt unterstelltes Büro ein, das als »Office of MTH« (Make Things Happen) bezeichnet wurde. Er suchte nach einem Weg, um Serono in eine flexiblere, weniger bürokratische Organisation umzuwandeln. Hauptaufgabe des Office of MTH war es, die Umsetzung von Entscheidungen auf CEO-Ebene zu überwachen.

Im Jahr 1995 erweiterte der neue CEO, Ernesto Bertarelli (Fabios Sohn), die Aufgaben des Strategiebüros. Es sollte für die Ausweitung der strategischen Planung und des Leistungsmanagements verantwortlich sein. Er setzte ein zehnköpfiges Executive Management Board (EMB) ein, in dem die wichtigsten Funktionsbereiche vertreten waren, wie Forschung, Produktentwicklung, Finanzen und Vertrieb, und forderte das Office of MHT auf, die zentrale Planung und die funktionsübergreifenden Prozesse des Boards zu unterstützen.

Wie viele andere Pharmaunternehmen auch setzt Serono seine Strategie in Form von komplexen Großprojekten um, die in einem Zeitraum von fünf bis fünfzehn Jahren neue Produkte auf den Markt bringen. Für diese Projekte müssen ganz unterschiedliche Funktionsbereiche koordiniert werden. Im Jahr 2000 beschloss Serono, sein Managementsystem solle mehr erfassen als funktionsübergreifende Projekte und das jährliche operative Budget. Aus dem Office of MTH wurde ein Strategiebüro – unter der Leitung von Roland Baumann, dem Verwaltungschef auf Konzernebene –, das für das Management zentraler Projekte, die formelle Strategieplanung, die Balanced Scorecards sowie die Strategy Maps verantwortlich war.

Das Strategiebüro von Serono übernimmt eine Reihe von Aufgaben bei der Umsetzung der Strategie, wie in Abbildung 10-4 dargestellt.

Abbildung 10-4: Das Strategiebüro bei Serono: Aufgaben und Verantwortung

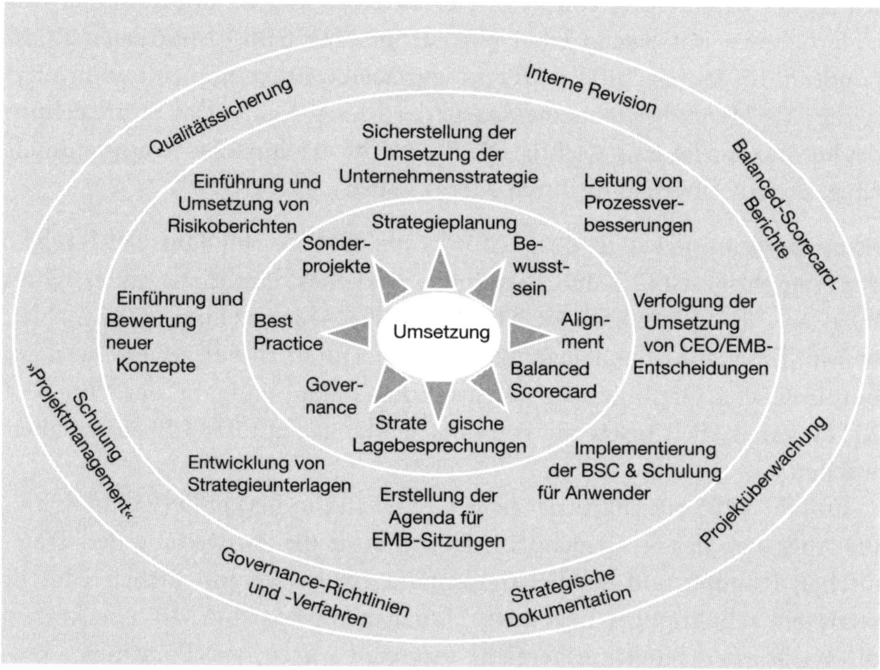

Strategieplanung Die Strategie sorgt für die Realisierung der Vision und Ziele des Unternehmens. Üblicherweise hat eine Strategie einen Zeithorizont von fünf Jahren. Strategie und Pläne werden jährlich überprüft, aber zu einer Aktualisierung der Vision und Ziele kommt es nur, wenn die bestehende Vision erreicht wurde. Die Strategie findet ihren Ausdruck in Geschäftsplänen (siehe Abbildung 10-5), jeweils einem für die vier wichtigsten Geschäftssparten – Multiple Sklerose, Reproduktionsgesundheit, Wachstumshormone für Kinder und Schuppenflechte – die jährlich aktualisiert werden. Der Geschäftsplan definiert den Ansatz zur Entwicklung neuer Medikamente, Moleküle und Techniken und enthält Pläne für die Forschung, die Entwicklung neuer Produkte sowie die Geschäftsentwicklung. Integriert in den Konzernplan sind die Geschäftspläne der vier Sparten. Das Büro für Strategiemanagement erstellt diese Pläne nicht. Aber es überwacht den Prozess, mit dem die jeweilige Sparte ihren Plan entwickelt und pünktlich vorlegt.

Abbildung 10-5: Das Büro für Strategiemanagement bei Serono managt den jährlichen Zyklus zur Umsetzung der Strategie

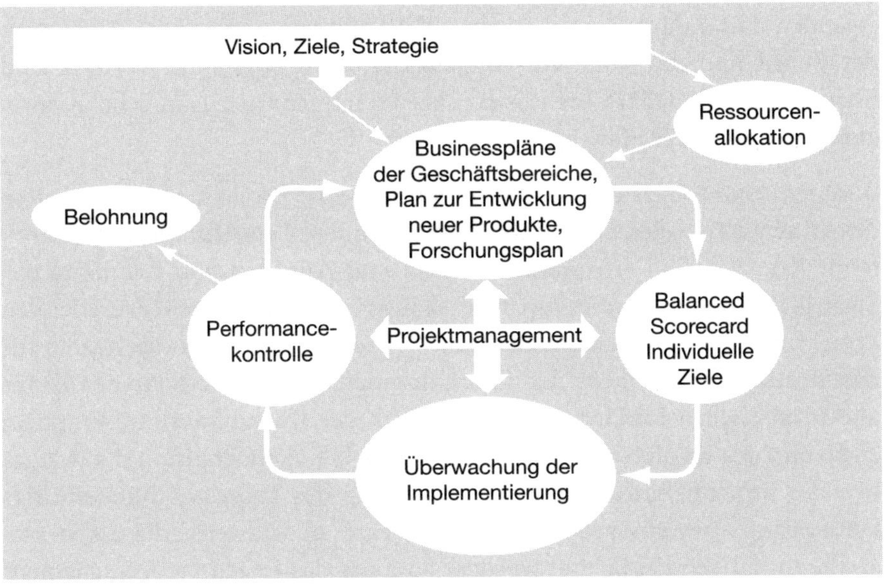

Balanced Scorecard Alle Strategien werden in eine Balanced Scorecard übertragen. Das Strategiebüro schult alle Manager in der Anwendung der Balanced Scorecard und hilft bei deren Umsetzung im ganzen Unternehmen. Es stellt sicher, dass die Balanced Scorecard in allen Bereichen eingesetzt wird, dass die Zahlen stimmen, dass Maßnahmen durchgeführt werden, und dass die ganze Organisation vom Geist der Balanced Scorecard durchdrungen wird. Roland Baumann meint dazu: »Wir erstellen die Balanced Scorecard, wie die Finanzabteilung den Jahresabschluss macht.«[5]

Ausrichtung des Unternehmens Das Strategiebüro arbeitet mit verschiedenen Fachabteilungen zusammen, um deren Prozesse an der Strategie auszurichten. In der Balanced Scorecard finden sich die übergeordneten Messgrößen und Zielwerte für jede dieser Abteilungen, die anschließend direkt an die persönlichen Ziele der Mitarbeiter gekoppelt sind. Für 5 000 Mitarbeiter gibt es ein erfolgsabhängiges Gehalt, das jeweils an das Erreichen ihrer eigenen Ziele sowie die Leistung ihres Bereichs gebunden ist.

Strategische Lagebesprechungen Das Executive Management Board trifft sich monatlich, um über die Fortschritte bei der Umsetzung der Strategie zu sprechen. Das Strategiebüro stellt für diese Sitzungen Zeitpläne, Agenden und die Inhalte zusammen. Die Umsetzung aller Entscheidungen des Board und des Vorstandsvorsitzenden wird vom Büro verfolgt und überwacht. Bei Bedarf organisiert das Strategiebüro zusätzliche Besprechungen und bietet Hilfe an.

Spezialprojekte Das Management strategischer Projekte ist der Eckstein des Strategiemanagements bei Serono. Da laufend eine funktionsübergreifende Koordination erforderlich ist, hat laut Angaben von Baumann das Strategiebüro die Verantwortung, »Hüter des funktionsübergreifenden Projektmanagementprozesses zu sein.«[6] Das Büro definiert die Regeln für das Strategiemanagement. Es unterhält eine Unternehmensdatenbank für alle strategischen Initiativen, einschließlich der Kontrollpunkte, Etappen, Ziele und des Erfolgsstatus. Bei einer kürzlichen Neudefinition der Aufgaben des Strategiebüros zur Rationalisierung des Prozesses bündelte das Unternehmen jeweils zwei bis acht Projekte zu Clustern, die als strategische Initiativen bezeichnet werden. So muss das Executive Management Board nur wenige, große Initiativen prüfen statt vieler kleiner, scheinbar voneinander unabhängiger Projekte.

Der Aufbau des Strategiebüros bei Serono Das Büro hat nur vier Mitarbeiter. Sie koordinieren die Bemühungen anderer. Um bei einer Beschäftigtenzahl von über 5 000 diese Wirkung zu erzielen, müssen die Mitarbeiter des Büros über eine Reihe von Qualifikationen verfügen. Als Baumann das Büro aufbaute, erwartete er von den Teammitgliedern Folgendes:

- *Die Fähigkeit, den großen Überblick zu behalten*: So wird vermieden, dass sich jemand in Details verliert.
- *Die Fähigkeit zum Networking und zur Beeinflussung*: Die Umsetzung muss durch andere erfolgen, ohne dass hierarchischer Druck ausgeübt wird.
- *Kompetenz im Projektmanagement*: Der größte Teil der strategischen Arbeit bei Serono ist Projektarbeit.
- *Funktionsübergreifende unternehmerische Fähigkeiten*: Isolierte Funktionen brauchen Unterstützung, um im Team zu arbeiten.
- *Unternehmerisches Denken und Handeln*: Wenn man die Strategie umsetzt, muss man Neuland betreten.

Lawrence Ganti, der Direktor des Büros, identifizierte zusammen mit Baumann die Schlüsselfertigkeit für Mitglieder des Strategiebüros: die Umsetzungskompetenz. Ganti bemerkt dazu: »Wir sind alle Pragmatiker. Wir sorgen dafür, dass etwas getan wird, statt nur immer zu planen und zu analysieren.«[7]

Einen Überblick über die Umsetzungserfolge von Serono bietet die folgende Liste:

Die Umsetzungserfolge von Serono

- Seit 1999 erzielt Serono jährlich ein zweistelliges Wachstum von Umsatz und Gewinn. Der Umsatz ist dreimal so hoch wie der Umsatz anderer, vergleichbarer europäischer Biotechnologie-Unternehmen.
- Rebif, das bekannteste Serono-Produkt zur Behandlung der Multiplen Sklerose, erzielte 2004 einen Rekordumsatz von US-$ 1,1 Mrd. und war damit Marktführer.
- Das Unternehmen hat seit Einführung der BSC seine operative Effizienzspanne auf 86 % erhöht.
- Während der letzten drei Jahre hat Serono die »Anzahl der Moleküle« in der präklinischen Entwicklung verdoppelt, ein Maß für die Fähigkeit des Unternehmens, neue Produkte auf den Markt zu bringen, die Therapiedefizite beheben.
- Das Unternehmen hat eine stärker performanceorientierte Unternehmenskultur entwickelt.

Natürlich lässt sich eine solche Leistung nicht auf einen einzigen Erfolgsfaktor wie das Strategiebüro zurückführen, aber die meisten Führungskräfte stimmen darin überein, dass das Executive Management Board strategischen und operativen Lagebesprechungen nun mehr Zeit widmet, dass die Prioritäten des Unternehmens inzwischen einheitlicher ausgerichtet sind, und dass auf allen Ebenen Strategie und Zielrichtung nun viel deutlicher sind. Die Mitarbeiter haben die Fähigkeit und die Verantwortung, zur Umsetzung der Strategie beizutragen, und werden dafür belohnt. Die funktionsübergreifenden Managementprozesse beseitigen isolierte Lösungen und erhöhen die Effizienz. Baumann kommt zu dem Schluss:

»Vor drei oder vier Jahren verbrachten unsere Führungskräfte viel Zeit mit operativen Details. Heutzutage sind unsere Spitzenmanager in der Lage, die Strategie vom operativen Geschäft zu unterscheiden. Es herrscht keine Verwirrung mehr. Wir glauben, dass unsere 5 000 Mitarbeiter die Strategie kennen und dass sie tagtäglich nach dieser Strategie agieren.

Die Einrichtung des Strategiebüros hängt mit dem Wunsch nach Veränderung zusammen. Dieses Büro stellt ein Change-Projekt dar. Eine langfristige, nachhaltige Umsetzung der Strategie hängt von der Unterstützung durch den Vorstand ab, aber es ist auch wichtig, dass Prozesse richtig implementiert werden.«[8]

Zusammenfassung

Die Fähigkeit zu führen und die Formulierung einer Strategie sind eine Kunst. Wir haben Beispiele für hervorragende Unternehmensführung und großartige Strategien untersucht, aber es gibt nach wie vor keinen systematischen Prozess, um diese zu schaffen. Aber wir haben für Unternehmen, die hervorragend geführt werden und eine einigermaßen gute, wenn auch nicht immer großartige Strategie haben, eine Reihe von Best Practices identifiziert, die sich in Hunderten von Unternehmen weltweit bewährt haben und zur erfolgreichen Strategieumsetzung beitragen.

Diese Best Practices stehen für eine Fülle von Wissen, das nun als Grundlage für die Entwicklung einer neu entstehenden Funktion dient, die sich auf Strategiemanagement konzentriert. Wir regen an, einem Strategiebüro die Verantwortung und Befugnis für die Leitung und Koordinierung der Prozesse zur Strategieumsetzung auf der Grundlage dieses Wissens zu übertragen.

Diese Prozesse sind Teil eines geschlossenen Systems mit sechs Phasen, die wir in den vorhergehenden Kapiteln ausführlich beschrieben haben:

1. Strategieentwicklung (Kapitel 2)
2. Strategieübersetzung (Kapitel 3 und 4)
3. Ausrichtung aller Organisationseinheiten und Mitarbeiter (Kapitel 5)
4. Operative Planung (Kapitel 6 und 7)
5. Kontrolle und Lernen durch operative und strategische Lagebesprechungen (Kapitel 8)
6. Testen und Anpassen der Strategie (Kapitel 9).

Diese Prozesse werden zu unterschiedlichen Zeiten im Lauf eines Jahres implementiert, viele von ihnen durch bereits vorhandene Organisationseinheiten. Das Strategiebüro in seiner Rolle als Architekt bringt das Unternehmen dazu, ein synchronisiertes ganzheitliches Managementsystem zu etablieren. Als Prozessverantwortlicher übernimmt das Strategiebüro die Hauptverantwortung für einige der neu eingeführten Prozesse zur Strategieumsetzung, beispielsweise in den Phasen 2, 3, 5 und 6, und einen Teil der Verantwortung für den Prozess der Strategieplanung in Phase 1. Als Integrator stellt das Büro sicher, dass die übrigen Prozesse – die von Finanz-, Personal-, IT-, Qualitätskontroll-, Kommunikations- und Wissensmanagement-Experten ausgeführt werden – sich an den strategischen Zielen orientieren.

Das Strategiebüro, bislang ein fehlendes Glied in der Umsetzung der Strategie, ist für eine Reihe neuer Managementprozesse zuständig und schafft die Koordination von bereits bestehenden, aber fragmentierten Prozessen. Es verhilft vielen Unternehmen zu Umsetzungserfolgen. Vorstandsvorsitzende haben oft bemerkt, sie hätten lieber eine gute Strategie, die hervorragend umgesetzt wird, als eine großartige Strategie, der das Verständnis und die Akzeptanz der Mitarbeiter fehlt. Zur laufenden Verbesserung der Strategieumsetzung braucht man ein integriertes Managementsystem, das zur laufenden Verbesserung der Strategieumsetzung beiträgt. Das Büro für Strategiemanagement nutzt Zeit und Aufmerksamkeit des Vorstandsvorsitzenden und des Führungsteams auf bestmögliche Weise, um für die Synchronisierung der vielfältigen Managementprozesse zu sorgen, damit die Strategie erfolgreich umgesetzt werden kann.

Unternehmen, die sich an die Vorschläge halten, verfügen über ein ganzheitliches Managementsystem, das ihnen hilft, klare strategische Ziele zu setzen, die Ressourcen im Einklang mit diesen Zielen zu verteilen, Prioritäten für operative Maßnahmen zu setzen, schnell die operativen und strategischen Auswirkungen ihrer Entscheidungen zu erkennen und, sofern erforderlich, ihre strategischen Ziele dem neuesten Stand anzupassen. Das geschlossene Managementsystem gibt Führungskräften die Möglichkeit, sowohl die Strategie als auch das operative Geschäft zu managen und Spannungen zwischen beiden zu vermeiden.

Anmerkungen zu diesem Kapitel

1 Sher, G.: »How to Wield Influence and Stay Informed«, *Harvard Business Review* (October 2005), S. 78.

2 Die in diesem Abschnitt vorgestellten Ideen erschienen ursprünglich in Kaplan, R.S.; Norton, D.P.: »The Office of Strategy Management«, *Harvard Business Review* (October 2005) und wurden durch unsere Arbeit mit OSM-Arbeitsgruppen sowie zahlreichen Unternehmen und Organisationen in Nordamerika und Europa ergänzt.

3 Beer, M.; Eisenstat, R.: »The Silent Killers of Strategy Implementation and Learning«, *Sloan Management Review* (Summer 2000), S. 29-40.

4 Weitere Details finden sich bei Field, A.: »Catalyst for Global Growth: The Strategy Management Office at Serono«, *Balanced Scorecard Report* (January-February 2006), S. 10-12.

5 Baumann, R.: »Strategic Management: Turning Concept into Reality«, Sustaining Winning Performance: Balanced Scorecard Leadership Conference, Boston, 12.-14. Juli, 2006.

6 A.a.O.

7 A.a.O.

8 A.a.O.

Danksagung

Die Erfahrungen der in diesem Buch erwähnten Unternehmen waren von großem Nutzen für uns. Ihre Fähigkeit, aufgrund unserer Ideen durchdachte Anwendungen zu schaffen, stellt eine wahre Quelle für Innovation und Fortschritt im Management dar. Unser besonderer Dank gilt den folgenden Personen und Unternehmen:

Bank of Tokyo-Mitsubishi	Takehiko Nagumo
Borealis	Thomas Boesen
Brazilian National Confederation of Industry (CNI)	José Augusto Coelho Fernandes
Canadian Blood Services	Graham Sher, Sophie de Villers, Andy Shaw
Federal Bureau of Investigation	
Hillside Family of Agencies	Dennis Richardson, Maria Cristalli
HSBC Rail	Peter Aldridge
KeyCorp	Michele Seyranian, Lesa Evans
Lockheed Martin	Ed Meehan, Pamela Santiago, Richard Dinnan, Lance Freedman, Jeff DeLeon, Maria Rasmy, Josh Stalher
LG Philips LCD	Ron Wirahadiraksa
Luxfer Gas Cylinders	John Rhodes, David Rix

Marriott Vacation Club International	Karl Sweeney
Motorola GEMS	Mark Hurlbert
Nemours	David Bailey
Nordea	Sven Edvinsson
Oracle/Lateinamerika	Cheryl McDowell
Ricoh Corporation	Sam Ichioka, Brad Nelson, Marilyn Michaels
SAS International	David Schwerbrock
Merck Serono	Roland Baumann, Lawrence Ganti
Statoil	Bjarte Bogsnes
State Street Corporation	Jack Klinck
Thai Carbon Black	S. Srinivasan
University of Leeds	Michael Arthur, Simon Donoghue

Wir sind den Kollegen der Balanced Scorecard Collaborative und der Palladium Group zu Dank verpflichtet, die durch die Anwendung der dargestellten Ansätze ihren Klienten helfen, *Umsetzungserfolge* zu erzielen. Besondere Anerkennung gebührt Kit Jackson, die uns lehrte, wie man Themen für multiple Strategieumsetzungsprozesse nutzt, und wertvolle Kommentare zu einem frühen Entwurf dieses Buches machte; außerdem Ed Barrows für seine Arbeit über den Strategieentwicklungsprozess; Anne Nevius für ihre Beiträge zum Management im Gesundheitswesen sowie Laura Downing für ihre Beiträge zum Management von staatlichen Organisationen und konstruktive Kritik bei der Durchsicht einer früheren Version dieses Buches. Darüber hinaus geht ein Dankeschön an Peter LaCasse, Michael Contrada und Mathias Mangels für ihre Arbeit über Initiativenmanagement, Cary Greene, Philip Peck und Duane Punnewaert für ihre Arbeit über Dashboards, Planung auf der Basis von Treibermodellen und gleitenden Prognosen, an unsere Kollegen Reinaldo Manzini und Fanny Schwarz bei Symnetics in Brasilien, die Beispiele dafür lieferten, wie man die Strategie an Geschäftsprozessverbesserungen koppelt, sowie an André Coutinho, der sich für die Verwendung von Strategy Maps, Scorecards und strategischen Initiativen in Brasilien und seinen Bundesstaaten, insbesondere Rio Grande du Sol, eingesetzt hat. Wir möchten hier auch Randy Russell erwähnen, der die Forschungsprogramme unserer Gruppe managte, sowie Rob Howie und Linda Chow für ihr Management des Programms der Balanced Scorecard Hall of Fame.

Dennis Campbell von der Harvard Business School zeigte uns, wie man die Analytik zur Entwicklung eines operativen Dashboards einsetzt (das Beispiel von TD Canada Trust in Kapitel 6) und die Kausalzusammenhänge in einer Strategie prüft (das Beispiel von Store 24 in Kapitel 9).

Die Mitarbeiter von HBS Press unterstützten und ermutigten uns wie immer, von dem ursprünglichen Konzept bis zur Produktion und Auslieferung. Besonders bedanken wir uns bei Hollis Heimbouch, der Herausgeberin von allen fünf Büchern zum Thema Balanced Scorecard, Brian Surette, der während des Produktionsprozesses die Aufgabe des Herausgebers übernahm, Jen Waring, dem Hersteller, sowie Betsy Hardinger, unserer Lektorin.

Wir sind außerdem Steve Fortini zu Dank verpflichtet, der zahlreiche der komplizierten Grafiken zeichnete, sowie unseren Assistenten Rose LaPiana und David Porter, die für die Logistik der Schreib-, Grafik- und Produktionsprozesse verantwortlich waren, und letztendlich unseren Ehefrauen Ellen und Melissa, die unsere anhaltende Leidenschaft für die Schriftstellerei in einem Alter tolerieren, in dem andere damit beschäftigt sind, beim Golf ihr Handicap zu senken.

Register

Aktionspläne 31, 44, 127, 276, 289
Aktionsprogramme 25, 96, 128, 151
Aktualisierung(en) 173 f.
– des/der Finanzplans/-pläne 33, 111
– der gleitenden (Finanz-)Prognosen 47, 142, 221
– des Managements durch Zielvereinbarung 129
– der Strategie 18, 32, 78, 286, 295, 335–337
– der Vision und Ziele 347
Analyse(n)
– der Kundenzufriedenheit 214
– des Prozessmanagements 206
– des strategischen Profils 75, 77
– des Umfelds/der Umwelt 19, 32, 53, 67
–, externe 66–69
–, interne 66, 68 f.
–, soziale 67
–, statistische 11, 32, 87, 210, 296, 304–322, 339
–, strategische 22–24, 32, 52, 54, 73, 91, 152, 186, 259, 294, 328, 336
–, technische 32, 67
– von Marktsegmenten 20
Analyse-Modelle 20
Analyse-Tools 20
Anbindung der Strategie an das Qualitätsmanagement 197
Anfangsphase der Strategieumsetzung 91
Anpassen/Anpassung der Strategie 22, 52, 91, 152, 161, 186, 239, 256, 259–263, 291, 293–326, 328 f., 336 f., 361
Arbeitsplätze 103, 105 f., 125
Architekt (Strategiebüro) 34 f., 327-352
Ausgaben
–, Investitions- (Capex) 28, 142, 144, 187, 225, 240, 242, 246
–, operative (Opex) 22, 52, 91, 142, 144, 152, 186 f., 225, 240, 242, 246, 259, 294, 328, 336
–, strategische (Stratex) 22, 25, 52 f., 91, 128, 142, 144, 150, 152, 186, 243, 259, 294, 328, 336
Ausrichtung
– der Geschäftsbereiche 10, 26, 153–159, 152-185, 336
– der Mitarbeiter 10, 27, 33, 39, 49, 152-185, 191, 336, 351
– der Organisation/des Unternehmens an der Strategie 9, 26, 52, 54, 56, 91, 152-186, 259, 294, 328, 333, 336, 348
– der Organisationseinheiten 18, 33 f., 36, 49, 151-185, 351
– der Strategie 21, 64, 150, 152
– der Strategiebesprechungen 280
– der Ziele an den Kundenbedürfnissen 176

–, einheitliche 124, 160, 162 f., 188 f., 201, 327, 338
–, gemeinsame (von Unternehmen und Mitarbeitern) 45, 168 f., 184, 263, 335
–, horizontale 153, 156 f., 183
–, vertikale 153, 156 f., 162, 183
– von Initiativen/Projekten an der Strategie 40, 131
– von Qualitäts- und Verbesserungsprogrammen 187, 189, 201 f.
Auswahl strategischer Initiativen 25, 128, 150, 342
Auswahlkriterien 37

Balanced-Scorecard-Assessment 195
Balanced-Scorecard-Bericht 47
Balanced Scorecard Hall of Fame 10, 36 f., 50 f., 126, 329, 355
Baldrige-Kriterien 19, 195, 201, 216
Ban-Boredom-Strategie 311–317
Beobachten 30 f., 53, 83, 130, 140, 148, 178, 215 f., 270, 286, 325
Berichtslegung 107, 265, 318, 345
Beschwerdemanagement 215
Best Practice(s) 34, 215 f., 265, 277, 332 f., 335 f., 340, 342, 346, 350
– Beispiele 12, 27
– Transfer 215, 342
Betriebsausgaben 28, 76, 118, 223
Betriebsverbesserungsprogramme 77
Beurteilung vergangener Leistung 21
Beyond-Budgeting-Bewegung 21, 28, 50, 219–222, 258, 328
Branchenanalyse 66 f.
Budget(s) 16, 18, 20 f., 24, 28, 40, 43 f., 46, 62, 81, 92, 127–129, 140 f., 143–145, 150, 165, 187, 189, 219–224, 227 f., 235, 240 f., 243, 248, 263, 327 f., 340, 344
–, dynamische 219
– Investitions- 145, 219, 225, 240, 246, 335 (siehe auch Capex)
–, operative(s) 22, 52, 91, 142, 152, 186, 188, 219, 225, 240, 246, 259, 294, 322, 328, 335 f., 346 (siehe auch Opex)
–, strategisches 22, 52, 91, 150, 152, 186, 259, 294, 328, 336 (siehe auch Stratex)
Budgetabweichungen 48
Budgeterstellung 34, 44, 46, 220, 225, 334, 339 f.
Budgetierung 22, 29, 33, 43, 52, 91, 152, 186 f., 206, 223, 259, 294, 328, 333
–, dynamische 22, 225
Budgetierungsfalle 50
Budgetierungsprozess 44, 220, 225, 231, 235, 239, 242, 335
Budgetierungssystem(e) 10, 25
Budgetrisiko 134
Büro für Strategiemanagement 11, 33–35, 37, 49, 215, 327-352
Business-Intelligence(-Software) 11, 20, 318

Capex 142, 144, 187, 225, 240, 242, 246
Cash-Flow 74, 85, 142, 202, 224, 227, 264, 287, 297, 320
Catch-Ball-Komponente/Prozess/Verfahren 20, 198 f., 201
Change-Agenda 54, 59–63, 84, 88
Compliance 78 f., 150, 249

Dashboards 20, 22, 28, 30, 32, 34, 49, 52, 91, 148, 152, 186 f., 207–211, 213, 215, 218, 259, 261, 263, 265, 267, 269 f., 285, 291, 294, 323 f., 328 f., 354, 356
Datenanalysen 236

Differenzierung 24, 68, 81, 171, 180, 185, 194
Differenzierungsmerkmale 312 f.
Differenzierungsstrategie 68, 74, 77, 315, 317
Discounted-Cash-Flow-Methode 142
Disruptive Strategien 19 f.
Dokumentenanalyse 54, 73
Durchlaufzeiten 13, 118, 189
Dynamische Simulationen 20

Economic Value Added 19
Effizienz 161, 313
–, betriebliche 113, 171
– der Finanzmärkte 67
– und Umwelt 65, 97
Effizienzsteigerung 14, 313
EFQM (European Foundation for Quality Management) 19, 188
EFQM-Award-Programme 20
EFQM-Kriterien 195
EFQM-Performance-Modell 202 f.
Einleitung eines Wandels 9 f.
Einsparungen 132, 178, 201, 220
Einzelsysteme, nicht integrierte 328
Elemente, unerlässliche 82 f., 95
Emergente Strategien 22, 52, 74, 91, 152, 186, 259, 261, 294, 320–323, 328
Entwicklung
– des Strategieplans 53
– des Umfelds 23
– des Wettbewerbs 23
– einer Wertkette 99
– eines Dashboards 355
– eines Time-Driven-Activity-Based-Costing (TDABC)-Modells 247
–, organisatorische 18
– von Kultur und Werten 94
Entwicklungsperspektive 9, 45, 101, 105 f., 125, 166, 168, 178, 190, 203, 279, 293, 296, 304
Entwicklungsprozess(e), strategische(r) 24, 207, 296
Erfahrungen 38, 54, 74, 76, 121, 180, 185, 215, 218, 221, 256, 266 f., 269, 300, 322, 326, 353
Erfolgsfaktoren 29, 206 f., 218
–, kritische 187, 205, 207
Erfolgswahrscheinlichkeit 7, 17
European Foundation für Quality Management (EFQM) 19 f., 188, 195, 202 f.
Experience Cocreation 74

Feedback 26, 28, 33 f., 82, 138, 148, 197, 209, 213, 215, 217 f., 260, 273, 284, 286, 293–326, 333, 336
Finanz- und Portfolio-Ansätze 75
Finanzperspektive 9, 70, 73–75, 93 f., 100, 111, 117, 123, 129, 165, 178 f., 200, 217, 296, 312 f.
Finanzplanung 129, 219, 227, 231–233, 236, 245, 247, 253–256, 298 f.
–, kurzfristige 227
Finanzprognose(n) 47, 144 f., 225, 256
–, gleitende/rollierende (rolling financial forecast) 44, 46 f., 142, 221 f., 224, 226, 244
Finanzrechnung 187
Finanzstrategie 77
Finanzziele 50, 94, 155, 196, 206, 290
Firmenwerte 102
Fixkosten 43, 221–224
Formulierung der Strategie 18 f., 21–25, 39, 48, 52–55, 57, 64, 69, 72 f., 75, 77 f., 81 f., 88, 91, 98, 152, 171, 186, 259, 293 f., 328, 336, 341, 350
– Ansätze 74
Fortschreibung des Status quo 110
Führungsebene(n) 128, 201, 331

–, oberste 16, 20, 53
Führungsgremium 84, 146, 148–151, 156, 232, 260, 262, 275–278, 281, 285, 293–297
Führungspersönlichkeit(en) 10, 36 f., 187
Fünf-Kräfte-Modell 19, 66, 89

Gemeinnützige Organisationen 36, 56, 58, 77, 117, 216
Geschäftsprozesse 13 f., 20, 28, 74, 77, 94, 125, 167, 187, 278 f., 279, 333, 336, 342
– Reaktionsfähigkeit 20
Geschäftstätigkeit 10, 30, 44, 66, 84, 256
–, operative 8, 152
Gewichtungsfaktoren 133
Gewichtungsschema 133
Gewinn-und-Verlust-Rechnung 30, 188, 242, 244, 246, 248, 254, 297, 303 f., 339
Gleitende Prognosen 22, 144, 187 (siehe auch Rolling Forecast)

Herausforderungen 23, 45, 61, 83, 160, 286, 330
Hindernisse 23, 30, 54, 92, 128, 153 f., 187, 199, 262
Hoshin-Kanri-Zielentwicklungsprozess 20

Identifizierung von Kundensegmenten 77
Immaterielle (Vermögens-)Werte 64, 74, 108, 123, 125, 142, 155, 185
Implementierung 7, 194, 207, 327, 343, 346 f.
Informelle Sitzung/Veranstaltungen 173, 289
Initiativen 14, 22, 24 f., 27, 30 f., 33, 40, 52, 60, 63, 74, 79, 81 f., 91 f., 95, 102, 117, 128–130, 132–134, 138–150, 152, 175 f., 186, 188, 203, 243, 259, 262, 275, 277, 282–286, 294–297, 322, 328, 331, 341–343, 348
– Auswahl 127 f., 135, 151
– Bewertung 135
– Finanzierung 145
–, geschäftsbereichsübergreifende 144, 261, 340, 342
–, isolierte 14
– Management 34 f., 128, 149, 334, 336, 341, 354
– Portfolio 128 f., 130 f., 141, 143, 261, 327
–, strategische 18, 25 f., 39, 47 f., 53, 78, 92, 96, 127–129, 133, 140–145, 148, 150 f., 188, 219, 226, 242 f., 261, 285, 287, 289, 295, 323, 329, 333, 335–338, 340–343, 348, 354
–, überflüssige 14
Initiativenmanagementprozesse 26
Innovation(en) 11, 23 f., 28, 38, 42, 57, 75, 78, 86, 89 f., 93–95, 99 f., 102, 104–108, 111, 113, 118, 121, 124, 167, 170, 189, 198, 203, 208, 218, 220, 225, 234
–, zerstörende 74
Innovationsinitiativen 107, 121
Innovationsprozesse 108, 124, 206
Integration 14, 20 f., 49, 72, 87, 93, 109, 136, 138, 155–157, 159, 225, 332, 335
–, horizontale 156
–, internationale 104 f.
–, vertikale 81, 156
– von Strategien und Maßnahmen 93
Integrator 34 f., 333 f., 339
Interessengruppen 69, 106, 330 f.

Interne Kontrollen 74, 79, 90
Investitionsanalysen 143
Investitionsausgaben (Capex) 28, 142 (siehe auch Budget)
Investitionsmanagement 221, 223
Investitionsmittel 40, 142
Investitionsportfolio 53, 141
ISO-14001-Prüfungen 78
ISO-9001-Prüfungen 78
IT-Kapital 93
IT-Pläne 16

Kaizen-Prozessverbesserungen 20, 216
Kann-Ausgaben 142, 227, 242
Kapitalbedarfsrechnung 142
Kapitalbudget(s) 29, 142, 223
Kapitaleffizienz 79, 280 f., 284
Kernkompetenzen 19, 70, 74 f., 78, 102, 185
Klassifizierung der Prozesse 195
Kommunikation 27, 33, 62, 79, 98, 167, 170–172, 174, 199, 201, 295, 309, 311, 333–335, 351
– der Mission 36, 170, 180
– der Strategie 10, 15, 18, 34 f., 169 f., 172–174, 184 f., 333, 335 f., 341
– der Werte 36, 170, 180
Kommunikationsprogramm(e) 174–177, 184
–, formelle 27
Kommunikationsprozess 172, 183, 341
–, formeller 22
Kompass, interner 23, 55
Kompetenz(en) 27, 77, 129 f., 146 f., 160, 169, 179–184, 274, 296, 312 f., 315 f., 344, 349
Kompetenzentwicklung 154, 181
Kontrollen, interne 74, 79, 90
Korrelationsanalyse 22, 91, 152, 186, 259, 294
Kreativität 81, 169 f.
Kundenbeziehungen 40, 94, 112, 130, 256, 274
Kundenbeziehungsmanagement 20, 28, 85, 194, 280, 284
Kundenkontakt, direkter 19, 194, 198, 324
Kundenmanagement 112, 130
Kundenmanagementprozesse 124
Kundennutzen 94, 99, 102, 158
–, versprochener 23, 64, 74 f., 78 f., 122, 124
Kundenorientierung 99 f., 102, 170
Kundenperspektive 9, 70, 73, 75, 93, 100, 107, 123, 125, 178, 190, 200, 208, 217, 279
Kundenpflege 79, 81, 108, 111
Kundenprofitabilität 298
Kundenservice 203, 210, 215
Kundenstamm 70, 76, 112, 228
Kundensynergien 155
Kundentreue 28, 93–96, 111, 118 f., 182, 210 f., 305, 308 f., 311
Kundenvertrauen 108 f.
Kundenzufriedenheit 109, 118, 202, 210–214, 294, 300, 305–309, 314–317, 318, 320

Lagebesprechung(en) 10, 34, 210, 259-292
– Agenda 72, 276 f.
–, operative 11, 30 f., 33, 91, 259–292, 294, 322 f., 328 f., 336, 350 f.
–, strategische 10, 30 f., 33, 40, 47, 72, 91, 148, 197, 256, 259–292, 294, 323 f., 328 f., 334, 336–338, 346, 348, 350 f.
Lehrmeinung(en) 73, 77
Leitbild 55 f.
Lern- und Entwicklungsperspektive 9, 45, 101, 105 f., 124 f., 155, 166, 168, 178, 190 f., 203, 279, 296, 304

Lern- und Entwicklungssynergien 155

Malcolm Baldrige National Quality Award 20, 188, 202
Malcolm-Baldrige-Programme 20
Management
– durch Zielvereinbarung 16, 20, 129, 203
–, operatives 11, 22, 30, 34, 78, 111 f., 322, 327, 334
–, strategisches 22, 322, 327
Managementbesprechungen 261–263, 290, 322 f., 331
Managementprinzipien 9-11, 50, 174
Management-Regelkreis 11, 49 f., 337 (siehe auch Managementsystem)
Managementsystem 8–11, 13, 15, 19–23, 27, 32, 34, 36 f., 48, 52, 91, 108 f., 149, 152, 154, 162, 184, 186 f., 202, 219, 221, 259 f., 293 f., 318, 321, 331, 333, 335, 337, 346, 351 f.
Management-Tools/-Werkzeuge 7
–, operative 19–21
–, strategische 19–21
Markenzeichen erfolgreicher Führung 37
Marktdurchdringungsmodelle 228
Marktpräsenz 77
Marktsegment(e) 20, 32, 76, 81, 293, 297, 304 f., 324
–, nicht erschlossene 20
Massenware 36, 42, 102
Mitarbeiter-Kunden-Gewinn-Wirkungskette 304, 318
Mitarbeitermotivation/Motivierung von Mitarbeitern 9, 21, 169 f., 184
Mitarbeiterperspektive 70, 73, 75, 94
Mitarbeiterziele 33, 203
Motivierung 9, 21, 169–174

Neuorganisation 22, 75, 131
Normen 131
Nutzen 14
– für Aktionäre 169, 180

Operationale Exzellenz 94, 161, 163, 189 f., 208, 280–284, 312 f.
Operative Planung siehe Planung, operative
Organisationskapital 125
Orientierungshilfe 13, 23 f.

Pareto-Prinzip 325
PESTEL-Analyse 54, 66–68, 69, 73, 324, 328, 337
Pilotprojekt 162
Plakatkampagne 174 f.
Plan-Do-Check-Act-Ansatz 289
Portfolioplanung 109, 129
Prämien 10, 16, 27, 39, 45, 120 f., 153, 169, 177–180, 309, 327, 335, 341
Produktentwicklung(en) 42, 96, 99, 147, 199 f., 345
Produktentwicklungsprozess(e) 28, 38, 189
Produktentwicklungstrichter 131
Produktentwicklungszeit 96, 118
– Verkürzung 96
Produktivitätsstrategie 124
Produktivitätsziele 94, 123
Produkt-Mix 29, 239
Profitabilitätsanalyse(n) 22, 91, 152, 186, 259, 261, 294, 297, 319, 323, 328
Prognose(n)
–, gleitende 22, 44, 46 f., 142, 144, 187, 221 f., 224, 354
–, rollierende 224, 226–228, 244, 263
Prognosemodell, treiberbasierendes 229
Prozesskostenrechnung 11, 20, 22, 29, 49, 68, 75, 187, 223 f., 234 f., 247, 300–304, 319, 323 f., 328

Prozessperspektive 50, 70, 73, 93, 101, 125, 166, 168, 178, 197, 201, 203, 208, 217, 279 f., 304
Prozessverbesserung(en) 20, 27–29, 33, 36, 49, 70, 118, 186–189, 192–195, 197, 201, 203 f., 208, 215–219, 226, 235, 238, 240, 265, 270, 273, 303, 324, 335, 354

Qualitätsanalysen 197
Qualitätsassessment 195
Qualitätskontrolle 34, 61, 138, 165, 270, 342
Qualitätsmanagement 19, 22, 28, 49, 188, 197, 204, 336, 344

Rationalisierungsprozess 132
Reengineering 13, 88, 188, 192, 274, 328
Regulierungsprozesse 124
Rentabilitätsanalyse 128
Rentabilitätsberichte 32
Richtungsaussagen 53, 82 f., 95
Risikomanagement 74, 78 f., 124, 162, 239
Risikominimierung 45, 74
Road Map 100
ROI 189, 312 f.
Rolling Forecast 187, 222, 224, 226

Schlüsselprozesse 28, 34 f., 105
Segmentierungsinitiative 129
Service Level Agreements 18, 27, 44 f., 47, 164, 176, 207, 328
Shareholder-Value 44, 75, 110, 165
Six Sigma 19 f., 28, 34, 74 f., 188, 196 f., 328
–, -Initiative(n)/Projekt(e)/ Projektteam(s) 198–200, 202, 216
– Programme 200, 202
– Verbesserungen 34

Status quo 60, 110
Strategieanalyse 53 f., 66, 68 f., 73
–, externe 66
Strategieänderung 24, 84–88
Strategieentwicklung siehe Entwicklung der Strategie
Strategiehaus 96
Strategierichtung 53 f., 81 f., 92
Strategie- und Planungsbüro (SPO) 5, 33–35, 39 f., 145, 287–289, 325, 327–352
Strategische Geschäftseinheit (SGE) 155, 165
Strategische Initiativen 5, 53, 127–151, 219, 226, 243, 295, 323, 340
Strategy Map(s) 9 f., 14, 20–22, 24–28, 32 f., 36, 38–40, 42, 45–48, 52–54, 63–65, 69, 74 f., 77–79, 82, 84, 87, 89, 91–100, 103–110, 121–126, 129, 131 f., 139, 143 f., 150, 152 f., 156–170, 172, 174–176, 184–186, 188 f., 191, 193, 199, 202, 204, 206 f., 209, 256, 259, 274, 277, 280–283, 289, 291, 293–295, 304, 311–314, 322–324, 327–329, 335–339, 342, 344, 346, 354
Stratex 22, 52 f., 91, 128, 142, 144, 150, 152, 186, 243, 259, 294, 328, 336
Strukturwandel 20, 28
Supply Chain Management 288
SWOT-Analyse 19, 54, 68–73, 88, 328, 337
SWOT-Matrix/Tabelle 69 f.
Synergien 9, 26, 153, 155–157, 159, 162, 184
Szenarienplanung 20, 75, 77

Teamarbeit 124, 167, 179, 270, 275, 280 f.

Technische Durchdringung 67
Technische Voraussetzungen 24
Testen der Strategie 20, 22, 52, 77, 91, 152, 162, 186, 256, 259, 261–263, 291, 293-326, 328 f., 336, 351
Themenleiter 26, 146, 148, 150
Thementeams 25 f., 53, 128, 132, 146–148, 150, 159, 261, 275, 289, 327, 330, 341 f.
Time-Driven-Activity-Based-Costing (TDABC)-Analyse/-Modell 29, 225, 231, 234–241, 244, 246–258, 298, 300, 303
Total Quality Management (TQM) 19 f., 74 f., 77, 187–190, 201, 260, 270
Trägheit bei Veränderungsprozessen 102, 127
Trendberichte 221, 224

Umsatzplanung 22, 52, 91, 152, 186, 225 f., 228, 230, 259, 294, 328
Umsatzprognose(n) 22, 28 f., 52, 91, 152, 186, 219, 226, 228, 230–234, 239 f., 242, 246, 256, 259, 294, 308, 328
Umsetzung/Operative Umsetzung der Strategie 7–11, 14–19, 21–23, 25–28, 30 f., 33 f., 36–40, 44, 48–50, 52–54, 60, 63, 70, 74, 83, 86, 91, 94, 102 f., 105 f., 110, 122, 128, 130, 136, 138, 140, 142, 145–150, 152–155, 162, 168 f., 172, 178, 183, 186–189, 195 f., 202, 204, 217, 219, 259–263, 273, 276, 279, 285, 287–291, 293–326, 328–337, 340–342, 344–351, 354
Umweltanalyse(n) 19, 67
Unternehmensdaten 87, 296–298
– Datenbank 348
–, externe 23
–, interne 23
Unternehmenskultur 9, 42, 44, 56, 61, 72, 79, 108, 170 f., 203 f., 262, 349
Ursache-Wirkungs-Analysen 261
Ursache-Wirkungs-Beziehungen/-Kette 9, 107, 110, 115–117, 123, 207, 289, 293, 339

Value gap 25, 111, 327 (siehe auch Wertlücke)
Veränderungsprogramme 127
Verantwortungsstrukturen 25
Verbesserungsprogramme 20, 77, 187, 197, 202, 218, 260
Verbindung zwischen Strategie und Budget 144
Vergleichsmaßstäbe, externe 117
Vergleichsunternehmen 17
Verkaufspläne 225, 232, 234 f., 238, 240, 242, 246
Verkaufsprognose(n) 225 f., 229, 232
Vision/Unternehmensvision 11, 13, 19, 22–25, 36, 39, 52–55, 57–59, 63–66, 69, 80–82, 84, 88, 91–93, 97, 100, 103, 105, 110, 113, 121, 126, 135, 137–140, 152, 167, 170 f., 186, 259, 281, 293 f., 327 f., 336, 346 f.

Wertkettenanalyse 68
Wertlücke(n) 25, 53, 73, 92, 95, 115 f.
– Aufteilung/Aufspaltung 110 f., 113–115
– Schließung 112 f., 114, 327, 340
– zwischen Wunsch und Wirklichkeit 110
Wertmanagement 19, 74, 77
Wertschöpfungsprozess 68, 94, 113, 125
Wertsteigerung, langfristige/nachhaltige 74, 108, 131

Wertsteigerungsprozess 123
Wettbewerb 23 f., 54, 71, 81, 90, 122, 179, 190, 215, 285
–, brancheninterner 66
–, externer 19
– um Kaizen 216
– zwischen Filialen 46
Wettbewerber 42 f., 66–68, 70, 77 f., 80, 83, 85, 117–119, 156, 181, 196, 202 f., 224, 228, 230, 293, 296, 310 f., 313 f., 319 f., 324
Wettbewerbsanalysen 19, 323, 337, 339
–, externe 19
Wettbewerber-/Wettbewerbsdaten 223, 319, 325
Wettbewerbsdruck 41, 303
Wettbewerbsumfeld 23, 77, 86, 183, 220, 262, 291
Wettbewerbsvorteil(e) 68, 74, 76 f., 80 f., 89, 96, 149, 171, 181
Widerstand/Widerstände gegen Veränderungen 61, 62, 102, 127, 343 f.
Wirtschaftsanalyse(n) 19, 67

Zerstörende Innovation 74
Ziele 16, 20, 25 f., 28, 33, 36, 39, 42, 45–47, 55, 57–59, 63, 69, 73 f., 79 f., 82, 92 f., 96, 99, 102, 105 f., 108 f., 114 f., 119–121, 125, 128–132, 134, 136–139, 144, 146, 149, 151, 153 f., 156, 159 f., 165–168, 170, 172–177, 179, 183 f., 187, 191, 198 f., 217, 224, 260, 275, 277, 280 f., 285, 290, 327, 338, 346–348, 352
– der Aktionäre 9
– der Mitarbeiter 10, 33, 154, 178, 184, 203
– der(s) Geschäftseinheiten/-bereichs 10, 27, 184
– der Strategy Map 25 f., 106, 123, 289
–, persönliche 15, 22, 27, 39, 169 f., 177 f., 223, 335, 347
–, strategische/Strategieziele 10 f., 20, 22, 24 f., 44, 49, 59, 78, 82, 92 f., 96 f., 105 f., 108 f., 117, 122, 125, 127, 139 f., 146–148, 154, 164, 170, 177 f., 181, 184, 188 f., 194, 197 f., 204, 209, 219, 222, 225, 260, 274, 285, 289, 327, 336, 338, 340 f., 348, 351 f.
Zielerreichung 31, 59, 82 f., 109, 120, 149, 290
–, Grad der 190, 200
Zielvereinbarung(en) 16, 20, 129, 203, 293, 336, 341
Zielvorgabe(n) 46, 48, 57 f., 221, 224, 240, 246, 323
Zielwerte 10, 22, 24–26, 44, 46 f., 52 f., 72, 74, 81, 91 f., 96, 108–110, 112, 114, 117, 120 f., 127, 129, 136, 138 f., 143 f., 152, 179 f., 186, 191, 197, 199, 201, 207, 218, 226, 259 f., 275, 283, 294 f., 327 f., 336, 338, 340 f., 348
– Festlegung 110, 113–121, 177
Zufriedenheitsstudie 129
Zukunftsszenarien 84